全国中医药行业高等教育"十三五"规划教材
全国高等中医药院校规划教材（第十版） 配套用书

无机化学习题集

（新世纪第四版）

（供中药学、药学、中药制药等专业用）

主　编　铁步荣（北京中医药大学）
　　　　　杨怀霞（河南中医药大学）
副主编　卢文彪（广州中医药大学）
　　　　　张　拴（陕西中医药大学）
　　　　　吴培云（安徽中医药大学）
　　　　　闫　静（黑龙江中医药大学）
　　　　　黄　莺（湖南中医药大学）
　　　　　张师愚（天津中医药大学）
　　　　　王　萍（湖北中医药大学）
　　　　　张晓丽（辽宁中医药大学）

中国中医药出版社
·北京·

图书在版编目（CIP）数据

无机化学习题集/铁步荣，杨怀霞主编.—4版.—北京：中国中医药出版社

2016.10（2020.10 重印）

全国中医药行业高等教育"十三五"规划教材配套用书

ISBN 978-7-5132-3449-8

Ⅰ.①无… Ⅱ.①铁… ②杨… Ⅲ.①无机化学—中医药院校—习题集

Ⅳ.①016-44

中国版本图书馆 CIP 数据核字（2016）第 117966 号

中国中医药出版社出版

北京经济技术开发区科创十三街 31 号院二区 8 号楼
邮政编码　100176
传真　010 64405750
廊坊市晶艺印务有限公司印刷
各地新华书店经销

开本 787×1092　1/16　印张 21　字数 463 千字
2016 年 10 月第 4 版　　2020 年 10 月第 6 次印刷
书　号　ISBN 978-7-5132-3449-8

定价　58.00 元
网址　www.cptcm.com

如有印装质量问题请与本社出版部调换（010-64405510）

社长热线　010 64405720
购书热线　010 64065415　010 64065413
书店网址　csln.net/qksd/

官方微博　http：//e.weibo.com/cptcm

淘宝天猫网址　http：//zgzyycbs.tmall.com

全国中医药行业高等教育"十三五"规划教材
全国高等中医药院校规划教材（第十版）配套用书

《无机化学习题集》编委会

徐　飞（南京中医药大学）

徐　旸（黑龙江中医药大学）

袁友泉（江西中医药大学）

郭爱玲（山西中医学院）

曹秀莲（河北中医学院）

梁　琨（上海中医药大学）

程世贤（广西中医药大学）

黎勇坤（云南中医学院）

戴红霞（甘肃中医药大学）

主　审　贾桂芝（黑龙江中医药大学）

前 言

为了全面贯彻落实《国家中长期教育改革和发展规划纲要（2010—2020年）》《关于医教协同深化临床医学人才培养改革的意见》，适应新形势下我国中医药行业高等教育教学改革和中医药人才培养的需要，在国家中医药管理局主持下，由国家中医药管理局教材建设工作委员会办公室、中国中医药出版社组织编写的"全国中医药行业高等教育'十三五'规划教材"（即"全国高等中医药院校规划教材"第十版）出版后，我们组织原教材编委会编写了与上述规划教材配套的教学用书——习题集和实验指导，目的是使学生对学过的知识进行复习、巩固和强化，以便提升学习效果。

习题集与现行的全国高等中医药院校本科教学大纲一致，与全国中医药行业"十三五"规划教材内容一致。习题覆盖教材的全部知识点，对必须熟悉、掌握的"三基"知识和重点内容以变换题型的方法予以强化。内容编排与相应教材的章、节一致，方便学生同步练习，也便于与教材配套复习。题型与各院校各学科现行考试题型一致，同时注意涵盖国家执业中医师、中西医结合医师资格考试题型。命题要求科学、严谨、规范，注意提高学生分析问题、解决问题的能力，临床课程更重视临床能力的培养。为方便学生全面测试学习效果，每章节后均附有参考答案。

实验指导在全国高等中医药院校本科教学大纲的指导下，结合各高等中医药院校的实验设备和条件，本着求同存异的原则，仅提供基本实验原理、方法与操作指导，相关学科教师可在实际教学活动中结合本校的具体情况，灵活变通，选择相关内容，使学生在掌握本学科基本知识、基本原理的同时，具备一定的实验操作技能。

本套习题集和实验指导供高等中医药院校本科生、成人教育学生、执业医师资格考试人员等与教材配套学习和复习应考使用。请各高等中医药院校广大师生在使用过程中，提出宝贵的修改意见，以便今后不断修订提高。

国家中医药管理局教材建设工作委员会

中国中医药出版社

2016 年 9 月

编写说明

《无机化学习题集》是全国中医药行业高等教育"十三五"规划教材《无机化学》的配套用书之一。根据《无机化学》编写大纲，以 2012 年 7 月出版的全国高等中医药院校"十二五"规划教材配套教学用书《无机化学习题集》（第三版）为基础修订完成。本次在以下几个方面做了修订。

（1）删除了第五章化学热力学基础内容。

（2）修定、补充和完善了无机化学模拟试题。补充了南京中医药大学、浙江中医药大学、新疆医科大学、河北中医学院、云南中医学院等院校的无机化学模拟试题。这些模拟试题反映了各高等中医药院校的风格和特色。

（4）修正了书中错误及不妥之处。

本书可供使用全国中医药行业高等教育"十三五"规划教材《无机化学》的教师和学生在教学、辅导、自学时参考。也可供自学考试应试人员、从事无机化学或基础化学教学的教师参考。

本书在修订过程中得到参与编写的各高等中医药院校的领导、专家、教师和学生的大力支持和帮助，提出了许多宝贵意见，在此一并表示感谢。

鉴于学科发展，书中难免有错误和不当之处，恳请使用本书的教师、学生和读者提出宝贵意见，以便重印时加以改正。

《无机化学习题集》编委会
2016 年 5 月

目 录

绪 论 ▷▷▷▷

思考题

1. 化学历史的发展经历了几个时期？在化学发展史中哪些有代表性的科学家对化学的发展起了重要的推动作用？

2. 无机化学与天然药物学有什么联系？我国对天然无机药物的研究主要包括哪几个领域？

3. 中国古代对天然药物学中无机化学的研究始于何时？经历了哪几个朝代？

思考题参考答案

1. **答**：化学历史的发展经历了古代及中古化学时期、近代化学时期和现代化学时期。

在化学发展史中，李时珍、波意耳、拉瓦锡、道尔顿、阿佛加德罗、门捷列夫、卢瑟福、玻尔、薛定谔、鲍林、侯德榜等知名科学家对化学的发展起到了重要的推动作用。

2. **答**：随着现代化学的发展，对无机化合物的研究领域逐渐拓宽。无机化学同天然药物学之间的联系越来越紧密，二者相互渗透产生了新的药物无机化学学科。伴随现代中药的发展，无机化学被广泛应用到中药新药的研制开发之中。人们利用无机化学的原理和方法分析研究中草药，揭示其有效成分和多组分药物的协同作用机理，从而推动中药走向世界。中药离不开化学，因为化学是中药研究的手段和工具之一；化学离不开应用，化学只有在实际应用中才有价值和意义。正是由于无机化学技术在天然药物研究中的应用，极大地促进了社会生产力的发展。在中药新药的研制开发中，发挥化学的特点和专长，必将把我国新药的研究推向一个更高的水平。

我国对天然无机药物的研究主要包括矿物药、金属配合物、生物无机化学、生物体微量元素、纳米中药等领域。

3. **答**：中国古代对天然药物学中无机化学的研究始于公元前 1 世纪，历经汉代、梁代、唐代、宋代、明代、清代。

第一部分　基本结构理论

第一章　原子结构与周期系 ▷▷▷▷

思考题

1. 核外电子的运动有何特征？应采用什么方法描述核外电子的运动状态？
2. 玻尔原子模型理论的缺陷之处是什么？
3. 量子力学原子模型是如何描述核外电子运动状态的？
4. 根据元素原子的电子层结构，周期表中的元素可分为几个周期？几个区？几个族？分别写出每个区的价电子构型。

思考题参考答案

1. **答**：原子核外电子的运动特征：一是核外电子的能量具有量子化特性，二是电子具有波粒二象性。因此对核外电子的运动状态只能采用量子力学理论的统计方法，作出概率性的描述。

2. **答**：玻尔原子模型理论尽管对原子结构理论的发展做出了贡献，但他的缺陷之处是把只适用于宏观世界的牛顿经典力学搬进了微观世界，认为电子是在固定的轨道上绕核运动的，没反映出电子运动还具有波粒二象性，与实验事实相违背。

3. **答**：量子力学原子模型是用波动方程来描述原子中电子运动状态的。电子在空间出现概率的各种图像可用波函数 $\psi_{n,l,m}$ 来描述，当 n、l、m 三个量子数确定后，该原子轨道离核的远近（能量）、形状、空间的角度取向即确定了。当 n、l、m、s_i 四个量子数确定后，则该电子离核的远近（能量）、形状、空间的角度取向、顺时针（或逆时针）自旋，即该电子运动状态随之确定了。

4. **答**：根据原子的电子层结构可知，能级组数等于周期数，族数等于价层电子数，周期表中的元素到目前为止分为 7 个周期，第 7 周期的元素未填满故为不完全周期；分 16 个族，即 8 个主族（ⅠA 族～ⅧA 族）和 8 个副族（ⅠB 族～ⅧB 族）；分 s 区、p 区、d 区、ds 区、f 区共 5 个区，它们的价电子构型：s 区为 $ns^{1\sim2}$，p 区为 $ns^2np^{1\sim6}$，d 区为 $(n-1)d^{1\sim9}ns^{1\sim2}$，$ds$ 区为 $(n-1)d^{10}ns^{1\sim2}$，f 区为 $(n-2)f^{1\sim14}(n-1)d^{0\sim2}ns^2$。

习　题

1. 氢原子光谱实验和电子的衍射实验证明了什么？

2. 当氢原子的一个电子从第二能级跃迁至第一能级时，发射出光子的波长是 121.6nm，试计算：

(1) 氢原子中电子的第二能级与第一能级的能量差？

(2) 氢原子中电子的第三能级与第二能级的能量差？

3. 在量子力学原子模型理论中波函数 ψ 和 $|\psi|^2$ 的含义是什么？

4. 下列说法是否正确？并说明原因。

(1) 波函数描述核外电子在固定轨道中的运动状态。

(2) 自旋量子数只能取两个值，即 $s_i=+1/2$ 和 $s_i=-1/2$，表明有自旋相反的两个轨道。

(3) 多电子原子轨道的能量由 n、l 确定。

(4) 在多电子原子中，当主量子数为 4 时，共有 $4s$、$4p$、$4d$、$4f$ 四个能级。

(5) 在多电子原子中，当角量子数为 2 时，有 5 种取向，且能量不同。

(6) 每个原子轨道只能容纳两个电子，且自旋方向相反。

5. 每个电子的运动状态可用四个量子数来描述，指出下列哪一个电子运动状态是合理的？哪一个电子运动状态是不合理的？为什么？

(1) $n=2$　　　$l=1$　　　$m=1$　　　$s_i=+1/2$

(2) $n=3$　　　$l=3$　　　$m=0$　　　$s_i=-1/2$

(3) $n=3$　　　$l=2$　　　$m=-2$　　　$s_i=+1/2$

(4) $n=4$　　　$l=3$　　　$m=4$　　　$s_i=+1/2$

(5) $n=2$　　　$l=1$　　　$m=0$　　　$s_i=-2$

6. 写出下列各组中缺损的量子数。

(1) $n=4$　　　$l=\underline{\hspace{1.2cm}}$　　　$m=2$　　　$s_i=-1/2$

(2) $n=\underline{\hspace{1.2cm}}$　　　$l=4$　　　$m=4$　　　$s_i=+1/2$

(3) $n=3$　　　$l=2$　　　$m=\underline{\hspace{1.2cm}}$　　　$s_i=-1/2$

(4) $n=4$　　　$l=3$　　　$m=2$　　　$s_i=\underline{\hspace{1.2cm}}$

(5) $n=1$　　　$l=\underline{\hspace{1.2cm}}$　　　$m=\underline{\hspace{1.2cm}}$　　　$s_i=\underline{\hspace{1.2cm}}$

7. 将下列各轨道按能级由高到低的顺序用大于号排列，能量相同的用等号排在一起。

(1) $n=3$ $l=2$ $m=1$ $s_i=+1/2$

(2) $n=2$ $l=1$ $m=1$ $s_i=-1/2$

(3) $n=3$ $l=1$ $m=-1$ $s_i=-1/2$

(4) $n=2$ $l=0$ $m=0$ $s_i=-1/2$

(5) $n=3$ $l=2$ $m=-2$ $s_i=+1/2$

(6) $n=2$ $l=1$ $m=0$ $s_i=-1/2$

8. 当主量子数 $n=3$ 时，共有几个能级，每个能级分别有几个轨道，该电子层最多可容纳多少个电子？

9. 何为屏蔽效应？何为钻穿效应？并用该两个效应解释为何钾原子的 $E_{3d}>E_{4s}$？而铬原子的 $E_{3d}<E_{4s}$？

10. 分别画出氢原子 s、p、d 各原子轨道的角度分布剖面图和电子云的角度分布剖面图，并指出这些图形的主要区别是什么？

11. 何为电子云概率密度径向分布图？该图能说明什么？分别在坐标图中画出下列分布图（每一小题画在同一坐标图中）。

(1) $1s$、$2s$、$3s$ 的电子云概率密度径向分布图。

(2) $2p$、$3p$、$4p$ 的电子云概率密度径向分布图。

(3) $3d$、$4s$、$4d$、$4f$ 的电子云概率密度径向分布图。

12. 何谓电子云？

13. $\psi^2_{n,l,m}(r,\theta,\varphi)$ 的空间图像表示什么含义？它是由哪两部分结合而成？每部分的含义是什么？

14. 写出下列各族元素的价电子层构型。

(1) IA 族   (2) IB 族

(3) VIIB 族   (4) VIA 族

(5) VIIA 族

15. 写出下列元素的原子的电子层结构和价电子层结构及其离子的电子层结构。

(1) S 和 S^{2-} (2) Fe 和 Fe^{3+}

(3) Cu 和 Cu^{2+} (4) F 和 F^-

16. 根据下列元素的价电子层结构，分别指出它们属于第几周期？第几族？最高氧化值是多少？

(1) $2s^2$ (2) $2s^2 2p^3$ (3) $3s^2 3p^2$ (4) $3d^5 4s^1$ (5) $5d^{10} 6s^2$

17. 根据表中要求填表

原子序数	电子层结构（长式）	周期	族	区	金属或非金属
16					
20					
25					
48					
53					

18. 说明周期表中同一周期和同一族中，原子半径变化的趋势？并解释为何铜原子的原子半径比镍原子的要大？

19. 下列各对元素中，第一电离势大小哪些是正确的？哪些是错误的？

　　(1) C<N　　　　　　(2) Li<Be　　　　　　(3) Be<B

　　(4) O<F　　　　　　(5) Cu>Zn　　　　　　(6) S>P

20. 下列各对元素中，电负性大小哪些是正确的？哪些是错误的？

　　(1) Mg>Ca　　　　　(2) P>Cl　　　　　　(3) O>N

　　(4) Co>Ni　　　　　(5) Cu>Zn　　　　　　(6) Br>F

习题参考答案

1. **答**：电子运动的能量是不连续的，即量子化的；电子运动具有波动性。

2. **解**：(1) 第二能级与第一能级的能量差 ΔE 为：

$$\Delta E = E_2 - E_1 = \frac{hc}{\lambda} = \frac{6.626 \times 10^{-34} \, \text{J} \cdot \text{s} \times 3 \times 10^8 \, \text{m} \cdot \text{s}^{-1}}{121.6 \times 10^{-9} \, \text{m}} = 1.63 \times 10^{-18} \, \text{J}$$

(2) 第三能级与第二能级的能量差 ΔE 为：

氢原子的第二能级、第三能级分别为

$$E_2 = \frac{-2.179 \times 10^{-18}}{2^2} \quad \text{J}$$

$$E_3 = \frac{-2.179 \times 10^{-18}}{3^2} \quad \text{J}$$

则　$\Delta E = E_3 - E_2 = -\frac{2.179 \times 10^{-18}}{9} \text{J} - \frac{-2.179 \times 10^{-18}}{4} \text{J} = -3.027 \times 10^{-19} \text{J}$

3. **答**：在量子力学原子模型理论中，波函数 ψ 是描述电子在空间概率分布的概率波；$|\psi|^2$ 是描述电子在空间的概率密度——即电子在离核半径 r 点处单位微体积中电子出现的概率。该理论否定了电子在固定轨道上运动，较好地反映了电子的运动状态。

4. **答**：(1) 不正确。波函数 $\psi_{n,l,m}$ 是量子力学中所代表的某个电子概率的波动，是一个描述波的数学函数式，对每一个电子都可用波函数来描述，它表征在空间找到电子的概率分布。虽然 $\psi_{n,l,m}$ 称为原子轨道，但它与宏观物体的运动轨道和波尔假设的固定轨道的概念是不同的。

(2) 不正确。$s_i = +1/2$ 和 $s_i = -1/2$，表明有自旋相反的两个电子。

(3) 正确。

(4) 正确。

(5) 不正确，当 $l = 2$ 时，$m = +2$、$+1$、0、-1、-2，d 轨道有 5 种取向，即有 5 个等价的 d 轨道。

(6) 正确。

5. 答：根据量子数取值相互限制性，它们的取值是：$l < n$，$|m| \leqslant l$，$s_i = +1/2$ 或 $-1/2$，由此可以判断。

(1) 合理。

(2) 不合理，因取值 $l = n$，错。

(3) 合理。

(4) 不合理，因取值 $|m| > l$，错。

(5) 不合理，因 s_i 只能取 $+1/2$ 或 $-1/2$。

6. 答：(1) 0，1，2，3。

(2) 大于 4 的正整数。

(3) 0，$+1$ 或 -1，$+2$ 或 -2。

(4) $+1/2$ 或 $-1/2$。

(5) 0；0；$+1/2$ 或 $-1/2$。

7. 答：(1) = (5) > (3) > (2) = (6) > (4)

8. 答：当 $n = 3$ 时有 $3s$、$3p$、$3d$ 3 个能级，分别有 1、3、5 个轨道，分别容纳 2、6、10 个电子，该电子层最多可容纳 18 个电子。

9. 答：在多电子原子中，将其他电子对某一电子排斥的作用归结为是它们抵消了一部分核电荷，使有效核电荷降低，削弱了核电荷对该电子吸引作用，这种抵消一部分核电荷的作用称为屏蔽效应。

由于角量子数 l 不同，其电子云径向分布不同而引起的能级能量的变化称为钻穿效应。

$_{19}$K　电子结构式为 $1s^2 2s^2 2p^6 3s^2 3p^6 4s^1 3d$，由于次外层 $3d$ 轨道未填充电子，核对 $4s$ 轨道上的电子吸引力大，故 $E_{3d} > E_{4s}$。

$_{24}$Cr　电子结构式为 $1s^2 2s^2 2p^6 3s^2 3p^6 4s^1 3d^5$，调整后为 $1s^2 2s^2 2p^6 3s^2 3p^6 3d^5 4s^1$，由于次外层 $3d$ 轨道已填充电子，对外层 $4s$ 轨道上的电子有屏蔽效应，降低了核对 $4s$ 轨道上的电子吸引力。故 $E_{3d} < E_{4s}$。

10. 答：原子轨道角度分布图胖些，且有"$+$"和"$-$"值。而电子云的角度分布图要瘦些，且均为"$+$"值。

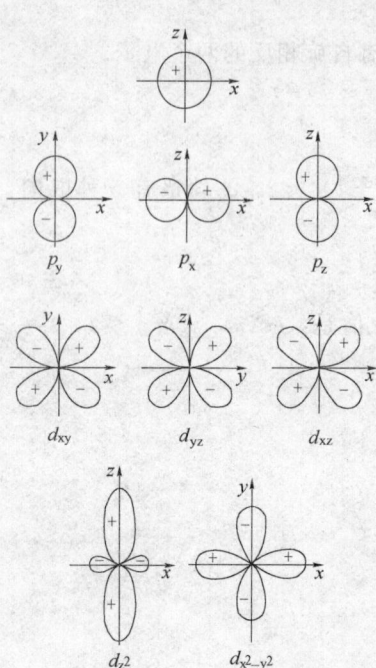

氢原子 s、p、d 各种原子轨道的角度分布剖面图　　　氢原子 s、p、d 各种电子云角度分布剖面图

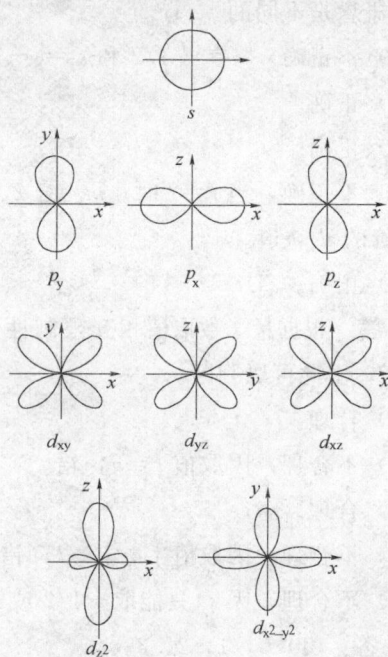

11.**答**:电子云概率密度径向分布图又称壳层概率径向分布图。壳层概率是指离核半径为 r 厚度为 dr 的薄层球壳体积($d\tau$)中电子出现的概率,若以壳层概率对 r 作图,这种图称为电子云概率密度径向分布图。

(1) $1s$、$2s$、$3s$ 的电子云径向分布图　　　(2) $2p$、$3p$、$4p$ 的电子云径向分布图

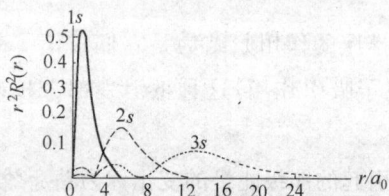

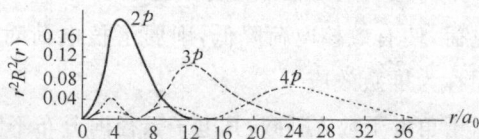

(3) $3d$、$4s$、$4d$、$4f$ 的电子云径向分布图

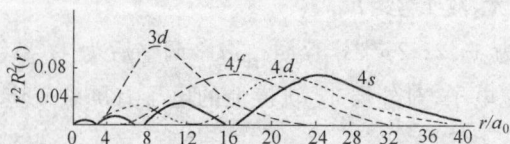

12.**答**:所谓电子云是指概率密度 $|\psi|^2$ 的具体图形,它是从统计的概念出发,对核外电子出现的概率密度大小用小黑点的密、稀作形象化的描述。

13.**答**:$\psi_{n,l,m}^2(r,\theta,\psi)$ 在空间的图像表示电子云的形状,它是由径向部分 $R_{n,l}^2(r)$(即概率密度随半径的变化图,通常说的电子概率密度径向分布图)和角度部分 $Y_{l,m}^2(\theta,\psi)$(即

概率密度随 θ、ψ 角度变化图,通常说的电子云角度分布图)两部分结合而成。

14.**答**:价电子构型分别为:

(1) Ⅰ A 族:ns^1　　　　　　　　(2) Ⅰ B 族:$(n-1)d^{10}ns^1$

(3) ⅦB 族:$(n-1)d^5ns^2$　　　　(4) ⅥA 族:ns^2np^4

(5) ⅦA 族:ns^2np^5

15.**答**:(1) S 和 S^{2-}

　　　　$_{16}$S　电子层结构:$1s^22s^22p^63s^23p^4$　　　价电子层结构:$3s^23p^4$

　　　　S^{2-}　电子层结构:$1s^22s^22p^63s^23p^6$

(2) Fe 和 Fe^{3+}

　　　　$_{26}$Fe 电子层结构:$1s^22s^22p^63s^23p^63d^64s^2$　价电子层结构:$3d^64s^2$

　　　　Fe^{3+} 电子层结构:$1s^22s^22p^63s^23p^63d^5$

(3) Cu 和 Cu^{2+}

　　　　$_{29}$Cu 电子层结构:$1s^22s^22p^63s^23p^63d^{10}4s^1$ 价电子层结构:$3d^{10}4s^1$

　　　　Cu^{2+} 电子层结构:$1s^22s^22p^63s^23p^63d^9$

(4) F 和 F^-

　　　　$_9$F　电子层结构:$1s^22s^22p^5$　　　　　　　价电子层结构:$2s^22p^5$

　　　　F^-　电子层结构:$1s^22s^22p^6$

16.**答**:根据周期数=能级组数,族数=价电子层数=最高氧化值,则:

(1) $2s^2$ 属第二周期、ⅡA 族元素,最高氧化值为+2。

(2) $2s^22p^3$ 属第二周期、ⅤA 族元素,最高氧化值为+5。

(3) $3s^23p^2$ 属第三周期、ⅣA 族元素,最高氧化值为+4。

(4) $3d^54s^1$ 属第四周期、ⅥB 族元素,最高氧化值为+6。

(5) $5d^{10}6s^2$ 属第六周期、ⅡB 族元素,最高氧化值为+2。

17.**答**:

原子序数	电子层结构(长式)	周期	族	区	金属或非金属
16	$1s^22s^22p^63s^23p^4$	3	ⅥA	p	非金属
20	$1s^22s^22p^63s^23p^64s^2$	4	ⅡA	s	金属
25	$1s^22s^22p^63s^23p^63d^54s^2$	4	ⅦB	d	金属
48	$1s^22s^22p^63s^23p^63d^{10}4s^24p^64d^{10}5s^2$	5	ⅡB	ds	金属
53	$1s^22s^22p^63s^23p^63d^{10}4s^24p^64d^{10}5s^25p^5$	5	ⅦA	p	非金属

18.**答**:同一周期原子的电子层数未增加,对短周期来说从左到右(除稀有气体外),由于有效核电荷增加,原子半径变小显著。对长周期来说,从左到右,主族元素(s 区和 p 区)原子半径的变化规律同短周期。副族元素(d 区、ds 区),由于增加的电子在次外层,有效核电荷增加不是很大,故原子半径变小较慢。当 d 轨道的电子处于 d^5 半满和 d^{10} 全满稳定状态时,对外层电子的屏蔽效应大,原子半径有所变大,而 f 区元素增加的电子是

在倒数第三层的 f 轨道上,有效核电荷几乎没有增加,原子半径变小不明显。故同周期副族元素原子半径的变化看上去有点不规则。

对同一族元素来讲,从上至下,电子层增加,内层电子对外层电子的屏蔽效应要大于核电荷增加的趋势,故从总体趋势来说,原子半径是逐渐变大的,其中主族元素原子半径变大明显。而第五周期和第六周期的同副族元素受镧系元素收缩的影响,原子半径相差很小,故同副族元素原子半径变大看上去不如主族元素明显。

铜的电子结构为 $3d^{10}4s^1$,镍的电子结构为 $3d^84s^2$。由于铜元素 $3d$ 轨道是全满的稳定状态,对外层 $4s$ 轨道上的电子屏蔽效应大,核对外层电子的吸引力降低,故铜原子的半径比镍原子的大。

19.答:(1)正确　　(2)正确　　(3)错误　　(4)正确　　(5)错误　　(6)错误

20.答:(1)正确　　(2)错误　　(3)正确　　(4)错误　　(5)正确　　(6)错误

自我测试题

一、单选题

1.元素原子的电子排布,有的出现"例外",主要是由于(　　)

  A.电子排布三原则不适用于该元素的原子。

  B.泡里不相容原理有不足之处。

  C.通常使用的鲍林原子轨道能级图有近似性。

  D.该元素原子的电子排布不服从四个量子数的规定。

  E.实验技术不足。

2.下列说法中,正确的是(　　)

  A.主量子数为 1 时,有自旋相反的两个轨道。

  B.主量子数为 3 时,有 $3s$、$3p$、$3d$ 共三个轨道。

  C.在除氢以外的原子中,$2p$ 能级总是比 $2s$ 能级高。

  D.电子云是电子出现的概率随 r 变化的图像。

  E.电子云图形中的小黑点代表电子。

3.某原子的基态电子组态是 $[Xe]4f^{14}5d^{10}6s^2$,该元素属于(　　)

  A.第六周期,ⅡA 族,s 区　　　　　　　　B.第六周期,ⅡB 族,p 区

  C.第六周期,ⅡB 族,f 区　　　　　　　　D.第六周期,ⅡA 族,d 区

  E.第六周期,ⅡB 族,ds 区

二、判断题

1.电子云概率密度径向分布图中,在电子出现概率最大的球壳处,电子出现的概率密度也最大。(　　)

2.元素所处的族数与其原子最外层的电子数相同。（　）

三、填空题

1.Au 是周期表中第六周期第 11 列元素,它的价电子层结构是_____;Ti 的原子序数是 22,Ti^{3+} 的价电子层结构是_____。

2.在元素周期表中,同一主族自上而下,元素第一电离势的变化趋势是逐渐_____,因而其金属性依次_____;在同一周期中自左向右,元素的第一电离势的变化趋势是逐渐_____。

四、简答题

1.如何理解电子的波动性？电子波与电磁波有何区别？

2.试解释为什么在氢原子中 3s 和 3p 轨道的能量相同,而在氯原子中 3s 轨道的能量比 3p 轨道的能量要低。

3.19 号元素 K 和 29 号元素 Cu 的最外层电子构型都是 4s^1,但二者的化学活泼性相差很大,试简要给予解释。

自我测试题参考答案

一、单选题

1.C　　2.C　　3.E

二、判断题

1.×　　2.×

三、填空题

1.5$d^{10}6s^1$;3$s^2$3$p^6$3d^1

2.减小;增强;增大

四、简答题

1.答:电子的波动性是指高速运动的电子不可能像经典粒子那样去描述它的运动轨迹和运动状态,因为它在空间的位置和运动速度不可能同时被精确测定。因此,电子的运动状态只能用统计的方法表达,即描述处在一定能态的电子在空间某区域出现的概率。量子力学用波函数的平方值得到了这个概率密度,所以说电子波是概率波。而电磁波是一种能量波,是电荷振荡或加速时电场和磁场的周期性振荡的能量传播。

2.答:氢原子中只有一个电子,没有屏蔽效应,也没有钻穿效应,轨道能量只决定于主

量子数 n。氯原子是多电子原子，存在屏蔽效应和钻穿效应，造成同一个电子层不同轨道的能级分裂。电子在 $3s$ 和 $3p$ 轨道上受到其他电子的屏蔽作用不同，它们的钻穿能力也不同，造成在不同轨道上的电子能量不同。所以在多电子原子中，轨道能量不仅与主量子数 n 有关，还与副量子数 l 有关。

3. **答**：钾的电子构型为 $1s^2 2s^2 2p^6 3s^2 3p^6 4s^1$，其价电子构型为 $4s^1$。而铜的电子构型为 $1s^2 2s^2 2p^6 3s^2 3p^6 3d^{10} 4s^1$，其价电子构型为 $3d^{10} 4s^1$。可见两者最外层电子构型都为 $4s^1$，但次外层电子构型不同，铜比钾多了 10 个电子。由于铜比钾新增了 10 个核电荷，但新增的 d 电子不能完全屏蔽这 10 个核电荷，所以铜的最外层电子受到的有效核电荷比钾大得多，失去电子比钾要难得多，故铜的化学活泼性比钾差得多。

第二章　化学键与分子结构 ▷▷▷▷

思考题

1.结合 F_2 的形成，说明共价键形成的条件；共价键为什么有饱和性？

2.写出 F_2 分子的分子轨道电子排布式；F_2 分子的成键作用靠的是哪个轨道上的电子？

3.PCl_3 的空间构型是三角锥形，键角略小于 $109°28'$，$SiCl_4$ 是四面体形，键角 $109°28'$，试用杂化轨道理论加以说明。

4.在酒精的水溶液中，分子间存在哪些作用力？

思考题参考答案

1.答：氟的原子序数为9，其电子排布为：$1s^2 2s^2 2p^5$，形成共价键必须有未成对电子，每个氟原子均有一个未成对电子，两个自旋方式相反的未成对电子可以配对形成共价键，即由于电子云在核间的密度大，将两个核吸引在一起。但是两个氟原子结合后，再不能与第三个氟原子结合，因此共价键具有饱和性。

2.答：F_2 为同核双原子分子，其分子轨道电子排布式为：

$$F_2\left[(\sigma_{1s})^2(\sigma_{1s}^*)^2(\sigma_{2s})^2(\sigma_{2s}^*)^2(\sigma_{2p_x})^2(\pi_{2p_y})^2(\pi_{2p_z})^2(\pi_{2p_y}^*)^2(\pi_{2p_z}^*)^2\right]$$

F_2 分子成键靠 $(\sigma_{2p_x})^2$，即 σ_{2p} 分子轨道上的 2 个电子，键级为 1。根据价键理论，两个 F 原子的 $2p_x$ 轨道沿 x 轴方向重叠，每个原子各提供一个电子，自旋相反配对形成 σ 键，即F—F共价单键。

3.答：PCl_3 中 P 原子的外层价电子构型为 $3s^2 3p^3$，成键时，$3s$ 和 $3p$ 轨道"混合"为 4 个 sp^3 杂化轨道，其中 3 个轨道各有一个未成对电子分别与氯原子的 $3p$ 轨道中的未成对电子配对，原子轨道重叠，形成 σ 键，另一个 sp^3 杂化轨道中有一对孤对电子，它施加同性相斥的影响于 P—Cl 共价键，使两个共价键之间的夹角略小于 $109°28'$。

$SiCl_4$ 中 Si 原子的外层价电子构型为 $3s^2 3p^2$，成键时，$3s$ 和 $3p$ 轨道也"混合"为 4 个 sp^3 杂化轨道，每个轨道各有一个未成对电子，分别与 Cl 原子的未成对的 $3p$ 电子配对，发生轨道重叠，形成 4 个等同的共价键，分子的构型为正四面体，键角为 $109°28'$。

4.答：C_2H_5OH 和 H_2O 均为极性分子，分子间的相互作用有取向力、诱导力和色散力。此外,还有 C_2H_5OH 分子间、H_2O 分子间、C_2H_5OH 和 H_2O 之间的氢键。

习 题

1.下列离子分别属于何种电子构型?

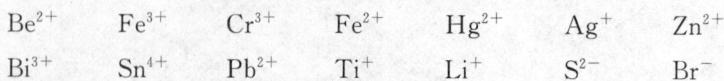

Be^{2+} $\quad$ Fe^{3+} $\quad$ Cr^{3+} $\quad$ Fe^{2+} $\quad$ Hg^{2+} $\quad$ Ag^+ $\quad$ Zn^{2+}

Bi^{3+} $\quad$ Sn^{4+} $\quad$ Pb^{2+} $\quad$ Ti^+ $\quad$ Li^+ $\quad$ S^{2-} $\quad$ Br^-

2.利用价层电子对互斥理论推断下列分子或离子的构型。

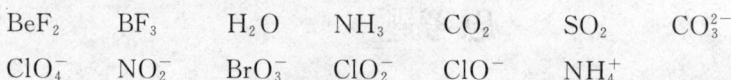

BeF_2 $\quad$ BF_3 $\quad$ H_2O $\quad$ NH_3 $\quad$ CO_2 $\quad$ SO_2 $\quad$ CO_3^{2-}

ClO_4^- $\quad$ NO_2^- $\quad$ BrO_3^- $\quad$ ClO_2^- $\quad$ ClO^- $\quad$ NH_4^+

3.说明下列各分子中碳原子所采取的杂化方式,指出分子中有几个 π 键?

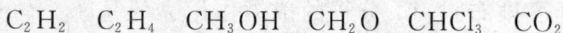

C_2H_2 $\quad$ C_2H_4 $\quad$ CH_3OH $\quad$ CH_2O $\quad$ $CHCl_3$ $\quad$ CO_2

4.试用分子轨道电子排布式写出下列各分子或离子的结构,并指出这些分子或离子的磁性和键级。

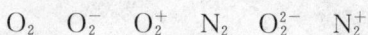

O_2 $\quad$ O_2^- $\quad$ O_2^+ $\quad$ N_2 $\quad$ O_2^{2-} $\quad$ N_2^+

5.试判断下列各对物质中哪个熔点较高,并说明原因。

Na_2SO_4 和 K_2SO_4 ; $\quad$ $NaCl$ 和 MgO ; $\quad$ MgO 和 BaO ; $\quad$ CaF_2 和 $CaCl_2$

6.用分子轨道理论解释:

(1)B_2 为顺磁性物质

(2)He_2 分子不存在

7.判断下列分子中键角大小的变化规律,并说明原因。

PF_3 $\quad$ PCl_3 $\quad$ PBr_3 $\quad$ PI_3

8.指出下列分子是极性分子还是非极性分子,为什么?

CCl_4 $\quad$ $CHCl_3$ $\quad$ BCl_3 $\quad$ NCl_3 $\quad$ H_2S $\quad$ CS_2 $\quad$ $HgCl_2$ $\quad$ $PbCl_2$ $\quad$ SO_2 $\quad$ $SiCl_4$

9.根据电负性差值判断下列各对化合物中键的极性大小。

(1)ZnO 和 ZnS $\qquad\qquad$ (2)NH_3 和 NF_3

(3)H_2O 和 OF_2 $\qquad\qquad$ (4)BCl_3 和 $InCl_3$

10.试分析下列各对物质之间存在何种分子间力?

(1)C_6H_6 和 CCl_4 $\qquad\qquad$ (2)He 和 H_2O

(3)CO_2 气体 $\qquad\qquad$ (4)HBr 气体

(5)氯水中 Cl_2 与 H_2O $\qquad\qquad$ (6)CH_3OH 和 H_2O

11.指出下列说法是否正确,说明原因。

(1)任何原子轨道都能有效地组合成分子轨道。

(2)凡是中心原子采用 sp^3 杂化轨道成键的分子,其空间构型必定是四面体。

(3)非极性分子中一定不含极性键。

(4)直线型分子一定是非极性分子。

（5）氦分子之间只存在色散力。

12.指出下列化合物中是否存在氢键以及氢键的类型。

（1）NH_3　　　　（2）HF　　　　　（3）CH_3F

（4）HNO_3　　　（5）H_2SO_4　　　（6）H_2O

13.试比较下面两组化合物中阳离子极化能力的大小。

（1）$ZnCl_2$，　$FeCl_2$，　$CaCl_2$，　KCl

（2）$SiCl_4$，　$AlCl_3$，　$MgCl_2$，　NaCl

14.试比较下面两组化合物中阴离子变形性的大小。

（1）KF，　KCl，　KBr，　KI

（2）Na_2O，　Na_2S，　NaF

15.举例说明离子键与共价键的区别、σ键和π键的区别。

16.说明分子间力和氢键、离解能和键能的区别。

17.说明杂化轨道理论的基本要点。

18.说明分子轨道的理论要点。

19.键长值 O_2 为 12.1pm，O_2^+ 为 11.2pm，N_2 为 10.9pm，N_2^+ 为 11.2pm，试用 MO 法解释为什么 O_2^+ 键长比 O_2 短，而 N_2^+ 键长比 N_2 长。

20.试用离子极化的观点，解释下列现象：

（1）AgF 易溶于水，AgCl、AgBr、AgI 难溶于水，且溶解度依次减小。

（2）AgCl、AgBr、AgI 的颜色依次加深。

习题参考答案

1.答：Be^{2+}、Li^+ 属 2 电子构型。S^{2-}、Br^- 属 8 电子构型。Ag^+、Zn^{2+}、Sn^{4+}、Hg^{2+} 属 18 电子构型。Cr^{3+}、Fe^{2+}、Fe^{3+}、Ti^+ 属 9～17 电子构型。Pb^{2+}、Bi^{3+} 属 18＋2 电子构型。

2.答：

	价层电子对数	价层电子对空间构型	孤对电子数	分子空间构型
BeF_2	2	直线形	0	直线形
BF_3	3	平面三角形	0	平面三角形
H_2O	4	四面体形	2	角形
NH_3	4	四面体形	1	三角锥形
CO_2	2	直线形	0	直线形
SO_2	3	平面三角形	1	角形
CO_3^{2-}	3	平面三角形	0	平面三角形
ClO_4^-	4	四面体形	0	四面体形
BrO_3^-	4	四面体形	1	三角锥形

ClO_2^-	4	四面体形	2	角形
NO_2^-	3	平面三角形	1	角形
ClO^-	4	四面体形	3	直线形
NH_4^+	4	四面体形	0	四面体形

3.**答**:C_2H_2 中 C 采取 sp 杂化,有 2 个 π 键;

C_2H_4 中 C 采取 sp^2 杂化,有 1 个 π 键;

CH_3OH 中 C 采取 sp^3 杂化,没有 π 键;

CH_2O 中 C 采取 sp^2 杂化,有 1 个 π 键;

$CHCl_3$ 中 C 采取 sp^3 杂化,没有 π 键;

CO_2 中 C 采取 sp 杂化,有 2 个 π 键。

4.**答**:O_2:$[KK(\sigma_{2s})^2(\sigma_{2s}^*)^2(\sigma_{2p_x})^2(\pi_{2p_y})^2(\pi_{2p_z})^2(\pi_{2p_y}^*)^1(\pi_{2p_z}^*)^1]$;为顺磁性,键级 $=(6-2)/2=2$。

O_2^-:$[KK(\sigma_{2s})^2(\sigma_{2s}^*)^2(\sigma_{2p_x})^2(\pi_{2p_y})^2(\pi_{2p_z})^2(\pi_{2p_y}^*)^2(\pi_{2p_z}^*)^1]$;为顺磁性;键级为 1.5。

O_2^+:$[KK(\sigma_{2s})^2(\sigma_{2s}^*)^2(\sigma_{2p_x})^2(\pi_{2p_y})^2(\pi_{2p_z})^2(\pi_{2p_y}^*)^1]$;为顺磁性;键级 $(6-1)/2=2.5$。

O_2^{2-}:$[KK(\sigma_{2s})^2(\sigma_{2s}^*)^2(\sigma_{2p_x})^2(\pi_{2p_y})^2(\pi_{2p_z})^2(\pi_{2p_y}^*)^2(\pi_{2p_z}^*)^2]$;为逆磁性;键级为 $(6-4)/2=1$。

N_2:$[KK(\sigma_{2s})^2(\sigma_{2s}^*)^2(\pi_{2p_y})^2(\pi_{2p_z})^2(\sigma_{2p_x})^2]$;为逆磁性;键级为 $(6-0)/2=3$。

N_2^+:$[KK(\sigma_{2s})^2(\sigma_{2s}^*)^2(\pi_{2p_y})^2(\pi_{2p_z})^2(\sigma_{2p_x})^1]$;为顺磁性;键级为 $(5-0)/2=2.5$。

5.**答**:Na_2SO_4 的熔点比 K_2SO_4 的高,因为两种物质都是离子键结合,电荷相等,Na^+ 离子的半径比 K^+ 半径小,与 SO_4^{2-} 结合的静电引力较大,因此熔点也就较高。

MgO 的熔点比 $NaCl$ 的熔点高。因为两种物质都是离子键结合,而 Mg^{2+} 比 Na^+ 电荷多,O^{2-} 比 Cl^- 的电荷多。电荷越多,离子结合越牢固,熔点也越高。

MgO 的熔点比 BaO 的熔点高。电荷相等,但 Ba^{2+} 的半径比 Mg^{2+} 的半径大,Ba^{2+} 的电场力比 Mg^{2+} 弱。

CaF_2 的熔点比 $CaCl_2$ 高。阳离子相同,阴离子所带电荷虽相同,但 F^- 离子的半径比 Cl^- 半径小,与 Ca^{2+} 的静电引力较大,因此熔点也就较高。

6.**答**:(1)B_2 的分子轨道电子排布式为:$[KK(\sigma_{2s})^2(\sigma_{2s}^*)^2(\pi_{2p_y})^1(\pi_{2p_z})^1]$。由于 B_2 分子中有 2 个单电子,故为顺磁性。

(2)He_2 的分子轨道电子排布式为:$[(\sigma_{1s})^2(\sigma_{2s}^*)^2]$。$He_2$ 的键级为 $(2-2)/2=0$,故 He_2 分子不存在。

7.**答**:在 PX_3 分子中,由于 F 的电负性最大,对电子对的吸引也最大,使中心 P 原子周围的电子密度变得最小,键和电子对间的斥力最小,因此 PF_3 的键角最小。同理,随 Cl、Br、I 电负性减小,其键角逐渐变大。

8.**答**:CCl_4、$SiCl_4$ 的空间构型为正四面体,具有中心对称结构,为非极性分子。

BCl_3 的空间构型为平面正三角形,具有中心对称结构,为非极性分子。

NCl_3 的空间构型为三角锥形,不具有中心对称结构,为极性分子。

$CHCl_3$ 的空间构型为四面体,不具有中心对称结构,为极性分子。

H_2S、$PbCl_2$、SO_2 的空间构型为角形,不具有中心对称结构,为极性分子。

CS_2、$HgCl_2$ 的空间构型为直线形,具有中心对称结构,为非极性分子。

9.**答:**在化合物中,键的极性大小取决于成键原子电负性差值的大小,差值越大,其键的极性就越强。

(1)ZnO 和 ZnS

$\because \Delta X_{O-Zn}=3.44-1.65=1.79$

$\Delta X_{S-Zn}=2.58-1.65=0.93$

$\therefore Zn-O$ 键的极性大于 $Zn-S$ 键的极性。

(2)NH_3 和 NF_3

$\because \Delta X_{N-H}=3.04-2.20=0.84$

$\Delta X_{F-N}=3.98-3.04=0.94$

$\therefore N-F$ 键的极性大于 $N-H$ 键的极性。

(3)H_2O 和 OF_2

$\because \Delta X_{O-H}=3.44-2.20=1.24$

$\Delta X_{F-O}=3.98-3.44=0.54$

$\therefore O-H$ 键的极性大于 $F-O$ 键的极性。

(4)BCl_3 和 $InCl_3$

$\because \Delta X_{Cl-B}=3.16-2.04=1.12$

$\Delta X_{Cl-In}=3.16-1.78=1.38$

$\therefore In-Cl$ 键的极性大于 $B-Cl$ 键的极性。

10.**答:**(1)C_6H_6 和 CCl_4 为非极性分子,它们之间只存在色散力。

(2)He 为非极性分子,H_2O 为极性分子,二者之间存在诱导力和色散力。

(3)CO_2 分子为非极性分子,只存在色散力。

(4)HBr 分子为极性分子,存在三种力即色散力、诱导力和取向力。

(5)Cl_2 为非极性分子,H_2O 为极性分子,二者之间存在诱导力与色散力。

(6)CH_3OH 和 H_2O 二者均为极性分子,存在色散力、诱导力和取向力,还有分子间氢键。

11.**答:**(1)不正确。只有那些满足对称性匹配原则,能量相近原则和最大重叠原则的原子轨道才能有效地组合成分子轨道。

(2)不正确。当中心原子用 4 个 sp^3 杂化轨道分别与 4 个相同原子键合时,形成的分子的构型是正四面体,中心原子用 4 个 sp^3 杂化轨道分别与 4 个不同的原子形成的分子的构型为四面体,而不是正四面体。而当中心原子的孤对电子占据一个 sp^3 杂化轨道时,中心原子与 3 个其他原子形成的分子构型为三角锥形;当中心原子的 2 对孤对电子分占 2

个 sp^3 杂化轨道时,中心原子与 2 个其他原子形成的分子构型为角形。

(3)不正确。含有极性键,但结构完全对称的分子也是非极性分子。

(4)不正确。结构对称的直线型分子和由相同原子所形成的双原子分子是非极性分子。而由不同原子所形成的双原子分子和结构不对称的直线型分子为极性分子。

(5)正确。氮分子是非极性分子,分子间的作用力通常为色散力。

12.答:只有当氢原子直接与电负性大、半径小的原子(如 F、O、N)以共价键结合时,才会形成氢键。因此,(1)、(2)、(4)、(5)、(6)中均存在氢键。(4)可以形成分子内氢键。而(1)、(2)、(5)、(6)形成分子间氢键。

13.答:阳离子的极化能力与离子的半径、离子的电荷和离子的电子层结构有关。电子层结构相同时,离子半径越小,电荷越多,极化能力就越强;电荷相同,半径相近时,阳离子的极化能力与其电子层结构有关,其大小顺序为:8 电子<8~17 电子<18 电子和 18+2 电子。

(1)Zn^{2+}、Fe^{2+}、Ca^{2+}、K^+ 的离子构型分别属于 18 电子、9~17 电子、8 电子、8 电子构型。Zn^{2+}、Fe^{2+}、Ca^{2+} 所带电荷相同,极化能力主要取决于离子的电子层结构,其相对大小为 $Zn^{2+}>Fe^{2+}>Ca^{2+}$。Ca^{2+} 和 K^+ 均为 8 电子构型,由于 Ca^{2+} 所带的电荷较多,且离子半径较小,故 Ca^{2+} 的极化能力比 K^+ 强。化合物中阳离子的极化能力相对大小为 $ZnCl_2>FeCl_2>CaCl_2>KCl$。

(2)4 种阳离子均为 8 电子构型,极化能力取决于离子所带电荷和离子半径。化合物中阳离子极化能力的相对大小为 $SiCl_4>AlCl_3>MgCl_2>NaCl$。

14.答:阴离子的变形性与离子的半径、离子的电荷和离子的电子层结构有关。电子层结构相同时,离子半径越大,电荷越多,变形性就越强;电荷相同,半径相近时,阴离子的变形性与其电子层结构有关,其大小顺序为 8 电子<8~17 电子<18 电子和 18+2 电子。

(1)F^-、Cl^-、Br^-、I^- 是 8 电子构型,阳离子相同,变形性主要取决于阴离子半径,故化合物中阴离子的变形性相对大小为 $KF<KCl<KBr<KI$。

(2)阳离子相同,阴离子半径 $S^{2-}>O^{2-}>F^-$,故化合物中阴离子的变形性相对大小为 $Na_2S>Na_2O>NaF$。

15.答:离子键的本质是静电吸引作用,由于离子的电荷分布是球形对称的,可在任意方向上同等程度地与带相反电荷的离子相互吸引,因此离子键没有方向性。同时在离子晶体中,每一个离子可以同时与多个带相反电荷的离子互相吸引,而且相互吸引的带相反电荷的离子数目不受离子的电荷数的限制,所以离子键也没有饱和性。共价键是由成键原子的最外层原子轨道相互重叠而形成的。原子轨道在空间是有一定伸展方向的,除了 s 轨道呈球形对称外,p、d、f 轨道都有一定的空间伸展方向。为了形成稳定的共价键,原子轨道只有沿着某一特定方向才能达到最大程度的重叠,即共价键只能沿着某一特定的方向形成。因此共价键具有方向性。根据泡里不相容原理,一个轨道中最多容纳两个自旋方向相反的电子。因此,一个原子中有几个单电子,就可以与几个自旋相反的单电子配对成键,因此,共价键具有饱和性。

σ 键是两个原子的成键轨道沿键轴以"头碰头"的方式重叠形成的共价键;π 键是两个原子的成键轨道沿键轴以"肩并肩"的方式重叠形成的共价键。形成 σ 键时,原子轨道重叠程度大,故键能较高,稳定性好。而形成 π 键时,原子轨道重叠程度较小,因此 π 键的键能低于 σ 键的键能。

16.答:分子间引力和氢键都是分子间的一种较弱的作用力,氢键比分子间的引力稍强一些,它与分子间引力最大的区别是氢键具有方向性和饱和性;而分子间引力没有方向性和饱和性。

在 100kPa 和 298.15K 下,将 1mol 理想气态分子 AB 拆开成为理想气态 A 原子和 B 原子所需的能量叫 AB 的离解能。对于双原子分子来说,离解能就等于键能。但对多原子分子来说,离解能不同于键能,若在分子中有几个等价的键,则先后拆开时所需的离解能是不同的,而键能则是这几个等价键的平均离解能。

17.答:(1)同一原子的能量相近的原子轨道在形成分子的过程中,可以重新组合形成新的轨道,即杂化轨道。

(2)杂化轨道的成键能力比原来的原子轨道的成键能力增强。因为电子云的形状发生改变,电子云分布集中,重叠程度大,形成的化学键能大。

(3)有几条原子轨道参加杂化,就生成几条杂化轨道。杂化轨道在成键时,要满足化学键间最小排斥原理。

18.答:(1)在分子中,电子不再属于某个原子,而是在整个分子区域内运动。分子中电子的空间运动状态即分子轨道可用波函数来描述。

(2)分子轨道是由原子轨道的线性组合得到,组合生成的分子轨道的数目等于参与组合的原子轨道的数目。其中一半成键轨道,一半反键轨道。成键轨道比原来的原子轨道的能量低,反键轨道比原来原子轨道的能量高。

(3)为了有效地组合成分子轨道,参与组合的原子轨道必须遵循三条原则,即对称性匹配原则,能量近似原则,轨道最大重叠原则。

(4)在分子轨道上排布的电子,遵循能量最低原理、泡里不相容原理和洪特规则。

19.答:N_2 和 N_2^+ 的分子轨道电子排布式分别为:

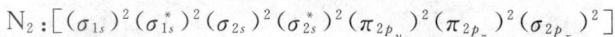

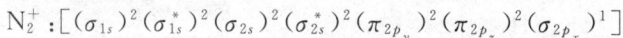

N_2:$[(\sigma_{1s})^2(\sigma_{1s}^*)^2(\sigma_{2s})^2(\sigma_{2s}^*)^2(\pi_{2p_y})^2(\pi_{2p_z})^2(\sigma_{2p_x})^2]$

N_2^+:$[(\sigma_{1s})^2(\sigma_{1s}^*)^2(\sigma_{2s})^2(\sigma_{2s}^*)^2(\pi_{2p_y})^2(\pi_{2p_z})^2(\sigma_{2p_x})^1]$

N_2 的键级为 $(10-4)/2=3$,N_2^+ 的键级为 $(9-4)/2=2.5$,对于同种原子形成的共价键,键级越大,键能就越大,键长就越短。由于 N_2 的键级大于 N_2^+ 的键级,因此 N_2 的键长比 N_2^+ 的键长短。

O_2 和 O_2^+ 的分子轨道分别为:

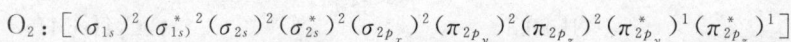

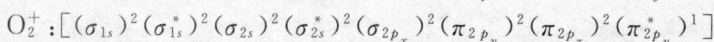

O_2:$[(\sigma_{1s})^2(\sigma_{1s}^*)^2(\sigma_{2s})^2(\sigma_{2s}^*)^2(\sigma_{2p_x})^2(\pi_{2p_y})^2(\pi_{2p_z})^2(\pi_{2p_y}^*)^1(\pi_{2p_z}^*)^1]$

O_2^+:$[(\sigma_{1s})^2(\sigma_{1s}^*)^2(\sigma_{2s})^2(\sigma_{2s}^*)^2(\sigma_{2p_x})^2(\pi_{2p_y})^2(\pi_{2p_z})^2(\pi_{2p_y}^*)^1]$

O_2 的键级为 $(10-6)/2=2$,O_2^+ 的键级为 $(10-5)/2=2.5$。由于 O_2 的键级小于 O_2^+

的键级,因此 O_2 的键长比 O_2^+ 的键长长。

20.答:(1)Ag^+ 为 18 电子构型,其极化能力和变形性都很强。由 F^- 到 I^-,离子半径依次增大,离子的变形性依次增强。因此,由 AgF 到 AgI,阴、阳离子之间的相互极化作用依次增强,极性减弱,共价成分依次增大。由于 F^- 半径小,因此变形性小,AgF 为离子型化合物,易溶于水。而 AgCl、AgBr、AgI 为共价型化合物,极性依次减弱,因此难溶于水,并且溶解度依次减小。

(2)在卤化银中,极化作用越强,卤化银的颜色越深。由于极化作用按 AgCl、AgBr、AgI 的顺序依次增强,因此 AgCl、AgBr、AgI 的颜色依次加深。

自我测试题

一、单选题

1.下列化合物中既有离子键,又有共价键和配位键的是(　)

  A.CsCl   B.Na$_2$S   C.NH$_4$Cl   D.Ca(OH)$_2$ E.HCl

2.下列化合物中含有极性共价键的是(　)

  A.Na$_2$O   B.KI   C.KClO$_3$ D.Na$_2$O$_2$ E.BaCl$_2$

3.中心原子采取 sp^2 杂化的分子是(　)

  A.BF$_3$ B.H$_2$O   C.CCl$_4$ D.PCl$_3$ E.BeCl$_2$

4.中心原子采取等性杂化的分子是(　)

  A.BF$_3$ B.NH$_3$ C.NCl$_3$ D.PCl$_3$ E.H$_2$O

5.下列哪种化合物具有最大的偶极矩(　)

  A.CCl$_4$ B.BF$_3$ C.BeCl$_2$

  D.顺式 ClCH=CHCl   E.反式 ClCH=CHCl

6.根据价层电子对互斥理论,下列分子或离子的空间构型不为四面体的是(　)

  A.SF$_4$ B.NH$_4^+$ C.PH$_4^+$ D.BH$_4^-$ E.CCl$_4$

7.下列分子中,属于非极性分子的是(　)

  A.CO$_2$ B.SO$_2$ C.NO$_2$

  D.ClO$_2$ E.NH$_3$

8.O_2 的顺磁性是因为(　)

  A.分子中有双键   B.分子中有未成对电子   C.非极性分子

  D.双原子分子   E.无色无味

9.下列哪种物质中存在氢键(　)

  A.H$_2$Se   B.HCl   C.C$_2$H$_5$OH

  D.C$_6$H$_6$ E.CHCl$_3$

10.下列化合物中,正负离子间附加极化作用最强的是(　)

A.CaCl₂   B.HgS   C.PbCl₂

D.FeCl₂   E.AgF

二、是非题

1.同核双原子间双键键能是其单键键能的两倍。（　）

2.元素原子在化合物中形成共价键的数目为该基态原子未成对的电子数。（　）

3.具有 18、18+2 电子构型的离子，变形性和极化能力都较强。（　）

4.要组成有效的分子轨道，需要满足的三个原则是：对称性匹配，能量相近，电子配对。（　）

5.键有极性，分子的偶极矩一定不为零。（　）

6.分子内氢键的形成将使该物质的熔点和沸点降低。（　）

7.HI 分子间力比 HBr 的大，故 HI 没有 HBr 稳定。（　）

8.三键又称为三电子键。（　）

9.NH_3 与 PH_3 分子的空间构型相同。（　）

三、填空题

1.共价键之所以有方向性，是因为_____。

2.干冰升华需要克服_____力。

3.N_2 的分子轨道排布式为_____，键级为_____，分子具有_____磁性。

4.下列分子或离子中，能形成分子内氢键的是_____；能形成分子间氢键的是_____。

①HNO_3 ②NH_3 ③邻羟基苯甲醛   ④H_2O

5.

物　质	$BeCl_2$	H_2O	BF_3	H_2S
中心原子杂化类型				
分子的空间构型				

6.

物质	价层电子对数	价层电子对构型	成键电子对数	孤电子对数	分子空间构型
CO_3^{2-}					
PCl_5					
NH_3					
H_2S					

自我测试题参考答案

一、单选题

1.C   2.C   3.A   4.A   5.D   6.A   7.A   8.B   9.C   10.B

二、是非题

1.×   2.×   3.√   4×   5.×   6.×   7.×   8.×   9.√

三、填空题

1.原子轨道具有方向性

2.色散

3.$(\sigma_{1s})^2(\sigma_{1s}^*)^2(\sigma_{2s})^2(\sigma_{2s}^*)^2(\pi_{2p})^4(\sigma_{2p_x}')^2$,3,反(逆或抗)

4.HNO_3,邻羟基苯甲醛,NH_3,H_2O

5.

物　质	$BeCl_2$	H_2O	BF_3	H_2S
中心原子杂化类型	sp	sp^3 不等性	sp^2	sp^3 不等性
分子的空间构型	直线	角型	平面三角	角型

6.

物质	价层电子对数	价层电子对构型	成键电子对数	孤电子对数	分子空间构型
CO_3^{2-}	3	平面三角形	3	0	平面三角形
PCl_5	5	三角双锥	5	0	三角双锥
NH_3	4	四面体	3	1	三角锥形
H_2S	4	四面体	2	2	角型

第三章　配位化合物的化学键理论 ▷▷▷▷

思考题

1.根据价键理论,指出下列配离子的空间构型、配离子是内轨型还是外轨型。

(1)$[CoF_6]^{3-}$(中心离子的未成对 d 电子数为 4)

(2)$[Co(CN)_6]^{3-}$(中心离子的未成对 d 电子数为 0)

2.在$[Cu(NH_3)_4]SO_4$ 溶液中,分别加入少量下列物质:

(1)盐酸　　(2)氨水　　(3)Na_2S 溶液　　(4)KCN 溶液

试问$[Cu(NH_3)_4]^{2+} \rightleftharpoons Cu^{2+} + 4NH_3$ 平衡将怎样移动?

3.$AgNO_3$ 能将 $PtCl_4 \cdot 6NH_3$ 溶液中所有氯沉淀为 $AgCl$,但在 $PtCl_4 \cdot 3NH_3$ 溶液中仅能沉淀出 1/4 的氯。试判断两种配合物的结构和名称。

思考题参考答案

1.答:(1)$[CoF_6]^{3-}$中 Co^{3+} 的价电子结构为 $3d^6 4s^0 4p^0 4d^0$。由于$[CoF_6]^{3-}$中 Co^{3+} 的未成对 d 电子数为 4,说明 Co^{3+} 原有的未成对 d 电子数保持不变,中心离子 Co^{3+} 只用外层空轨道 $4s$、$4p$、$4d$ 进行 sp^3d^2 杂化,与配体结合而形成八面体、外轨型配合物。

(2)由于$[Co(CN)_6]^{3-}$中 Co^{3+} 的未成对 d 电子数为 0,说明中心离子 Co^{3+} 的 $3d$ 电子排布状态在 CN^- 的影响下发生了重排,原有的未成对 d 电子数 4 减少为 0 而空出 2 个 $3d$ 轨道。Co^{3+} 用内层空轨道 $3d$ 和外层空轨道 $4s$、$4p$ 进行 d^2sp^3 杂化,与配体结合而形成八面体、内轨型配合物。

2.答:(1)向右移动;　　(2)向左移动;　　(3)向右移动;　　(4)向右移动。

3.答:$PtCl_4 \cdot 6NH_3$:$[Pt(NH_3)_6]Cl_4$,四氯化六氨合铂(Ⅳ);

$PtCl_4 \cdot 3NH_3$:$[Pt(NH_3)_3Cl_3]Cl$,氯化三氯·三氨合铂(Ⅳ)。

习　题

1.指出下列化合物中哪些是简单配合物? 哪些是螯合物? 哪些是复盐?

K_2PtCl_6　　　　$Ni(en)_2Cl_2$　　　　$CuSO_4 \cdot 5H_2O$　　　　$Co(NH_3)_6Cl_3$

$(NH_4)_2SO_4 \cdot FeSO_4 \cdot 6H_2O$ $Cu(NH_2CH_2COO)_2$ $KCl \cdot MgCl_2 \cdot 6H_2O$

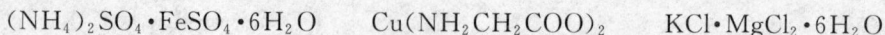

2.写出下列配合物的中心原子及其氧化值、配体及其配位原子、配位数、配位个体和配合物的名称。

$[CrCl_2(H_2O)_4]Cl$ $K_3[Co(ONO)_6]$;

$[PtCl_2(OH)_2(NH_3)_2]$ $[FeCl_2(C_2O_4)(en)]^-$

3.写出下列配合物的中心原子、配体数、配位数和化学式。

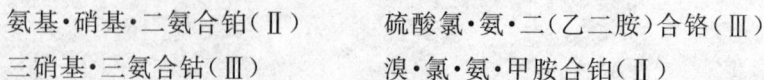

氨基·硝基·二氨合铂(Ⅱ)   硫酸氯·氨·二(乙二胺)合铬(Ⅲ)

三硝基·三氨合钴(Ⅲ)   溴·氯·氨·甲胺合铂(Ⅱ)

4.判断下列说法是否正确。

(1)配位数是指直接和中心离子或原子相连的配体总数。

(2)配离子既可以处于晶体中,也可以处于溶液中。

(3)配合物中,中心离子或原子只能带正电荷。

(4)配体除带负电和中性的原子或原子团外,还有带正电荷原子团。

5.Ni^{2+}作中心离子可形成平面正方形、四面体、八面体三种构型的配合物。试根据价键理论画出形成这三种构型配合物时的电子轨道式,指出其属内轨型还是外轨型配合物,并估算它们的磁矩。

6.已知下列配离子的空间构型,根据价键理论指出各配离子的中心离子价层电子排布、杂化轨道类型,并估算它们的磁矩。

(1)$[Ag(NH_3)_2]^+$直线形   (2)$[Zn(NH_3)_4]^{2+}$四面体

(3)$[Pt(NH_3)_4]^{2+}$正方形

7.指出下列配离子的中心离子中未成对电子数。

(1)$[CoCl_4]^{2-}$(外轨型)   (2)$[MnF_6]^{4-}$(外轨型)

(3)$[Fe(H_2O)_6]^{2+}$(外轨型)   (4)$[Ni(H_2O)_6]^{2+}$(外轨型)

(5)$[Mn(CN)_6]^{4-}$(内轨型)   (6)$[Zn(CN)_4]^{2-}$

8.已知下列配合物的磁矩,根据价键理论指出各配离子的中心离子价层电子排布、杂化轨道类型、配离子的空间构型、配离子是内轨型还是外轨型。

(1)$[CoF_6]^{3-}$ 4.9 B.M.   (2)$[Fe(CN)_6]^{3-}$ 2.3 B.M.

(3)$[Mn(SCN)_6]^{4-}$ 6.1 B.M.   (4)$[Pt(CN)_4]^{2-}$ 0 B.M.

习题参考答案

1.**解**:简单配合物:K_2PtCl_6; $CuSO_4 \cdot 5H_2O$ (或$[Cu(H_2O)_4]SO_4 \cdot H_2O$); $Co(NH_3)_6Cl_3$

螯合物:$Ni(en)_2Cl_2$; $Cu(NH_2CH_2COO)_2$

复盐: $(NH_4)_2SO_4 \cdot FeSO_4 \cdot 6H_2O$; $KCl \cdot MgCl_2 \cdot 6H_2O$

2.**解**:各配合物的中心原子及其氧化值、配体及其配位原子、配位数、配位个体和配合物的名称分别为:

$[CrCl_2(H_2O)_4]Cl:Cr^{3+};+3;Cl^-、H_2O;Cl、O;6;[CrCl_2(H_2O)_4]^+;$氯化二氯·四水合铬（Ⅲ）。

$K_3[Co(ONO)_6]:Co^{3+};+3;ONO^-;O;6;[Co(ONO)_6]^{3-};$六（亚硝酸根）合钴（Ⅲ）酸钾。

$[PtCl_2(OH)_2(NH_3)_2]:Pt^{4+};+4;Cl^-、OH^-、NH_3;Cl、O、N;6;[PtCl_2(OH)_2(NH_3)_2];$二氯·二羟·二氨合铂（Ⅳ）。

$[FeCl_2(C_2O_4)(en)]^-:Fe^{3+};+3;Cl^-、C_2O_4^{2-}、en;Cl、O、N;6;[FeCl_2(C_2O_4)(en)]^-;$二氯·草酸根·乙二胺合铁（Ⅲ）离子。

3.**解**:各配合物的中心原子、配体数、配位数和化学式分别为:

氨基·硝基·二氨合铂（Ⅱ）:$Pt^{2+};4;4;[PtNH_2NO_2(NH_3)_2]$。

硫酸氯·氨·二（乙二胺）合铬（Ⅲ）:$Cr^{3+};4;6;[CrClNH_3(en)_2]SO_4$。

三硝基·三氨合钴（Ⅲ）:$Co^{3+};6;6;[Co(NO_2)_3(NH_3)_3]$。

溴·氯·氨·甲胺合铂（Ⅱ）:$Pt^{2+};4;4;[PtBrClNH_3(CH_3NH_2)]$。

4.**解**:(1)不正确。配位数是指直接和中心离子或原子相连的配位原子总数。

(2)正确。

(3)不正确。例如,$Fe(CO)_5$ 中的 Fe 原子为中性;$HCo(CO)_4$ 中的 Co 氧化值为-1。

(4)正确。

5.**解**:$Ni^{2+}(3d^8)$:

平面正方形:

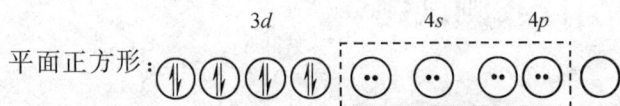

dsp^2 杂化,内轨型配合物,磁矩 $\mu=\sqrt{n(n+2)}=0$

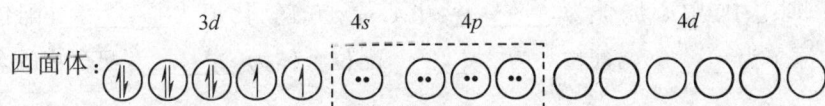

四面体:

sp^3 杂化,外轨型配合物,磁矩 $\mu=\sqrt{n(n+2)}=2.82$ B.M.

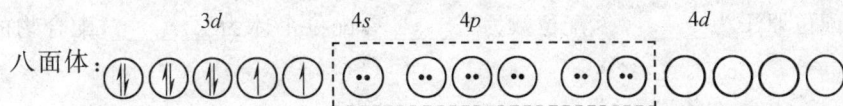

八面体:

sp^3d^2 杂化,外轨型配合物,磁矩 $\mu=\sqrt{n(n+2)}=2.82$ B.M.

6.**解**:(1)$[Ag(NH_3)_2]^+$ 中 Ag^+ 的价层电子 $4d^{10}$ 电子排布为:↑↓ ↑↓ ↑↓ ↑↓ ↑↓,杂化轨道类型为 sp,磁矩按 $\mu=\sqrt{n(n+2)}$ 估算为 0。

(2)$[Zn(NH_3)_4]^{2+}$ 中 Zn^{2+} 的价层电子 $3d^{10}$ 电子排布为:↑↓ ↑↓ ↑↓ ↑↓ ↑↓,杂化轨道类型为 sp^3,磁矩估算为 0。

(3)$[Pt(NH_3)_4]^{2+}$ 中 Pt^{2+} 的价层电子 $5d^8$ 电子排布为:↑↓ ↑↓ ↑↓ ↑↓ __,杂化轨道类型为 dsp^2,磁矩估算为 0。

7.解：(1)$[CoCl_4]^{2-}$中 Co^{2+} 的 $3d^7$ 电子排布：↑↓ ↑↓ ↑ ↑ ↑，未成对电子数为 3。

(2)$[MnF_6]^{4-}$中 Mn^{2+} 的 $3d^5$ 电子排布：↑ ↑ ↑ ↑ ↑，未成对电子数为 5。

(3)$[Fe(H_2O)_6]^{2+}$中 Fe^{2+} 的 $3d^6$ 电子排布：↑↓ ↑ ↑ ↑ ↑，未成对电子数为 4。

(4)$[Ni(H_2O)_6]^{2+}$中 Ni^{2+} 的 $3d^8$ 电子排布：↑↓ ↑↓ ↑↓ ↑ ↑，未成对电子数为 2。

(5)$[Mn(CN)_6]^{4-}$中 Mn^{2+} 的 $3d^5$ 电子排布：↑↓ ↑↓ ↑ _ _，未成对电子数为 1。

(6)$[Zn(CN)_4]^{2-}$中 Zn^{2+} 的 $3d^{10}$ 电子排布：↑↓ ↑↓ ↑↓ ↑↓ ↑↓，未成对电子数为 0。

8.解：(1)按 $\mu=\sqrt{n(n+2)}$ B.M.计算，未成对电子数 $n=4$，$[CoF_6]^{3-}$ 中 Co^{3+} 的 $3d^6$ 价层电子排布为：↑↓ ↑ ↑ ↑ ↑，杂化轨道类型为 sp^3d^2，$[CoF_6]^{3-}$ 为八面体构型、外轨型。

(2)按 $\mu=\sqrt{n(n+2)}$ B.M.计算，未成对电子数 $n=1$，$[Fe(CN)_6]^{3-}$ 中 Fe^{3+} 的 $3d^5$ 价层电子排布为：↑↓ ↑↓ ↑ _ _，杂化轨道类型为 d^2sp^3，$[Fe(CN)_6]^{3-}$ 为八面体构型、内轨型。

(3)按 $\mu=\sqrt{n(n+2)}$ B.M.计算，未成对电子数 $n=5$，$[Mn(SCN)_6]^{4-}$ 中 Mn^{2+} 的 $3d^5$ 价层电子排布为：↑ ↑ ↑ ↑ ↑，杂化轨道类型为 sp^3d^2，$[Mn(SCN)_6]^{4-}$ 为八面体构型、外轨型。

(4)未成对电子数 $n=0$，$[Pt(CN)_4]^{2-}$ 中 Pt^{2+} 的 $5d^8$ 价层电子排布为：↑↓ ↑↓ ↑↓ ↑↓ _，杂化轨道类型为 dsp^2，$[Pt(CN)_4]^{2-}$ 为正方形构型、内轨型。

自我测试题

一、填空题

1.在 $K_2[PtCl_6]$ 中，中心原子为_____，中心原子的氧化值为_____，配体为_____，配位原子为_____，配位数为_____，配位个体为_____，配合物的名称为_____。

2.在 $[Ag(NH_3)_2]Cl$ 中，中心原子为_____，中心原子的氧化值为_____，配体为_____，配位原子为_____，配位数为_____，配位个体为_____，配合物的名称为_____。

3.在 $[CrCl_2(H_2O)_4]Cl$ 中，中心原子为_____，中心原子的氧化值为_____，配体为_____，配位原子为_____，配位数为_____，配位个体为_____，配合物的名称为_____。

4.在 $[Co(NO_2)_3(NH_3)_3]$ 中，中心原子为_____，中心原子的氧化值为_____，配体为_____，配位原子为_____，配位数为_____，配位个体为_____，配合物的名称为_____。

5.在 $K_3[Co(ONO)_6]$ 中，中心原子为_____，中心原子的氧化值为_____，配体为_____，配位原子为_____，配位数为_____，配位个体为_____，配合物的名称为_____。

6.在 $[PtBrClNH_3(CH_3NH_2)]$ 中，中心原子为_____，中心原子的氧化值为_____，配体为_____，配位原子为_____，配位数为_____，配位个体为_____，配合物的名称为_____。

7.氯化二氯·三氨·水合钴(Ⅲ)的化学式为_____。

8.四(异硫氰酸根)合钴(Ⅱ)酸钾的化学式为_____。

9.二氯·二羟·二氨合铂(Ⅳ)的化学式为_____。

10.氨基·硝基·二氨合铂(Ⅱ)的化学式为_____。

11.二氢氧化四氨合锌(Ⅱ)的化学式为_____。

12.硫酸氯·氨·二(乙二胺)合铬(Ⅲ)的化学式为_____。

13.二氨·草酸根合镍(Ⅱ)的化学式为_____。

14.二氯·草酸根·乙二胺合铁(Ⅲ)离子的化学式为_____。

15.下列化合物中，_____是简单配合物，_____是螯合物，_____是复盐。

(1)$CoCl_3 \cdot 6NH_3$

(2)$(NH_4)_2SO_4 \cdot FeSO_4 \cdot 6H_2O$

(3)Na_3AlF_6

(4)$KCl \cdot MgCl_2 \cdot 6H_2O$

(5)$Cu(H_2NCH_2COO)_2$

(6)$Ni(en)_2Cl_2$

二、简答题

1.已知有两种钴的配合物，它们的组成都为 $Co(NH_3)_5BrSO_4$，两者之间的差别在于：在第一种配合物的溶液中加 $BaCl_2$ 溶液时，产生 $BaSO_4$ 沉淀，但加 $AgNO_3$ 溶液时，不产生沉淀；而第二种配合物的溶液与此相反。写出这两种配合物的化学式，并指出钴的配位数和氧化值。

2.$[FeF_6]^{3-}$ 为 6 配位，而 $[FeCl_4]^-$ 为 4 配位，应如何理解？

3.何谓螯合物和螯合效应？下列化合物中哪些可能作为有效的螯合剂？

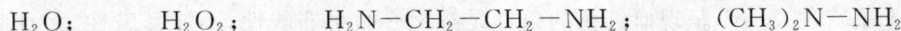

H_2O；　　　　H_2O_2；　　　　$H_2N-CH_2-CH_2-NH_2$；　　　　$(CH_3)_2N-NH_2$

4.根据实验测得的磁矩，判断下列配离子的中心原子的未成对电子数、杂化轨道类型，配离子的空间构型，配离子是内轨型还是外轨型。

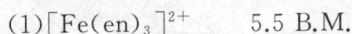

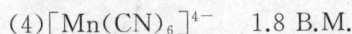

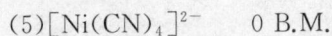

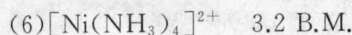

(1)$[Fe(en)_3]^{2+}$　　5.5 B.M.

(2)$[Co(NCS)_4]^{2-}$　　4.3 B.M.

(3)$[FeF_6]^{3-}$　　5.9 B.M.

(4)$[Mn(CN)_6]^{4-}$　　1.8 B.M.

(5)$[Ni(CN)_4]^{2-}$　　0 B.M.

(6)$[Ni(NH_3)_4]^{2+}$　　3.2 B.M.

5.第四周期某金属离子在八面体弱场中的磁矩为4.90 B.M.,而它在八面体强场中的磁矩为零,该金属离子可能是哪个?

6.给出下列离子在八面体强场、弱场时d电子在d_ε和d_γ轨道上排布的示意图,并计算晶体场稳定化能E_C(以Dq和E_P表示)。

　　(1)Cr^{3+}　　　(2)Cr^{2+}　　　(3)Mn^{2+}　　　(4)Fe^{2+}　　　(5)Co^{2+}　　　(6)Ni^{2+}

7.已知下列配离子的分裂能和中心原子的电子成对能,给出中心原子d电子在d_ε和d_γ轨道上的分布,并估算配合物的磁矩和晶体场稳定化能。

配离子	分裂能 Δ_o/kJ·mol^{-1}	电子成对能 E_P/kJ·mol^{-1}
(1)$[Fe(H_2O)_6]^{2+}$	124	210
(2)$[Fe(CN)_6]^{4-}$	395	210
(3)$[Co(NH_3)_6]^{3+}$	275	251
(4)$[Co(NH_3)_6]^{2+}$	121	269

8.以下说法是否正确? 简述理由。

(1)配合物中配体的数目称为配位数。

(2)配合物的中心原子的氧化值不可能等于零,更不可能为负值。

(3)同一种金属元素的配合物的磁性决定于该元素的氧化值,氧化值越高,磁矩就越大。

(4)根据晶体场理论可以预言,$[Ti(CN)_6]^{3-}$的吸收光的波长大于$[TiCl_6]^{3-}$的吸收光的波长。

(5)晶体场稳定化能为零的配合物是不稳定的。

(6)根据晶体场理论,Ni^{2+}的6配位八面体配合物按磁矩的大小可分为高自旋和低自旋两种。

9.定性地解释以下现象:

(1)$[Cu(NH_3)_4]^{2+}$呈深蓝色,而$[Cu(NH_3)_2]^+$却几乎无色。

(2)少量AgCl沉淀可溶于浓盐酸,但加水稀释溶液又变混浊。

(3)向铜粉和浓氨水的混合物中通入空气,可使铜粉溶解。

(4)向废定影液中加入Na_2S,会得到黑色沉淀。

(5)Fe^{3+}遇SCN^-呈现血红色的条件是溶液必须呈弱酸性,不能呈碱性,而且溶液中不应有显著量F^-或PO_4^{3-}等离子存在,也不能存在Sn^{2+}等还原性金属离子或H_2O_2等氧化剂。

自我测试题参考答案

一、填空题

1.Pt^{4+}; +4; Cl^-; Cl; 6; $[PtCl_6]^{2-}$; 六氯合铂(Ⅳ)酸钾

2.Ag^+；$+1$；NH_3；N；2；$[Ag(NH_3)_2]^+$；氯化二氨合银（Ⅰ）

3.Cr^{3+}；$+3$；Cl^-，H_2O；Cl，O；6；$[CrCl_2(H_2O)_4]^+$；氯化二氯•四水合铬（Ⅲ）

4.Co^{3+}；$+3$；NO_2^-，NH_3；N，N；6；$[Co(NO_2)_3(NH_3)_3]$；三硝基•三氨合钴（Ⅲ）

5.Co^{3+}；$+3$；ONO^-；O；6；$[Co(ONO)_6]^{3-}$；六（亚硝酸根）合钴（Ⅲ）酸钾

6.Pt^{2+}；$+2$；Br^-、Cl^-、NH_3、CH_3NH_2；Br、Cl、N、N；4；$[PtBrClNH_3(CH_3NH_2)]$；溴•氯•氨•甲胺合铂（Ⅱ）

7.$[CoCl_2(NH_3)_3H_2O]Cl$

8.$K_2[Co(NCS)_4]$

9.$[PtCl_2(OH)_2(NH_3)_2]$

10.$[PtNH_2NO_2(NH_3)_2]$

11.$[Zn(NH_3)_4](OH)_2$

12.$[CrClNH_3(en)_2]SO_4$

13.$[Ni(NH_3)_2(C_2O_4)]$

14.$[FeCl_2(C_2O_4)(en)]^-$

15.(1)、(3)；(5)、(6)；(2)、(4)

二、简答题

1.答：第一种配合物加入 $BaCl_2$ 时，产生 $BaSO_4$ 沉淀，说明 SO_4^{2-} 为配合物的外界离子；加入 $AgNO_3$ 时不产生 $AgBr$ 沉淀，说明 Br^- 位于配合物的内界（为配体）。因此，第一种配合物的化学式为 $[CoBr(NH_3)_5]SO_4$。

第二种配合物加入 $BaCl_2$ 时不产生 $BaSO_4$ 沉淀，说明 SO_4^{2-} 位于配合物的内界（为配体）；加入 $AgNO_3$ 时产生 $AgBr$ 沉淀，说明 Br^- 为配合物的外界离子。因此，第二种配合物的化学式为 $[CoSO_4(NH_3)_5]Br$。

在上述两种配合物中，中心原子的配位数均为 6，氧化值均为 $+3$。

2.答：氟离子半径较小，氯离子半径较大。中心原子一定时，配体的体积小，有利于形成配位数较大的配合物。

3.答：中心原子与多齿配体结合而成的具有环状结构的配合物叫做螯合物；螯合物比组成和结构相近的非螯合型配合物稳定得多，这种现象称为螯合效应。作为有效螯合剂一般应具备下列条件：每个分子或离子中含有二个或二个以上配位原子，通常是 O、N、S 等；配位原子之间应间隔二个或三个原子。因此，只有 $H_2N-CH_2-CH_2-NH_2$ 可作为有效的螯合剂。

4.答：(1)根据配合物的价键理论，配位数为 6 的中心原子通常有 sp^3d^2 和 d^2sp^3 两种杂化类型，故 $[Fe(en)_3]^{2+}$ 中 Fe^{2+} 的 $3d^6$ 有两种可能的排布：↑↓ ↑ ↑ ↑ ↑ 或 ↑↓ ↑↓ ↑↓ ＿ ＿ 。按 $\mu=\sqrt{n(n+2)}$ B.M.计算，这两种可能的电子排布的磁矩分别为 4.9 B.M.和 0 B.M.。将两者与实测磁矩 5.5 B.M.比较，可知 $[Fe(en)_3]^{2+}$ 中 Fe^{2+} 的未成对电子数为

4、杂化轨道类型为 sp^3d^2，$[Fe(en)_3]^{2+}$ 为八面体、外轨型。

(2)根据价键理论，配位数为 4 的中心原子通常有 sp^3 和 dsp^2 两种杂化类型，故 $[Co(NCS)_4]^{2-}$ 中 Co^{2+} 的 $3d^7$ 有两种可能的排布：↑↓ ↑↓ ↑ ↑ ↑ 或 ↑↓ ↑↓ ↑↓ ↑ ＿。按 $\mu=\sqrt{n(n+2)}$ B.M. 计算，这两种可能的电子排布的磁矩分别为：3.87 B.M. 和 1.73 B.M.。将两者与实测磁矩 4.3 B.M. 比较，可知 $[Co(NCS)_4]^{2-}$ 中 Co^{2+} 的未成对电子数为 3、杂化轨道类型为 sp^3，$[Co(NCS)_4]^{2-}$ 为四面体、外轨型。

(3)根据价键理论，配位数为 6 的中心原子通常有 sp^3d^2 和 d^2sp^3 两种杂化类型，故 $[FeF_6]^{3-}$ 中 Fe^{3+} 的 $3d^5$ 有两种可能的排布：↑ ↑ ↑ ↑ ↑ 或 ↑↓ ↑↓ ↑ ＿ ＿。按 $\mu=\sqrt{n(n+2)}$ B.M. 计算，这两种可能的电子排布的磁矩分别为：5.92 B.M. 和 1.73 B.M.。将两者与实测磁矩 5.9 B.M. 比较，可知 $[FeF_6]^{3-}$ 中 Fe^{3+} 的未成对电子数为 5、杂化轨道类型为 sp^3d^2，$[FeF_6]^{3-}$ 为八面体、外轨型。

(4)根据价键理论，配位数为 6 的中心原子通常有 sp^3d^2 和 d^2sp^3 两种杂化类型，故 $[Mn(CN)_6]^{4-}$ 中 Mn^{2+} 的 $3d^5$ 有两种可能的排布：↑ ↑ ↑ ↑ ↑ 或 ↑↓ ↑↓ ↑ ＿ ＿。按 $\mu=\sqrt{n(n+2)}$ B.M. 计算，这两种可能的电子排布的磁矩分别为 5.92 B.M. 和 1.73 B.M.。将两者与实测磁矩 1.8 B.M. 比较，可知 $[Mn(CN)_6]^{4-}$ 中 Mn^{2+} 的未成对电子数为 1、杂化轨道类型为 d^2sp^3，$[Mn(CN)_6]^{4-}$ 为八面体、内轨型。

(5)根据价键理论，配位数为 4 的中心原子通常有 sp^3 和 dsp^2 两种杂化类型，故 $[Ni(CN)_4]^{2-}$ 中 Ni^{2+} 的 $3d^8$ 有两种可能的排布：↑↓ ↑↓ ↑↓ ↑ ↑ 或 ↑↓ ↑↓ ↑↓ ↑↓ ＿。按 $\mu=\sqrt{n(n+2)}$ B.M. 计算，这两种可能的电子排布的磁矩分别为：2.82 B.M. 和 0 B.M.。将两者与实测磁矩 0 B.M. 比较，可知 $[Ni(CN)_4]^{2-}$ 中 Ni^{2+} 的未成对电子数为 0、杂化轨道类型为 dsp^2，$[Ni(CN)_4]^{2-}$ 为平面四边形、内轨型。

(6)根据价键理论，配位数为 4 的中心原子通常有 sp^3 和 dsp^2 两种杂化类型，故 $[Ni(NH_3)_4]^{2+}$ 中 Ni^{2+} 的 $3d^8$ 有两种可能的排布：↑↓ ↑↓ ↑↓ ↑ ↑ 或 ↑↓ ↑↓ ↑↓ ↑↓ ↑↓。按 $\mu=\sqrt{n(n+2)}$ B.M. 计算，这两种可能的电子排布的磁矩分别为：2.82 B.M. 和 0 B.M.。将两者与实测磁矩 3.2 B.M. 比较，可知 $[Ni(NH_3)_4]^{2+}$ 中 Ni^{2+} 的未成对电子数为 2、杂化轨道类型为 sp^3，$[Ni(NH_3)_4]^{2+}$ 为四面体、外轨型。

5.答：根据 $\mu=\sqrt{n(n+2)}$ B.M.，未成对电子数 $n=-1+\sqrt{(1+\mu^2)}$。八面体弱场中 $n=-1+\sqrt{(1+4.90^2)}=4$；八面体强场中 $n=-1+\sqrt{(1+0^2)}=0$。金属离子可能是 $3d^6$ 结构，而在第四周期常见氧化值的金属离子中，只有 Fe^{2+}、Co^{3+} 为这样的结构，故应为 Fe^{2+} 或 Co^{3+}。

6.答：$E_C=E_{晶体场}-E_{球形场}=E_{晶体场}-0$，考虑成对能 E_P 对 E_C 的影响，忽略同种金属离子的 E_P 在晶体场和球形场中的差异，则

(1)$Cr^{3+}(d^3)$

$$强场：E_C=3\times(-4Dq)=-12Dq$$

弱场：$E_C = 3 \times (-4Dq) = -12Dq$

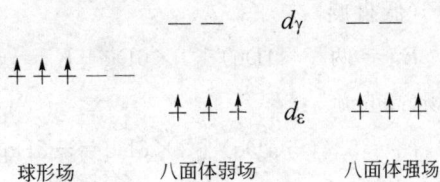

$$\begin{array}{ccc}
& -\ - & d_\gamma & -\ - \\
\uparrow\uparrow\uparrow\ -\ - & & & \\
& \uparrow\ \uparrow\ \uparrow & d_\varepsilon & \uparrow\ \uparrow\ \uparrow
\end{array}$$

球形场　　　八面体弱场　　　八面体强场

(2) $Cr^{2+}(d^4)$

强场(低自旋)：

$E_C = 4 \times (-4Dq) + E_P = -16Dq + E_P$

弱场(高自旋)：

$E_C = 3 \times (-4Dq) + 1 \times 6Dq = -6Dq$

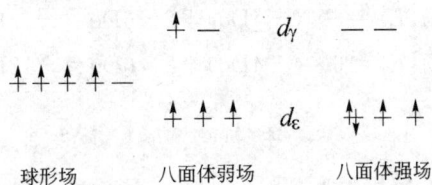

$$\begin{array}{ccc}
& \uparrow\ - & d_\gamma & -\ - \\
\uparrow\ \uparrow\ \uparrow\ \uparrow\ - & & & \\
& \uparrow\ \uparrow\ \uparrow & d_\varepsilon & \uparrow\downarrow\ \uparrow\ \uparrow
\end{array}$$

球形场　　　八面体弱场　　　八面体强场

(3) $Mn^{2+}(d^5)$

强场(低自旋)：

$E_C = 5 \times (-4Dq) + 2E_P = -20Dq + 2E_P$

弱场(高自旋)：

$E_C = 3 \times (-4Dq) + 2 \times 6Dq = 0Dq$

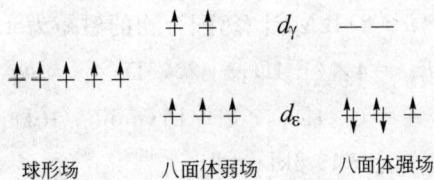

$$\begin{array}{ccc}
& \uparrow\ \uparrow & d_\gamma & -\ - \\
\uparrow\ \uparrow\ \uparrow\ \uparrow\ \uparrow & & & \\
& \uparrow\ \uparrow\ \uparrow & d_\varepsilon & \uparrow\downarrow\ \uparrow\downarrow\ \uparrow
\end{array}$$

球形场　　　八面体弱场　　　八面体强场

(4) $Fe^{2+}(d^6)$

强场(低自旋)：

$E_C = 6 \times (-4Dq) + 2E_P = -24Dq + 2E_P$

弱场(高自旋)：

$E_C = 4 \times (-4Dq) + 2 \times 6Dq = -4Dq$

$$\begin{array}{ccc}
& \uparrow\ \uparrow & d_\gamma & -\ - \\
\uparrow\downarrow\ \uparrow\ \uparrow\ \uparrow & & & \\
& \uparrow\downarrow\ \uparrow\ \uparrow & d_\varepsilon & \uparrow\downarrow\ \uparrow\downarrow\ \uparrow\downarrow
\end{array}$$

球形场　　　八面体弱场　　　八面体强场

（5）Co^{2+}（d^7）

强场（低自旋）：
$$E_C=6\times(-4Dq)+1\times6Dq+E_P=-18Dq+E_P$$

弱场（高自旋）：
$$E_C=5\times(-4Dq)+2\times6Dq=-8Dq$$

$$
\begin{array}{ccccc}
 & \uparrow\ \uparrow & d_\gamma & \uparrow\ - \\
\uparrow\downarrow\ \uparrow\downarrow\ \uparrow\ \uparrow & & & \\
& \uparrow\downarrow\ \uparrow\ \uparrow & d_\varepsilon & \uparrow\downarrow\ \uparrow\downarrow\ \uparrow\downarrow
\end{array}
$$

球形场　　　　八面体弱场　　　　八面体强场

（6）Ni^{2+}（d^8）

强场：$E_C=6\times(-4Dq)+2\times6Dq=-12Dq$

弱场：$E_C=6\times(-4Dq)+2\times6Dq=-12Dq$

$$
\begin{array}{ccccc}
 & \uparrow\ \uparrow & d_\gamma & \uparrow\ \uparrow \\
\uparrow\downarrow\ \uparrow\downarrow\ \uparrow\ \uparrow & & & \\
& \uparrow\downarrow\ \uparrow\downarrow\ \uparrow\downarrow & d_\varepsilon & \uparrow\downarrow\ \uparrow\downarrow\ \uparrow\downarrow
\end{array}
$$

球形场　　　　八面体弱场　　　　八面体强场

7.答：$E_C=E_{晶体场}-E_{球形场}=E_{晶体场}-0$，考虑成对能 E_P 对 E_C 的影响，忽略同种金属离子的 E_P 在晶体场中和球形场中的差异。

（1）由于 $\Delta_o<E_P$，$[Fe(H_2O)_6]^{2+}$ 应为高自旋，Fe^{2+}（d^6）的 d 电子分布为 $d_\varepsilon^4 d_\gamma^2$，未成对电子数为 4，按 $\mu=\sqrt{n(n+2)}$ B.M. 计算，配合物的磁矩为 4.90 B.M.。
$$E_C=4\times(-4Dq)+2\times6Dq=-4Dq$$
$$=(-4Dq)\times(124kJ\cdot mol^{-1}/10Dq)$$
$$=-49.6kJ\cdot mol^{-1}$$

（2）由于 $\Delta_o>E_P$，$[Fe(CN)_6]^{4-}$ 应为低自旋，Fe^{2+}（d^6）的 d 电子分布为 $d_\varepsilon^6 d_\gamma^0$，未成对电子数为 0，按 $\mu=\sqrt{n(n+2)}$ B.M. 计算，配合物的磁矩为 0 B.M.。
$$E_C=6\times(-4Dq)+2E_P=-24Dq+2E_P$$
$$=(-24Dq)\times(395kJ\cdot mol^{-1}/10Dq)+2\times(210kJ\cdot mol^{-1})$$
$$=-528kJ\cdot mol^{-1}$$

（3）由于 $\Delta_o>E_P$，$[Co(NH_3)_6]^{3+}$ 应为低自旋，Co^{3+}（d^6）的 d 电子分布为 $d_\varepsilon^6 d_\gamma^0$，未成对电子数为 0，按 $\mu=\sqrt{n(n+2)}$ B.M. 计算，配合物的磁矩为 0 B.M.。
$$E_C=6\times(-4Dq)+2E_P=-24Dq+2E_P$$
$$=(-24Dq)\times(275kJ\cdot mol^{-1}/10Dq)+2\times(251kJ\cdot mol^{-1})$$
$$=-158kJ\cdot mol^{-1}$$

（4）由于 $\Delta_o < E_P$，$[Co(NH_3)_6]^{2+}$ 应为高自旋，$Co^{2+}(d^7)$ 的 d 电子分布为 $d_\varepsilon^5 d_\gamma^2$，未成对电子数为 3，按 $\mu = \sqrt{n(n+2)}$ B.M. 计算，配合物的磁矩为 3.87 B.M.。

$$E_c = 5 \times (-4Dq) + 2 \times 6Dq = -8Dq$$
$$= (-8Dq) \times (121 kJ \cdot mol^{-1}/10Dq)$$
$$= -96.8 kJ \cdot mol^{-1}$$

8.答：（1）错。配合物中配位原子的数目称为配位数。配体有单齿配体和多齿配体，显然，配位数不一定等于配体的数目。

（2）错。中心原子的氧化值可为正值、零或负值，如 $K_4[Fe(CN)_6]$ 中的 Fe^{2+} 离子、$Fe(CO)_5$ 中的 Fe 原子，$HCo(CO)_4$ 中的 Co 氧化值为 -1。

（3）错。配合物的磁性与中心原子和配体的性质等都有关。例如，$[Fe(CN)_6]^{3-}$ 的磁矩为 2.3 B.M.，铁的氧化值为 $+3$；而 $[Fe(H_2O)_6]^{2+}$ 的磁矩为 5.5 B.M.；铁的氧化值为 $+2$。

（4）错。根据光谱化学序，CN^- 的场强大于 Cl^-，则 $[Ti(CN)_6]^{3-}$ 的分裂能 Δ_o 大于 $[TiCl_6]^{3-}$ 的，而分裂能越大，由 d-d 跃迁吸收光的波长越小（波数越大）。因此，预言 $[Ti(CN)_6]^{3-}$ 的吸收光的波长小于 $[TiCl_6]^{3-}$ 的。

（5）错。晶体场稳定化能仅占配合物总结合能的一小部分，它只是配合物稳定性的影响因素之一。例如，$Zn^{2+}(d^{10})$ 形成的许多配合物能稳定存在，它们的 E_c 都为零。

（6）错。根据晶体场理论，$Ni^{2+}(d^8)$ 在 6 配位八面体配合物中的 d 电子分布只有一种，即 $d_\varepsilon^6 d_\gamma^2$，没有高自旋和低自旋之分。

9.答：（1）$[Cu(NH_3)_4]^{2+}$ 中 $Cu^{2+}(d^9)$ 的 d 轨道没有填满电子，易发生 d-d 跃迁吸收某些波长的光，呈现被吸收光的补色；而 $[Cu(NH_3)_2]^+$ 中 $Cu^+(d^{10})$ 的 d 轨道已填满电子，不发生 d-d 跃迁。

（2）AgCl 可在浓盐酸中形成 $[AgCl_2]^-$ 而溶解，因 $[AgCl_2]^-$ 的稳定性小，故溶液稀释后又沉淀出 AgCl。

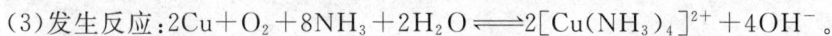

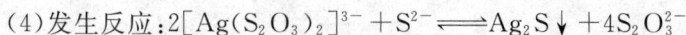

（3）发生反应：$2Cu + O_2 + 8NH_3 + 2H_2O \Longrightarrow 2[Cu(NH_3)_4]^{2+} + 4OH^-$。

（4）发生反应：$2[Ag(S_2O_3)_2]^{3-} + S^{2-} \Longrightarrow Ag_2S\downarrow + 4S_2O_3^{2-}$

（5）碱性溶液中易水解形成 $Fe(OH)_3$；有 F^- 或 PO_4^{3-} 时生成 $[FeF_6]^{3-}$ 或 $[Fe(PO_4)_2]^{3-}$；有 Sn^{2+} 存在时 Fe^{3+} 被还原为 Fe^{2+}；有 H_2O_2 存在时 SCN^- 被氧化；$SCN^- \rightarrow CO_2 + N_2 + SO_4^{2-}$。

第二部分 化学平衡原理

第四章 溶 液 ▷▷▷▷

思考题

1.物质的量和质量这两个概念相同吗？

2.质量摩尔浓度的优点是什么？

3.什么是纯液体的凝固点？什么是纯液体的沸点？它们与蒸气压有何关系？

4.产生渗透压的原因是什么？

5.为什么临床常用质量浓度为 $9g \cdot L^{-1}$ 的生理盐水和 $50g \cdot L^{-1}$ 的葡萄糖溶液输液？

思考题参考答案

1.答：物质的量和质量是国际单位制(SI)规定的基本量中的两个物理量,质量的 SI 单位为千克(kg),而物质的量的 SI 单位是摩尔(符号为 mol)。SI 规定:"一摩尔任何物质所含的基本单元数与 0.012kg ^{12}C 中所含有的碳原子数相等。"已知,0.012kg ^{12}C 中含有的原子数为阿伏加德罗常数 N_A 约为 $6.022 \times 10^{23} mol^{-1}$。也就是说,一摩尔任何物质均含有 N_A 个基本单元。在使用摩尔时应指明基本单元。它可以是原子、分子、离子、电子及其他粒子或是这些粒子的特定组合。因此,物质的量和质量完全属于两个不同的概念。

2.答：质量摩尔浓度的优点是不受温度的影响。对于极稀的水溶液来说,其物质的量浓度与质量摩尔浓度的数值几乎相等。

3.答：纯液体的凝固点是指在一定压力下,物质的固相与它的液相平衡共存时的温度。在凝固点时固相的蒸气压等于液相的蒸气压。纯液体的沸点是指液体的蒸气压等于外界压强时的温度。

4.答:由于只有溶剂分子可以通过半透膜,而溶质分子不能通过半透膜,当用半透膜将纯溶剂(或稀溶液)与溶液(或浓溶液)隔开时,溶剂分子可以向膜两侧自由通过,而溶质分子不能通过半透膜。这样,单位体积的纯溶剂(或稀溶液)中将有较多的溶剂分子通过半透膜进入溶液(或浓溶液)一侧,而单位体积的溶液(或浓溶液)中仅有较少的溶剂分子通过半透膜进入纯溶剂(或稀溶液)一侧,溶液(或浓溶液)一侧的液面便会升高,这就产生了渗透压。

5.答:$9g \cdot L^{-1}$的生理盐水和$50g \cdot L^{-1}$的葡萄糖溶液与人体的血液具有相同的渗透压,称为等渗溶液。临床上输液时必须要输等渗溶液。因为人体组织内的红细胞外皮是一种具有半透膜性质的膜,当向人体输入高渗溶液时,红细胞膜内液的渗透压小于膜外血浆渗透压,使细胞液渗出膜外,造成红细胞萎缩,萎缩的红细胞互相聚结成团,在血管内形成"栓塞"。当向人体输入低渗溶液时,红细胞膜内液的渗透压高于膜外血浆渗透压,血浆中的水将向红细胞内渗透而造成红细胞胀裂,发生溶血现象。因此临床上要用$9g \cdot L^{-1}$的生理盐水和$50g \cdot L^{-1}$的葡萄糖溶液来输液。

习 题

1.浓盐酸的质量分数为0.37,密度为$1.19g \cdot mL^{-1}$,求浓盐酸的:①物质的量浓度;②质量摩尔浓度;③HCl和H_2O的摩尔分数。

2.在400g水中,加入质量分数为0.90的H_2SO_4 100g,求此溶液中H_2SO_4的摩尔分数和质量摩尔浓度。

3.10.00cm³ NaCl饱和溶液重12.003g,将其蒸干后得NaCl 3.173g,试计算:

(1)NaCl的溶解度;

(2)NaCl的质量分数;

(3)溶液的物质的量浓度;

(4)NaCl的质量摩尔浓度;

(5)NaCl和H_2O的摩尔分数。

4.现有密度为$1.84g \cdot cm^{-3}$质量分数为0.98的H_2SO_4溶液,如何用此酸配制下列各溶液:

(1)250cm³质量分数为0.25,密度为$1.18g \cdot cm^{-3}$的H_2SO_4溶液;

(2)500cm³ $3.00mol \cdot dm^{-3}$的H_2SO_4溶液。

5.已知乙醇水溶液中乙醇(C_2H_5OH)的摩尔分数是0.05,求乙醇的质量摩尔浓度和乙醇溶液的物质的量浓度(溶液的密度为$0.997g \cdot mL^{-1}$)。

6.20℃时乙醚的蒸气压为58955Pa。今在100g乙醚中溶入某非挥发性有机物质10.0g,乙醚的蒸气压降低至56795Pa。试求该有机物质的摩尔质量。

7.在一个钟罩内有两杯水溶液,甲杯中含0.259g蔗糖和30.00g水,乙杯中含有0.76g某非电解质和40.00g水,在恒温下放置足够长的时间达到平衡,甲杯水溶液总质量变为23.89g,求该非电解质的摩尔质量。

8.为了防止水在仪器内冻结,可在水里面加入甘油。如需使其冰点下降至 271K,则在每 100g 水中应加入甘油多少克?(甘油分子式为 $C_3H_8O_3$)

9.称取某碳氢化合物 3.20g 溶于 50g 苯中,测得溶液的凝固点下降了 0.256K,计算该化合物的摩尔质量。

10.溶解 3.25g 硫于 40.0g 苯中,苯的凝固点降低 1.62K,求此溶液中硫分子由几个硫原子组成?

11.孕酮是一种雌性激素,经分析得知含 9.6%H,10.2%O 和 80.2%C。今有 1.50g 孕酮试样溶于 10.0g 苯中,所得溶液凝固点为 276.06K,求孕酮分子式。

12.在 26.57g 氯仿($CHCl_3$)中溶解0.402g萘($C_{10}H_8$),其沸点比氯仿的沸点高0.429K,求氯仿的沸点升高常数。

13.$1.22×10^{-2}$kg 苯甲酸溶于 0.10kg 乙醇,使乙醇沸点升高了 1.13K,若将 $1.22×10^{-2}$ kg 苯甲酸溶于 0.10kg 苯中,则苯的沸点升高 1.36K。计算苯甲酸在两种溶剂中的摩尔质量。计算结果说明什么问题?(乙醇的 $K_b=1.19$K·kg·mol^{-1},苯的 $K_b=2.60$K·kg·mol^{-1})

14.把一小块冰放在 0℃ 的水中,另一小块冰放在 0℃ 的盐水中,各有什么现象?为什么?

15.求 4.40% 的葡萄糖($C_6H_{12}O_6$)水溶液,在 27℃ 时的渗透压(溶液的密度为 1.015g·cm^{-3})。

16.今有某蛋白质的饱和溶液 100mL,其中含有蛋白质 0.518g,在 293K 时测得渗透压为0.413kPa,求此蛋白质的摩尔质量。

17.泪水的凝固点为 272.48K,求泪水的渗透浓度(mmol·L^{-1})及 310K 时的渗透压。

18.在 298K 时,将 2g 某化合物溶于 1000g 水中,它的渗透压与 298K 时 0.8g 葡萄糖($C_6H_{12}O_6$)和 1.2g 蔗糖($C_{12}H_{22}O_{11}$)溶于 1000g 水中的渗透压相同。试求:

(1)该化合物的摩尔质量;

(2)该化合物水溶液的凝固点;

(3)该化合物水溶液的蒸气压。

(298K 时纯水的蒸气压为 3.13kPa,H_2O 的 $K_f=1.86$K·kg·mol^{-1})

19.计算 0.01mol·$L^{-1}$$Na_2SO_4$ 溶液和 0.01mol·L^{-1}NaCl 的溶液等体积混合后,溶液的离子强度。

20.计算 0.050mol·$kg^{-1}$$K_2SO_4$ 溶液的离子强度及 K^+、SO_4^{2-} 的活度。

习题参考答案

1.**解**:①浓盐酸的物质的量浓度为:

$$c_B=\frac{n_B}{V}=\frac{1000×1.19g·mL^{-1}×0.37}{36.5}$$

$$=12.1mol·L^{-1}$$

②质量摩尔浓度:

$$b_B = \frac{n_B}{m_A} = \frac{\dfrac{37}{36.5}}{63 \times 10^{-3}} = 16.1 \text{mol} \cdot \text{kg}^{-1}$$

③摩尔分数:

$$x_{H_2O} = \frac{n_{H_2O}}{n_{HCl} + n_{H_2O}} = \frac{\dfrac{63}{18}}{\dfrac{37}{36.5} + \dfrac{63}{18}} = 0.775$$

$$x_{HCl} = \frac{n_{HCl}}{n_{HCl} + n_{H_2O}}$$

$$= 1 - x_{H_2O} = 0.225$$

2.**解**: H_2SO_4 的物质的量:

$$n_B = \frac{100g \times 0.90}{98} = 0.918 \text{mol}$$

水的物质的量:

$$n_A = \frac{400g + 10g}{18} = 22.78 \text{mol}$$

H_2SO_4 的摩尔分数:

$$x_B = \frac{n_B}{n_A + n_B} = \frac{0.918}{0.918 + 22.78} = 0.0387$$

H_2SO_4 的质量摩尔浓度:

$$b_B = \frac{n_B}{m_A} = \frac{0.918}{410 \times 10^{-3}} = 2.24 \text{mol} \cdot \text{kg}^{-1}$$

3.**解**: 已知 NaCl 的摩尔质量为 $58.5 \text{g} \cdot \text{mol}^{-1}$。

(1) NaCl 的溶解度:

$$s = \frac{3.173}{12.003 - 3.173} \times 100 = 35.93g$$

(2) NaCl 的质量分数:

$$w_B = \frac{3.173}{12.003} = 0.2644$$

(3) NaCl 的物质的量浓度:

$$c_B = \frac{n_B}{V} = \frac{\dfrac{3.173}{58.5}}{10 \times 10^{-3}} = 5.42 \text{mol} \cdot \text{L}^{-1}$$

(4) NaCl 的质量摩尔浓度:

$$b_B = \frac{n_B}{m_A} = \frac{\dfrac{3.173}{58.5}}{8.830 \times 10^{-3}} = 6.14 \text{mol} \cdot \text{kg}^{-1}$$

(5)NaCl 和 H_2O 的摩尔分数：

$$x_{NaCl} = \frac{\dfrac{3.173}{58.5}}{\dfrac{3.173}{58.5} + \dfrac{8.830}{18}} = 0.099$$

$$x_{H_2O} = 1 - x_{NaCl} = 1 - 0.099 = 0.901$$

4.解:(1)根据稀释前后 H_2SO_4 的质量不变,设需质量分数为 0.98 的 $H_2SO_4\, x\,cm^3$,则

$$250cm^3 \times 1.18g \cdot cm^{-3} \times 0.25 = x \times 1.84g \cdot cm^{-3} \times 0.98$$

$$x = 40.9cm^3$$

量取密度为 $1.84g \cdot cm^{-3}$ 质量分数为 0.98 的 $H_2SO_4\, 40.9cm^3$,慢慢加入水中,边加边搅拌,待溶液冷却后,再加水稀释至 $250cm^3$ 即可。

(2)H_2SO_4 的摩尔质量为 $98g \cdot mol^{-1}$,设需质量分数为 0.98 的 $H_2SO_4\, y\,cm^3$,则

$$500 \times 10^{-3} \times 3.00 \times 98.0 = y \times 1.84 \times 0.98$$

$$y = 81.5cm^3$$

按同样步骤取 H_2SO_4 的体积为 $81.5cm^3$。

5.解:据题意

$$\frac{n_{C_2H_5OH}}{n_{C_2H_5OH} + n_{H_2O}} = 0.05$$

若溶剂的质量为 1000g,则上式可改写为:

$$\frac{b_{C_2H_5OH}}{b_{C_2H_5OH} + \dfrac{1000}{18}} = 0.05$$

$$b_{C_2H_5OH} = 2.92 mol \cdot kg^{-1}$$

含 1000g 水的乙醇溶液的体积为:

$$V = \frac{m}{\rho} = \frac{1000 + 2.92 \times 46}{0.997}$$

$$= 1138mL = 1.138L$$

该溶液的物质的量浓度为:

$$c_{C_2H_5OH} = \frac{n_{C_2H_5OH}}{V} = \frac{2.92}{1.138}$$

$$= 2.57 mol \cdot L^{-1}$$

6.解:根据拉乌尔定律

$$p_A = p_A^\ominus x_A = p_A^\ominus (1 - x_B)$$

$$= p_A^\ominus \left(1 - \frac{\dfrac{m_B}{M_B}}{\dfrac{m_A}{M_A} + \dfrac{m_B}{M_B}} \right)$$

已知

$$p_A^\ominus = 58955 \text{Pa} \quad P_A = 56795 \text{Pa}$$

$$m_A = 100\text{g} \quad m_B = 10\text{g} \quad M_A = 74\text{g} \cdot \text{mol}^{-1}$$

将数据代入上式,得 $M_B = 195\text{g} \cdot \text{mol}^{-1}$

7.解:达平衡时两杯溶液的蒸气压相等,即 $p_甲 = p_乙$,所以 $\Delta p_甲 = \Delta p_乙$,又因为 $\Delta p = K b_B$,且 K 相同,所以 $b_{B甲} = b_{B乙}$,因此有

$$\frac{\dfrac{0.259\text{g}}{342\text{g} \cdot \text{mol}^{-1}}}{(23.89\text{g} - 0.259\text{g}) \times 10^{-3}} = \frac{\dfrac{0.76\text{g}}{M_B}}{[40.00\text{g} + (30.00\text{g} + 0.259\text{g} - 23.89\text{g})] \times 10^{-3}}$$

$$M_B = 511\text{g} \cdot \text{mol}^{-1}$$

8.解:甘油的摩尔质量为 $92\text{g} \cdot \text{mol}^{-1}$,$K_f = 1.86\text{K} \cdot \text{kg} \cdot \text{mol}^{-1}$

$$\Delta T_f = K_f b_B = 2\text{K} = K_f \times \frac{\dfrac{m_B}{M_B}}{m_A}$$

$$= 1.86\text{K} \cdot \text{kg} \cdot \text{mol}^{-1} \times \frac{\dfrac{m_B}{92\text{g} \cdot \text{mol}^{-1}}}{100 \times 10^{-3}\text{kg}}$$

$$m_B = 9.89\text{g}$$

9.解:

$$\Delta T_f = K_f b_B$$

$$b_B = \frac{\Delta T_f}{K_f}$$

$$= \frac{0.256\text{K}}{5.10\text{K} \cdot \text{kg} \cdot \text{mol}^{-1}}$$

$$= 0.05\text{mol} \cdot \text{kg}^{-1}$$

$$\frac{\dfrac{3.2\text{g}}{M_B}}{50 \times 10^{-3}\text{kg}} = 0.05\text{mol} \cdot \text{kg}^{-1}$$

$$M_B = 1280\text{g} \cdot \text{mol}^{-1}$$

10.解:$K_f = 5.10\text{K} \cdot \text{kg} \cdot \text{mol}^{-1}$,设由 x 个硫原子组成硫分子,则有

$$\Delta T_f = K_f \times \frac{\dfrac{3.25\text{g}}{32x\text{g} \cdot \text{mol}^{-1}}}{40 \times 10^{-3}\text{kg}}$$

$$1.62\text{K} = 5.10\text{K} \cdot \text{kg} \cdot \text{mol}^{-1} \times \frac{3.25\text{g}}{32x\text{g} \cdot \text{mol}^{-1}} \times \frac{1000}{40}\text{kg}^{-1}$$

$$x = 8$$

即硫分子由 8 个硫原子组成。

11.解:$K_f = 5.10\text{K} \cdot \text{kg} \cdot \text{mol}^{-1}$,$\Delta T_f = 278.5\text{K} - 276.06\text{K} = 2.44\text{K}$,所以孕酮的摩尔质量为

$$M_{孕酮} = \frac{K_f m_{孕酮}}{\Delta T_f m_A}$$

$$=\frac{5.10\text{K}\cdot\text{kg}\cdot\text{mol}^{-1}\times1.5\text{g}}{2.44\text{K}\times10.0\times10^{-3}\text{kg}}$$

$$=313.5\text{g}\cdot\text{mol}^{-1}$$

分子中所含 H 原子个数为

$$N(\text{H})=\frac{313.5\text{g}\cdot\text{mol}^{-1}\times9.6\%}{1\text{g}\cdot\text{mol}^{-1}}=30$$

分子中所含 O 原子个数为

$$N(\text{O})=\frac{313.5\text{g}\cdot\text{mol}^{-1}\times10.2\%}{16\text{g}\cdot\text{mol}^{-1}}=2$$

分子中所含 C 原子个数为

$$N(\text{C})=\frac{313.5\text{g}\cdot\text{mol}^{-1}\times80.2\%}{12\text{g}\cdot\text{mol}^{-1}}=21$$

孕酮的分子式为 $C_{21}H_{30}O_2$。

12.**解**: $M(C_{10}H_8)=128\text{g}\cdot\text{mol}^{-1}$，氯仿的沸点升高常数为

$$K_b=\frac{\Delta T_b}{b_B}=\frac{\Delta T_b m_A M_B}{m_B}$$

$$=\frac{0.429\text{K}\times26.57\times10^{-3}\text{kg}\times128\text{g}\cdot\text{mol}^{-1}}{0.402\text{g}}$$

$$=3.63\text{K}\cdot\text{kg}\cdot\text{mol}^{-1}$$

13.**解**:在乙醇中

$$\Delta T_b=K_b b_B=K_b\frac{\frac{m_B}{M_B}}{m_A}$$

$$M_B=\frac{K_b m_B}{\Delta T_b m_A}$$

$$=\frac{1.19\text{K}\cdot\text{kg}\cdot\text{mol}^{-1}\times1.22\times10^{-2}\text{kg}}{1.13\text{K}\times0.10\text{kg}}\times10^3\text{g}\cdot\text{kg}^{-1}$$

$$=128\text{g}\cdot\text{mol}^{-1}$$

同理,在苯中

$$M_B=\frac{K_b m_B}{\Delta T_b m_A}$$

$$=\frac{2.60\text{K}\cdot\text{kg}\cdot\text{mol}^{-1}\times1.22\times10^{-2}\text{kg}}{1.36\text{K}\times0.10\text{kg}}\times10^3$$

$$=233\text{g}\cdot\text{mol}^{-1}$$

从计算结果可以看出,在乙醇中,苯甲酸以单分子形式存在,而在苯中发生了聚合。

14.**答**:冰放在水中,冰水共存,冰不会熔化;冰放在盐水中,冰会熔化。原因是水的凝固点为 0℃,0℃的水冰可以共存;但盐水的凝固点低于 0℃,0℃的冰可以变成 0℃的水,冰熔化吸热,盐水温度降低,只要冰不是太多,温度降低不会使盐水结冰,故冰熔化。

15.解:葡萄糖的摩尔质量为 $180g \cdot mol^{-1}$，$T=300K$，$\pi = c(B)RT$

$$c(B) = \frac{1000cm^3 \times 1.015g \cdot cm^{-3} \times 4.4 \div 100}{180g \cdot mol^{-1}}$$

$$= 0.248mol \cdot L^{-1}$$

$$\pi = 0.248mol \cdot L^{-1} \times 8.314kPa \cdot L \cdot mol^{-1} \cdot K^{-1} \times 300K$$

$$= 619kPa$$

16.解:

$$\pi = c(B)RT$$

$$= \frac{\dfrac{m_B}{M_B}}{V}RT$$

$$M_B = \frac{m_B RT}{\pi V}$$

$$= \frac{0.518g \times 8.314kPa \cdot L \cdot mol^{-1} \cdot K^{-1} \times 293K}{0.413kPa \times 0.10L}$$

$$= 3.06 \times 10^4 g \cdot mol^{-1}$$

17.解:

$$\Delta T_f = 273K - 272.48K$$

$$= 0.52K = K_f b_B$$

$$= 1.86 b_B$$

$$b_B = \frac{0.52K}{1.86K \cdot kg \cdot mol^{-1}}$$

$$= 0.28mol \cdot kg^{-1} \approx c(B)$$

$$= 0.28mol \cdot L^{-1}$$

$$= 280mmol \cdot L^{-1}$$

$$\pi = c(B)RT$$

$$= 0.28mol \cdot L^{-1} \times 8.314kPa \cdot L \cdot mol^{-1} \cdot K^{-1} \times 310K$$

$$= 7.22 \times 10^2 kPa$$

18.解:(1)葡萄糖和蔗糖混合液的浓度为

$$b_B = \frac{\dfrac{0.8g}{180g \cdot mol^{-1}} + \dfrac{1.2g}{342g \cdot mol^{-1}}}{1kg}$$

$$= 0.008mol \cdot kg^{-1}$$

$$\pi = b_B RT$$

$$= 0.008mol \cdot kg^{-1} \times 8.314kPa \cdot kg \cdot mol^{-1} \cdot K^{-1} \times 298.15K$$

$$= 19.83kPa$$

对于未知化合物的水溶液,同样有

$$\pi = b_B RT$$

$$= \frac{2g \cdot kg^{-1}}{M_B} \times 8.314 kPa \cdot kg \cdot mol^{-1} \cdot K^{-1} \times 298.15K$$

$$= 19.83 kPa$$

$$M_B = 250g \cdot mol^{-1}$$

（2）由（1）知 $b_B = 0.008 mol \cdot kg^{-1}$

$$\Delta T_f = K_f b_B$$

$$= 1.86K \cdot kg \cdot mol^{-1} \times 0.008 mol \cdot kg^{-1}$$

$$= 0.015K$$

该溶液的凝固点为 $-0.015℃$。

（3）根据拉乌尔定律

$$\Delta p = p_A^{\ominus} X_B = p_A^{\ominus} \frac{n_B}{n_A + n_B} = p_A^{\ominus} \frac{\frac{m_B}{M_B}}{\frac{m_A}{M_A} + \frac{m_B}{M_B}}$$

$$= 3130 Pa \times \frac{\frac{2g}{250g \cdot mol^{-1}}}{\frac{1000g}{18g \cdot mol^{-1}} + \frac{2g}{250g \cdot mol^{-1}}}$$

$$= 0.45 Pa$$

$$p = p_A^{\ominus} - \Delta p$$

$$= 3130 Pa - 0.45 Pa$$

$$= 3129.55 Pa$$

19.**解**：因为浓度较稀，所以质量摩尔浓度 b 近似与物质的量浓度 c 相等，在混合溶液中

$$c(Na^+) = \frac{0.01 mol \cdot L^{-1} \times 2}{2} + \frac{0.01 mol \cdot L^{-1}}{2}$$

$$= 0.015 mol \cdot L^{-1}$$

$$c(SO_4^{2-}) = \frac{0.01 mol \cdot L^{-1}}{2}$$

$$= 0.005 mol \cdot L^{-1}$$

$$c(Cl^-) = \frac{0.01 mol \cdot L^{-1}}{2}$$

$$= 0.005 mol \cdot L^{-1}$$

$$I = \frac{1}{2} \sum b_i z_i^2 = \frac{1}{2} \sum c_i z_i^2$$

$$I = \frac{1}{2}[0.015 mol \cdot L^{-1} \times 1^2 + 0.005 mol \cdot L^{-1} \times (-2)^2 + 0.005 mol \cdot L^{-1} \times (-1)^2]$$

$$= 0.02 mol \cdot L^{-1}$$

20.解：$I = \frac{1}{2}[0.050\text{mol·kg}^{-1} \times 2 \times (+1)^2 + 0.05\text{mol·kg}^{-1} \times (-2)^2]$

$= 0.15\text{mol·L}^{-1}$

$\lg r_{K^+} = -0.509 \times 1^2 \times (\frac{\sqrt{0.15}}{1+\sqrt{0.15}} - 0.30 \times 0.15)$

$= -0.119$

$r_{K^+} = 0.76$

$a_{K^+} = r_{K^+} \cdot b_{K^+} = 0.76 \times 0.1$

$= 0.076\text{mol·kg}^{-1}$

$\lg r_{SO_4^{2-}} = -0.509 \times (-2)^2 \times (\frac{\sqrt{0.15}}{1+\sqrt{0.15}} - 0.30 \times 0.15)$

$= -0.476$

$r_{SO_4^{2-}} = 0.33$

$a_{SO_4^{2-}} = r_{SO_4^{2-}} \cdot b_{SO_4^{2-}}$

$= 0.33 \times 0.05$

$= 0.0165\text{mol·kg}^{-1}$

自我测试题

一、单选题

1.68%(质量分数为 0.68)硝酸溶液(密度 1.41g·mL⁻¹)100mL,其摩尔分数是( )

   A.0.378   B.0.189   C.0.233   D.0.022   E.0.011

2.密度为 1.19g·cm⁻³ 的盐酸溶液含 HCl 37.0%,其 2.00cm³ 稀释至 100cm³ 恰与 1.60g 石灰石完全反应,石灰石的纯度是( )

   A.63.5%   B.37.7%   C.75.4%   D.95.5%   E.31.7%

3.欲配制 3%Na₂CO₃ 溶液 200cm³,密度为 1.03g·cm⁻³,需用 Na₂CO₃·10H₂O 的质量(g)是( )

   A.16.7   B.655   C.2.3   D.6.18   E.1768

4.稀溶液依数性的本质是( )

   A.沸点升高 B.凝固点降低 C.渗透压 D.蒸气压下降 E.四种都一样

5.在下列 0.02mol·L⁻¹ 的溶液中,沸点升高最多的是( )

   A.Na₂SO₄   B.NaCl   C.甘油   D.蔗糖   E.葡萄糖

6.用质量相等的乙醇、甲醛、葡萄糖和甘油作阻冻剂,效果最好的是( )

   A.乙醇   B.甲醛   C.葡萄糖   D.甘油   E.四种都一样

7.强电解质完全电离理论的创始人是（　）

　　A.阿累尼乌斯　　　　　B. 路易斯　　　　　　C. 德拜和休克尔

　　D.范特荷甫　　　　　　E. 布辽斯特和劳莱

8.下列说法错误的是（　）

　　A.浓度越大,活度系数越大　　　　　　B.浓度越大,活度系数越小

　　C.浓度极稀时,活度系数接近于 1　　　D.活度系数越小,表观电离度越小

　　E.浓度一定时,活度系数越大,则活度越大

二、判断题

1.依数性不适用于挥发性溶质的稀溶液。（　）

2.定温下,稀溶液的蒸气压与溶液的质量摩尔浓度成正比。（　）

三、填空题

1.溶质 B 的质量摩尔浓度的定义式为_____,其 SI 单位是_____。在很稀的溶液中,可近似认为_____浓度与_____浓度相等。

2.摩尔分数的 SI 单位是_____,混合物中各物质的摩尔分数之和等于_____。

3.苯的凝固点为 278.5K,$K_f=5.1$,某 B 激素 1.8g 溶于 12.0g 苯中,得溶液凝固点为 275.95K,则质量摩尔浓度 $b_B=$_____ $mol \cdot kg^{-1}$,B 的摩尔质量 $M_B=$_____。

4.水的冰点为 273K,$K_f=1.86$,人的血浆在 272.44K 时结冰,则在体温 310K 时血浆的渗透压是_____kPa;若水的沸点为 373K,$K_b=0.512$,血浆溶液的沸点 $T_b=$_____K。

四、简答题

1.什么叫稀溶液的依数性? 常见的依数性有哪些?

2.什么是渗透现象? 给病人输液时,若大量输入高渗溶液或低渗溶液,对人体细胞各有什么影响?

自我测试题参考答案

一、单选题

1.A　　2.C　　3.A　　4.D　　5.A　　6.B　　7.A　　8.A

二、是非题

1.√　　2.×

三、填空题

1. $b_B = \dfrac{n_B}{m_A}$；$mol \cdot kg^{-1}$；质量摩尔；物质的量。

2. 1；1。

3. 0.5；300

4. 775.78；373.15

四、简答题

1. 答：稀溶液的某些性质只取决于其所含溶质粒子的数目，而与溶质的种类和本性无关叫做依数性；常见的依数性有溶液的蒸气压下降、凝固点降低、沸点升高和渗透压。

2. 答：溶剂分子通过半透膜由纯溶剂进入溶液或由稀溶液进入浓溶液的现象称为渗透现象。若大量输入高渗溶液则人体细胞萎缩；大量输入低渗溶液则细胞会肿胀，甚至破裂。

第五章 化学平衡 ▷▷▷▷

思考题

1.试述化学平衡的基本特征。

2.在一定温度和压强下,某一定量的 PCl_5 气体的体积为 1L,此时 PCl_5 气体已有 50% 离解为 PCl_3 和 Cl_2。试判断在下列情况下,PCl_5 的离解度是增大还是减小。

(1)减压使 PCl_5 的体积变为 2L;

(2)保持总压强不变,加入氮气,使体积增至 2L;

(3)保持体积不变,加入氮气,使压强增加 1 倍;

(4)保持总压强不变,加入氯气,使体积变为 2L;

(5)保持体积不变,加入氯气。使压强增加 1 倍。

3.下列叙述是否正确? 为什么?

(1)达到平衡时,各反应物和生成物的浓度一定相等。

(2)标准平衡常数数值大,说明正反应一定进行;标准平衡常数数值小,说明正反应不能进行。

(3)对于放热反应来说,升高温度会使其标准平衡常数变小,反应的转化率降低。

(4)在一定温度下,反应 $A(aq)+2B(s) \rightleftharpoons C(aq)$ 达到平衡时,必须有 $B(s)$ 存在;同时,平衡状态又与 $B(s)$ 的量无关。

思考题参考答案

1.答:(1)化学平衡是动态平衡。

(2)条件一定下只要体系与环境未发生物质的交换,可逆反应会自发地趋于平衡状态。

(3)化学平衡可以从正、逆两个方向达到。

(4)化学平衡是某一条件下可逆反应进行的最大限度。

2.答:(1)增大;(2)增大;(3)不变;(4)减小;(5)减小。

3.答:(1)不正确,达到平衡时,只是体系内各物质的浓度不再随时间变化,但并非一定相等。

(2)不正确,平衡常数只表征可逆反应程度。一个反应能否进行,还取决于反应速率。如果一个反应的平衡常数值大,但反应速率却很小,一般认为该反应不能进行;如果反应的平衡常数数值小,同样也可认为该反应不能进行。

(3)正确,因为平衡朝着减弱这个改变的方向移动。

(4)正确。

习　题

1.在 523K 时,将 0.110mol $PCl_5(g)$ 引入 1L 容器中,建立下列平衡:

$$PCl_5(g) \Longrightarrow PCl_3(g) + Cl_2(g)$$

平衡时 $PCl_3(g)$ 的浓度是 $0.050 mol \cdot L^{-1}$。求在 523K 时反应的 $K^{\ominus}$ 和 $PCl_5(g)$ 的转化率。

2.反应 $H_2(g) + CO_2(g) \Longrightarrow CO(g) + H_2O(g)$ 在 1259K 达到平衡时,$p_{eq}(H_2) = p_{eq}(CO_2) = 4605.6Pa$,$p_{eq}(CO) = p_{eq}(H_2O) = 5861.7Pa$。求该温度下反应的标准平衡常数 $K^{\ominus}$ 及开始时 H_2 和 CO_2 的分压。

3.298K 时,在 $0.50 mol \cdot L^{-1}$ 的 $SnCl_2$ 溶液中加入铅粒,发生反应 $Sn^{2+} + Pb \Longrightarrow Pb^{2+} + Sn$,反应达到平衡时,测得溶液中 $c_{eq}(Sn^{2+}) = 0.34 mol \cdot L^{-1}$,$c_{eq}(Pb^{2+}) = 0.16 mol \cdot L^{-1}$。若测得 $c_{eq}(Pb^{2+}) = 0.70 mol \cdot L^{-1}$,则原来的 $SnCl_2$ 溶液的浓度应为多少?

4.已知在 298K 和总压为 $2.00 \times 10^5 Pa$ 时,有 13.3%(物质的量分数)的 N_2O_4 转换为 NO_2。求此温度下的 $K^{\ominus}$。

5.醋酸水溶液在 298K 达电离平衡:$HAc \Longrightarrow H^+ + Ac^-$。此时平衡浓度为 $c_{eq}(HAc) = 1.994 mol \cdot L^{-1}$,$c_{eq}(H^+) = c_{eq}(Ac^-) = 0.006 mol \cdot L^{-1}$,若在此平衡态下温度不变而将溶液浓度稀释一倍,求达到新平衡态时各物质的浓度为多少?

6.反应:$FeO(s) + H_2(g) \Longrightarrow Fe(s) + H_2O(g)$。已知在 1073K 和 1173K 时的 $K^{\ominus}$ 分别为 0.499 和 0.594,求 1273K 时的 $K^{\ominus}$。

习题参考答案

1.解:

	$PCl_5(g)$	$\Longrightarrow$	$PCl_3(g)$	+	$Cl_2(g)$
起始浓度/mol·L⁻¹	0.110		0		0
平衡浓度/mol·L⁻¹	0.110−0.050		0.050		0.050

$$K^{\ominus} = \frac{0.050 \times 0.050}{0.060} = 0.042$$

$$PCl_5 \text{ 的转化率} = \frac{0.050}{0.110} \times 100\% = 45.5\%$$

2.解:

$$H_2(g) + CO_2(g) \Longrightarrow CO(g) + H_2O(g)$$

$$K^{\ominus} = \frac{[p_{eq}(CO)/p^{\ominus}] \times [p_{eq}(H_2O)/p^{\ominus}]}{[p_{eq}(H_2)/p^{\ominus}] \times [p_{eq}(CO_2)/p^{\ominus}]}$$

$$= \frac{[5861.7Pa/(1.0 \times 10^5 Pa)]^2}{[4605.6Pa/(1.0 \times 10^5 Pa)]^2}$$

$$= \frac{(5861.7)^2}{(4605.6)^2}$$

$$= 1.62$$

H_2 和 CO_2 的起始分压等于其平衡分压和消耗分压之和。由反应式可知反应消耗的 H_2 和 CO_2 的分压等于生成的 CO 或 H_2O 的平衡分压。故 H_2 和 CO_2 的起始分压为：

$p(H_2) = p(CO_2) = 4605.6Pa + 5861.7Pa = 10467.3Pa \approx 10.47kPa$

3. 解：

	$Sn^{2+} + Pb \Longrightarrow Pb^{2+} + Sn$	
初始浓度/$mol \cdot L^{-1}$	0.5	0
平衡浓度/$mol \cdot L^{-1}$	0.34	0.16

$$K^{\ominus} = \frac{0.16 mol \cdot L^{-1}/1 mol \cdot L^{-1}}{0.34 mol \cdot L^{-1}/1 mol \cdot L^{-1}} = 0.47$$

设另一份 $SnCl_2$ 溶液的初始浓度为 x，则：

	$Sn^{2+} + Pb \Longrightarrow Pb^{2+} + Sn$	
初始浓度/$mol \cdot L^{-1}$	x	0
平衡浓度/$mol \cdot L^{-1}$	$x - 0.7$	0.7

$$K^{\ominus} = \frac{0.7 mol \cdot L^{-1}/1 mol \cdot L^{-1}}{(x - 0.7) mol \cdot L^{-1}/1 mol \cdot L^{-1}} = 0.47$$

$$x = 2.19 \approx 2.2$$

4. 解：此反应为等温等压下进行的反应

	$N_2O_4(g) \Longrightarrow 2NO_2(g)$	
初始时物质的量/mol	n_0	0
平衡时物质的量/mol	$n_0(1 - 13.3\%)$	$2 \times 13.3\% n_0$

因此平衡时,体系总物质的量为 $n_0(1 - 0.133) + 2 \times 0.1333 n_0 = 1.133 n_0$。

以 $p_{总}$ 表示总压,X 表示组分物质的摩尔分数(即物质的量的分数),则平衡时各组分物质分压为：

$$p_{eq}(NO_2) = p_{总} \cdot X(NO_2)$$

$$= 2.00 \times 10^5 Pa \times 2 \times 0.133 n_0 mol \cdot L^{-1}/1.133 n_0 mol \cdot L^{-1}$$

$$= 4.70 \times 10^4 Pa$$

$$p_{eq}(N_2O_4) = p_{总} \cdot X(N_2O_4)$$

$$= 2.00 \times 10^5 Pa \times (1 - 0.133) n_0 mol \cdot L^{-1}/1.133 n_0 mol \cdot L^{-1}$$

$$= 1.53 \times 10^5 \, \text{Pa}$$

$$K^\ominus = \frac{[p_{eq}(\text{NO}_2)/p^\ominus]^2}{p_{eq}(\text{N}_2\text{O}_4)/p^\ominus}$$

$$= \frac{[4.70 \times 10^4 \, \text{Pa}/(1.0 \times 10^5 \, \text{Pa})]^2}{(1.53 \times 10^5 \, \text{Pa})/(1.0 \times 10^5 \, \text{Pa})}$$

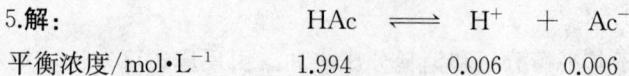

$$= 0.144$$

5.解:

	HAc	$\rightleftharpoons$	H$^+$	+	Ac$^-$
平衡浓度/mol·L^{-1}	1.994		0.006		0.006

$$K^\ominus = \frac{[c_{eq}(\text{H}^+)/c^\ominus][c_{ep}(\text{Ac}^-)/c^\ominus]}{c_{eq}(\text{HAc})/c^\ominus} = \frac{0.006^2}{1.994} = 1.8 \times 10^{-5}$$

浓度为原来一半,则反应商为:

$$J = \frac{(0.003)^2}{0.997} = 9.03 \times 10^{-6}$$

$J < K^\ominus$,平衡向正反应方向移动。

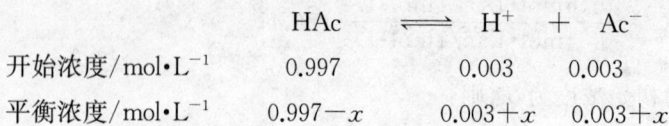

	HAc	$\rightleftharpoons$	H$^+$	+	Ac$^-$
开始浓度/mol·L^{-1}	0.997		0.003		0.003
平衡浓度/mol·L^{-1}	$0.997-x$		$0.003+x$		$0.003+x$

$$K^\ominus = \frac{(0.003+x)(0.003+x)}{0.997-x} = 1.8 \times 10^{-5}$$

解得:

$$x = 1.23 \times 10^{-3}$$

$$c_{eq}(\text{HAc}) = 0.996 \, \text{mol·L}^{-1}$$

$$c_{eq}(\text{Ac}^-) = c_{eq}(\text{H}^+) = 4.23 \times 10^{-3} \, \text{mol·L}^{-1}$$

6.解: 反应的标准摩尔焓变为:

$$\Delta_r H^\ominus = \frac{RT_1 T_2}{T_2 - T_1} \ln \frac{K_2^\ominus}{K_1^\ominus}$$

$$= \frac{8.314 \, \text{J·mol}^{-1}·\text{K}^{-1} \times 1073\text{K} \times 1173\text{K}}{1173\text{K} - 1073\text{K}} \ln \frac{0.594}{0.499}$$

$$= 1.821 \times 10^{-4} \, \text{J·mol}^{-1}$$

$$\approx 18.21 \, \text{kJ·mol}^{-1}$$

1273K 时的标准平衡常数为:

$$\ln K_3^\ominus - \ln K_1^\ominus = \frac{\Delta_r H^\ominus (T_3 - T_1)}{RT_1 T_3}$$

$$\ln K_3^\ominus = \ln 0.499 + \frac{18210 \, \text{J·mol}^{-1} \times (1273\text{K} - 1073\text{K})}{8.134 \, \text{J·mol}^{-1}·\text{K}^{-1} \times 1073\text{K} \times 1273\text{K}}$$

$$= -0.374$$

$$K_3^\ominus = 0.688$$

自我测试题

一、单选题

1.下列方法中,能改变可逆反应的平衡常数的是

A.改变体系的温度
B.改变反应物浓度

C.加入催化剂
D.改变平衡压力

2.已知反应:

$$H_2S \Longrightarrow 2H^+ + S^{2-} \qquad K_1^{\ominus} = K_{a_1}^{\ominus} \times K_{a_2}^{\ominus}$$

$$Zn^{2+} + S^{2-} \Longrightarrow ZnS(s) \qquad K_2^{\ominus} = \frac{1}{K_{sp}^{\ominus}}$$

则反应 $Zn^{2+} + H_2S \Longrightarrow ZnS(s) + 2H^+$ 的平衡常数 $K^{\ominus}$ 等于

A.$K_1^{\ominus} + K_2^{\ominus}$
B.$K_1^{\ominus} / K_2^{\ominus}$

C.$K_2^{\ominus} / K_1^{\ominus}$
D.$K_{a_1}^{\ominus} \cdot K_{a_2}^{\ominus} / K_{sp}^{\ominus}$

3.在 1073K 时,反应 $CaO(s) + CO_2(g) \Longrightarrow CaCO_3(s)$ 的 $K^{\ominus} = 3.1 \times 10^{-5}$,则 CO_2 的相对平衡分压为

A.3.1×10^{-5}
B.$\sqrt{3.1 \times 10^{-5}}$

C.$\dfrac{1}{3.1 \times 10^{-5}}$
D.$(3.1 \times 10^{-5})^2$

4.反应 $A + B \Longrightarrow C + D$ 为放热反应,若温度升高 10℃,其结果是

A.对反应没有影响
B.使平衡常数增大一倍

C.不改变反应速率
D.使平衡常数减小

5.下述反应在一定温度下达到平衡,$2SO_2(g) + O_2(g) \Longrightarrow 2SO_3(g)$,保持体积不变,加入惰性气体 He,使总压力增加一倍,则

A.平衡向左移动
B.平衡向右移动

C.平衡不移动
D.$K^{\ominus}$ 增大一倍

二、判断题

1.对于可逆反应:$C(s) + H_2O(g) \Longrightarrow CO(g) + H_2(g) \quad \Delta_r H_m > 0$,下列说法你认为对否?

(1)达平衡时各反应物和生成物的分压一定相等。(　)

(2)改变生成物的分压,使 $J < K^{\ominus}$,平衡将向右移动。(　)

(3)由于反应前后分子数目相等,所以增加压力对平衡无影响。(　)

(4)加入催化剂使 $V_{正}$ 增加,故平衡向右移动。(　)

(5)升高温度,平衡向右移动。(　)

2.一个可逆反应达到平衡的标志是各物质浓度不随时间而改变。（　）

3.当化学平衡移动时,平衡常数也一定随之改变。（　）

4.对于反应前后分子数相等的反应,增加压力对平衡不会产生影响。（　）

三、填空题

1.当可逆反应的正反应速率和逆反应速率相等时,反应物和生成物的量不再改变,体系所处的这种状态称为_____。

2._____浓度与_____浓度之比,称为相对平衡浓度,它的单位是_____。

3.在其他条件不变的情况下,增加反应物浓度或减少生成物浓度,化学平衡向着_____方向移动;增加生成物浓度或减少反应物浓度,化学平衡向着_____方向移动。

4.在定压下升高温度,虽然正、逆反应速率都会增加,但利于_____反应,平衡向_____反应方向移动;降低温度,虽然正、逆反应速率都会减小,但利于_____反应,平衡向_____反应方向移动。

5.催化剂能显著改变反应速率,但不能影响_____。

四、计算题

在 1000℃ 及总压力为 3000kPa 下,反应:$CO_2(g)+C(s) \rightleftharpoons 2CO(g)$ 达到平衡时,CO_2 的摩尔分数为 0.17。求当总压减至 2000kPa 时,CO_2 的摩尔分数为多少？由此可得出什么结论？

自我测试题参考答案

一、单选题

1.A　　2.D　　3.C　　4.D　　5.C

二、判断题

1.(1)×;(2)√;(3)×;(4)×;(5)√

2.√

3.×

4.×

三、填空题

1.化学平衡

2.平衡;标准;1

3.正反应;逆反应

4.吸热；吸热；放热；放热

5.化学平衡

四、计算题

解:总压力为 3000kPa 下,

$$p_{eq}(CO) = 3000 \times (1-0.17) = 2490kPa$$

$$p_{eq}(CO_2) = 3000 \times 0.17 = 510kPa$$

$$K^{\ominus} = \frac{[p_{eq}(CO)/p^{\ominus}]^2}{[p_{eq}(CO_2)/p^{\ominus}]} = \frac{\left(\frac{2490}{100}\right)^2}{\frac{510}{100}} = 122$$

因系统温度不变,降低压力时,$K^{\ominus}$ 值不变,故 $K^{\ominus} = 122$

设达到新的平衡时,CO_2 的摩尔分数为 x,CO 的摩尔分数为 $1-x$,则:

$$p_{eq}(CO_2) = p_{总} \cdot x(CO_2) = 2000x$$

$$p_{eq}(CO) = p_{总} \cdot x(CO) = 2000 \times (1-x)$$

$$K^{\ominus} = \frac{[p_{eq}(CO)/p^{\ominus}]^2}{[p_{eq}(CO_2)/p^{\ominus}]} = \frac{\left[\frac{2000 \times (1-x)}{100}\right]^2}{\frac{2000x}{100}} = 122$$

求得: $\qquad\qquad\qquad x = 0.126$

当总压减至 2000kPa 时,CO_2 的摩尔分数为 0.126,比原来减少,说明反应向右移动。

证实当气体总压降低时,平衡将向气体分子数增多的方向移动。

第六章　弱电解质的电离平衡 ▷▷▷▷

思考题

1.相同浓度的 HCl 和 HAc 溶液的 pH 值是否相同？pH 值相同的 HCl 溶液和 HAc 溶液其浓度是否相同？若用 NaOH 中和 pH 值相同的 HCl 和 HAc 溶液,哪个用量大? 原因何在?

2.若要配制 pH＝7 和 pH＝10 左右的缓冲溶液,应分别选择①甲酸和甲酸钠,②氨水和氯化铵,③磷酸和磷酸二氢钠,④磷酸二氢钠和磷酸氢二钠中的哪一组缓冲对?

3.为什么硫化铝在水溶液中不能存在?

4.酸碱质子论的基本要点是什么? 什么叫共轭酸碱对? 酸碱的强弱由哪些因素决定?

思考题参考答案

1.**答**:相同浓度的 HCl 和 HAc 溶液的 pH 值不相同。因为 HCl 是强酸,在水溶液中是完全电离的,故 H^+ 浓度大,pH 值低;HAc 是弱酸,在水溶液中是部分电离的,H^+ 浓度小,故 pH 值高。

同理,pH 值相同的 HCl 溶液和 HAc 溶液其浓度是不相同的,HCl 溶液的浓度小而 HAc 溶液的浓度大。

若用 NaOH 中和 pH 值相同的 HCl 和 HAc 溶液,中和 HAc 溶液所需的 NaOH 用量大。因为 HAc 的浓度大,所含的 H^+ 浓度大,与 NaOH 中和时,需消耗 NaOH 的量大。

2.**答**：查表:甲酸　　$pK_a^\ominus=3.75$　　　$NH_3 \cdot H_2O$　　$pK_b^\ominus=4.76$（∴ NH_4^+ $pK_a^\ominus=14-4.76=9.24$）

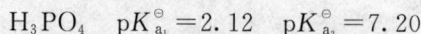

$$H_3PO_4 \quad pK_{a_1}^\ominus=2.12 \quad pK_{a_2}^\ominus=7.20$$

根据缓冲溶液配制方法,故配制 pH＝7 左右的缓冲溶液应选择磷酸二氢钠和磷酸氢二钠缓冲对配制 pH＝10 左右的缓冲溶液,应选择氨水和氯化铵缓冲对。

3.**答**:因为硫化铝（Al_2S_3）是弱酸弱碱盐,在水中 Al^{3+} 与 S^{2-} 均要发生水解,其产物分别为 $Al(OH)_3$ 沉淀和 H_2S 气体,因此使平衡剧烈地向右进行,即水解反应进行得很完全,所以硫化铝在水溶液中不能存在。

其反应式为：　　　　$Al_2S_3 + 6H_2O = 2\,Al(OH)_3 \downarrow + 3H_2S \uparrow$

4.答：酸碱质子理论的基本要点是质子(H^+)的给出与结合。

凡是能给出质子的分子或离子即质子给体称为酸,凡是能结合质子的分子或离子即质子受体称为碱。酸给出质子后,其残余部分为碱;碱接受质子后就为酸,酸与碱的这种相互依存关系叫共轭关系,共轭关系的酸碱称为共轭酸碱对。例：HAc 是 Ac^- 的共轭酸,Ac^- 是 HAc 的共轭碱,所以 HAc 与 Ac^- 的关系为共轭酸碱对。

酸碱的强弱,除了酸本身给出质子的能力和碱接受质子能力的强弱外,还与它们所处的溶剂有关。溶剂接受质子的能力强,也会增加酸的强度;同理,溶剂给出质子的能力强,也会增加碱的强度。如 HAc 在水中是弱酸,但在乙二胺中是强酸。因为乙二胺接受质子的能力比水强。

习　题

1.在氨水中加入下列物质时,氨水的电离度和溶液的 pH 值将如何变化?

(1)加 NH_4Cl　　　　(2)加 NaOH

(3)加 HCl　　　　(4)加水稀释

2.健康人血液的 pH 值为 7.35～7.45。患某种疾病的人的血液的 pH 值可暂时降到 5.90,问此时血液中 $c_{eq}(H^+)$ 为正常状态的多少倍?

3.浓度为 $0.10\,mol \cdot L^{-1}$ 的一元弱酸溶液,其 pH 值为 2.77,求这一弱酸的电离常数及该条件下的电离度。

4.在 298K 时,某弱酸 HA 溶液的浓度为 $0.005\ mol \cdot L^{-1}$ 时,电离度为 6.0%;$0.20\,mol \cdot L^{-1}$ 时,电离度为 0.97%。分别计算这两种溶液的 H^+ 浓度及 HA 的电离常数 $K_a^\ominus$。计算结果说明什么? 若 HA 电离度为 1.0%,则 HA 的原始浓度是多少?

5.欲配制 pH=2.50 的 HNO_2 溶液,需要多大浓度的 HNO_2 才能达到要求? 已知 HNO_2 的 $K_a^\ominus = 5.13 \times 10^{-4}$。

6.已知 298K 时,$0.01\,mol \cdot L^{-1}$ 某一元弱碱的水溶液其 pH 值为 10,求

(1)α 和 $K_b^\ominus$;

(2)稀释 100 倍以后的 α 和 $K_b^\ominus$。

7.在 1.0L $0.10\,mol \cdot L^{-1}$ 氨水溶液中,应加入多少克 NH_4Cl 固体,才能使溶液的 pH 值等于 9.00。(忽略固体的加入对溶液体积的影响)

8.准确量取 200mL $0.60\,mol \cdot L^{-1}\ NH_3 \cdot H_2O$ 溶液与 300mL $0.30\,mol \cdot L^{-1}\ NH_4Cl$ 溶液,混合制取一缓冲溶液。问：

(1)假定总体积为 500mL,该缓冲溶液的 pH 值是多少?

(2)加入 0.020mol HCl 后,溶液的 pH 值又是多少(忽略体积变化)?

(3)加入 0.020mol NaOH 后,溶液的 pH 值又是多少? (忽略体积变化)

9.在 10mL $0.3\,mol \cdot L^{-1}\ NaHCO_3$ 溶液中,需加入多少毫升 $0.2\,mol \cdot L^{-1}\ Na_2CO_3$,才能

使溶液的 pH＝10。已知 H_2CO_3 的 $K_{a_1}^\ominus=4.17\times10^{-7}$，$K_{a_2}^\ominus=5.62\times10^{-11}$。

10.次溴酸 HBrO 的电离常数为 2.0×10^{-9}，试计算 $0.020mol\cdot L^{-1}$ 次溴酸钾溶液的 pH 值和水解度。

11.将 40mL $0.20mol\cdot L^{-1}$ HCl 溶液同 20mL $0.40mol\cdot L^{-1}$ 氨水混合，计算溶液的 pH 值。已知 $NH_3\cdot H_2O$ 的 $K_b^\ominus=1.74\times10^{-5}$。

12.计算在 298K 时，$0.06mol\cdot L^{-1}$ Na_2S 溶液的 pH 值和水解度。已知 H_2S 的 $K_{a_1}^\ominus=1.32\times10^{-7}$，$K_{a_2}^\ominus=7.08\times10^{-15}$。

13.现有 $0.20mol\cdot L^{-1}$ HCl 溶液与 $0.20mol\cdot L^{-1}$ 氨水溶液，在下列各情况下如何计算混合溶液的 pH 值？

(1)两种溶液等体积混合

(2)两种溶液按 2∶1 的体积混合

(3)两种溶液按 1∶2 的体积混合

14.如何用 $0.1mol\cdot L^{-1}$ 的 HAc 与 $0.1mol\cdot L^{-1}$ 的 NaOH 配制 1L pH 值为 5 的缓冲溶液？已知 HAc 的 $pK_a^\ominus=4.76$。

习题参考答案

1.解：

加入物质	NH_4Cl	NaOH	HCl	加水稀释
氨水电离度	减小	减小	增大	增大
pH 值变化	减小	增大	减小	减小

2.解：(1)pH＝7.35

$$c_{eq}(H^+)=4.47\times10^{-8}$$

pH＝5.90

$$c_{eq}(H^+)=1.26\times10^{-6}$$

$$\frac{1.26\times10^{-6}mol\cdot L^{-1}}{4.47\times10^{-8}mol\cdot L^{-1}}=28.2(倍)$$

(2)pH＝7.45

$$c_{eq}(H^+)=3.55\times10^{-8}$$

$$\frac{1.26\times10^{-6}mol\cdot L^{-1}}{3.55\times10^{-8}mol\cdot L^{-1}}=35.5(倍)$$

答：此时血液中 $c_{eq}(H^+)$ 为正常状态的 28.2～35.5 倍。

3.解：

$$HA \Longleftrightarrow H^+ + A^-$$

$$pH=2.77$$

$$c_{eq}(H^+)=1.7\times10^{-3}mol\cdot L^{-1}$$

$$K_a^\ominus=\frac{c_{eq}(H^+)\cdot c_{eq}(A^-)}{c_{eq}(HA)}$$

$$K_a^\ominus = \frac{(1.7 \times 10^{-3})^2}{0.10 - 1.7 \times 10^{-3}}$$

$$= \frac{2.89 \times 10^{-6}}{0.0983}$$

$$= 2.94 \times 10^{-5}$$

$$\alpha = \frac{1.7 \times 10^{-3}}{0.10} \times 100\% = 1.7\%$$

答:这一弱酸的电离常数为 2.94×10^{-5},该条件下的电离度为 1.7%。

4.**解**: $\qquad HA \Longrightarrow H^+ + A^-$

$$c(HA) = 0.005 \qquad \alpha = 6.0\%$$

$$c_{eq}(H^+) = c \cdot \alpha$$

$$c_{eq}(H^+) = 0.005 \times 6.0\%$$

$$= 3 \times 10^{-4}$$

$$K_a^\ominus = \frac{c_{eq}(H^+) \cdot c_{eq}(A^-)}{c_{eq}(HA)}$$

$$K_a^\ominus = \frac{(3 \times 10^{-4})^2}{0.005 - 3 \times 10^{-4}} = \frac{9 \times 10^{-8}}{0.0047}$$

$$= 1.9 \times 10^{-5}$$

$$c(HA) = 0.20 \qquad \alpha = 0.97\%$$

$$c_{eq}(H^+) = 0.20 \times 0.97\%$$

$$= 1.94 \times 10^{-3}$$

$$K_a^\ominus = \frac{(1.94 \times 10^{-3})^2}{0.20 - 1.94 \times 10^{-3}} = \frac{3.76 \times 10^{-6}}{0.198}$$

$$= 1.9 \times 10^{-5}$$

计算结果说明,相同温度下,同一弱酸,浓度越小,电离度越大;浓度越大,电离度越小。但电离常数 K_a 基本相同。

$$K_a^\ominus = c \cdot \alpha^2 \qquad\qquad 1.9 \times 10^{-5} = c \cdot (1.0\%)^2$$

$$c = 0.19$$

∴若 HA 电离度为 1.0%,则 HA 的原始浓度是 $0.19 \text{mol} \cdot L^{-1}$。

5.**解**: $pH = 2.50$

$$c_{eq}(H^+) = 3.16 \times 10^{-3} \text{mol} \cdot L^{-1}$$

$$HNO_2 \Longrightarrow H^+ + NO_2^-$$

$$K_a^\ominus = \frac{c_{eq}(H^+) \cdot c_{eq}(NO_2^-)}{c_{eq}(HNO_2)}$$

$$\frac{(3.16 \times 10^{-3})^2}{c_{eq}(HNO_2)} = 5.13 \times 10^{-4}$$

$$c_{eq}(HNO_2) = 1.95 \times 10^{-2}$$

$$c(\text{HNO}_2) = 1.95 \times 10^{-2} + 3.16 \times 10^{-3}$$
$$= 2.27 \times 10^{-2}$$

答:需要 $2.27 \times 10^{-2} \text{mol} \cdot \text{L}^{-1}$ 的 HNO_2 才能达到要求。

6.解: 假定一元弱碱为 MOH

$$\text{MOH} \Longleftrightarrow \text{M}^+ + \text{OH}^-$$

(1)pH$=10$ pOH$=4$

$c_{\text{eq}}(\text{OH}^-) = 1.0 \times 10^{-4}$

$$\alpha = \frac{1.0 \times 10^{-4}}{0.01 \text{mol} \cdot \text{L}^{-1}} \times 100\% = 1\%$$

$$1\% < 5\%$$

$$K_b^{\ominus} = \frac{[c_{\text{eq}}(\text{OH}^-)]^2}{c} = \frac{(1.0 \times 10^{-4})^2}{0.01}$$
$$= 1.0 \times 10^{-6}$$

(2)稀释 100 倍

$c(\text{MOH}) = 0.0001 \text{mol} \cdot \text{L}^{-1}$

温度恒定,$K_b^{\ominus}$ 仍然为 1.0×10^{-6}

$$\frac{c}{K_b^{\ominus}} = \frac{1.0 \times 10^{-4}}{1.0 \times 10^{-6}} = 100 < 400$$

故不能忽略被电离掉的 $c(\text{OH}^-)$

$$\text{MOH} \Longleftrightarrow \text{M}^+ + \text{OH}^-$$
$$10^{-4} - x \qquad x \qquad x$$

$$\frac{(x)^2}{10^{-4} - x} = 1.0 \times 10^{-6}$$

$$x^2 + 1.0 \times 10^{-6} x - 1.0 \times 10^{-10} = 0$$

$$x = 9.5 \times 10^{-6}$$

$$\alpha = \frac{9.5 \times 10^{-6}}{1.0 \times 10^{-4}} \times 100\% = 9.5\%$$

7.解: pH$=9.00$ pOH$=5.00$

OH^- 浓度为 $1.00 \times 10^{-5} \text{mol} \cdot \text{L}^{-1}$

设应加入 $x \, \text{mol} \, \text{NH}_4\text{Cl}$ 固体

	$\text{NH}_3 \cdot \text{H}_2\text{O}$	$\Longleftrightarrow$	NH_4^+	$+$	OH^-
相对起始浓度	0.10		x		0
相对平衡浓度	$0.10 - 1.00 \times 10^{-5}$		$x + 1.00 \times 10^{-5}$		1.00×10^{-5}

$$\frac{c_{\text{eq}}(\text{NH}_4^+) \cdot c_{\text{eq}}(\text{OH}^-)}{c_{\text{eq}}(\text{NH}_3 \cdot \text{H}_2\text{O})} = K_b^{\ominus}$$

$$\frac{(x + 1.00 \times 10^{-5}) \times (1.00 \times 10^{-5})}{0.10 - 1.00 \times 10^{-5}} = 1.74 \times 10^{-5}$$

∵ $K_b^{\ominus}$ 很小，且加入 NH_4Cl，产生同离子效应

∴ $x + 1.00 \times 10^{-5} \approx x$ $\quad$ $0.10 - 1.00 \times 10^{-5} \approx 0.1$

$$\frac{1.00 \times 10^{-5} x}{0.10} = 1.74 \times 10^{-5}$$

$$x = 0.174$$

$$m_{NH_4Cl} = 53.5 \times 0.174 \times 1.0 = 9.31g$$

答：应加入 9.31g NH_4Cl 固体，才能使溶液的 pH 值等于 9.00。

8.解：（1）

$$c(NH_3 \cdot H_2O) = 0.60 \times \frac{200mL}{500mL}$$

$$= 0.24$$

$$c(NH_4Cl) = 0.30 \times \frac{300mL}{500mL}$$

$$= 0.18$$

$$pH = 14 - pK_b^{\ominus} + lg\frac{c(NH_3)}{c(NH_4Cl)}$$

$$= 14 - 4.76 + lg\frac{0.24}{0.18}$$

$$= 14 - 4.76 + 0.12$$

$$= 9.36$$

（2）加入 0.020mol HCl 后

$$c(NH_3 \cdot H_2O) = \frac{0.60mol \cdot L^{-1} \times 0.2L - 0.02mol}{0.5L}$$

$$= 0.20mol \cdot L^{-1}$$

$$c(NH_4Cl) = \frac{0.30mol \cdot L^{-1} \times 0.3L + 0.02mol}{0.5L}$$

$$= 0.22mol \cdot L^{-1}$$

$$pH = 14 - 4.76 + lg\frac{0.2}{0.22}$$

$$= 9.2$$

（3）加入 0.020mol NaOH 后

$$c(NH_3 \cdot H_2O) = \frac{0.60mol \cdot L^{-1} \times 0.2L + 0.020mol}{0.5L}$$

$$= 0.28mol \cdot L^{-1}$$

$$c(NH_4Cl) = \frac{0.30mol \cdot L^{-1} \times 0.3L - 0.020mol}{0.5L}$$

$$= 0.14 \, \text{mol} \cdot \text{L}^{-1}$$

$$\text{pH} = 14 - 4.76 + \lg \frac{0.28}{0.14}$$

$$= 9.54$$

9.**解**：　因为在 NaHCO_3 溶液中，加入 Na_2CO_3 溶液，组成了 $\text{NaHCO}_3 - \text{Na}_2\text{CO}_3$ 的缓冲溶液

$$\text{pH} = \text{p}K_{a_2}^{\ominus} - \lg \frac{c(\text{NaHCO}_3)}{c(\text{Na}_2\text{CO}_3)}$$

设需加入 $0.2 \, \text{mol} \cdot \text{L}^{-1} \text{Na}_2\text{CO}_3$ 溶液 x mL

$$10 = -\lg(5.62 \times 10^{-11}) - \lg \frac{\dfrac{0.3 \, \text{mol} \cdot \text{L}^{-1} \times 10 \text{mL} \times 10^{-3}}{(10 \text{mL} + x \text{mL}) \times 10^{-3}}}{\dfrac{0.2 \, \text{mol} \cdot \text{L}^{-1} \times x \text{mL} \times 10^{-3}}{(10 \text{mL} + x \text{mL}) \times 10^{-3}}}$$

$$10 = 10.25 - \lg \frac{3}{0.2x}$$

$$\lg \frac{3}{0.2x} = 0.25$$

$$\frac{3}{0.2x} = 1.78$$

$$x = 8.43$$

答：需加入8.43mL $0.2 \, \text{mol} \cdot \text{L}^{-1} \text{Na}_2\text{CO}_3$，才能使溶液的 pH $=10$。

10.**解**：

$$\text{BrO}^- + \text{H}_2\text{O} \Longleftrightarrow \text{HBrO} + \text{OH}^-$$

$$K_b^{\ominus} = \frac{K_w^{\ominus}}{K_a^{\ominus}} = \frac{1.0 \times 10^{-14}}{2.0 \times 10^{-9}} = 5.0 \times 10^{-6}$$

$$c/K_b^{\ominus} = \frac{0.020}{5.0 \times 10^{-6}} = 4000 > 400$$

$$c_{eq}(\text{OH}^-) = \sqrt{\frac{K_w^{\ominus}}{K_a^{\ominus}} \cdot c}$$

$$= \sqrt{5.0 \times 10^{-6} \times 0.020}$$

$$= 3.16 \times 10^{-4}$$

$$\text{pOH} = 3.50 \qquad \therefore \text{pH} = 10.5$$

水解度　$$h = \frac{3.16 \times 10^{-4}}{0.020} \times 100\% = 1.58\%$$

11.**解**：
$$n(\text{HCl}) = 0.20 \, \text{mol} \cdot \text{L}^{-1} \times (40 \times 10^{-3}) \text{L}$$

$$= 8.0 \times 10^{-3} \, \text{mol}$$

$$n(\text{NH}_3) = 0.40 \, \text{mol} \cdot \text{L}^{-1} \times (20 \times 10^{-3}) \text{L}$$

$$= 8.0 \times 10^{-3} \, \text{mol}$$

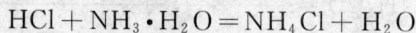
$$\text{HCl} + \text{NH}_3 \cdot \text{H}_2\text{O} = \text{NH}_4\text{Cl} + \text{H}_2\text{O}$$

∴生成了 8.0×10^{-3} mol NH_4Cl

$$c(NH_4Cl) = \frac{8.0 \times 10^{-3} \text{ mol}}{(40+20) \times 10^{-3} \text{ L}}$$

$$= \frac{2}{15} \text{mol·L}^{-1}$$

$$K_h^\ominus = \frac{K_w^\ominus}{K_b^\ominus} = \frac{1.0 \times 10^{-14}}{1.74 \times 10^{-5}} = 5.75 \times 10^{-10}$$

$$c/K_h^\ominus = \frac{2}{15}/(5.75 \times 10^{-10}) > 400$$

$$c_{eq}(H^+) = \sqrt{\frac{K_w^\ominus}{K_b^\ominus} \cdot c}$$

$$= \sqrt{5.75 \times 10^{-10} \times \frac{2}{15}}$$

$$= 8.76 \times 10^{-6} \text{mol·L}^{-1}$$

$$pH = -\lg(8.76 \times 10^{-6})$$

$$= 5.06$$

答:溶液的 pH 值为 5.06。

12.解: Na_2S 为多元弱酸强碱盐

$$S^{2-} + H_2O \Longrightarrow HS^- + OH^-$$

$$K_{b_1}^\ominus = \frac{K_w^\ominus}{K_{a_2}^\ominus} = \frac{1.0 \times 10^{-14}}{7.08 \times 10^{-15}} = 1.41$$

$$HS^- + H_2O \Longrightarrow H_2S + OH^-$$

$$K_{b_2}^\ominus = \frac{K_w^\ominus}{K_{a_1}^\ominus}$$

$$= \frac{1.0 \times 10^{-14}}{1.32 \times 10^{-7}}$$

$$= 7.58 \times 10^{-8}$$

∵ $K_{b_1}^\ominus \gg K_{b_2}^\ominus$

∴可忽略 S^{2-} 的二级水解,仅考虑 S^{2-} 的一级水解

$$S^{2-} + H_2O \Longrightarrow HS^- + OH^-$$

相对起始浓度	0.06	0	0
相对平衡浓度	0.06$-x$	x	x

∵ $\dfrac{c}{K_{b_1}^\ominus} = \dfrac{0.06}{1.41} = 0.05 < 400$

∴ x 不能忽略

$$\frac{x^2}{0.06-x}=1.41$$

$$x^2+1.41x-0.0846=0$$

$$x=5.75\times10^{-2}$$

$$c_{eq}(OH^-)=5.75\times10^{-2}$$

$$pOH=1.24 \qquad pH=12.76$$

$$水解度 \quad h=\frac{c_{eq}(OH^-)}{c}$$

$$=\frac{5.75\times10^{-2}}{0.06}\times100\%$$

$$=95.8\%$$

答:298K 时0.06mol·L^{-1}Na$_2$S 溶液的 pH 值是12.76,水解度为 95.8%。

13.**解**:(1) $\quad$ HCl $\quad+\quad$ NH$_3$·H$_2$O $\quad==\quad$ NH$_4$Cl $\quad+\quad$ H$_2$O

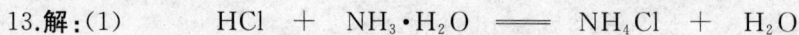

反应前相对浓度 $\quad 0.20\times\frac{1}{2} \qquad 0.20\times\frac{1}{2} \qquad\qquad 0 \qquad\qquad 0$

反应后相对浓度 $\qquad 0 \qquad\qquad 0 \qquad\qquad 0.10 \qquad 0.10$

反应后溶液为 0.10mol·L^{-1}NH$_4$Cl,应考虑 NH$_4$Cl 的水解

$$c_{eq}(H^+)=\sqrt{\frac{K_w^\ominus}{K_b^\ominus}\cdot c(NH_4Cl)}$$

$$c_{eq}(H^+)=\sqrt{\frac{1.0\times10^{-14}}{1.74\times10^{-5}}\cdot 0.10}$$

$$=7.6\times10^{-6}mol·L^{-1}$$

$$pH=5.12$$

(2) $\qquad\qquad$ HCl $\quad+\quad$ NH$_3$·H$_2$O $\quad==$NH$_4$Cl $\quad+\quad$ H$_2$O

反应前相对浓度 $\quad 0.20\times\frac{2}{3} \qquad 0.20\times\frac{1}{3} \qquad\qquad 0 \qquad\qquad 0$

反应后相对浓度 $\quad 0.20\times\frac{1}{3} \qquad\qquad 0 \qquad\qquad 0.20\times\frac{1}{3}$

由于 HCl 的过量存在,抑制了 NH$_4$Cl 的水解,故可忽略 NH$_4$Cl 水解出来的 $c_{eq}(H^+)$

$$c_{eq}(H^+)=0.20\times\frac{1}{3}$$

$$=0.067$$

$$pH=1.17$$

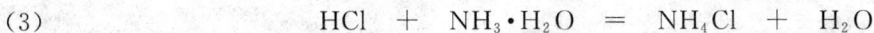

（3）　　　　　　　　　$HCl \ + \ NH_3 \cdot H_2O \ = \ NH_4Cl \ + \ H_2O$

反应前相对浓度　　　$0.20 \times \dfrac{1}{3}$　　$0.20 \times \dfrac{2}{3}$　　　　0　　　　　0

反应后相对浓度　　　　　0　　　$0.20 \times \dfrac{1}{3}$　　$0.20 \times \dfrac{1}{3}$

反应后,溶液为 $NH_3 \cdot H_2O - NH_4Cl$ 缓冲溶液

$$pH = 14 - pK_b^{\ominus} + \lg \frac{c(NH_3 \cdot H_2O)}{c(NH_4Cl)}$$

$$pH = 14 - 4.76 + \lg \frac{0.20 \times \dfrac{1}{3}}{0.20 \times \dfrac{1}{3}} = 9.24$$

14.解:此缓冲溶液应由 $HAc - NaAc$ 组成

$NaAc$ 由 $HAc + NaOH = NaAc + H_2O$ 而得。

∴缓冲溶液中 $NaAc$ 物质的量＝$NaOH$ 物质的量。

设取 $HAc \ x L$,$NaOH \ y L$,缓冲溶液中 HAc 应为$(x-y)L$。

$$pH = pK_a^{\ominus} - \lg \frac{c(HAc)}{c(NaAc)}$$

$$5 = 4.76 - \lg \frac{0.1(x-y)}{0.1y}$$

$$\lg \frac{x-y}{y} = -0.24 \qquad \frac{x-y}{y} = 0.58$$

$$\because x + y = 1 \qquad\qquad \therefore x = 1 - y$$

解得:
$$x = 0.612L = 612mL$$
$$y = 0.388L = 388mL$$

自我测试题

一、选择题

(一)单选题

1.将 $0.1mol \cdot L^{-1}$ 的 HAc 溶液加水稀释至原体积的 2 倍时,其 $c_{eq}(H^+)$ 和 pH 值的变化趋势各为( )

A. 增加和减小　　　　　　　　　　　B. 减小和增大

C. 为原来的一半和增大　　　　　　　D. 为原来的一倍和减小

E. 减小和减小

2.HAc 的电离平衡常数 $K_a^{\ominus}=\dfrac{c_{eq}(H^+)\cdot c_{eq}(Ac^-)}{c_{eq}(HAc)}$，则（　　）

　A. 加 HCl，则 $K_a^{\ominus}$ 变大　　　　　　　　　B. 加 NaAc，则 $K_a^{\ominus}$ 变大

　C. 加 HAc，则 $K_a^{\ominus}$ 变小　　　　　　　　　D. 加 H_2O，则 $K_a^{\ominus}$ 不变

　E. 以上说法均错误

3.欲配制 pH＝4.50 的缓冲溶液，若用 HAc 和 NaAc 溶液，则二者的浓度比为（　　）

　A. 1/1.8　　　　　B. 3.2/36　　　　　C. 1.8/1　　　　　D. 8/9　　　　　E. 9/8

4.下列溶液中，$c_{eq}(H^+)$ 最大者为（　　）

　A.1mol·L^{-1} 的 HAc　　　　　　　　　　　B.0.04mol·L^{-1} 的 HCl

　C.0.02mol·L^{-1} 的 H_2SO_4　　　　　　　　D.1mol·L^{-1} 的 NaCN

　E.1mol·L^{-1} 的 NH_4Cl

(二)多选题

1.实验室配制 $SnCl_2$ 溶液时，必须在少量盐酸中配制（而后稀释至所需浓度）才能得到澄清溶液，这是由于（　　）

　A.形成缓冲溶液　　　　　　　　　　　　　B.盐效应促使 $SnCl_2$ 溶解

　C.同离子效应　　　　　　　　　　　　　　D.阻止 $SnCl_2$ 水解

　E.氧化还原反应

2.根据酸碱质子理论，下列叙述中不正确的是（　　）

　A.水溶液中的离解反应、水解反应及中和反应三者都是质子转移反应

　B.化合物中没有盐的概念

　C.强酸反应后变成弱酸

　D.酸碱反应的方向是强酸与强碱反应生成弱酸和弱碱

　E.酸越强，其共轭碱也越强

3.向纯水中加入少量的 $NaHSO_4$（温度不变），则溶液的（　　）

　A.pH 值增大　　　　　　　　　　　　　　B.酸性增强

　C.$c_{eq}(OH^-)$ 离子浓度减小　　　　　　　　D.pH 值不变

　E.水中 $c_{eq}(H^+)$ 与 $c_{eq}(OH^-)$ 的乘积增大

4.在下列溶液中，滴入甲基橙指示剂，变红色的是（　　）

　A.0.1mol·L^{-1} 硫酸溶液　　　　　　　　　B.0.1mol·L^{-1} 氨水

　C.0.1mol·L^{-1} 硫化钠　　　　　　　　　　D.0.1mol·L^{-1} 醋酸

　E.0.1mol·L^{-1} 硫酸钠

5.对于关系式 $\dfrac{[c_{eq}(H^+)]^2\cdot c_{eq}(S^{2-})}{c_{eq}(H_2S)}=K_{a_1}^{\ominus}\cdot K_{a_2}^{\ominus}$ 来说，下列叙述中不正确的是（　　）

　A.此式表示了氢硫酸在溶液中按右式电离 $H_2S \Longrightarrow 2H^+ + S^{2-}$

　B.此式说明了平衡时 H^+、S^{2-} 和 H_2S 三者浓度之间的关系

　C.由于 H_2S 的饱和浓度通常为0.1mol·L^{-1}，所以由此式可以看出 $c(S^{2-})$ 受 $c(H^+)$

控制

D.此式表明,通过调节 $c(H^+)$,可以使 $c(S^{2-})$ 达到任意值

E.凡是多元弱酸,其酸根的浓度近似等于其最后一级的电离平衡常数

6.下列叙述中不正确的是(　　)

A.强电解质的电离度大小表示了该电解质在溶液中电离程度的大小

B.同离子效应使溶液中的离子浓度减小

C.浓度为 $1 \times 10^{-9} mol \cdot L^{-1}$ 的盐酸溶液中,pH 值接近于 7

D.中和等体积 pH 值相同的 HCl 及 HAc 溶液,所需的 NaOH 的量相同

E.当满足近似计算条件时,多元弱酸中的 $c_{eq}(H^+)/c^{\ominus}$ 近似等于 $\sqrt{K_{a_1}^{\ominus} \cdot c/c^{\ominus}}$

7.根据酸碱电子理论,下列叙述中正确的是(　　)

A.电子对接受体称为碱

B.电子对给予体称为酸

C.酸碱反应的实质是酸与碱之间形成配位键

D.凡是金属离子都可作为酸

E.凡是金属原子都可作为碱

二、填空题

1.在 $0.1 mol \cdot L^{-1}$ HAc 溶液中加入 NaAc 固体后,HAc 的电离度_____,pH 值_____,电离常数_____。

2.$0.1 mol \cdot L^{-1} H_3PO_4$ 溶液中,_____离子最多,_____离子最少。

3.在含有 NH_4Cl 和 $NH_3 \cdot H_2O$ 的溶液中,存在着_____和_____平衡,反应为_____和_____。

4.100mL $0.4 mol \cdot L^{-1} NaAc$ 溶液的 pH 值_____7,倒去 50mL NaAc 溶液后,pH 值_____,若再加入 50mL $0.2 mol \cdot L^{-1}$ 盐酸,pH 值_____,继续在上述混合溶液中加入少量 $0.1 mol \cdot L^{-1} NaOH$ 溶液,则 pH 值_____。

三、简答题

1.下列几种说法是否确切?为什么?

(1)在相同浓度的两种一元酸溶液中,它们的氢离子浓度是相同的。

(2)稀释 10mL $0.1 mol \cdot L^{-1} HAc$ 溶液至 100mL,则 HAc 的电离度增加,平衡向右移动,氢离子浓度增加。

(3)醋酸是弱酸,盐酸是强酸,用相同浓度的 NaOH 溶液去中和相同体积相同物质的量浓度的上述两种酸,则消耗 NaOH 体积较少的是醋酸。

(4)298K 时,pH 值大于 7 的溶液,一定是碱。

2.回答下列问题

(1)硫化铝为什么不能在水中重结晶?

（2）配制 $SnCl_2$、$FeCl_3$ 溶液,为什么不能用蒸馏水而要用盐酸配制?

（3）为什么 $Al_2(SO_4)_3$ 和 Na_2CO_3 溶液混合,立即产生 CO_2 气体?

3.指出下列各物质在水溶液中,哪些是质子酸?哪些是质子碱?哪些是两性的?它们相应的共轭碱或共轭酸是什么?

Ac^-、NH_4^+、HF、CH_3NH_2、$Al(H_2O)_6^{3+}$、$[Al(OH)_2(H_2O)_4]^+$、HSO_4^-、$H_2PO_4^-$、PO_4^{3-}、$HCOOH$。

4.根据酸碱质子理论,判断下列化学反应的方向

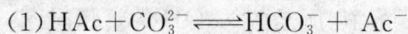

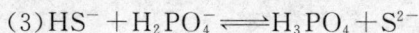

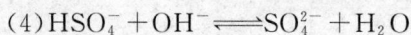

（1）$HAc + CO_3^{2-} \rightleftharpoons HCO_3^- + Ac^-$

（2）$H_3O^+ + HS^- \rightleftharpoons H_2S + H_2O$

（3）$HS^- + H_2PO_4^- \rightleftharpoons H_3PO_4 + S^{2-}$

（4）$HSO_4^- + OH^- \rightleftharpoons SO_4^{2-} + H_2O$

（5）$H_2O + H_2O \rightleftharpoons H_3O^+ + OH^-$

（6）$NH_4^+ + H_2O \rightleftharpoons NH_3 + H_3O^+$

5.根据弱电解质的电离常数,确定下列各溶液在相同浓度下,pH 值由大到小的顺序 $NaAc$、$NaCN$、Na_3PO_4、H_3PO_4、$(NH_4)_2SO_4$、$HCOONH_4$、NH_4Ac、H_2SO_4、HCl、$NaOH$。

自我测试题参考答案

一、选择题

（一）单选题：1.B   2.D   3.C   4.B

（二）多选题：1.C,D 2.C,E 3.B,C 4.A,D 5.A,D,E 6.A,B,D 7.C,D

二、填空题

1.减小；增大；不变

2.H^+；PO_4^{3-}

3.水解；电离；$NH_4^+ + H_2O \rightleftharpoons NH_3 \cdot H_2O + H^+$；$NH_3 \cdot H_2O \rightleftharpoons NH_4^+ + OH^-$

4.大于；不变；减小；基本不变

三、简答题

1.答：（1）不确切。相同浓度的一元酸溶液,它们的氢离子浓度不一定是相等的,因为酸有强酸和弱酸之分。强酸在水中完全电离,氢离子浓度等于酸的浓度,如 $0.1mol \cdot L^{-1}$ HCl,$c_{eq}(H^+) = 0.1mol \cdot L^{-1}$;弱酸在水中部分电离,氢离子浓度小于酸的浓度,如 $0.1mol \cdot L^{-1}$ HAc,$c_{eq}(H^+) \ll 0.1mol \cdot L^{-1}$。

（2）不确切。溶液的稀释,使得弱电解质（HAc）的电离平衡遭到破坏,平衡向右移动,

电离度增大,但溶液稀释时,体积增大,$c(H^+)$是变小的。

(3)不确切。醋酸和盐酸都是一元酸,它们分别与浓度相同的碱作用时,只要这两种酸的物质的量浓度相等,相同体积的两种酸所消耗 NaOH 溶液的体积应该是相等的,这与反应酸的强弱无关。

(4)不确切。298K 时,pH 大于 7,只能表明该溶液中 $c_{eq}(OH^-) > c_{eq}(H^+)$,至于溶液中的溶质可能是碱,但也可能是由强碱弱酸组成的盐。

2.答:(1)因为硫化铝是弱酸弱碱盐,在水中强烈水解,其水解产物是难溶的沉淀 $Al(OH)_3$ 和易挥发气体 H_2S,水解反应进行得非常完全。

$$Al_2S_3 + 6H_2O = 2Al(OH)_3\downarrow + 3H_2S\uparrow$$

(2)因为 Sn^{2+}、Fe^{3+} 在水溶液中易水解,以致产生白色的 $Sn(OH)Cl$ 沉淀和红棕色的水合氧化铁 $Fe_2O_3 \cdot nH_2O$。为了要得到清亮透明的溶液,需要加盐酸以抑制水解,其水解反应式如下:

$$SnCl_2 + H_2O \rightleftharpoons Sn(OH)Cl\downarrow + HCl$$

$$[Fe(H_2O)_6]^{3+} + H_2O \rightleftharpoons [Fe(H_2O)_5(OH)]^{2+} + H_3O^+$$

(3)因为 $Al_2(SO_4)_3$ 和 Na_2CO_3 溶液混合以后,Al^{3+} 和 CO_3^{2-} 都要发生水解,阴阳离子的水解相互促进,使得水解进行到底

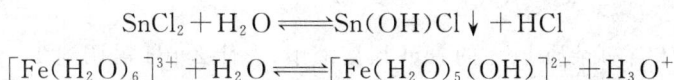
$$2Al^{3+} + 3CO_3^{2-} + 3H_2O = 2Al(OH)_3\downarrow + 3CO_2\uparrow$$

3.答:质子酸: NH_4^+、HF、$Al(H_2O)_6^{3+}$、HCOOH

对应共轭碱: NH_3、F^-、$[Al(OH)(H_2O)_5]^{2+}$、$HCOO^-$

质子碱: Ac^-、PO_4^{3-}

对应共轭酸: HAc、HPO_4^{2-}

酸碱两性的: CH_3NH_2、$[Al(OH)_2(H_2O)_4]^+$、HSO_4^-、$H_2PO_4^-$

对应共轭酸: $CH_3NH_3^+$、$[Al(OH)(H_2O)_5]^{2+}$、H_2SO_4、H_3PO_4

对应共轭碱: CH_3NH^-、$[Al(OH)_3(H_2O)_3]$、SO_4^{2-}、HPO_4^{2-}

4.答:(1)CO_3^{2-} 接受质子能力比 Ac^- 强,反应向正方向进行。

(2)H_3O^+ 的酸性大于 H_2S,故 HS^- 接受质子能力比 H_2O 强,反应向正方向进行。

(3)S^{2-} 接受质子能力比 $H_2PO_4^-$ 强,反应向逆方向进行。

(4)OH^- 接受质子能力比 SO_4^{2-} 强,反应向正方向进行。

(5)OH^- 接受质子能力比 H_2O 强,反应向逆方向进行。

(6)NH_3 接受质子能力比 H_2O 强,反应向逆方向进行。

5.答:pH 值由大到小的顺序是:NaOH、Na_3PO_4、NaCN、NaAc、NH_4Ac、$HCOONH_4$、$(NH_4)_2SO_4$、H_3PO_4、HCl、H_2SO_4。

第七章　难溶强电解质的沉淀-溶解平衡 ▷▷▷▷

思考题

1.什么是溶度积?它与离子积有何区别?

2.什么是溶度积规则?沉淀生成和溶解的必要条件是什么?要使沉淀溶解,通常采取哪些措施?

3.将氨水加入含有杂质 Fe^{3+} 的 $MgCl_2$ 溶液中,为什么 pH 需调到 $2\sim4$ 并加热溶液方能除去杂质 Fe^{3+} 离子,pH 太高或太低时各有什么影响?

思考题参考答案

1.答:在一定温度下,难溶强电解质的饱和溶液中,各组分离子相对浓度的幂的乘积为一常数。该常数称为溶度积常数,简称溶度积,以 $K_{sp}^{\ominus}$ 表示。

它与离子积的区别在于溶度积是指难溶强电解质的饱和溶液中,沉淀溶解平衡状态时,各组分离子相对浓度的幂的乘积,在一定温度下为一常数。而离子积是指任意状态下,难溶强电解质溶液中,各组分离子相对浓度的幂的乘积。溶度积只是离子积的一个特例。

2.答:溶度积规则:

$J<K_{sp}^{\ominus}$:不饱和溶液,沉淀溶解或不生成沉淀。

$J=K_{sp}^{\ominus}$:饱和溶液,沉淀溶解平衡状态。

$J>K_{sp}^{\ominus}$:过饱和溶液,生成沉淀。

沉淀生成的必要条件是 $J>K_{sp}^{\ominus}$,沉淀溶解的必要条件是 $J<K_{sp}^{\ominus}$。要使沉淀溶解采取的措施有:生成弱电解质;利用氧化还原反应;生成配离子等。

3.答:由于 $Fe(OH)_3$ 开始沉淀和沉淀完全的 pH 范围为 $2\sim4$,所以调 pH 为 $2\sim4$ 使 Fe^{3+} 完全生成 $Fe(OH)_3$ 沉淀而 $Mg(OH)_2$ 不沉淀,过滤除去 Fe^{3+}。加热溶液的目的是除去加入的氨并使沉淀聚沉便于过滤。pH 太高,Fe^{3+} 生成 $Fe(OH)_3$ 沉淀,$MgCl_2$ 生成 $Mg(OH)_2$ 沉淀,不能将 Fe^{3+} 和 $MgCl_2$ 分离。pH 太低,Fe^{3+} 沉淀不完全,不能被除尽。

习　题

1.说明下列情况有无沉淀产生?

(1)0.010mol·L^{-1} Pb^{2+} 和 0.010mol·L^{-1} Cl^- 等体积混合。

(2)1.0mL 0.010mol·L^{-1} $AgNO_3$ 和 99.0mL 0.010mol·L^{-1} 的 NaCl 溶液相混合。

(3)1000mL 0.00010mol·L^{-1} $SrCl_2$ 溶液中,加入固体 K_2SO_4 0.174g(忽略固体加入引起的体积变化)。已知 $K_{sp}^{\ominus}(PbCl_2)=1.6\times10^{-5}$,$K_{sp}^{\ominus}(AgCl)=1.8\times10^{-10}$,$K_{sp}^{\ominus}(SrSO_4)=3.2\times10^{-7}$。

2.根据下列物质在 298.15K 时的溶解度求其溶度积。

(1)$BaCrO_4$ 在纯水中的溶解度为 2.8×10^{-4} g/100g H_2O。

(2)$Pb(OH)_2$ 在纯水中的溶解度为 6.7×10^{-6} mol·L^{-1}。

3.计算下列物质在 298.15K 时的溶解度。

(1)$PbSO_4(K_{sp}^{\ominus}=1.6\times10^{-8})$

(2)$SrF_2(K_{sp}^{\ominus}=2.5\times10^{-9})$

(3)$Ca_3(PO_4)_2(K_{sp}^{\ominus}=2.0\times10^{-29})$

4.298.15K 时,$Mn(OH)_2$ 的 $K_{sp}^{\ominus}$ 为 2.06×10^{-13},若 $Mn(OH)_2$ 在饱和溶液中完全电离,试计算:

(1)$Mn(OH)_2$ 在水中的溶解度及 Mn^{2+}、OH^- 离子浓度。

(2)$Mn(OH)_2$ 在 0.010mol·L^{-1} NaOH 溶液中的 Mn^{2+} 浓度。

(3)$Mn(OH)_2$ 在 0.010mol·L^{-1} $MnCl_2$ 溶液中的 OH^- 浓度。

5.某一元弱酸强碱形成的难溶强电解质 MA,在纯水中的溶解度(不考虑水解)为 1.0×10^{-3} mol·L^{-1},弱酸的 $K_a^{\ominus}$ 为 1.0×10^{-6},试求该盐在 pH 保持 5.6 的溶液中的溶解度。

6.将 500mL 0.10mol·L^{-1} NH_3 水溶液与 500mL 0.20mol·L^{-1} $MgCl_2$ 溶液混合时,有无 $Mg(OH)_2$ 沉淀产生? 为了不析出 $Mg(OH)_2$,在溶液中至少要加入多少克 NH_4Cl 固体(忽略固体加入引起的体积变化)? 已知 $K_{sp}^{\ominus}[Mg(OH)_2]=1.8\times10^{-11}$,$K_b^{\ominus}(NH_3\cdot H_2O)=1.74\times10^{-5}$。

7.某溶液中含有 Mn^{2+}、Pb^{2+}、Ag^+ 和 H^+ 各 0.10mol·L^{-1},通入 H_2S 至饱和,问有哪些硫化物析出? 已知 $K_{sp}^{\ominus}(MnS)=2.5\times10^{-13}$,$K_{sp}^{\ominus}(PbS)=1.0\times10^{-28}$,$K_{sp}^{\ominus}(Ag_2S)=6.3\times10^{-50}$,$H_2S$ 的 $K_{a_1}^{\ominus}\times K_{a_2}^{\ominus}=9.35\times10^{-22}$。

8.现有 100mL 溶液,其中含有 0.010mol 的 NaCl 和 0.010mol 的 K_2CrO_4,逐滴加入 $AgNO_3$ 溶液时,哪一个先沉淀? 当第二种离子开始沉淀时,第一种离子的浓度是多少? 已知 $K_{sp}^{\ominus}(AgCl)=1.8\times10^{-10}$,$K_{sp}^{\ominus}(Ag_2CrO_4)=1.1\times10^{-12}$。

9.向 Fe^{2+} 和 Cr^{3+} 浓度分别为 0.010mol·L^{-1} 和 0.030mol·L^{-1} 的混合溶液中,逐滴加入浓 NaOH 溶液,计算:

(1)$Fe(OH)_2$ 和 $Cr(OH)_3$ 开始沉淀时的 pH 值。

(2)$Fe(OH)_2$ 和 $Cr(OH)_3$ 哪个先沉淀？

(3)若要使第一种离子沉淀完全,第二种离子不沉淀,应怎样控制溶液的 pH。

已知 $K_{sp}^{\ominus}[Fe(OH)_2]=8.0\times10^{-16}$,$K_{sp}^{\ominus}[Cr(OH)_3]=6.3\times10^{-31}$。

10.某溶液中含有 $0.10mol\cdot L^{-1}$ Mn^{2+} 和 $0.10mol\cdot L^{-1}$ Zn^{2+},利用通入 H_2S 达饱和使其分离,pH 应控制在何范围？已知 $K_{sp}^{\ominus}(MnS)=2.5\times10^{-13}$,$K_{sp}^{\ominus}(ZnS)=2.5\times10^{-22}$。

习题参考答案

1.解:(1)混合后溶液中
$$c(Pb^{2+})=0.0050mol\cdot L^{-1}$$
$$c(Cl^-)=0.0050mol\cdot L^{-1}$$
$$J=c(Pb^{2+})\cdot[c(Cl^-)]^2$$
$$=0.0050\times0.0050^2$$
$$=1.25\times10^{-7}<K_{sp}^{\ominus}(PbCl_2)=1.6\times10^{-5}$$

根据溶度积规则,没有沉淀产生。

(2)混合后溶液中
$$c(Ag^+)=\frac{0.010mol\cdot L^{-1}\times1.0mL}{(99+1.0)mL}=1.0\times10^{-4}mol\cdot L^{-1}$$
$$c(Cl^-)=\frac{0.010mol\cdot L^{-1}\times99mL}{(99+1.0)mL}$$
$$=9.9\times10^{-3}mol\cdot L^{-1}$$
$$J=c(Ag^+)\cdot c(Cl^-)$$
$$=1.0\times10^{-4}\times9.9\times10^{-3}$$
$$=9.9\times10^{-7}$$

已知 $K_{sp}^{\ominus}(AgCl)=1.8\times10^{-10}$,$J>K_{sp}^{\ominus}(AgCl)$,根据溶度积规则,有沉淀产生。

(3)混合溶液中
$$c(Sr^{2+})=0.00010mol\cdot L^{-1}$$
$$c(SO_4^{2+})=\frac{\dfrac{0.174g}{174g/mol}}{1.0L}$$
$$=0.0010mol\cdot L^{-1}$$
$$J=c(Sr^{2+})\cdot c(SO_4^{2+})$$
$$=0.00010\times0.0010=1.0\times10^{-7}$$

已知,$K_{sp}^{\ominus}(SrSO_4)=3.2\times10^{-7}$,$J<K_{sp}^{\ominus}$,根据溶度积规则,无沉淀产生。

2.解：(1)因为在溶度积与溶解度的换算公式中,溶解度的单位为 $mol \cdot L^{-1}$,所以求溶度积前必须将溶解度的单位换算。另外,由于难溶强电解质溶解度很小,即便是饱和溶液也是极稀的,其密度可认为就是水的密度 $1.0g/mL$。

$$s(BaCrO_4) = \frac{\dfrac{2.8 \times 10^{-4}g}{253g \cdot mol^{-1}}}{100 \times 10^{-3}L}$$

$$= 1.1 \times 10^{-5} mol \cdot L^{-1}$$

由于 $BaCrO_4$ 属 AB 型难溶强电解质,代入换算公式:

$$K_{sp}^{\ominus}(BaCrO_4) = \left[s(BaCrO_4)\right]^2$$

$$= (1.1 \times 10^{-5})^2$$

$$= 1.2 \times 10^{-10}$$

(2) $s[Pb(OH)_2] = 6.7 \times 10^{-6} mol \cdot L^{-1}$

由于 $Pb(OH)_2$ 属 AB_2 型难溶强电解质,代入 AB_2 型换算公式:

$$K_{sp}^{\ominus}[Pb(OH)_2] = 4\{s[Pb(OH)_2]\}^3$$

$$= 4 \times (6.7 \times 10^{-6})^3$$

$$= 1.2 \times 10^{-15}$$

3.解：(1)$PbSO_4$ 是 AB 型难溶强电解质,代入 s 与 $K_{sp}^{\ominus}$ 换算公式:

$$s = \sqrt{K_{sp}^{\ominus}}$$

$$= \sqrt{1.6 \times 10^{-8}}$$

$$= 1.3 \times 10^{-4}$$

(2)SrF_2 属 AB_2 型,代入 s 与 $K_{sp}^{\ominus}$ 换算公式:

$$s = \sqrt[3]{\frac{K_{sp}^{\ominus}}{4}}$$

$$= \sqrt[3]{\frac{2.5 \times 10^{-9}}{4}}$$

$$= 8.5 \times 10^{-4}$$

(3)$Ca_3(PO_4)_2$ 属 A_3B_2 型,代入 s 与 $K_{sp}^{\ominus}$ 换算公式:

$$s = \sqrt[5]{\frac{K_{sp}^{\ominus}}{108}}$$

$$= \sqrt[5]{\frac{2.0 \times 10^{-29}}{108}}$$

$$= 7.1 \times 10^{-7}$$

4.解：(1)设 $Mn(OH)_2$ 在水中的溶解度为 s,由于 $Mn(OH)_2$ 在饱和溶液中完全电离,所以 $c_{eq}(Mn^{2+}) = s$,$c_{eq}(OH^-) = 2s$

$$Mn(OH)_2(s) \Longleftrightarrow Mn^{2+} + 2OH^-$$

相对平衡浓度 s $2s$

$$K^{\ominus}_{sp} = s \cdot (2s)^2$$

$$s = \sqrt[3]{\frac{K^{\ominus}_{sp}}{4}}$$

$$= \sqrt[3]{\frac{2.06 \times 10^{-13}}{4}}$$

$$= 3.72 \times 10^{-5}$$

水溶液中 $c_{eq}(Mn^{2+}) = 3.72 \times 10^{-5} \, mol \cdot L^{-1}$

$$c_{eq}(OH^-) = 7.44 \times 10^{-5} \, mol \cdot L^{-1}$$

(2)设 $Mn(OH)_2$ 在 $0.010 mol \cdot L^{-1} NaOH$ 中的 $c_{eq}(Mn^{2+})$浓度为 s_1。则：

相对平衡浓度 $\qquad\qquad\qquad s_1 \qquad 2s_1 + 0.010$

$$K^{\ominus}_{sp} = s_1 \cdot (2s_1 + 0.010)^2$$

由于 $NaOH$ 对 $Mn(OH)_2$ 产生同离子效应，s_1 很小，所以 $2s_1 + 0.010 \approx 0.010$

$$K^{\ominus}_{sp} = s_1 \cdot (0.010)^2$$

$$s_1 = \frac{K^{\ominus}_{sp}}{10^{-4}} = 2.06 \times 10^{-9}$$

(3)设 $Mn(OH)_2$ 在 $0.010 mol \cdot L^{-1} MnCl_2$ 溶液中的 OH^- 浓度为 s_2。则：

相对平衡浓度 $\qquad\qquad\qquad \dfrac{s_2}{2} + 0.010 \qquad s_2$

由于 $MnCl_2$ 对 $Mn(OH)_2$ 也产生同离子效应，s_2 很小，所以 $\dfrac{s_2}{2} + 0.010 \approx 0.010$

$$K^{\ominus}_{sp} = c_{eq}(Mn^{2+}) \cdot [c_{eq}(OH^-)]^2$$

$$= 0.010 \cdot s_2^2$$

$$s_2 = \sqrt{\frac{K^{\ominus}_{sp}}{0.010}}$$

$$= \sqrt{\frac{2.06 \times 10^{-13}}{0.010}}$$

$$= 4.54 \times 10^{-6}$$

5.**解**：由 MA 在水中的溶解度为 $1.0 \times 10^{-3} mol \cdot L^{-1}$，可得：

$$K^{\ominus}_{sp}(MA) = s^2 = 1.0 \times 10^{-6}$$

MA 在酸中的溶解平衡可表示如下：

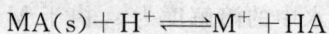

平衡常数：

$$K^{\ominus} = \frac{c_{eq}(M^+) \cdot c_{eq}(HA)}{c_{eq}(H^+)}$$

$$= \frac{K_{sp}^{\ominus}(MA)}{K_a^{\ominus}}$$

设 MA 在 pH 保持 5.6 的溶液中的溶解度为 $x\,mol \cdot L^{-1}$，则：

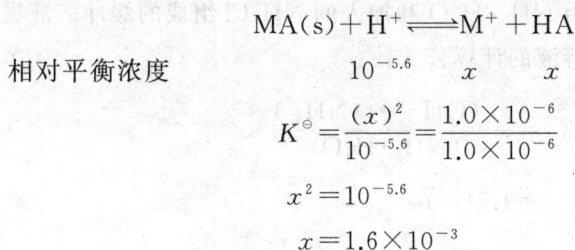

$$MA(s) + H^+ \rightleftharpoons M^+ + HA$$

相对平衡浓度　　　　　　　　　　$10^{-5.6}$　　　x　　　x

$$K^{\ominus} = \frac{(x)^2}{10^{-5.6}} = \frac{1.0 \times 10^{-6}}{1.0 \times 10^{-6}}$$

$$x^2 = 10^{-5.6}$$

$$x = 1.6 \times 10^{-3}$$

6.解：(1)混合后溶液中各物质起始浓度为：

$$c(Mg^{2-}) = \frac{0.20\,mol \cdot L^{-1}}{2}$$

$$= 0.10\,mol \cdot L^{-1}$$

$$c(NH_3 \cdot H_2O) = \frac{0.10\,mol \cdot L^{-1}}{2}$$

$$= 0.050\,mol \cdot L^{-1}$$

混合溶液中的 OH^- 是由 $NH_3 \cdot H_2O$ 提供的，设混合后 $NH_3 \cdot H_2O$ 电离的 OH^- 浓度为 x，则：

$$NH_3 \cdot H_2O \rightleftharpoons NH_4^+ + OH^-$$

相对平衡浓度　　　　　$0.050 - x$　　　x　　　x

$$K_b^{\ominus} = \frac{c_{eq}(NH_4^+) \cdot c_{eq}(OH^-)}{c_{eq}(NH_3 \cdot H_2O)} = \frac{x^2}{0.050 - x}$$

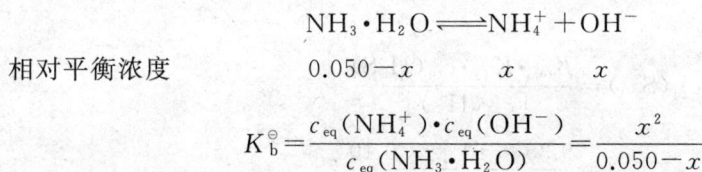

由于 $0.050/K_b^{\ominus} > 400$

$$0.050 - x \approx 0.050$$

$$x = \sqrt{0.050 \cdot K_b^{\ominus}}$$

$$= \sqrt{0.050 \times 1.74 \times 10^{-5}}$$

$$= 9.3 \times 10^{-4}$$

混合溶液中 $Mg(OH)_2$ 的

$$J = c(Mg^{2+}) \cdot [c(OH^-)]^2$$

$$= 0.10 \times (9.3 \times 10^{-4})^2$$

$$= 8.7 \times 10^{-8}$$

已知 $K_{sp}^{\ominus}[Mg(OH)_2] = 1.8 \times 10^{-11}$，根据溶度积规则，$J > K_{sp}^{\ominus}$，所以混合溶液中有 $Mg(OH)_2$ 沉淀生成。

(2)要不析出 $Mg(OH)_2$，必须

$$c(OH^-) \leqslant \sqrt{\frac{K_{sp}^{\ominus}[Mg(OH)_2]}{c(Mg^{2+})}}$$

$$= \sqrt{\frac{1.8 \times 10^{-11}}{0.10}}$$

$$= 1.3 \times 10^{-5}$$

而此时,溶液中的 OH^- 是由 $NH_3 \cdot H_2O$ 和加入的 NH_4Cl 组成的缓冲溶液提供的,设加入的 NH_4Cl 为 m,则由缓冲溶液的计算公式:

$$K_b^\ominus = \frac{c_{eq}(OH^-) \cdot c(NH_4^+)}{c(NH_3 \cdot H_2O)}$$

$$= 1.74 \times 10^{-5}$$

$$= \frac{c_{eq}(OH^-) \cdot \left(\dfrac{m}{53.5}\right)}{0.05}$$

得

$$m \geqslant \frac{1.74 \times 10^{-5} \times 0.050 \times 53.5}{c_{eq}(OH^-)}$$

$$= \frac{1.74 \times 10^{-5} \times 0.050 \times 53.5}{1.3 \times 10^{-5}}$$

$$= 3.6 \mathrm{g}$$

所以,要使 $Mg(OH)_2$ 不沉淀,至少要在溶液中加入 $3.6 g NH_4Cl$ 固体。

7.解: 已知溶液中 $c_{eq}(H^+) = 0.10 \mathrm{mol \cdot L^{-1}}$,$c_{eq}(H_2S) = 0.10 \mathrm{mol \cdot L^{-1}}$,根据 H_2S 酸的电离平衡可得:

$$c_{eq}(S^{2-}) = \frac{K_{a_1}^\ominus \cdot K_{a_2}^\ominus \cdot c_{eq}(H_2S)}{[c_{eq}(H^+)]^2}$$

$$= \frac{9.35 \times 10^{-22} \times 0.10}{(0.10)^2}$$

$$= 9.35 \times 10^{-21}$$

MnS：
$$J = c(Mn^{2+}) \cdot c(S^{2-})$$
$$= 0.10 \times 9.35 \times 10^{-21}$$
$$= 9.35 \times 10^{-22} < K_{sp}^\ominus(MnS)$$

PbS：
$$J = c(Pb^{2+}) \cdot c(S^{2-})$$
$$= 0.10 \times 9.35 \times 10^{-21}$$
$$= 9.35 \times 10^{-22} > K_{sp}^\ominus(PbS)$$

Ag_2S：
$$J = [c(Ag^+)]^2 \cdot c(S^{2-})$$
$$= (0.10)^2 \times 9.35 \times 10^{-21}$$
$$= 9.35 \times 10^{-23} > K_{sp}^\ominus(Ag_2S)$$

根据溶度积规则,有 PbS、Ag_2S 沉淀析出。

8.解:(1)溶液中 Cl^- 和 CrO_4^{2-} 的起始浓度为:

$$c(Cl^-) = \frac{0.010 \mathrm{mol}}{0.10 \mathrm{L}} = 0.10 \mathrm{mol \cdot L^{-1}}$$

$$c(\text{CrO}_4^{2-}) = \frac{0.010\,\text{mol}}{0.10\,\text{L}} = 0.10\,\text{mol}\cdot\text{L}^{-1}$$

AgCl 开始沉淀时：

$$c_1(\text{Ag}^+) = \frac{K_{sp}^{\ominus}(\text{AgCl})}{c(\text{Cl}^-)}$$

$$= \frac{1.8 \times 10^{-10}}{0.10}$$

$$= 1.8 \times 10^{-9}$$

Ag_2CrO_4 开始沉淀时：

$$c_2(\text{Ag}^+) = \sqrt{\frac{K_{sp}^{\ominus}(\text{Ag}_2\text{CrO}_4)}{c(\text{CrO}_4^{2-})}}$$

$$= \sqrt{\frac{1.1 \times 10^{-12}}{0.1}}$$

$$= 3.3 \times 10^{-6}$$

因为 AgCl 开始沉淀时所需的 $c(\text{Ag}^+)$ 小，所以 AgCl 先沉淀。

(2)当第二种离子 CrO_4^{2-} 开始沉淀时，溶液中存在 AgCl、Ag_2CrO_4 两个溶解沉淀平衡：

$$\text{AgCl(s)} \Longrightarrow \text{Ag}^+ + \text{Cl}^-$$

$$K_{sp}^{\ominus}(\text{AgCl}) = c_{eq}(\text{Ag}^+) \cdot c_{eq}(\text{Cl}^-)$$

$$\text{Ag}_2\text{CrO}_4(\text{s}) \Longrightarrow 2\text{Ag}^+ + \text{CrO}_4^{2-}$$

$$K_{sp}^{\ominus}(\text{Ag}_2\text{CrO}_4) = [c_{eq}(\text{Ag}^+)]^2 \cdot c_{eq}(\text{CrO}_4^{2-})$$

得：

$$\frac{K_{sp}^{\ominus}(\text{AgCl})}{c_{eq}(\text{Cl}^-)} = \sqrt{\frac{K_{sp}^{\ominus}(\text{Ag}_2\text{CrO}_4)}{c_{eq}(\text{CrO}_4^{2-})}}$$

设 CrO_4^{2-} 浓度不随 AgNO_3 的加入而改变，仍以起始浓度代入：

则

$$c_{eq}(\text{Cl}^-) = \frac{K_{sp}^{\ominus}(\text{AgCl})}{\sqrt{\dfrac{K_{sp}^{\ominus}(\text{Ag}_2\text{CrO}_4)}{c(\text{CrO}_4^{2-})}}}$$

$$= \frac{1.8 \times 10^{-10}}{3.3 \times 10^{-6}}$$

$$= 5.5 \times 10^{-5}$$

所以，当第二种离子开始沉淀时，第一种离子的浓度为 $5.5 \times 10^{-5}\,\text{mol}\cdot\text{L}^{-1}$。

9.**解**：(1)Fe(OH)_2 开始沉淀时：

$$c(\text{OH}^-) = \sqrt{\frac{K_{sp}^{\ominus}[\text{Fe(OH)}_2]}{c(\text{Fe}^{2+})}}$$

$$= \sqrt{\frac{8.0 \times 10^{-16}}{0.010}}$$

$$= 2.8 \times 10^{-7}$$

$$pH = pK_w^\ominus - pOH$$

$$= 14 + \lg(2.8 \times 10^{-7}) = 7.45$$

Cr(OH)₃ 开始沉淀时：

$$c(OH^-) = \sqrt[3]{\frac{K_{sp}^\ominus[Cr(OH)_3]}{c(Cr^{3+})}}$$

$$= \sqrt[3]{\frac{6.3 \times 10^{-31}}{0.03}}$$

$$= 2.8 \times 10^{-10}$$

$$pH = pK_w^\ominus - pOH$$

$$= 14 + \lg(2.8 \times 10^{-10})$$

$$= 4.45$$

(2)由于 Cr(OH)₃ 开始沉淀时所需的 OH⁻ 浓度小，所以逐滴加浓 NaOH 时，Cr(OH)₃先沉淀。

(3)Cr(OH)₃ 沉淀完全时，溶液中 $c(Cr^{3+}) = 1.0 \times 10^{-5} \, mol \cdot L^{-1}$

$$c(OH^-) = \sqrt[3]{\frac{K_{sp}^\ominus[Cr(OH_3)]}{1.0 \times 10^{-5}}}$$

$$= \sqrt[3]{\frac{6.3 \times 10^{-31}}{1.0 \times 10^{-5}}}$$

$$= 4.0 \times 10^{-9}$$

$$pH = pK_w^\ominus - pOH$$

$$= 14 + \lg(4.0 \times 10^{-9})$$

$$= 5.60$$

所以要使 Cr³⁺ 沉淀完全，Fe²⁺ 不沉淀，应控制溶液的 pH 在 5.60～7.45 范围内。

10.解：由于 $K_{sp}^\ominus(ZnS) < K_{sp}^\ominus(MnS)$，所以通入 H₂S 达饱和时，ZnS 先沉淀。要使 Zn²⁺ 和 Mn²⁺ 分离，只需使 Zn²⁺ 沉淀完全，Mn²⁺ 不沉淀即可。

ZnS 沉淀完全时，溶液中 $c(Zn^{2+}) \leqslant 1.0 \times 10^{-5} \, mol \cdot L^{-1}$，则溶液中，

$$c(S^{2-}) \geqslant \frac{K_{sp}^\ominus(ZnS)}{1.0 \times 10^{-5}}$$

$$c(S^{2-}) = \frac{K_{a_1}^\ominus \cdot K_{a_2}^\ominus \cdot c(H_2S)}{[c(H^+)]^2}$$

$$c(H^+) \leqslant \sqrt{\frac{K_{a_1}^\ominus \cdot K_{a_2}^\ominus \cdot c(H_2S) \times 1.0 \times 10^{-5}}{K_{sp}^\ominus(ZnS)}}$$

$$= \sqrt{\frac{9.35 \times 10^{-22} \times 0.1 \times 1.0 \times 10^{-5}}{2.5 \times 10^{-22}}}$$

$$= 1.9 \times 10^{-3}$$

$$pH = -\lg 1.9 \times 10^{-3} = 2.72$$

$$pH \geqslant 2.72$$

MnS 不沉淀,溶液中

$$c(S^{2-}) \leqslant \frac{K_{sp}^{\ominus}(MnS)}{c(Mn^{2+})}$$

$$c(H^+) \geqslant \sqrt{\frac{K_{a_1}^{\ominus} \cdot K_{a_2}^{\ominus} \cdot c(H_2S) \cdot c(Mn^{2+})}{K_{sp}^{\ominus}(MnS)}}$$

$$= \sqrt{\frac{9.35 \times 10^{-22} \times 0.1 \times 0.1}{2.5 \times 10^{-13}}}$$

$$= 6.1 \times 10^{-6}$$

$$pH = -\lg 6.1 \times 10^{-6} = 5.21$$

$$pH \leqslant 5.21$$

所以:pH 应控制在 2.72~5.21 之间。

自我测试题

1.写出难溶强电解质 PbI_2、$AgBr$、Ag_2SO_4、Bi_2S_3、$Cr(OH)_3$ 的溶度积表达式。

2.下列说法是否正确?为什么?

(1)AgI 的 $K_{sp}^{\ominus}$ 等于 8.3×10^{-17},这就意味着在所有 AgI 的溶液中,$c_{eq}(Ag^+) \cdot c_{eq}(I^-) = 8.3 \times 10^{-17}$。

(2)两种难溶强电解质,其中 $K_{sp}^{\ominus}$ 较大者,溶解度也较大。

(3)$CaCO_3$ 在纯水中比在 $1.0 mol \cdot L^{-1} Na_2CO_3$ 溶液中溶解得更多。

(4)$CaCO_3$ 在 KNO_3 溶液中的溶解度和在纯水中没有差别。

自我测试题参考答案

1.解:PbI_2、$AgBr$、Ag_2SO_4、Bi_2S_3、$Cr(OH)_3$ 的溶度积表达式分别为:

$K_{sp}^{\ominus}(PbI_2) = c_{eq}(Pb^{2+}) \cdot [c_{eq}(I^-)]^2$

$K_{sp}^{\ominus}(AgBr) = c_{eq}(Ag^+) \cdot c_{eq}(Br^-)$

$K_{sp}^{\ominus}(Ag_2SO_4) = [c_{eq}(Ag^+)]^2 \cdot c_{eq}(SO_4^{2-})$

$K_{sp}^{\ominus}(Bi_2S_3) = [c_{eq}(Bi^{3+})]^2 \cdot [c_{eq}(S^{2-})]^3$

$K_{sp}^{\ominus}[Cr(OH)_3] = c_{eq}(Cr^{3+}) \cdot [c_{eq}(OH^-)]^3$

2.答:(1)不正确。AgI 的 $K_{sp}^{\ominus} = 8.3 \times 10^{-17}$,表示该温度下,AgI 的饱和溶液中 $c_{eq}(Ag^+) \cdot$

$c_{eq}(I^-)=8.3\times10^{-17}$。

（2）不正确。同类型的难溶强电解质，溶解度与溶度积的换算公式相同，$K_{sp}^{\ominus}$较大者，溶解度也较大。若是不同类型的，由于其溶解度与溶度积的换算公式不同，不能直接用$K_{sp}^{\ominus}$大小进行比较，必须计算出溶解度再比较。

（3）正确。由于Na_2CO_3完全电离出Na^+和CO_3^{2-}，使溶液中$c(CO_3^{2+})$增大，对$CaCO_3$产生同离子效应，造成$CaCO_3$在Na_2CO_3中溶解度比在纯水中的溶解度减小。

（4）不正确。在$CaCO_3$的沉淀溶解平衡中，由于KNO_3的加入，产生盐效应。使$CaCO_3$在KNO_3溶液中的溶解度略大于其在纯水中的溶解度。

第八章 氧化还原反应 ▷▷▷▷

思考题

1.怎样利用电极电势判断下列氧化还原反应能否自发进行?

$$2MnO_4^- + 5SO_3^{2-} + 6H^+ \rightleftharpoons 2Mn^{2+} + 5SO_4^{2-} + 3H_2O$$

2.上题的氧化还原反应中,若降低溶液 pH 值,是否有利于反应的自发进行?

3.影响电极电势的因素有哪些? 简述应用 Nernst 方程的注意事项。

思考题参考答案

1.答:一个氧化还原反应可分解为两个半电池(电极)反应,如对本题所给的反应有:

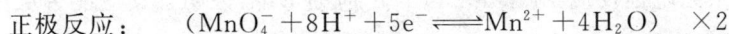

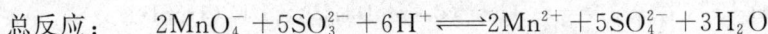

正极反应: $(MnO_4^- + 8H^+ + 5e^- \rightleftharpoons Mn^{2+} + 4H_2O)$ ×2

负极反应: $(SO_3^{2-} + H_2O \rightleftharpoons SO_4^{2-} + 2H^+ + 2e)$ ×5

总反应: $2MnO_4^- + 5SO_3^{2-} + 6H^+ \rightleftharpoons 2Mn^{2+} + 5SO_4^{2-} + 3H_2O$

该氧化还原反应能否自发进行,要看正、负极的电极电势之差 E_{MF} 是多少。

即若 $E_{MF} = E_{(+)} - E_{(-)} = E(MnO_4^-/Mn^{2+}) - E(SO_4^{2-}/SO_3^{2-}) > 0$,反应正向自发进行

若 $E_{MF} = 0$,反应处于平衡状态

若 $E_{MF} < 0$,反应逆向自发进行

2.答:由于该反应中的两个半电池反应都与 H^+ 有关,所以其电极电势将受溶液 pH 的影响。

$$E(MnO_4^-/Mn^{2+}) = E^\ominus(MnO_4^-/Mn^{2+}) + \frac{0.0592}{5}\lg\frac{c(MnO_4^-)\cdot[c(H^+)]^8}{c(Mn^{2+})}$$

$$E(SO_4^{2-}/SO_3^{2-}) = E^\ominus(SO_4^{2-}/SO_3^{2-}) + \frac{0.0592}{2}\lg\frac{c(SO_4^{2-})\cdot[c(H^+)]^2}{c(SO_3^{2-})}$$

所以 pH 值降低时,$E(MnO_4^-/Mn^{2+})$ 与 $E(SO_4^{2-}/SO_3^{2-})$ 都会增大,但 $E(MnO_4^-/Mn^{2+})$ 的变化比 $E(SO_4^{2-}/SO_3^{2-})$ 更大,所以根据 $E_{MF} = E(MnO_4^-/Mn^{2+}) - E(SO_4^{2-}/SO_3^{2-})$,pH 值降低时,$E_{MF}$ 将增大,有利于正向反应自发发生。

3.答:影响电极电势的因素有电极本性、温度、压力、浓度。增大氧化型物质或减小还原型物质的浓度,电极电势增大;减小氧化型物质或增大还原型物质的浓度,电极电势

减小。

应用 Nernst 方程时应注意:①Nernst 方程中氧化型和还原型物质的浓度是包括参加电极反应的氧化态和还原态一方所有物质的浓度。②电极反应中出现的纯固体、纯液体和水的浓度为常数 1。③有气体参与的电极反应,应该用气体分压表示浓度。④Nernst 方程中的 n 为电极反应中的得失电子数。

习　题

1.计算下列各原电池的电动势,并写出电极反应式和电池反应式。

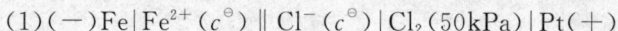

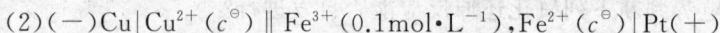

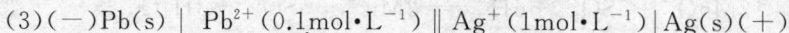

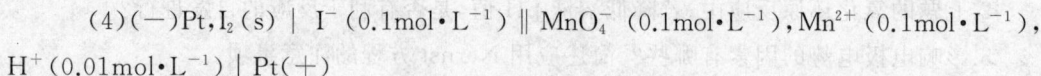

(1)$(-)Fe|Fe^{2+}(c^{\ominus})\parallel Cl^{-}(c^{\ominus})|Cl_2(50kPa)|Pt(+)$

(2)$(-)Cu|Cu^{2+}(c^{\ominus})\parallel Fe^{3+}(0.1mol\cdot L^{-1}),Fe^{2+}(c^{\ominus})|Pt(+)$

(3)$(-)Pb(s)\mid Pb^{2+}(0.1mol\cdot L^{-1})\parallel Ag^{+}(1mol\cdot L^{-1})|Ag(s)(+)$

(4)$(-)Pt,I_2(s)\mid I^{-}(0.1mol\cdot L^{-1})\parallel MnO_4^{-}(0.1mol\cdot L^{-1}),Mn^{2+}(0.1mol\cdot L^{-1}),$
$H^{+}(0.01mol\cdot L^{-1})\mid Pt(+)$

2.已知甘汞电极反应为

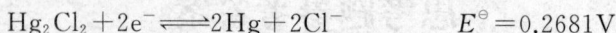

$$Hg_2Cl_2+2e^-\Longrightarrow 2Hg+2Cl^- \qquad E^{\ominus}=0.2681V$$

计算 $c(Cl^-)=0.16mol\cdot L^{-1}$ 时电极电势为多少?

3.用电池符号表示下列电池反应,并求出 298.15K 时的 E_{MF},说明各反应能否从左到右自发进行:

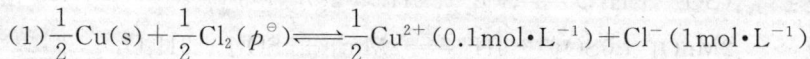

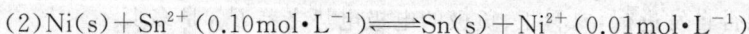

(1)$\frac{1}{2}Cu(s)+\frac{1}{2}Cl_2(p^{\ominus})\Longrightarrow \frac{1}{2}Cu^{2+}(0.1mol\cdot L^{-1})+Cl^{-}(1mol\cdot L^{-1})$

(2)$Ni(s)+Sn^{2+}(0.10mol\cdot L^{-1})\Longrightarrow Sn(s)+Ni^{2+}(0.01mol\cdot L^{-1})$

4.已知电对:$H_3AsO_4+2H^++2e^-\Longrightarrow H_3AsO_3+H_2O \qquad E^{\ominus}=0.560V$
$\qquad\qquad\qquad I_3^-+2e^-\Longrightarrow 3I^- \qquad\qquad\qquad\qquad E^{\ominus}=0.5355V$

求出下列反应的平衡常数:

$$H_3AsO_3+I_3^-+H_2O\Longrightarrow H_3AsO_4+3I^-+2H^+$$

如果溶液的 pH=7,反应朝什么方向进行? 如果溶液的 $c(H^+)=6mol\cdot L^{-1}$,反应朝什么方向进行?

5.试通过计算说明为什么银能从 $1.0mol\cdot L^{-1}$ HI(强酸)溶液置换出氢气,并计算该反应的平衡常数。

6.在 298.15K 时,反应 $Fe^{3+}+Ag\Longrightarrow Fe^{2+}+Ag^+$ 的平衡常数为 0.531。已知 $E^{\ominus}(Fe^{3+}/Fe^{2+})=0.771V$。计算 $E^{\ominus}(Ag^+/Ag)$。

7.某原电池中的一个半电池是由银片浸入 $1.0mol\cdot L^{-1}$ Ag^+ 溶液中组成的,另一半电池由银片浸入 Br^- 浓度为 $1.0mol\cdot L^{-1}$ AgBr 饱和溶液中组成的。电对 Ag^+/Ag 为正极,测得电池电动势为 0.728V,计算 $E^{\ominus}(AgBr/Ag)$ 和 $K_{sp}^{\ominus}(AgBr)$。

8.下面是氧元素的电势图,根据此图回答下列问题:

$$E_A^\ominus/V \quad O_2 \xrightarrow{+0.695} H_2O_2 \xrightarrow{\quad} H_2O \qquad\qquad E_B^\ominus/V \quad O_2 \xrightarrow{\quad} HO_2^- \xrightarrow{+0.88} OH^-$$
$$\underbrace{}_{+1.23} \qquad\qquad\qquad\qquad\qquad \underbrace{}_{+0.40}$$

(1)通过计算说明 H_2O_2 在酸性介质中的氧化性的强弱,在碱性介质中还原性的强弱。

(2)判断 H_2O_2 在酸性介质和碱性介质中的稳定性。

9.计算下列反应的 $E^\ominus$、$K^\ominus$。

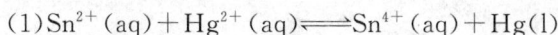

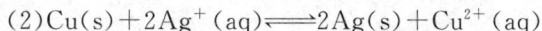

(1)$Sn^{2+}(aq)+Hg^{2+}(aq)\rightleftharpoons Sn^{4+}(aq)+Hg(l)$

(2)$Cu(s)+2Ag^+(aq)\rightleftharpoons 2Ag(s)+Cu^{2+}(aq)$

10.过量的纯铁屑置于 $0.050mol\cdot L^{-1}$ 的 Cd^{2+} 溶液中振荡至平衡,试计算 Cd^{2+} 的平衡浓度。

11.已知在碱性溶液中:

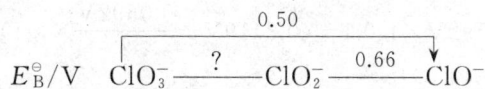

$$E_B^\ominus/V \quad ClO_3^- \xrightarrow{\;?\;} ClO_2^- \xrightarrow{0.66} ClO^-$$
$$\overset{0.50}{\overbrace{}}$$

试求 $E^\ominus(ClO_3^-/ClO_2^-)$。

12.已知下列电极反应的电极电势:

$$Cu^{2+}+e^- \rightleftharpoons Cu^+ \qquad E^\ominus=+0.17V$$
$$Cu^{2+}+I^-+e^- \rightleftharpoons CuI \qquad E^\ominus=+0.86V$$

计算 CuI 的溶度积。

13.已知: $PbSO_4(s)+2e^- \rightleftharpoons Pb+SO_4^{2-} \qquad E^\ominus=-0.359V$
$$Pb^{2+}+2e^- \rightleftharpoons Pb \qquad E^\ominus=-0.126V$$

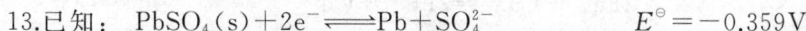

(1)若将这两个电对组成原电池,写出其电池符号和电池反应式。

(2)计算该电池的 $E_{MF}^\ominus$。

(3)求 $PbSO_4$ 的溶度积 $K_{sp}^\ominus$。

14.已知电对 $Ag^++e^-\rightleftharpoons Ag$ 的 $E^\ominus=0.7996V$,$Ag_2C_2O_4$ 的 $K_{sp}^\ominus=3.5\times10^{-11}$,计算下列电对的标准电极电势:

$$Ag_2C_2O_4(s)+2e^- \rightleftharpoons 2Ag+C_2O_4^{2-}$$

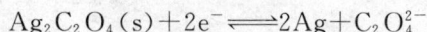

习题参考答案

1.**解**:(1)原电池的电动势为:

$E_{MF}=E_{(+)}-E_{(-)}$

$=E(Cl_2/Cl^-)-E(Fe^{2+}/Fe)$

$=E^\ominus(Cl_2/Cl^-)+\dfrac{0.0592}{2}\lg\dfrac{p(Cl_2)/p^\ominus}{[c(Cl^-)]^2}-[E^\ominus(Fe^{2+}/Fe)+\dfrac{0.0592}{2}\lg c(Fe^{2+})]$

$=1.358V+\dfrac{0.0592V}{2}\lg\dfrac{50kPa/100kPa}{1}-(-0.447V+\dfrac{0.0592V}{2}\lg1)$

$$=1.796V$$

电极反应为：

正极：$$Cl_2 + 2e^- \Longrightarrow 2Cl^-$$

负极：$$Fe \Longrightarrow Fe^{2+} + 2e^-$$

电池反应为：

$$Cl_2 + Fe \Longrightarrow Fe^{2+} + 2Cl^-$$

(2)原电池的电动势为：

$$E_{MF} = E_{(+)} - E_{(-)}$$

$$= E_{(+)}(Fe^{3+}/Fe^{2+}) - E_{(-)}(Cu^{2+}/Cu)$$

$$= E^{\ominus}(Fe^{3+}/Fe^{2+}) + 0.0592 \lg \frac{c(Fe^{3+})}{c(Fe^{2+})} - \left[E^{\ominus}(Cu^{2+}/Cu) + \frac{0.0592}{2} \lg c(Cu^{2+}) \right]$$

$$= 0.771V + 0.0592V \times \lg 0.1 - \left(0.3419V + \frac{0.0592V}{2} \times \lg 1 \right)$$

$$= 0.370V$$

电极反应为：

正极：$$Fe^{3+} + e^- \Longrightarrow Fe^{2+}$$

负极：$$Cu \Longrightarrow Cu^{2+} + 2e^-$$

电池反应为：

$$2Fe^{3+} + Cu \Longrightarrow 2Fe^{2+} + Cu^{2+}$$

(3)原电池的电动势为：

$$E_{MF} = E_{(+)} - E_{(-)}$$

$$= E(Ag^+/Ag) - E(Pb^{2+}/Pb)$$

$$= E^{\ominus}(Ag^+/Ag) + 0.0592 \lg c(Ag^+) - \left[E^{\ominus}(Pb^{2+}/Pb) + \frac{0.0592}{2} \lg c(Pb^{2+}) \right]$$

$$= 0.7996V + 0.0592V \times \lg 1 - \left(-0.1262V + \frac{0.0592V}{2} \lg 0.1 \right)$$

$$= 0.7996V + 0.1262V + 0.02955V$$

$$= 0.9554V$$

正极反应：$$Ag^+ + e^- \Longrightarrow Ag$$

负极反应：$$Pb \Longrightarrow Pb^{2+} + 2e^-$$

电池反应为：$$2Ag^+ + Pb \Longrightarrow 2Ag + Pb^{2+}$$

(4)原电池的电动势为：

$$E_{MF} = E_{(+)} - E_{(-)}$$

$$= E(MnO_4^{2-}/Mn^{2+}) - E(I_2/I^-)$$

$$= E^{\ominus}(MnO_4^-/Mn^{2+}) + \frac{0.0592}{5} \lg \frac{c(MnO_4^-)[c(H^+)]^8}{c(Mn^{2+})} - \left[E^{\ominus}(I_2/I^-) + \right.$$

$$\frac{0.0592}{2}\lg\frac{c(I_2)}{[c(I^-)^2]}]$$

$$=1.51V+\frac{0.0592V}{5}\times\lg\frac{0.1\times(0.01)^8}{0.1}-\left(0.5355V+\frac{0.0592V}{2}\lg\frac{1}{(0.1)^2}\right)$$

$$=1.321V-0.595V$$

$$=0.726V$$

正极反应：$\quad\quad\quad\quad MnO_4^-+8H^++5e^-\Longleftrightarrow Mn^{2+}+4H_2O$

负极反应：$\quad\quad\quad\quad\quad\quad 2I^--2e^-\longrightarrow I_2$

电池反应为：$\quad 2MnO_4^-+16H^++10I^-\Longleftrightarrow 2Mn^{2+}+5I_2+8H_2O$

2.解：$E(Hg_2Cl_2/Hg,Cl^-)=E^\ominus+\dfrac{0.0592}{2}\lg\dfrac{1}{[c(Cl^-)]^2}$

$$=0.2681V+\frac{0.0592V}{2}\lg\frac{1}{(0.16)^2}$$

$$=0.315V$$

3.解：(1)电池符号为：

$$(-)Cu(s)|Cu^{2+}(0.1mol\cdot L^{-1})\|Cl^-(1mol\cdot L^{-1})|Cl_2(p^\ominus)|Pt(+)$$

$$E_{MF}=E_{(+)}-E_{(-)}$$

$$=E(Cl_2/Cl^-)-E(Cu^{2+}/Cu)$$

$$=E^\ominus(Cl_2/Cl^-)+\frac{0.0592}{2}\lg\frac{p(Cl_2)/p^\ominus}{[c(Cl^-)]^2}-[E^\ominus(Cu^{2+}/Cu)+\frac{0.0592}{2}\lg c(Cu^{2+})]$$

$$=1.358V-0.3419V-\frac{0.0592V}{2}\times\lg0.1$$

$$=1.0457V$$

由于 $E_{MF}>0$，所以反应能自发自左向右进行。

(2)电池符号为：

$$(-)Ni(s)|Ni^{2+}(0.01mol\cdot L^{-1})\|Sn^{2+}(0.1mol\cdot L^{-1})|Sn(+)$$

$$E_{MF}=E_{(+)}-E_{(-)}$$

$$=E(Sn^{2+}/Sn)-E(Ni^{2+}/Ni)$$

$$=E^\ominus(Sn^{2+}/Sn)+\frac{0.0592}{2}\lg c(Sn^{2+})-[E^\ominus(Ni^{2+}/Ni)+\frac{0.0592}{2}\lg c(Ni^{2+})]$$

$$=-0.1375V+\frac{0.0592V}{2}\lg0.1-\left(-0.257V+\frac{0.0592V}{2}\times\lg0.01\right)$$

$$=0.149V$$

由于 $E_{MF}>0$，所以反应能自发自左向右进行。

4.解：反应的标准平衡常数为：

$$\lg K^{\ominus} = \frac{nE_{MF}^{\ominus}}{0.0592}$$

$$= \frac{2 \times [E^{\ominus}(I_3^-/I^-) - E^{\ominus}(H_3AsO_4/H_3AsO_3)]}{0.0592}$$

$$= \frac{2 \times (0.5355V - 0.560V)}{0.0592V}$$

$$= -0.828$$

$$K^{\ominus} = 0.148$$

若 $c(H_3AsO_4) = c(H_3AsO_3) = c(I^-) = 1 mol \cdot L^{-1}$，当 $c(H^+) = 10^{-7} mol \cdot L^{-1}$ 时：

$$E(H_3AsO_4/H_3AsO_3) = E^{\ominus}(H_3AsO_4/H_3AsO_3) + \frac{0.0592}{2}\lg[c(H^+)]^2$$

$$= 0.560V + \frac{0.0592V}{2}\lg(10^{-7})^2$$

$$= 0.146V$$

$$E(I_3^-/I^-) = E^{\ominus}(I_3^-/I^-) = 0.5355V$$

由于 $E(I_3^-/I^-) > E^{\ominus}(H_3AsO_4/H_3AsO_3)$，反应正向自发进行。

若 $c(H^+) = 6 mol \cdot L^{-1}$ 时：

$$E(I_3^-/I^-) = E^{\ominus}(I_3^-/I^-) = 0.535V$$

$$E(H_3AsO_4/H_3AsO_3) = E^{\ominus}(H_3AsO_4/H_3AsO_3) + \frac{0.0592}{2}\lg[c(H^+)]^2$$

$$= 0.560V + \frac{0.0592V}{2}\lg(6)^2$$

$$= 0.606V$$

由于 $E(H_3AsO_4) > E(I_3^-/I^-)$，反应逆向自发进行。

5.解: 反应式为： $2Ag + 2HI \Longrightarrow 2AgI(s) + H_2 \uparrow$

正极反应为： $2H^+ + 2e^- \Longrightarrow H_2$

$$E_{(+)}^{\ominus} = 0.0000V$$

负极反应为： $AgI(s) + e^- \Longrightarrow Ag + I^-$

$$E_{(-)}^{\ominus} = -0.152V$$

电池的电动势：

$$E_{MF}^{\ominus} = E_{(+)}^{\ominus} - E_{(-)}^{\ominus}$$

$$= 0.0000V - (-0.152V)$$

$$= 0.152V > 0$$

所以银能从 $1.0 mol \cdot L^{-1}$ HI（强酸）溶液置换出氢气。

反应的平衡常数：

$$\lg K^{\ominus} = \frac{nE_{MF}^{\ominus}}{0.0592} = \frac{2 \times 0.152V}{0.0592V}$$

$$K^{\ominus}=1.393\times10^5$$

6.解:电对的标准电极电势与平衡常数的关系为:

$$\lg K^{\ominus}=\frac{n[E^{\ominus}(Fe^{3+}/Fe^{2+})-E^{\ominus}(Ag^+/Ag)]}{0.0592}$$

电对 Ag^+/Ag 的标准电极电势为:

$$E^{\ominus}(Ag^+/Ag)=E^{\ominus}(Fe^{3+}/Fe^{2+})-\frac{0.0592\lg K^{\ominus}}{1}$$

$$=0.771V-\frac{0.0592V\lg0.531}{1}$$

$$=0.787V$$

7.解: $E_{(-)}=E_{(+)}-E_{MF}$

$$=E^{\ominus}(Ag^+/Ag)-E_{MF}$$

$$=0.7996V-0.728V$$

$$=0.0716V$$

负极的能斯特方程为:

$$E(AgBr/Ag)=E^{\ominus}(Ag^+/Ag)+0.0592\lg c(Ag^+)$$

$$=E^{\ominus}(Ag^+/Ag)+0.0592\lg\frac{K^{\ominus}_{sp}(AgBr)}{c(Br^-)}$$

AgBr 的溶度积常数为:

$$\lg K^{\ominus}_{sp}(AgBr)=\frac{[E(AgBr/Ag)-E^{\ominus}(Ag^+/Ag)]}{0.0592}$$

$$=\frac{0.0716V-0.7996V}{0.0592V}$$

$$=-12.30$$

$$K^{\ominus}_{sp}(AgBr)=5.0\times10^{-13}$$

由负极的能斯特方程可以看出,在一定温度下,负极的电极电势 $E(AgBr/Ag^+)$ 只与 Br^- 离子的浓度有关,当 $c(Br^-)=c^{\ominus}$ 时, $E(AgBr/Ag^+)=E^{\ominus}(AgBr/Ag^+)$。故电对 AgBr/Ag的标准电极电势为:

$$E^{\ominus}(AgBr/Ag)=E^{\ominus}(Ag^+/Ag)+0.0592\lg K^{\ominus}_{sp}(AgBr)$$

$$=0.7996V+0.0592V\lg(5.0\times10^{-13})$$

$$=0.071V$$

8.解:(1)由酸性介质中的元素电势: $E^{\ominus}_{O_2/H_2O}=\dfrac{E^{\ominus}_{O_2/H_2O_2}\times1+E^{\ominus}_{H_2O_2/H_2O}\times1}{1+1}$

$$E^{\ominus}_{H_2O_2/H_2O}=2E^{\ominus}_{O_2/H_2O}-E^{\ominus}_{O_2/H_2O_2}$$

$$=1.23V\times2-0.695V$$

$$=1.77V$$

由碱性介质中的元素电势得: $E^{\ominus}_{O_2/OH^-}=\dfrac{E^{\ominus}_{O_2/HO_2^-}\times1+E^{\ominus}_{HO_2^-/OH^-}\times1}{1+1}$

$$E_{O_2/HO_2^-}^{\ominus} = 2E_{O_2/OH^-}^{\ominus} - E_{HO_2^-/OH^-}^{\ominus}$$
$$= 0.40V \times 2 - 0.88V$$
$$= -0.08V$$

数据说明在酸性介质中 H_2O_2 是强的氧化剂;碱性介质中 H_2O_2 是中等强度的还原剂。

(2)将(1)中计算的结果填入氧的元素电势图中:

$E_A^{\ominus}/V$　　$O_2 \xrightarrow{+0.695} H_2O_2 \xrightarrow{+1.77} H_2O$　　　　$E_B^{\ominus}/V$　　$O_2 \xrightarrow{-0.08} HO_2^- \xrightarrow{+0.88} OH^-$

　　　　　　　　$\underset{+1.23}{\underline{\qquad\qquad}}$　　　　　　　　　　　　　　　　$\underset{+0.40}{\underline{\qquad\qquad}}$

无论在酸性、碱性介质中都有 $E_右^{\ominus} > E_左^{\ominus}$,说明 H_2O_2 都是不稳定的,都会发生歧化反应,

反应式为:　　　　　　　　$2H_2O_2 = O_2\uparrow + 2H_2O$
　　　　　　　　　　　　　　$2HO_2^- = O_2\uparrow + 2OH^-$

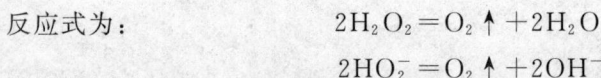

9.解:(1)所设计成的原电池的电动势为:

$$E_{MF}^{\ominus} = E^{\ominus}(Hg^{2+}/Hg) - E^{\ominus}(Sn^{4+}/Sn^{2+})$$
$$= 0.851V - 0.154V$$
$$= 0.697V$$

反应的标准平衡常数为:

$$\lg K^{\ominus} = \frac{nE_{MF}^{\ominus}}{0.0592} = \frac{2 \times 0.697V}{0.0592V} = 23.547$$

$$K^{\ominus} = 3.524 \times 10^{23}$$

(2)所设计的原电池的标准电动势为:

$$E_{MF}^{\ominus} = E_{(+)}^{\ominus} - E_{(-)}^{\ominus}$$
$$= E^{\ominus}(Ag^+/Ag) - E^{\ominus}(Cu^{2+}/Cu)$$
$$= 0.7996V - 0.3419V$$
$$= 0.4577V$$

反应的标准平衡常数为:

$$\lg K^{\ominus} = \frac{nE_{MF}^{\ominus}}{0.0592} = \frac{2 \times 0.4577V}{0.0592V} = 15.46$$

$$K^{\ominus} = 2.90 \times 10^{15}$$

10.解:所发生的氧化还原反应为:

$$Fe + Cd^{2+} = Fe^{2+} + Cd$$

反应的标准平衡常数为:

$$\lg K^{\ominus} = \frac{n[E^{\ominus}(Cd^{2+}/Cd) - E^{\ominus}(Fe^{2+}/Fe)]}{0.0592}$$

$$= \frac{2 \times (-0.4030V + 0.447V)}{0.0592V}$$

$$= 1.49$$

$$K^{\ominus} = 30.9$$

由反应方程式可知，若 Cd^{2+} 的平衡浓度为 $c_{eq}(Cd^{2+})$，则 $c_{eq}(Fe^{2+}) = 0.050 - c_{eq}(Cd^{2+})$。代入平衡常数表达式中，得：

$$\frac{0.050mol \cdot L^{-1} - c_{eq}(Cd^{2+})}{c_{eq}(Cd^{2+})} = 30.9$$

解得：

$$c_{eq}(Cd^{2+}) = 1.58 \times 10^{-3} mol \cdot L^{-1}$$

11.解: $E^{\ominus}(ClO_3^-/ClO_2^-) = \dfrac{(n_1 + n_2)E^{\ominus}(ClO_3^-/ClO^-) - n_2 E^{\ominus}(ClO_2^-/ClO^-)}{n_1}$

$$= \frac{(2+2) \times 0.5 - 2 \times 0.66}{2}$$

$$= 0.34V$$

12.解: $E(Cu^{2+}/Cu^+) = E^{\ominus}(Cu^{2+}/Cu^+) + 0.0592lg\dfrac{c(Cu^{2+})}{c(Cu^+)}$

$$E(Cu^{2+}/CuI) = E^{\ominus}(Cu^{2+}/CuI) + 0.0592lg[c(Cu^{2+}) \cdot c(I^-)]$$

由于 $E(Cu^{2+}/Cu^+) = E(Cu^{2+}/CuI)$，所以

$$E^{\ominus}(Cu^{2+}/Cu^+) + 0.0592lg\frac{c(Cu^{2+})}{c(Cu^+)}$$

$$= E^{\ominus}(Cu^{2+}/CuI) + 0.0592lg[c(Cu^{2+}) \cdot c(I^-)]$$

整理后得：

$$E^{\ominus}(Cu^{2+}/CuI) = E^{\ominus}(Cu^{2+}/Cu^+) + 0.0592lg\frac{1}{K_{sp}^{\ominus}(CuI)}$$

代入有关值：

$$0.86V = 0.17V + 0.0592Vlg\frac{1}{K_{sp}^{\ominus}(CuI)}$$

$$lg\frac{1}{K_{sp}^{\ominus}(CuI)} = \frac{0.86V - 0.17V}{0.0592V}$$

$$= 11.66$$

$$K_{sp}^{\ominus}(CuI) = 2.19 \times 10^{-12}$$

13.解: (1)电池符号为：$(-)Pb(s)\text{-}PbSO_4(s)|SO_4^{2-}(c_1) \parallel Pb^{2+}(c_2)|Pb(s)(+)$

电池反应为：$Pb^{2+} + SO_4^{2-} \rightleftharpoons PbSO_4(s)$

(2) $\qquad\qquad\qquad E_{MF}^{\ominus} = E_{(+)}^{\ominus} - E_{(-)}^{\ominus}$

$$= E^{\ominus}(Pb^{2+}/Pb) - E^{\ominus}(PbSO_4/Pb)$$

$$= -0.126V - (-0.359)V$$

$$= 0.233V$$

$$(3) E^{\ominus}(PbSO_4/Pb) = E^{\ominus}(Pb^{2+}/Pb) + \frac{0.0592}{2}\lg K_{sp}^{\ominus}$$

$$= E^{\ominus}(Pb^2/Pb) + \frac{0.0592}{2}\lg K_{sp}^{\ominus}$$

$$-0.359V = -0.126V + \frac{0.0592V}{2}\lg K_{sp}^{\ominus}$$

$$K_{sp}^{\ominus} = 1.34 \times 10^{-8}$$

14.解: $E^{\ominus}(Ag_2C_2O_4/Ag) = E^{\ominus}(Ag^+/Ag) + \frac{0.0592}{2}\lg[c(Ag^+)]^2$

$$= E^{\ominus}(Ag^+/Ag) + \frac{0.0592}{2}\lg\frac{K_{sp}^{\ominus}}{c(C_2O_4^{2-})}$$

$$= 0.7996V + \frac{0.0592V}{2} \times \lg\frac{3.5 \times 10^{-11}}{1}$$

$$= 0.490V$$

自我测试题

一、选择题

(一)单选题

1.氧化还原反应自发进行的条件是(　　)

　　A.$E_{MF} > 0$　　　　　　B.$E_{MF} < 0$　　　　　　C.$E_{MF}^{\ominus} > 0$　　　　　　D.$E_{MF}^{\ominus} < 0$

2.已知 $E^{\ominus}(ClO_3^-/HClO) = 1.43V$，$E^{\ominus}(ClO_3^-/HClO_2) = 1.21V$，则 $E^{\ominus}(HClO_2/HClO)$ 应为(　　)

　　A.0.22V　　　　　　B.1.32V　　　　　　C.1.65V　　　　　　D.2.64V

3.下列各电对中，电极电势代数值最大的是(　　)

　　A.$E^{\ominus}(Ag^+/Ag)$　　　　　　　　　　B.$E^{\ominus}(AgI/Ag)$

　　C.$E^{\ominus}[Ag(CN)_2^-/Ag]$　　　　　　　D.$E^{\ominus}[Ag(NH_3)_2^+/Ag]$

4.反应 $Cr_2O_7^{2-} + 6Fe^{2+} + 14H^+ \rightleftharpoons 2Cr^{3+} + 6Fe^{3+} + 7H_2O$ 在 298K 时平衡常数与标准电动势之间的关系为(　　)

　　A.$\lg K^{\ominus} = \frac{3E_{MF}^{\ominus}}{0.0592}$　　　　　　　　　　B.$\lg K^{\ominus} = \frac{2E_{MF}^{\ominus}}{0.0592}$

　　C.$\lg K^{\ominus} = \frac{6E_{MF}^{\ominus}}{0.0592}$　　　　　　　　　　D.$\lg K^{\ominus} = \frac{12E_{MF}^{\ominus}}{0.0592}$

5.已知 $E^{\ominus}(O_2/H_2O_2)=+0.68V$,$E^{\ominus}(Cl_2/Cl^-)=+1.36V$,则 Cl_2 与 H_2O_2 在酸性介质中反应的平衡常数是(　)

A.$10^{1.75}$　　　　　B.$10^{23.0}$　　　　　C.$10^{32.2}$　　　　　D.$10^{37.0}$

6.根据下列反应设计电池,不需用惰性电极的是(　)

A.$H_2+Cl_2=2HCl$　　　　　　　　B.$Ce^{4+}+Fe^{2+}=Ce^{3+}+Fe^{3+}$

C.$Zn+Ni^{2+}=Zn^{2+}+Ni$　　　　　D.$2Hg^{2+}+Sn^{2+}+2Cl^-=Hg_2Cl_2(s)+Sn^{4+}$

(二)多选题

1.若增大电池$(-)Zn|ZnSO_4(c_1)\parallel CuSO_4(c_2)|Cu(+)$的电动势,应采取的方法是(　)

A.在 $ZnSO_4$ 溶液中加入 $ZnSO_4$ 固体

B.在 $CuSO_4$ 溶液中加入 $CuSO_4$ 固体

C.在 $CuSO_4$ 溶液中加入等浓度的$CuSO_4$溶液

D.在 $CuSO_4$ 溶液中加入氨水

E.在 $ZnSO_4$ 溶液中加入氨水

2.从下列各电对判断中间氧化值的金属离子或酸根离子中不能发生歧化反应的是(　)

A.$Cu^{2+}\xrightarrow{0.159V}Cu^+\xrightarrow{0.52V}Cu$　　　　　B.$MnO_4^-\xrightarrow{+0.564V}MnO_4^{2-}\xrightarrow{+2.26V}MnO_2$

C.$Fe^{3+}\xrightarrow{+0.771V}Fe^{2+}\xrightarrow{-0.44V}Fe$　　　　　D.$MnO_2\xrightarrow{+0.95V}Mn^{3+}\xrightarrow{+1.51V}Mn^{2+}$

E.$ClO^-\xrightarrow{+1.63V}Cl_2\xrightarrow{+1.36V}Cl^-$

二、判断题

1.电极反应 $Br_2+2e^-\rightleftharpoons 2Br^-$ 的 $E^{\ominus}=1.087V$。则 $\frac{1}{2}Br_2+e^-\rightleftharpoons Br^-$ 的 $E^{\ominus}=0.5435V$。(　)

2.电极的电极电势一定随 pH 值的改变而改变。(　)

3.歧化反应是同种分子中同种原子之间发生的氧化还原反应。(　)

4.两个电极分别是:$Cu^{2+}+2e^-\rightleftharpoons Cu(s)$,$\frac{1}{2}Cu^{2+}+e^-\rightleftharpoons \frac{1}{2}Cu(s)$。将两电极分别和标准氢电极组成原电池,则两个原电池的电动势相同,但反应的平衡常数不同。(　)

5.已知 $E^{\ominus}(AgI/Ag)<E^{\ominus}(AgBr/Ag)$,则可以判定 $K_{sp}^{\ominus}(AgI)<K_{sp}^{\ominus}(AgBr)$。(　)

6.已知:$E^{\ominus}(A^+/A)<E^{\ominus}(B^+/B)$,则可以判定在标准状态下反应 $B+A^+\rightleftharpoons B^++A$ 自发向右进行。

三、简答题

1.查出下列电对的标准电极电势,判断各组中哪一种物质是最强的氧化剂? 哪一种物质是最强的还原剂？

　　(1)Na^+/Na，Al^{3+}/Al，Sn^{2+}/Sn，Sn^{4+}/Sn，Cu^{2+}/Cu

　　(2)F_2/F^-，Cl_2/Cl^-，Br_2/Br^-，I_2/I^-

　　(3)MnO_4^-/Mn^{2+}，MnO_4^-/MnO_2，MnO_4^-/MnO_4^{2-}

　　(4)Cr^{3+}/Cr，CrO_2^-/Cr，$Cr_2O_7^{2-}/Cr^{3+}$，$CrO_4^{2-}/Cr(OH)_3$

2.根据电极电势解释下列现象。

　　(1)金属铁能置换铜离子而三氯化铁溶液又能溶解铜板；

　　(2)$SnCl_2$溶液长期贮存易失去还原性；

　　(3)$FeSO_4$溶液久置会变黄。

3.就下面的电池反应,用电池符号表示,并写出电极反应式。

　　(1)$Sn^{2+}+2Fe^{3+} \Longleftrightarrow Sn^{4+}+2Fe^{2+}$

　　(2)$Zn+2H^+ \Longleftrightarrow Zn^{2+}+H_2$

　　(3)$Cl_2+2Fe^{2+} \Longleftrightarrow 2Cl^-+2Fe^{3+}$

　　(4)$Pb+2Ag^+ \Longleftrightarrow 2Ag+Pb^{2+}$

4.根据标准电极电势,判断下列各反应在标准态下的反应方向。

　　(1)$2Fe^{3+}+Sn^{2+} \Longleftrightarrow 2Fe^{2+}+Sn^{4+}$

　　(2)$2Ag+Zn^{2+} \Longleftrightarrow 2Ag^++Zn$

5.将铜片插入盛有 $0.5mol \cdot L^{-1}$ 的 $CuSO_4$ 溶液的烧杯中,银片插入盛有 $0.5mol \cdot L^{-1}$ 的 $AgNO_3$ 溶液的烧杯中。

　　(1)写出该原电池的符号；

　　(2)写出电极反应式和电池反应；

　　(3)若加氨水于 $CuSO_4$ 溶液中,电池电动势如何变化？若加氨水于 $AgNO_3$ 溶液中,情况又是怎样(定性回答)？

四、用离子电子法配平并完成下列反应式

1.$KMnO_4 + K_2SO_3 + KOH \longrightarrow K_2MnO_4 + K_2SO_4 + \cdots$

2.$Br_2 + AsO_3^{3-} \longrightarrow AsO_4^{3-} + Br^-$　(在碱性介质中)

3.$H_2O_2 + I^- \longrightarrow I_2 + H_2O$　(在酸性介质中)

4.$K_2Cr_2O_7 + Na_3SO_3 + H_2SO_4(稀) \longrightarrow Cr_2(SO_4)_2 + Na_2SO_4 + \cdots$

5.$HPO_3^{2-} + BrO^- \longrightarrow Br^- + PO_4^{3-}$

6.$Cu_2O + NO_3^- \longrightarrow Cu^{2+} + NO + H_2O$　(酸性介质)

7.$HgS + NO_3^- + Cl^- \longrightarrow HgCl_4^{2-} + NO + S$　(酸性介质)

8.$NO_3^- + Zn \longrightarrow ZnO_2^{2-} + NH_3$　(碱性介质)

自我测试题参考答案

一、选择题

(一)单选题

1.A　　2.C　　3.A　　4.C　　5.B　　6.C

(二)多选题

1.B、E　　　2.C、E

二、判断题

1.×　　2.×　　3.√　　4.√　　5.√　　6.×

三、简答题

1.答: $E^\ominus$ 值较大的电对中氧化态物质是较强的氧化剂,$E^\ominus$ 值较小的电对中还原态物质是较强的还原剂。题目各组中最强的氧化剂和最强的还原剂分别是:

(1)Cu^{2+} 和 Na　　　　　　(2)F_2 和 I^-

(3)MnO_4^- 和 MnO_4^{2-}　　　　(4)$Cr_2O_7^{2-}$ 和 Cr

2.答: (1)查表可知:$E^\ominus(Fe^{2+}/Fe) = -0.447V$,$E^\ominus(Cu^{2+}/Cu) = 0.3419V$,$E^\ominus(Fe^{3+}/Fe^{2+}) = 0.771V$。由于 $E^\ominus(Cu^{2+}/Cu) > E^\ominus(Fe^{2+}/Fe)$,因此在标准状态下将电对 Cu^{2+}/Cu 与 Fe^{2+}/Fe 组成氧化-还原反应时,Cu^{2+} 是氧化剂,Fe 是还原剂,下列反应正向自发进行:

$$Cu^{2+} + Fe \rightleftharpoons Cu + Fe^{2+}$$

也就是说发生了金属铁置换铜离子的反应。

又因为 $E^\ominus(Fe^{3+}/Fe^{2+}) > E^\ominus(Cu^{2+}/Cu)$,因此在标准状态下将电对 Fe^{3+}/Fe^{2+} 与 Cu^{2+}/Cu 组成氧化还原反应时,Fe^{3+} 是氧化剂,Cu 是还原剂,下列反应正向自发进行:

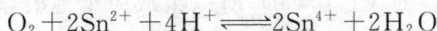
$$2Fe^{3+} + Cu \rightleftharpoons 2Fe^{2+} + Cu^{2+}$$

因此三氯化铁溶液可以溶解铜板。

(2)$E^\ominus(Sn^{4+}/Sn^{2+}) = 0.151V$,$E^\ominus(O_2/H_2O) = 1.229V$。由于 $E^\ominus(Sn^{4+}/Sn^{2+}) < E^\ominus(O_2/H_2O)$,因此将 Sn^{4+}/Sn^{2+} 和 O_2/H_2O 两个电对组成氧化还原反应时,O_2 是氧化剂,Sn^{2+} 是还原剂,下列反应正向自发进行:

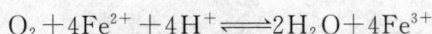
$$O_2 + 2Sn^{2+} + 4H^+ \rightleftharpoons 2Sn^{4+} + 2H_2O$$

也就是说具有一定还原性的 $SnCl_2$ 久存时,会被空气氧化成 $SnCl_4$ 而失去还原性。

(3)$E^\ominus(Fe^{3+}/Fe^{2+}) = 0.771V$,$E^\ominus(O_2/H_2O) = 1.229V$,因此,反应:

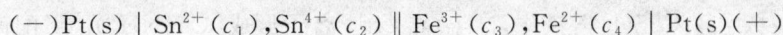
$$O_2 + 4Fe^{2+} + 4H^+ \rightleftharpoons 2H_2O + 4Fe^{3+}$$

正向自发进行。即 $FeSO_4$ 溶液久放易被空气氧化成 $Fe_2(SO_4)_3$ 而变黄色。

3.答: (1)电池符号为:

$$(-)Pt(s) | Sn^{2+}(c_1), Sn^{4+}(c_2) \| Fe^{3+}(c_3), Fe^{2+}(c_4) | Pt(s)(+)$$

正极反应：　　　　　　　　　$Fe^{3+}+e^- \rightleftharpoons Fe^{2+}$

负极反应：　　　　　　　　　$Sn^{2+} \rightleftharpoons Sn^{4+}+2e^-$

（2）电池符号为：

$$(-)Zn(s)|Zn^{2+}(c_1) \parallel H^+(c_2)|H_2(p)|Pt(s)(+)$$

正极反应：　　　　　　　　　$2H^++2e^- \rightleftharpoons H_2$

负极反应：　　　　　　　　　$Zn \rightleftharpoons Zn^{2+}+2e^-$

（3）电池符号为：

$$(-)C(石墨)|Fe^{2+}(c_1),Fe^{3+}(c_2) \parallel Cl^-(c_3)|Cl_2(p)|C(石墨)(+)$$

正极反应：　　　　　　　　　$Cl_2+2e^- \rightleftharpoons 2Cl^-$

负极反应：　　　　　　　　　$Fe^{2+} \rightleftharpoons Fe^{3+}+e^-$

（4）电池符号为：

$$(-)Pb(s)|Pb^{2+}(c_1) \parallel Ag^+(c_2)|Ag(s)(+)$$

正极反应：　　　　　　　　　$Ag^++e^- \rightleftharpoons Ag$

负极反应：　　　　　　　　　$Pb \rightleftharpoons Pb^{2+}+2e^-$

4.答：（1）查表：$E^{\ominus}(Fe^{3+}/Fe^{2+})=0.771V$，$E^{\ominus}(Sn^{4+}/Sn^{2+})=0.151V$。由于$E^{\ominus}(Fe^{3+}/Fe^{2+})>E^{\ominus}(Sn^{4+}/Sn^{2+})$，因此在标准态下将电对 Fe^{3+}/Fe^{2+} 和 Sn^{4+}/Sn^{2+} 组成氧化还原反应时，Fe^{3+} 做氧化剂，Sn^{2+} 做还原剂。反应在标准态下正向自发进行。

（2）$E^{\ominus}(Ag^+/Ag)=0.7996V$，$E^{\ominus}(Zn^{2+}/Zn)=-0.7618V$。由于 $E^{\ominus}(Ag^+/Ag)>E^{\ominus}(Zn^{2+}/Zn)$，因此在标准态时将电对 Ag^+/Ag 和 Zn^{2+}/Zn 组成氧化还原反应时，Ag^+ 作氧化剂，Zn 作还原剂，反应在标准态下逆向自发进行。

5.答：电对的电极电势分别为：

$$E(Cu^{2+}/Cu)=E^{\ominus}(Cu^{2+}/Cu)+\frac{0.0592}{2}\lg c(Cu^{2+})$$

$$=0.3419V+\frac{0.0592V}{2}\lg 0.5$$

$$=0.333V$$

$$E(Ag^+/Ag)=E^{\ominus}(Ag^+/Ag)+0.0592\lg c(Ag^+)$$

$$=0.7996V+0.0592V\lg 0.5$$

$$=0.782V$$

（1）由于 $E(Ag^+/Ag)>E(Cu^{2+}/Cu)$，所以组成原电池时，电对 Ag^+/Ag 做正极，电对 Cu^{2+}/Cu 做负极。原电池的符号为：

$$(-)Cu(s)|Cu^{2+}(0.5mol\cdot L^{-1}) \parallel Ag^+(0.5mol\cdot L^{-1})|Ag(s)(+)$$

（2）正极反应：　　　　　　　　　$Ag^++e^- \rightleftharpoons Ag$

负极反应：　　　　　　　　　$Cu \rightleftharpoons Cu^{2+}+2e^-$

电池反应：　　　　　　　　　$2Ag^++Cu \rightleftharpoons Cu^{2+}+2Ag$

（3）若加氨水于 $CuSO_4$ 溶液中，NH_3 与 Cu^{2+} 离子形成 $[Cu(NH_3)_4]^{2+}$ 配离子，Cu^{2+}

的浓度降低，$E(Cu^{2+}/Cu)$ 减小，因此，E_{MF} 增大。若加氨水于 $AgNO_3$ 溶液中，NH_3 与 Ag^+ 形成 $[Ag(NH_3)_2]^+$ 配离子，Ag^+ 的浓度降低，$E(Ag^+/Ag)$ 减小，从而导致 E_{MF} 减小。

四、用离子电子法配平并完成下列反应式

1.(1) $KMnO_4 + K_2SO_3 + KOH \longrightarrow K_2MnO_4 + K_2SO_4 + \cdots$

①写出两个半反应式：

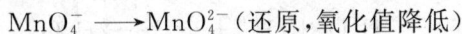

$$MnO_4^- \longrightarrow MnO_4^{2-}（还原，氧化值降低）$$

$$SO_3^{2-} \longrightarrow SO_4^{2-}（氧化，氧化值升高）$$

②配平半反应（配平原子数、电荷数）：

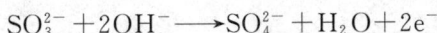

$$MnO_4^- + e^- \longrightarrow MnO_4^{2-}$$

$$SO_3^{2-} + 2OH^- \longrightarrow SO_4^{2-} + H_2O + 2e^-$$

MnO_4^- 还原为 MnO_4^{2-}，MnO_4^- 获得一个电子，已配平；在碱性介质中，SO_3^{2-} 氧化为 SO_4^{2-}，右边获得 2 个电子，为使电荷平衡，在碱性介质中左边应加 2 个 $2OH^-$，右边加 1 个 H_2O，以使平衡。

③合并半反应，写出配平的离子方程式：

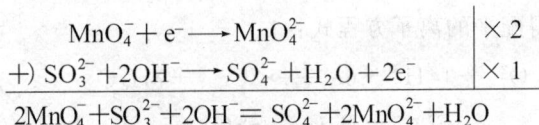

$$
\begin{array}{r}
MnO_4^- + e^- \longrightarrow MnO_4^{2-} \quad \times 2 \\
+) \ SO_3^{2-} + 2OH^- \longrightarrow SO_4^{2-} + H_2O + 2e^- \quad \times 1 \\
\hline
2MnO_4^- + SO_3^{2-} + 2OH^- = SO_4^{2-} + 2MnO_4^{2-} + H_2O
\end{array}
$$

④写出配平的反应方程式：

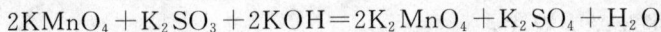

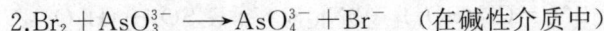

$$2KMnO_4 + K_2SO_3 + 2KOH = 2K_2MnO_4 + K_2SO_4 + H_2O$$

2. $Br_2 + AsO_3^{3-} \longrightarrow AsO_4^{3-} + Br^-$ （在碱性介质中）

①写出两个半反应式：

$$AsO_3^{3-} \longrightarrow AsO_4^{3-}（氧化）$$

$$Br_2 \longrightarrow Br^-（还原）$$

②配平半反应合并：

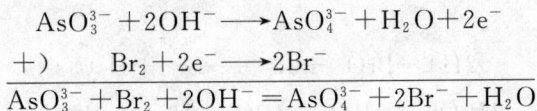

$$
\begin{array}{r}
AsO_3^{3-} + 2OH^- \longrightarrow AsO_4^{3-} + H_2O + 2e^- \\
+) \quad Br_2 + 2e^- \longrightarrow 2Br^- \\
\hline
AsO_3^{3-} + Br_2 + 2OH^- = AsO_4^{3-} + 2Br^- + H_2O
\end{array}
$$

③写出配平的反应方程式：

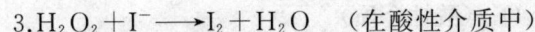

$$Na_3AsO_3 + Br_2 + 2NaOH = Na_3AsO_4 + 2NaBr + H_2O$$

3. $H_2O_2 + I^- \longrightarrow I_2 + H_2O$ （在酸性介质中）

①写出两个半反应式：

$$H_2O_2 + 2e^- \longrightarrow H_2O（还原）$$

$$I^- \longrightarrow I_2（氧化）$$

②配平半反应：

$$H_2O_2 + 2H^+ + 2e^- \longrightarrow 2H_2O$$
$$2I^- \longrightarrow I_2 + 2e^-$$

H_2O_2 还原为 H_2O 得 2 个电子，在酸性介质中，左边加 2 个电子使电荷平衡，右边生成 2 个水；I^- 氧化为 I_2，右边获得 2 个电子。

③合并半反应得配平的离子方程式：

$$H_2O_2 + 2H^+ + 2e^- \longrightarrow 2H_2O$$
$$+) \qquad\qquad 2I^- \longrightarrow I_2 + 2e^-$$
$$\overline{H_2O_2 + 2I^- + 2H^+ = I_2 + 2H_2O}$$

4. $K_2Cr_2O_7 + Na_3SO_3 + H_2SO_4(稀) \longrightarrow Cr_2(SO_4)_2 + Na_2SO_4 + \cdots$

①写出两个半反应：

$$Cr_2O_7^{2-} \longrightarrow Cr^{3+}（还原）$$
$$SO_3^{2-} \longrightarrow SO_4^{2-}（氧化）$$

②配平半反应：

$$Cr_2O_7^{2-} + 14H^+ + 6e^- \longrightarrow 2Cr^{3+} + 7H_2O$$
$$SO_3^{2-} + H_2O \longrightarrow SO_4^{2-} + 2H^+ + 2e^-$$

③合并半反应式得配平的离子方程式：

$$Cr_2O_7^{2-} + 14H^+ + 6e^- \longrightarrow 2Cr^{3+} + 7H_2O \qquad \times 1$$
$$+) \qquad\quad SO_3^{2-} + H_2O \longrightarrow SO_4^{2-} + 2H^+ + 2e^- \qquad \times 3$$
$$\overline{Cr_2O_7^{2-} + 3SO_3^{2-} + 8H^+ = 2Cr^{3+} + 3SO_4^{2-} + 4H_2O}$$

④写出配平的化学方程式：

$$K_2Cr_2O_7 + 3Na_2SO_3 + 4H_2SO_4 = Cr_2(SO_4)_3 + 3Na_2SO_4 + K_2SO_4 + 4H_2O$$

5. $HPO_3^{2-} + BrO^- \longrightarrow Br^- + PO_4^{3-}$

①写出两个半反应：

$$BrO^- \longrightarrow Br^-（还原）$$
$$HPO_3^{2-} \longrightarrow PO_4^{3-}（氧化）$$

②配平半反应：

$$2H^+ + BrO^- + 2e^- \longrightarrow Br^- + H_2O$$
$$HPO_3^{2-} + H_2O \longrightarrow PO_4^{3-} + 2e^- + 3H^+$$

③合并半反应式得配平的离子方程式：

$$HPO_3^{2-} + BrO^- = PO_4^{3-} + Br^- + H^+$$

6. $Cu_2O + NO_3^- \longrightarrow Cu^{2+} + NO + H_2O$ （酸性介质）

$$Cu_2O + 2H^+ \longrightarrow 2Cu^{2+} + H_2O + 2e^- \qquad \times 3$$
$$+) \qquad NO_3^- + 4H^+ + 3e^- \longrightarrow NO + 2H_2O \qquad \times 2$$
$$\overline{3Cu_2O + 14H^+ + 2NO_3^- = 6Cu^{2+} + 2NO + 7H_2O}$$

7.$HgS + NO_3^- + Cl^- \longrightarrow HgCl_4^{2-} + NO + S$ （酸性介质）

$$
\begin{array}{r|l}
HgS + 4Cl^- \longrightarrow HgCl_4^{2-} + S + 2e^- & \times 3 \\
+) \quad 4H^+ + NO_3^- + 3e^- \longrightarrow NO + 2H_2O & \times 2 \\
\hline
3HgS + 12Cl^- + 2NO_3^- + 8H^+ = 3HgCl_4^{2-} + 3S + 2NO + 4H_2O &
\end{array}
$$

8.$NO_3^- + Zn \longrightarrow ZnO_2^{2-} + NH_3$（碱性介质）

$$
\begin{array}{r|l}
6H_2O + NO_3^- + 8e^- \longrightarrow NH_3 + 9OH^- & \times 1 \\
+) \quad 4OH^- + Zn \longrightarrow ZnO_2^{2-} + 2H_2O + 2e^- & \times 4 \\
\hline
4Zn + NO_3^- + 7OH^- = 4ZnO_2^{2-} + NH_3 + 2H_2O &
\end{array}
$$

第九章 配合平衡 ▶▶▶

思考题

1.试总结 $K_{稳}^{\ominus}$ 的应用。

2.在 $[Cu(NH_3)_4]SO_4$ 溶液中,分别加入少量下列物质:

(1)盐酸　　(2)氨水　　(3)Na_2S 溶液　　(4)KCN 溶液

试问 $[Cu(NH_3)_4]^{2+}\rightleftharpoons Cu^{2+}+4NH_3$ 平衡将怎样移动?

3.预测下列各配体中,哪一种能同相应的金属离子生成更稳定的配离子?

(1)Cl^-,F^- 与 Al^{3+}　　　　(2)RSH,ROH 与 Pb^{2+}

(3)NH_3,py 与 Cu^{2+}　　　　(4)Cl^-,Br^- 与 Hg^{2+}

(5)NH_2CH_2COOH,CH_3COOH 与 Cu^{2+}

4.用配平的化学反应式解释下列实验现象:

(1)AgCl 可溶于氨水,而 AgI 不溶,但 AgI 可溶于 KCN 溶液。

(2)向 KI/CCl_4 溶液中加入 $FeCl_3$ 溶液,振荡后 CCl_4 层会出现紫色,若加入少量的 NH_4F 或草酸铵或 Na_2H_2Y(EDTA)溶液,振荡后紫色又消失了。

(3)在 $FeCl_3$ 溶液中,加 KSCN 溶液会有血红色出现,再加 EDTA 溶液则血红色消失。

5.计算下列反应的平衡常数并判断反应进行的方向:

(1)$[Hg(SCN)_4]^{2-}+4CN^-=[Hg(CN)_4]^{2-}+4SCN^-$

(2)$[Cu(NH_3)_4]^{2+}+S^{2-}=CuS\downarrow+4NH_3$

(3)$[Mn(en)_3]^{2+}+Ni^{2+}=[Ni(en)_3]^{2+}+Mn^{2+}$

(4)$[Ag(NH_3)_2]^++2CN^-\rightleftharpoons[Ag(CN)_2]^-+2NH_3$

思考题参考答案

1.**答**:概括起来,$K_{稳}^{\ominus}$ 有以下几点应用:

(1)可直接用于比较相同类型的不同配离子在溶液中的相对稳定性。如 $[Ag(NH_3)_2]^+$ 的 $\lg K_{稳}^{\ominus}=7.05<[Ag(CN)_2]^-$ 的 $\lg K_{稳}^{\ominus}=21.1$,故 $[Ag(CN)_2]^-$ 比 $[Ag(NH_3)_2]^+$ 稳定得多。但要注意不同类型的配离子不能直接比较,只能通过计算来比较它们的稳定性,如

$[CuY]^{2-}$ 与 $[Cu(en)_2]^{2+}$，其 $\lg K_{稳}^{\ominus}$ 分别是 18.79 和 21.0，似乎后者比前者稳定，而事实恰恰相反，这是因为前者是 1:1 型，后者是 1:2 型。

（2）计算配离子溶液中各相关离子的浓度。

（3）判断配位反应进行的方向。如：

$$[Ag(NH_3)_2]^+ + 2CN^- \Longrightarrow [Ag(CN)_2]^- + 2NH_3$$

$$K^{\ominus} = \frac{K_{稳（新）}^{\ominus}}{K_{稳（旧）}^{\ominus}} = \frac{K_{稳}^{\ominus}([Ag(CN)_2^-])}{K_{稳}^{\ominus}([Ag(NH_3)_2^+])}$$

$K^{\ominus} = 1.2 \times 10^{14} \gg 1$，故反应向右进行。故同类型的配离子，$K_{稳}^{\ominus}$ 小的可转化为 $K_{稳}^{\ominus}$ 大的配合物。

（4）判断配离子与沉淀之间转化的可能性。如 $MA(s) + nL = ML_n + A$（省略电荷），$K^{\ominus} = K_{稳}^{\ominus} K_{sp}^{\ominus}$。

（5）计算 $E^{\ominus}(ML_n/M)$，判断电对的氧化还原性。

2.答:（1）向右移动；　　（2）向左移动；　　（3）向右移动；　　（4）向右移动

3.答:（1）$F^- > Cl^-$。因为 Al^{3+} 为硬酸，电负性、硬度：$F^- > Cl^-$。

（2）$RSH > ROH$。因为 Pb^{2+} 为软酸，SH^- 为软碱，OH^- 为硬碱。

（3）$NH_3 > py$。因为 Cu^{2+} 为交界酸，配体的碱性 $NH_3 > py$。

（4）$Br^- > Cl^-$。因为 Hg^{2+} 为软酸，Cl^- 为硬碱，Br^- 为交界碱。

（5）$NH_2CH_2COOH > CH_3COOH$。因为前者为螯合物，后者为简单配合物。

4.答:（1）
$$AgCl + 2NH_3 = Ag(NH_3)_2^+ + Cl^-$$

$$K^{\ominus} = K_{稳}^{\ominus} K_{sp}^{\ominus} = 1.1 \times 10^7 \times 1.8 \times 10^{-10} = 1.98 \times 10^{-3} < 1$$

但大于 10^{-6}，增大 NH_3 浓度，平衡右移，$AgCl$ 溶解于氨水。

对于 AgI，
$$AgI + 2NH_3 = Ag(NH_3)_2^+ + I^-$$

$$K^{\ominus} = K_{稳}^{\ominus} K_{sp}^{\ominus} = 1.1 \times 10^7 \times 8.3 \times 10^{-17} = 9.13 \times 10^{-10} < 10^{-6}$$

说明反应逆向进行得很彻底。
$$AgI + 2CN^- = Ag(CN)_2^- + I^-$$

$$K^{\ominus} = K_{稳}^{\ominus} K_{sp}^{\ominus} = 1.3 \times 10^{21} \times 8.3 \times 10^{-17} = 1.08 \times 10^5$$

接近于 10^6，反应正向进行的较彻底，故 $AgCl$ 可溶于氨水，而 AgI 不溶氨水，但可溶于 KCN 溶液。

（2）因为 $E^{\ominus}(Fe^{3+}/Fe^{2+}) = 0.771V > E^{\ominus}(I_2/I^-) = 0.5355V$，反应 $Fe^{3+} + 2I^- = 2Fe^{2+} + I_2$ 正向进行，生成的 I_2 在 CCl_4 中呈紫色，若加入少量的 NH_4F 或草酸铵或 Na_2H_2Y（EDTA）溶液，振荡后，由于 Fe^{3+} 与 F^-、$C_2O_4^{2-}$ 及 Y^{4-} 生成了 $[FeF_6]^{3-}$、$[Fe(C_2O_4)_3]^{3-}$ 及 $[FeY]^-$ 配离子，减少了 Fe^{3+} 离子浓度（降低了 Fe^{3+} 的氧化能力，增强了 Fe^{2+} 的还原能力），使平衡向左移动，I_2 把 Fe^{2+} 氧化成了 $[FeF_6]^{3-}$、$[Fe(C_2O_4)_3]^{3-}$ 及 $[FeY]^-$，生成了 I^- 离子，故 CCl_4 中紫色又消失了。反应是：

$$2Fe^{2+} + I_2 + 12F^- = 2[FeF_6]^{3-} + 2I^-$$

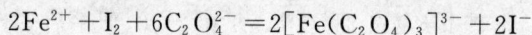

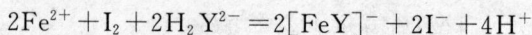

$$2Fe^{2+}+I_2+6C_2O_4^{2-}=2[Fe(C_2O_4)_3]^{3-}+2I^-$$

$$2Fe^{2+}+I_2+2H_2Y^{2-}=2[FeY]^-+2I^-+4H^+$$

（3）因为：

$$Fe^{3+}+nSCN^-=[Fe(SCN)_n]^{(n-3)-}（血红色）\qquad(n=1\sim6)$$

$$2Fe(SCN)_n+2H_2Y^{2-}=2[FeY]^-（无色）+4H^+$$

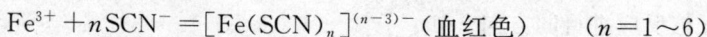

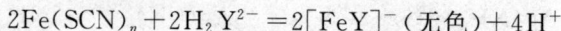

故血红色又消失了。

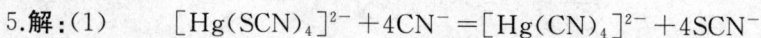

5.解:（1） $[Hg(SCN)_4]^{2-}+4CN^-=[Hg(CN)_4]^{2-}+4SCN^-$

$$K^{\ominus}=\frac{K^{\ominus}_{稳(新)}}{K^{\ominus}_{稳(旧)}}=2.5\times10^{41}/1.26\times10^6=2.0\times10^{35}\gg1$$

反应正向进行。

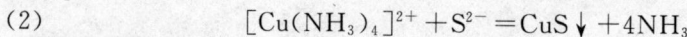

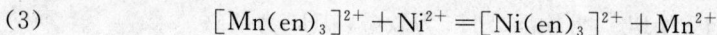

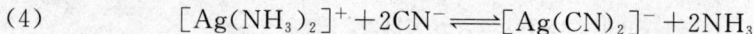

（2） $[Cu(NH_3)_4]^{2+}+S^{2-}=CuS\downarrow+4NH_3$

$$K^{\ominus}=\frac{1}{K^{\ominus}_{稳}([Cu(NH_3)_4]^{2+})\cdot K^{\ominus}_{sp}}=1/2.1\times10^{13}\times6.3\times10^{-36}=7.6\times10^{25}\gg1$$

反应正向进行。

（3） $[Mn(en)_3]^{2+}+Ni^{2+}=[Ni(en)_3]^{2+}+Mn^{2+}$

$$K^{\ominus}=\frac{K^{\ominus}_{稳(新)}}{K^{\ominus}_{稳(旧)}}=2.14\times10^{18}/3.68\times10^5=5.82\times10^{12}\gg1$$

反应正向进行。

（4） $[Ag(NH_3)_2]^++2CN^-\rightleftharpoons[Ag(CN)_2]^-+2NH_3$

$$K^{\ominus}=\frac{K^{\ominus}_{稳(新)}}{K^{\ominus}_{稳(旧)}}=\frac{K^{\ominus}_{稳}([Ag(CN)_2^-])}{K^{\ominus}_{稳}([Ag(NH_3)_2^+])}=1.3\times10^{21}/1.1\times10^7=1.2\times10^{14}\gg1$$

反应正向进行。

习 题

1.在 50mL 0.10mol·L^{-1} AgNO$_3$ 溶液中,加入 30mL 密度为 0.932g·cm^{-3}、含 NH$_3$ 18.24％的氨水,再加水稀释至 100mL,求该溶液中的 $c_{eq}(Ag^+)$、$c_{eq}[Ag(NH_3)_2^+]$ 和 $c_{eq}(NH_3)$。结合在[Ag(NH$_3$)$_2$]$^+$中的 Ag$^+$ 占 Ag$^+$ 总浓度的百分之几? 已知 lg$K^{\ominus}_{稳}$[Ag (NH$_3$)$_2^+$]=7.05。

2.计算 HCl 浓度为 1.0 mol·L^{-1}、CdSO$_4$ 浓度为 0.010mol·L^{-1} 的溶液中,Cd^{2+}、[CdCl]$^+$、[CdCl$_2$]$^-$、[CdCl$_3$]$^-$、[CdCl$_4$]$^{2-}$ 的浓度各为多少? 已知 Cd^{2+}-Cl$^-$ 配离子的累积稳定常数为:$\beta^{\ominus}_1=10^{1.95}$,$\beta^{\ominus}_2=10^{2.50}$,$\beta^{\ominus}_3=10^{2.60}$,$\beta^{\ominus}_4=10^{2.80}$。

3.欲将 0.10mol 的 AgCl 溶解在 1.0L 氨水中,求氨水的浓度至少应为多少? 已知lg$K^{\ominus}_{稳}$[Ag(NH$_3$)$_2^+$]=7.05,$K^{\ominus}_{sp}$(AgCl)=1.8×10^{-10}。

4.通过计算说明当溶液中 S$_2$O$_3^{2-}$、[Ag(S$_2$O$_3$)$_2$]$^{3-}$ 的浓度均为 0.10mol·L^{-1} 时,加入 KI 固体使 c(I$^-$) = 0.10 mol·L^{-1}（忽略体积变化）,是否产生 AgI 沉淀? 已知

$K_{稳}^{\ominus}[Ag(S_2O_3)_2^{3-}]=2.9\times10^{13}$，$K_{sp}^{\ominus}(AgI)=8.3\times10^{-17}$。

5.已知 $Ag^++e^-\Longleftrightarrow Ag$ 的 $E^{\ominus}=0.7996V$，$\lg K_{稳}^{\ominus}[Ag(CN)_2^-]=21.1$，$\lg K_{稳}^{\ominus}[Ag(NH_3)_2^+]=7.05$，试计算 298K 时下列电对的标准电极电势。

(1)$[Ag(CN)_2]^-+e^-\Longleftrightarrow Ag+2CN^-$

(2)$[Ag(NH_3)_2]^++e^-\Longleftrightarrow Ag+2NH_3$

6.已知 298K 时 $Ag^++e^-\Longleftrightarrow Ag$ 的 $E^{\ominus}=0.7996V$，$[Ag(S_2O_3)_2]^{3-}+e^-\Longleftrightarrow Ag+2S_2O_3^{2-}$ 的 $E^{\ominus}=0.0054V$，求 $[Ag(S_2O_3)_2]^{3-}$ 的稳定常数。

7.通过计算说明，在水溶液中 Co^{3+} 能氧化水，而 $[Co(NH_3)_6^{3+}]$ 不能氧化水。已知 $K_{稳}^{\ominus}[Co(NH_3)_6^{3+}]=1.6\times10^{35}$，$K_{稳}^{\ominus}[Co(NH_3)_6^{2+}]=1.3\times10^5$，$E^{\ominus}(Co^{3+}/Co^{2+})=1.92V$，$E^{\ominus}(O_2/H_2O)=1.229V$，$E^{\ominus}(O_2/OH^-)=0.401V$，$K_b^{\ominus}(NH_3\cdot H_2O)=1.74\times10^{-5}$。

8.298K 时，$\lg K_{稳}^{\ominus}[Cu(NH_3)_2^+]=10.86$，$\lg K_{稳}^{\ominus}[Cu(CN)_2^-]=24.0$，$\lg K_{稳}^{\ominus}[Cu(NH_3)_4^{2+}]=13.32$，$\lg K_{稳}^{\ominus}[Zn(NH_3)_4^{2+}]=9.46$。判断下列反应进行的方向，并作说明。

(1)$[Cu(NH_3)_2]^++2CN^-\Longleftrightarrow[Cu(CN)_2]^-+2NH_3$

(2)$[Cu(NH_3)_4]^{2+}+Zn^{2+}\Longleftrightarrow[Zn(NH_3)_4]^{2+}+Cu^{2+}$

习题参考答案

1.**解**：反应前，混合溶液中 Ag^+ 和 NH_3 的浓度为：

$$c(Ag^+)=\frac{50mL}{100mL}\times0.10mol\cdot L^{-1}=0.05mol\cdot L^{-1}$$

$$c(NH_3)=\frac{30mL}{100mL}\times\frac{1000mL\times0.932g\cdot mL^{-1}\times18.24\%}{17g\cdot mol^{-1}\times1L}$$

$$=3.0mol\cdot L^{-1}$$

反应达平衡时，设 $c_{eq}(Ag^+)=x\ mol\cdot L^{-1}$，则

	Ag^+	$+$	$2NH_3$	$\Longleftrightarrow$	$[Ag(NH_3)_2]^+$
相对起始浓度	0.05		3.0		
相对平衡浓度	x		$3.0-2\times(0.05-x)$		$0.05-x$

$$K_{稳}^{\ominus}=\frac{c_{eq}[Ag(NH_3)_2^+]}{c_{eq}(Ag^+)\times[c_{eq}(NH_3)]^2}$$

$$=\frac{0.05-x}{x\times[3.0-2\times(0.05-x)]^2}=10^{7.05}$$

有大量氨水存在时 $[Ag(NH_3)_2]^+$ 的解离受到抑制，故 $0.05-x\approx0.05$，$3.0-2\times(0.05-x)\approx2.9$。

则 $K_{稳}^{\ominus}=\dfrac{0.05}{x\times2.9^2}=10^{7.05}$，

解得 $x=5.31\times10^{-10}mol\cdot L^{-1}$

平衡时，$c_{eq}(Ag^+)=5.31\times10^{-10}\,mol\cdot L^{-1}$

$c_{eq}[Ag(NH_3)_2^+]=0.05\,mol\cdot L^{-1}-5.31\times10^{-10}\,mol\cdot L^{-1}\approx0.05\,mol\cdot L^{-1}$

$c_{eq}(NH_3)=3.0\,mol\cdot L^{-1}-2\times(0.05-5.31\times10^{-10})\,mol\cdot L^{-1}\approx2.9\,mol\cdot L^{-1}$

结合在$[Ag(NH_3)_2]^+$中的Ag^+占Ag^+总浓度的百分数为

$$\frac{c_{eq}[Ag(NH_3)_2^+]\,mol\cdot L^{-1}}{c(Ag^+)\,mol\cdot L^{-1}}\times100\%$$

$$=\frac{0.05-5.31\times10^{-10}}{0.05}\times100\%$$

$$\approx100\%$$

2.解： 由于$c(Cd^{2+})\ll c(Cl^-)$，与Cd^{2+}反应生成配离子的Cl^-浓度与Cl^-的总浓度相比很小，因此，$c_{eq}(Cl^-)\approx1.0\,mol\cdot L^{-1}$。根据物料平衡关系和累积稳定常数，可得下列方程：

$c(Cd^{2+})=c_{eq}(Cd^{2+})+c_{eq}(CdCl^+)+c_{eq}(CdCl_2)+c_{eq}(CdCl_3^-)+c_{eq}(CdCl_4^{2-})$

$=c_{eq}(Cd^{2+})+\beta_1^\ominus c_{eq}(Cd^{2+})c_{eq}(Cl^-)+\beta_2^\ominus c_{eq}(Cd^{2+})[c_{eq}(Cl^-)]^2$

$+\beta_3^\ominus c_{eq}(Cd^{2+})[c_{eq}(Cl^-)]^3+\beta_4^\ominus c_{eq}(Cd^{2+})[c_{eq}(Cl^-)]^4$

代入数据，$0.010\,mol\cdot L^{-1}=c_{eq}(Cd^{2+})+10^{1.95}\times c_{eq}(Cd^{2+})\times1.0+10^{2.50}\times c_{eq}(Cd^{2+})\times1.0^2+10^{2.60}\times c_{eq}(Cd^{2+})\times1.0^3+10^{2.80}\times c_{eq}(Cd^{2+})\times1.0^4$

解得

$$c_{eq}(Cd^{2+})=7.0\times10^{-6}\,mol\cdot L^{-1}$$
$$c_{eq}(CdCl^+)=\beta_1^\ominus c_{eq}(Cd^{2+})c_{eq}(Cl^-)$$
$$=10^{1.95}\times7.0\times10^{-6}\times1.0$$
$$=6.2\times10^{-4}\,mol\cdot L^{-1}$$
$$c_{eq}(CdCl_2)=\beta_2^\ominus c_{eq}(Cd^{2+})[c_{eq}(Cl^-)]^2$$
$$=10^{2.50}\times7.0\times10^{-6}\times1.0^2$$
$$=2.2\times10^{-3}\,mol\cdot L^{-1}$$
$$c_{eq}(CdCl_3^-)=\beta_3^\ominus c_{eq}(Cd^{2+})[c_{eq}(Cl^-)]^3$$
$$=10^{2.60}\times7.0\times10^{-6}\times1.0^3$$
$$=2.8\times10^{-3}\,mol\cdot L^{-1}$$
$$c_{eq}(CdCl_4^{2-})=\beta_4^\ominus c_{eq}(Cd^{2+})[c_{eq}(Cl^-)]^4$$
$$=10^{2.80}\times7.0\times10^{-6}\times1.0^4$$
$$=4.4\times10^{-3}\,mol\cdot L^{-1}$$

3.解： 反应方程式为：

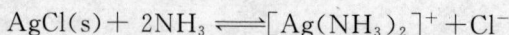

$$AgCl(s)+2NH_3\rightleftharpoons[Ag(NH_3)_2]^++Cl^-$$

该反应的平衡常数为：

$$K^\ominus=\frac{c_{eq}[Ag(NH_3)_2^+]\times c_{eq}(Cl^-)}{[c_{eq}(NH_3)]^2}$$

$$= K_{稳}^{\ominus}[Ag(NH_3)_2^+] \times K_{sp}^{\ominus}(AgCl)$$

$$= 10^{7.05} \times 1.8 \times 10^{-10} = 2.0 \times 10^{-3}$$

设氨水浓度为 $c(NH_3) mol \cdot L^{-1}$，反应达平衡时

$$AgCl(s) + \quad 2NH_3 \quad \rightleftharpoons \quad [Ag(NH_3)_2]^+ + \quad Cl^-$$

相对平衡浓度 $\qquad c(NH_3)-2\times0.10 \qquad 0.10 \qquad\qquad 0.10$

则

$$K^{\ominus} = \frac{c_{eq}[Ag(NH_3)_2^+] \times c_{eq}(Cl^-)}{[c_{eq}(NH_3)]^2}$$

$$= \frac{0.10 \times 0.10}{[c(NH_3)-2\times0.10]^2}$$

$$= 2.0 \times 10^{-3}$$

解得 $\quad c(NH_3) = 2.4 mol \cdot L^{-1}$

即氨水的起始浓度至少应为 $2.4 mol \cdot L^{-1}$。

4.**解**：设在 $[Ag(S_2O_3)_2]^{3-}$ 和 $S_2O_3^{2-}$ 的混合溶液中，$c_{eq}(Ag^+)=x \ mol \cdot L^{-1}$，则

$$Ag^+ + 2S_2O_3^{2-} \rightleftharpoons [Ag(S_2O_3)_2]^{3-}$$

相对平衡浓度 $\qquad\qquad x \quad 0.10+2x \qquad 0.10-x$

有大量 $S_2O_3^{2-}$ 存在时，$[Ag(S_2O_3)_2]^{3-}$ 的解离受到抑制，故 $0.1+2x \approx 0.1, 0.1-x \approx$

0.1。

则

$$K_{稳}^{\ominus} = \frac{c_{eq}[Ag(S_2O_3)_2^{3-}]}{[c_{eq}(Ag^+)][c_{eq}(S_2O_3^{2-})]^2}$$

$$= \frac{0.10}{(x)(0.10)^2} = 2.9 \times 10^{13}$$

解得 $\quad c_{eq}(Ag^+)=x \ mol \cdot L^{-1} = 3.4 \times 10^{-13} \ mol \cdot L^{-1}$。

当 $c(I^-)=0.10 mol \cdot L^{-1}$ 时，$c(Ag^+) \times c(I^-) = 3.4 \times 10^{-13} \times 0.10 = 3.4 \times 10^{-14} >$

$K_{sp}^{\ominus}(AgI)=8.3 \times 10^{-17}$。因此，会产生 AgI 沉淀。

5.**解**：(1)电对 $[Ag(CN)_2]^-/Ag$ 的标准电极电势为：

$$E^{\ominus}\{[Ag(CN)_2]^-/Ag\} = E^{\ominus}(Ag^+/Ag) - \frac{0.0592}{n} \lg K_{稳}^{\ominus}[Ag(CN)_2^-]$$

$$= 0.7996V - \frac{0.0592}{1}V \times 21.1$$

$$= -0.447V$$

(2)电对 $[Ag(NH_3)_2]^+/Ag$ 的标准电极电势为：

$$E^{\ominus}\{[Ag(NH_3)_2]^+/Ag\} = E^{\ominus}(Ag^+/Ag) - \frac{0.0592}{n} \lg K_{稳}^{\ominus}[Ag(NH_3)_2^+]$$

$$= 0.7996V - \frac{0.0592}{1}V \times 7.05 = 0.382V$$

6.**解**：由于 $E^{\ominus}\{[ML_a]^{n-a}/M\} = E^{\ominus}(M^{n+}/M) - \frac{0.0592}{n} \lg K_{稳}^{\ominus}$ （298K 时）

故 $[Ag(S_2O_3)_2]^{3-}$ 的稳定常数为：

$$\lg K_{\text{稳}}^{\ominus}\left[\text{Ag}(\text{S}_2\text{O}_3)_2^{3-}\right]$$

$$=E^{\ominus}(\text{Ag}^+/\text{Ag})\times 1/0.0592-E^{\ominus}\{\left[\text{Ag}(\text{S}_2\text{O}_3)_2\right]^{3-}/\text{Ag}\}\times 1/0.0592$$

$$=(0.7996-0.0054)\times 1/0.0592$$

$$=13.44$$

$$K_{\text{稳}}^{\ominus}\left[\text{Ag}(\text{S}_2\text{O}_3)_2^{3-}\right]=2.75\times 10^{13}$$

7.解:因为 $E^{\ominus}(\text{Co}^{3+}/\text{Co}^{2+})>E^{\ominus}(\text{O}_2/\text{H}_2\text{O})$,因此,$\text{Co}^{3+}$ 能氧化水:

$$4\text{Co}^{3+}+2\text{H}_2\text{O}\rightleftharpoons 4\text{Co}^{2+}+\text{O}_2+4\text{H}^+$$

当 Co^{3+} 生成 $[\text{Co}(\text{NH}_3)_6]^{3+}$ 后,

$$E^{\ominus}\{\left[\text{Co}(\text{NH}_3)_6\right]^{3+}/\left[\text{Co}(\text{NH}_3)_6\right]^{2+}\}=E^{\ominus}(\text{Co}^{3+}/\text{Co}^{2+})+\frac{0.0592}{1}\lg\frac{K_{\text{稳}}^{\ominus}\left[\text{Co}(\text{NH}_3)_6^{2+}\right]}{K_{\text{稳}}^{\ominus}\left[\text{Co}(\text{NH}_3)_6^{3+}\right]}$$

$$=1.92\text{V}+\frac{0.0592}{1}\text{Vlg}\frac{1.3\times 10^5}{1.6\times 10^{35}}$$

$$=0.14\text{V}$$

在氨溶液中,设 $p(\text{O}_2)/p^{\ominus}=1$,$c(\text{NH}_3\cdot\text{H}_2\text{O})=1.0\text{mol}\cdot\text{L}^{-1}$。

$$c(\text{OH}^-)=\sqrt{1.0\times 1.74\times 10^{-5}}$$

$$=4.2\times 10^{-3}\text{mol}\cdot\text{L}^{-1}$$

对于碱性溶液中的电极反应 $\text{O}_2+2\text{H}_2\text{O}+4\text{e}^-\rightleftharpoons 4\text{OH}^-$

$$E(\text{O}_2/\text{OH}^-)=E^{\ominus}(\text{O}_2/\text{OH}^-)+\frac{0.0592}{4}\lg\frac{p(\text{O}_2)/p^{\ominus}}{\left[c(\text{OH}^-)\right]^4}$$

$$=0.401\text{V}+\frac{0.0592}{4}\text{Vlg}\frac{1}{(4.2\times 10^{-3})^4}$$

$$=0.54\text{V}$$

$E^{\ominus}\{\left[\text{Co}(\text{NH}_3)_6\right]^{3+}/\left[\text{Co}(\text{NH}_3)_6\right]^{2+}\}<E^{\ominus}(\text{O}_2/\text{OH}^-)$,因此,$[\text{Co}(\text{NH}_3)_6]^{3+}$ 不能氧化水。

8.解:(1)该取代反应的平衡常数为

$$K^{\ominus}=\frac{K_{\text{稳(新)}}^{\ominus}}{K_{\text{稳(旧)}}^{\ominus}}=\frac{10^{24.0}}{10^{10.86}}=1.38\times 10^{13}$$

$K^{\ominus}\gg 1$,该取代反应能向正向自发进行。

(2)该取代反应的平衡常数为

$$K^{\ominus}=\frac{K_{\text{稳(新)}}^{\ominus}}{K_{\text{稳(旧)}}^{\ominus}}=\frac{10^{9.46}}{10^{13.32}}=1.38\times 10^{-4}$$

$K^{\ominus}<1$,该取代反应能向逆向自发进行。

自我测试题

一、是非题

1.配合物的配位体都是带负电荷的离子,可以抵消中心离子的正电荷。( )

2.$[Cu(NH_3)_3]^{2+}$ 的累积稳定常数 β_3 是反应 $[Cu(NH_3)_2]^{2+}+NH_3 \rightleftharpoons [Cu(NH_3)_3]^{2+}$ 的平衡常数。（　）

3.根据稳定常数的大小，即可比较不同配合物的稳定性，即 $K_{稳}^{\ominus}$ 愈大，该配合物愈稳定。（　）

4.配离子的配位键越稳定，其稳定常数越大。（　）

5.配合物中由于存在配位键，所以配合物都是弱电解质。（　）

6.螯合物的稳定性与环的大小有关，与环的多少无关。（　）

7.配位数是指直接同中心离子相连的配体总数。（　）

8.电负性越大的元素充当配位原子，其配位能力就强。（　）

9.配位原子的孤电子对越多，其配位能力就越强。（　）

10.能够供两个或两个以上配位原子的多齿配体只能是有机物分子。（　）

二、单选题

1.已知 $lg\beta_2^{\ominus}[Ag(NH_3)_2^+]=7.05$，$lg\beta_2^{\ominus}[Ag(CN)_2^-]=21.7$，$lg\beta_2^{\ominus}[Ag(SCN)_2^-]=7.57$，$lg\beta_2^{\ominus}[Ag(S_2O_3)_2^{3-}]=13.46$，当配位剂的浓度相同时，AgCl 在哪种溶液中的溶解度最大（　）

　　A.$NH_3 \cdot H_2O$　　　　B.KCN　　　　C.$Na_2S_2O_3$　　　　D.NaSCN

2.为了保护环境，生产中的含氰废液的处理通常采用 $FeSO_4$ 法产生毒性很小的配合物是（　）

　　A.$[Fe(SCN)_6]^{3-}$　　B.$Fe(OH)_3$　　C.$[Fe(CN)_6]^{3-}$　　D.$Fe_2[Fe(CN)_6]$

3.下列说法中错误的是（　）

　　A.在某些金属难溶化合物中，加入配位剂，可使其溶解度增大

　　B.在 Fe^{3+} 溶液中加入 NaF 后，Fe^{3+} 的氧化性降低

　　C.在 $[FeF_6]^{3-}$ 溶液中加入强酸，也不影响其稳定性

　　D.在 $[FeF_6]^{3+}$ 溶液中加入强碱，会使其稳定性下降

4.对于一些难溶于水的金属化合物，加入配位剂后，使其溶解度增加，其原因是（　）

　　A.产生盐效应

　　B.使其分解

　　C.配位剂与阳离子生成配合物，溶液中金属离子浓度增加

　　D.阳离子被配位生成配离子，其盐溶解度增加

5.下列分子或离子能做螯合剂的是（　）

　　A.H_2N-NH_2　　　　B.CH_3COO^-　　C.$HO-OH$　　　　D.$H_2NCH_2CH_2NH_2$

6.下列离子中，能较好地掩蔽水溶液中 Fe^{3+} 离子的是（　）

　　A.F^-　　　　　　B.Cl^-　　　　C.Br^-　　　　　D.I^-

7.下列配离子能在强酸性介质中稳定存在的是（　）

　　A.$Ni(NH_3)_4^{2+}$　　B.$HgCl_4^{2-}$　　C.$Fe(C_2O_4)_3^{3-}$　　D.$Ag(S_2O_3)_2^{3-}$

8.已知$[Ni(NH_3)_6]^{2+}$的逐级稳定常数的对数值为 2.63、2.10、1.59、1.04、0.60、0.08,其$K_{稳}^{\ominus}$应为（　）

  A.8.04　　　　　　　B.2.74×10^2　　　C.1.10×10^8　　　　　D.4.3×10^{-1}

9.比较配合物$[Cu(NH_3)_2]^+$与$[Cu(CN)_2]^-$配离子的稳定性（　）

  A.稳定性$[Cu(NH_3)_2]^+>[Cu(CN)_2]^-$

  B.稳定性$[Cu(NH_3)_2]^+<[Cu(CN)_2]^-$

  C.稳定性$[Cu(NH_3)_2]^+=[Cu(CN)_2]^-$

  D.稳定性无法比较

10.EDTA 能与金属离子形成配合物,并且配合物极难转化成别种离子,这是因为 EDTA 与金属离子形成了（　）

  A.简单配合物　　　　B.聚合物　　　　C.螯合物　　　　D.沉淀物

11.如果电对的氧化型和还原型同时生成配位体和配位数相同的配合物,其$E^{\ominus}$值一定（　）

  A.变小　　　　　　　B.变大　　　　　C.不变　　　　　D.视具体情况而定

12.已知$[Ni(en)_3]^{2+}$的$\lg K_{稳}^{\ominus}=18.33$,将 2.00mol·L^{-1}的 en 溶液与 0.200mol·L^{-1}的$NiSO_4$溶液等体积混合,则平衡时Ni^{2+}离子浓度为（　）mol·L^{-1}。

  A.1.36×10^{-18}　　　　B.2.91×10^{-18}　　C.1.36×10^{-19}　　　D.4.36×10^{-20}

13.已知$E^{\ominus}(Hg^{2+}/Hg)=0.854V$,$K_{稳}^{\ominus}(HgI_4^{2-})=6.8\times10^{29}$,则$E^{\ominus}(HgI_4^{2-}/Hg)=$（　）

  A.−0.029V　　　　　B.0.026V　　　　C.−0.906V　　　　D.−1.652V

14.对下列各配合物稳定性的判断,不正确的是（　）

  A.$[Fe(CN)_6]^{3-}>[Fe(SCN)_6]^{3-}$　　　　B.$[HgCl_4]^{2-}>[HgI_4]^{2-}$

  C.$[AlF_6]^{3-}>[AlCl_6]^{3-}$　　　　　　　D.$[Cu(NH_3)_4]^{2+}>[Zn(NH_3)_4]^{2+}$

15.下列配合物中,还原能力最强的是（　）

  A.$[Fe(H_2O)_6]^{3+}$　　　　　　　　B.$[Fe(CN)_6]^{4-}$

  C.$[Co(NH_3)_6]^{3+}$　　　　　　　　D.$[Co(H_2O)_6]^{2+}$

三、填空题

1.反应$FeCl_3+Cl^-\rightleftharpoons[FeCl_4]^-$,_____为 Lewis 碱,_____为 Lewis 酸。

2.已知$[CuY]^{2-}$、$[Cu(en)_2]^{2+}$、$[Cu(NH_3)_4]^{2+}$的累积稳定常数分别为 6.3×10^{18}、4×10^{19}和 1.4×10^{14},则这三种配离子的稳定性由小到大排列的顺序是_____。

3.$[Ni(en)_3]^{2+}$、$[Ni(NH_3)_6]^{2+}$、$[Ni(H_2O)_6]^{2+}$的稳定性,从大到小的次序是_____。

4.填写下列配合物的颜色。

  $[Fe(H_2O)_6]^{2+}$_____　　　　　　$[Co(H_2O)_6]^{2+}$_____

  $[Ni(H_2O)_6]^{2+}$_____　　　　　　$[Fe(SCN)_6]^{3-}$_____

$[Cu(NH_3)_4]^{2+}$ _____　　　　　　$[Cu(H_2O)_4]^{2+}$ _____

四、简答题

1.通常情况下,在水溶液中,Fe^{3+} 可氧化 I^- 为 I_2,但在 KCN 存在下,I_2 又可使 Fe^{2+} 氧化,试解释之。

2.向少量 $FeCl_3$ 溶液中加入过量饱和$(NH_4)_2C_2O_4$ 溶液后,滴加少量 KSCN 溶液并不出现红色,但再滴加盐酸则溶液立即变红,请解释原因。

3.定影过程是用 $Na_2S_2O_3$ 溶解胶片上未曝光的 AgBr,但将胶片在用久了的定影液中定影,胶片会发花,为什么?

五、计算题

1.0.10mol $ZnSO_4$ 固体溶于 1L 6.0mol·L^{-1} 氨水中,测得 $c(Zn^{2+})=8.13\times10^{-14}$ mol·L^{-1},试计算$[Zn(NH_3)_4]^{2+}$ 的 $K_{稳}^{\ominus}$值。

2.向含有 0.10mol·$L^{-1}[Cd(CN)_4]^{2-}$ 的溶液中通入 H_2S,使 $c(S^{2-})$ 达到 1.0×10^{-15} mol·L^{-1},问此时是否产生 CdS 的沉淀? 已知 $K_{sp}^{\ominus}(CdS)=3.6\times10^{-29}$,$K_{稳}^{\ominus}[Cd(CN)_4^{2-}]=1.3\times10^{17}$。

自我测试题参考答案

一、是非题

1.×,配体可以是中性分子也可以是带负电荷的阴离子,中心原子可以是带正电荷的阳离子也可以是中性原子,二者以配位键结合,形成配离子。

2.×,因为$[Cu(NH_3)_3]^{2+}$的累积稳定常数 $\beta_3=K_1^{\ominus}\cdot K_2^{\ominus}\cdot K_3^{\ominus}$,而反应$[Cu(NH_3)_2]^{2+}$ $+NH_3 \rightleftharpoons [Cu(NH_3)_3]^{2+}$ 的平衡常数为 $K_3^{\ominus}$。

3.×,$K_{稳}^{\ominus}$ 可直接用于比较相同类型的不同配离子在溶液中的相对稳定性。不同类型的配离子不能直接比较,只能通过计算来比较它们的稳定性。

4.√

5.×,配合物分为离子型配合物如$[Cu(NH_3)_3](OH)_2$、$K_3[Fe(SCN)_6]$等为强电解质和共价型配位分子如$[Pt(NH_3)_2Cl_2]$则为弱电解质。

6.×,螯合物的稳定性与环的大小、环的多少均有关。

7.×,配位数是指直接同中心离子相连的配位原子的数目。对于简单配体,配位数=配体数,对于多齿配体,配位数=配体数×齿数。

8.×,对于电荷高、半径小的阳离子,电负性越大的元素充当配位原子,其配位能力就强。对于半径大易变形的阳离子,则刚好相反。

9.×,配位原子的配位能力主要与其电荷、半径、电负性有关,与孤电子对的多少无关。

10.×,不一定,如 CO_3^{2-} 就是无机离子,只能说能够供两个或两个以上配位原子的多齿配体大多数为有机物分子。

二、单选题

1.B　　2.D　　3.C　　4.D　　5.D　　6.A　　7.B　　8.C　　9.B　　10.C

11.D　　12.C　　13.A　　14.B　　15.B

三、填空题

1.Cl^-;$FeCl_3$

2.$[CuY]^{2-}>[Cu(en)_2]^{2+}>[Cu(NH_3)_4]^{2+}$

3.$[Ni(en)_3]^{2+}>[Ni(NH_3)_6]^{2+}>[Ni(H_2O)_6]^{2+}$

4.绿色;粉红色;绿色;血红色;深蓝色;蓝色

四、简答题

1.答:因为 $E^{\ominus}(Fe^{3+}/Fe^{2+})=0.771V>E^{\ominus}(I_2/I^-)=0.5355V$,反应

$$Fe^{3+}+2I^- \Longrightarrow 2Fe^{2+}+I_2$$

正向进行,故 Fe^{3+} 可氧化 I^-,若加入少量的 KCN 溶液,由于 Fe^{3+}、Fe^{2+} 与 CN^- 生成了 $[Fe(CN)_6]^{3-}$ 及 $[Fe(CN)_6]^{4-}$ 配离子,且 $K_{稳}([Fe(CN)_6]^{3-})\gg K_{稳}([Fe(CN)_6]^{4-})$,减少了 Fe^{3+} 离子浓度(降低了 Fe^{3+} 的氧化能力,增强了 Fe^{2+} 的还原能力),使 $E^{\ominus}(I_2/I^-)>E([Fe(CN)_6]^{3-}/[Fe(CN)_6]^{4-})$,平衡向左移动,$I_2$ 把 Fe^{2+} 氧化成了 $[Fe(CN)_3]^{3-}$,反应是:

$$2Fe^{2+}+I_2+6CN^- \Longrightarrow 2[Fe(CN)_6]^{3-}+2I^-$$

2.答:因为

$$Fe^{3+}+nSCN^- \Longrightarrow [Fe(SCN)_n]^{(n-3)-}(血红色)　　(n=1\sim 6)$$

但加了饱和草酸铵后,

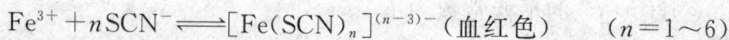
$$Fe(SCN)_n^{3-n}+3C_2O_4^{2-} \Longrightarrow [Fe(C_2O_4)_3]^{3-}(黄绿色)+nSCN^-$$

由于 $[Fe(C_2O_4)_3]^{3-}$ 比 $Fe(SCN)_n^{3-n}$ 稳定,反应正向进行,故不会有血红色出现。再加盐酸时,由于

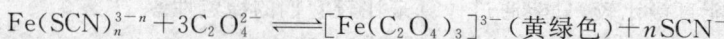
$$C_2O_4^{2-}+H^+ \Longrightarrow HC_2O_4^-(弱酸)+H^+ = H_2C_2O_4(中强酸)$$

使 $[Fe(C_2O_4)_3]^{3-}$ 离解释放出 Fe^{3+},再与 SCN^- 结合而显血红色。

3.答:用久了的定影液中,$Na_2S_2O_3$ 浓度较低,溶解 AgBr 能力较差,胶片上有部分 AgBr 未被溶解而造成胶片"发花",照片发黄。

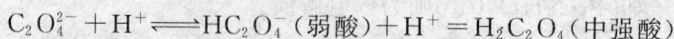
$$AgBr+2S_2O_3^{2-} \Longrightarrow [Ag(S_2O_3)_2]^{3-}+Br^-$$

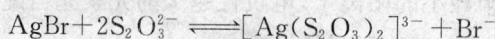
$$2AgBr \xrightarrow{光} 2Ag+Br_2$$

五、计算题

1.解：根据题意，反应及各物质的平衡浓度如下：

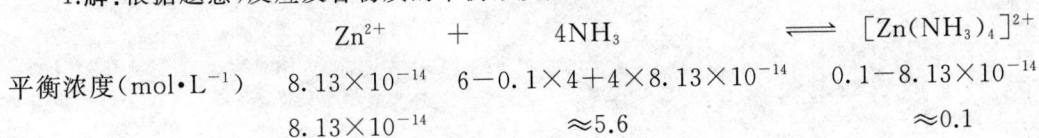

$$K_{稳}^{\ominus} = \frac{c_{eq}\{[Zn(NH_3)_4]^{2+}\}}{c_{eq}(Zn^{2+})c_{eq}^4(NH_3)} = \frac{0.1}{8.13 \times 10^{-14} \times (5.6)^4} = 1.2 \times 10^9$$

2.解：设溶液中由$[Cd(CN)_4]^{2-}$离解出的$c_{eq}(Cd^{2+}) = x\ mol \cdot L^{-1}$，则根据平衡：

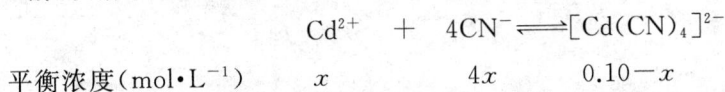

$$K_{稳}^{\ominus} = \frac{c_{eq}\{[Cd(CN)_4]^{2-}\}}{c_{eq}(Cd^{2+})c_{eq}^4(CN^-)} = \frac{0.10 - x}{x \cdot (4x)^4} = 1.3 \times 10^{17}$$

解之得：$x = c_{eq}(Cd^{2+}) = 7.86 \times 10^{-6}\ mol \cdot L^{-1}$

溶液中：$c_{eq}(Cd^{2+}) \times c(S^{2-}) = 1.0 \times 10^{-15} \times 7.86 \times 10^{-6} = 7.86 \times 10^{-21} > K_{sp}^{\ominus}(CdS) = 3.6 \times 10^{-29}$

故会有 CdS 沉淀析出。

第三部分 元素重要化合物性质

第十章 s区元素 ▷▷▷

思考题

1.金属钠着火时能否用水、二氧化碳、石棉毯和细砂扑救？为什么？

2.有一份白色固体混合物,其中可能含有 KCl、$MgSO_4$、$BaCl_2$ 和 $CaCO_3$,试根据下列实验现象,判断混合物中有哪些物质?

　　(1)混合物溶于水时得澄清溶液;

　　(2)该溶液与碱反应时生成白色胶状沉淀;

　　(3)该溶液的焰色反应呈紫色(隔钴玻片观察)。

3.自然界中为何不存在碱金属单质及碱金属氢氧化物？

4.实验室中如何保存碱金属 Li、Na、K？

5.为什么 $BaSO_4$ 常用作胃肠道 X 光造影剂,而 $BaCO_3$ 绝不可以？

思考题参考答案

1.答:不能用水和二氧化碳扑救,因为 Na 与 H_2O 作用生成易燃易爆的 H_2;Na 燃烧时生成的 Na_2O_2 与 CO_2 作用可生成助燃的 O_2,所以只能用石棉毯和细砂扑救。

2.答:$CaCO_3$ 难溶;$MgSO_4$ 与 $BaCl_2$ 不能共存,因此,该混合物中只含有 KCl、$MgSO_4$。

3.答:强还原性、强碱性。

4.答:碱金属在室温下能与氧气迅速反应,为了防止碱金属的氧化,将碱金属单质存放在煤油中。锂的密度最小,可浮在煤油上,通常封存在固体石蜡中保存。

5.答:$BaSO_4$ 在胃酸中不溶,而 $BaCO_3$ 在胃酸中可溶。

习　题

1.为什么商品 $NaOH$ 中常含有 Na_2CO_3？怎样简便地检验和除去？

2.应用分子轨道理论描述下列每种物质的键级和磁性：

$$O_2 \qquad O_2^- \qquad O_2^{2-}$$

3.Li 和 Mg 属于对角线元素,它们有什么相似性质？

4.向一含有 Ba^{2+} 和 Ca^{2+}（浓度均为0.10$mol\cdot L^{-1}$）的溶液中,滴加 Na_2SO_4 溶液。问：首先析出的沉淀是什么物质？通过计算说明能否将 Ba^{2+} 和 Ca^{2+} 分离（假设反应过程中溶液体积不变）。已知：$K_{sp}^{\ominus}(BaSO_4)=1.1\times 10^{-10}$，$K_{sp}^{\ominus}(CaSO_4)=9.1\times 10^{-6}$。

习题参考答案

1.**答**：因为 $NaOH$ 易与空气中的 CO_2 作用,生成 Na_2CO_3。取少许商品,加入稀 HCl,若有 CO_2 气体产生,说明有 Na_2CO_3 杂质。将此品加适量水溶解,加 $Ca(OH)_2$,则产生 $CaCO_3$ 沉淀,过滤除去。

2.**答**：O_2 分子轨道为：

$$[KK(\sigma_{2s})^2(\sigma_{2s}^*)^2(\sigma_{2p_x})^2(\pi_{2p_y})^2(\pi_{2p_z})^2(\pi_{2p_y}^*)^1(\pi_{2p_z}^*)^1]$$

键级：2,顺磁性。

O_2^- 分子轨道为：

$$[KK(\sigma_{2s})^2(\sigma_{2s}^*)^2(\sigma_{2p_x})^2(\pi_{2p_y})^2(\pi_{2p_z})^2(\pi_{2p_y}^*)^2(\pi_{2p_z}^*)^1]$$

键级：3/2,顺磁性。

O_2^{2-} 分子轨道为：

$$[KK(\sigma_{2s})^2(\sigma_{2s}^*)^2(\sigma_{2p_x})^2(\pi_{2p_y})^2(\pi_{2p_z})^2(\pi_{2p_y}^*)^2(\pi_{2p_z}^*)^2]$$

键级：1,逆磁性。

3.**答**：Li 和 Mg 属于对角线元素,相似性质有：锂、镁在过量的氧气中燃烧时并不生成过氧化物,而生成正常氧化物。锂和镁都能与氮和碳直接化合而生成氮化物和碳化物。锂和镁与水反应均较缓慢。锂和镁的氢氧化物是中强碱,溶解度都不大,在加热时可分别分解为 Li_2O 和 MgO。锂和镁的某些盐类如氟化物、碳酸盐、磷酸盐难溶于水。它们的碳酸盐在加热下均能分解为相应的氧化物和二氧化碳。

4.**解**：使 $BaSO_4$ 沉淀所需 $c(SO_4^{2-})$

$$c(SO_4^{2-})=\frac{1.1\times 10^{-10}}{0.1}$$

$$=1.1\times 10^{-9}\,mol\cdot L^{-1}$$

使 $CaSO_4$ 沉淀所需 $c(SO_4^{2-})$

$$c(SO_4^{2-}) = \frac{9.1 \times 10^{-6}}{0.1}$$

$$= 9.1 \times 10^{-5} \, mol \cdot L^{-1}$$

故滴加 Na_2SO_4，首先有 $BaSO_4$ 沉淀析出。

当 $CaSO_4$ 析出沉淀时

$$c(Ba^{2+}) = \frac{K_{sp}^{\ominus}(BaSO_4)}{9.1 \times 10^{-5}}$$

$$= \frac{1.1 \times 10^{-10}}{9.1 \times 10^{-5}}$$

$$= 1.2 \times 10^{-6} \, mol \cdot L^{-1} < 10^{-5} \, mol \cdot L^{-1}$$

所以 $BaSO_4$ 已沉淀完全，因此可将 Ba^{2+} 和 Ca^{2+} 分离。

自我测试题

一、判断题

1.锂和钠的标准电极电势分别是 $-3.024V$ 和 $-2.71V$，但标准电极电势低的锂与水作用时，反不如钠与水作用剧烈。（　）

2.锂的电离势比铯大，但 Li^+/Li 元素的电极电势却比 Cs^+/Cs 的电极电势小。（　）

3.人们常用 Na_2O_2 作制氧剂。（　）

4.$BeCl_2$ 是离子键。（　）

5.$CaCl_2$ 是离子键。（　）

6.碱金属盐类全都溶于水。（　）

7.金属钠着火时，不能用水或 CO_2 灭火，只能用石棉毯扑灭。（　）

8.若土壤因 Na_2CO_3 引起显示碱性，加入石膏，就能消除碱性。（　）

9.金属钠溶于液氨形成一蓝色的溶液，并可导电。（　）

10.$NaOH$ 受热不分解，$LiOH$ 受热分解为 Li_2O 与 H_2O。（　）

二、填空题

1.碱金属元素与氧气反应,可生成_____、_____和_____。

2.将 $LiNO_3$ 加热到 773K 时,其分解产物为_____、_____和_____。

3.用什么实验手段实现下列物质之间的转换。

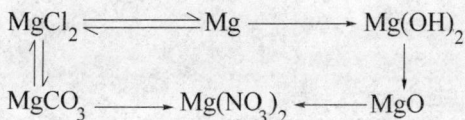

4.由于锂的离子半径特别小,故许多锂盐是难溶的,其中典型的有_____和_____。

三、单选题

1.下列碳酸盐中,溶解度最小的是(   )

    A.$NaHCO_3$ B.Na_2CO_3 C.Li_2CO_3 D.K_2CO_3

2.重晶石的化学成分是(   )

    A.$SrSO_4$ B.$SrCO_3$ C.$BaSO_4$ D.$CaSO_4 \cdot 2H_2O$

3.烧石膏的化学成分是(   )

    A.Na_2SO_4 B.$CaSO_4$ C.$CaSO_4 \cdot 1/2H_2O$ D.$Na_2SO_4 \cdot 10H_2O$

4. 在下列氢化物中,其稳定性最大的是(   )

    A.RbH B.KH C.NaH D.LiH

5.下列化合物中热稳定性最强的是(   )

    A.$MgCO_3$ B.$Mg(HCO_3)_2$ C.H_2CO_3 D.$(NH_4)_2CO_3$

6.氢与(   )形成盐型氢化物

    A.所有元素   B.金属元素

    C.碱金属与碱土金属元素   D.非金属元素

7.下列反应能得到 Na_2O 的是(   )

    A.钠在空气中燃烧   B.加热 $NaNO_3$

    C.加热 Na_2CO_3 D.Na_2O_2 与 Na 作用

8.下列难溶钡盐中不能溶于盐酸的是(   )

    A.$BaCO_3$ B.$BaSO_4$ C.$BaCrO_4$ D.$BaSO_3$

9.下列化合物与水反应,不产生 H_2O_2 的是(   )

    A.KO_2 B.Li_2O C.BaO_2 D.Na_2O_2

10.下列化合物中,与氖原子的电子构型相同的正、负离子所组成的离子型化合物是(   )

    A.$NaCl$ B.MgO C.KF D.$CaCl_2$

自我测试题参考答案

一、判断题

1.√   2.√   3.√   4.×   5.√   6.×   7.√   8.√   9.√   10.√

二、填空题

1.正常(普通)氧化物;过氧化物;超氧化物

2. Li_2O；NO_2；O_2

3.

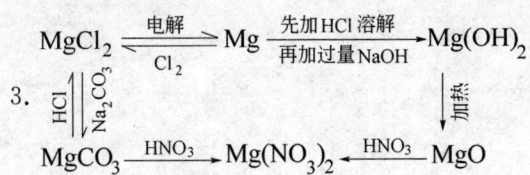

4. Li_2CO_3；Li_3PO_4

三、单选题

1.C　　2.C　　3.C　　4.D　　5.A　　6.C　　7.D　　8.B　　9.B　　10.B

第十一章 p区元素 ▷▷▷▷

思考题

1.为什么氢氟酸是弱酸($K_a^{\ominus}=6.61\times10^{-4}$)？

2.日光照射氯水,会发生什么现象？氯水应该如何保存？写出有关化学反应方程式。

3.如何从氨分子的结构说明氨有加合作用。

4.为什么碳和硅同属第ⅣA族元素,碳的化合物有几百万种,而硅的化合物种类远不及碳的化合物那样多？为什么硅易形成$-Si-O-Si-O-$链的大量化合物？

5.为什么硼族元素都是缺电子原子？

思考题参考答案

1.答:氢氟酸因为具有特别大的键能(H−F 的键能为 $570kJ\cdot mol^{-1}$),以及分子间氢键的形成引起的分子的缔合,使它在水中难以电离,而呈现弱酸性。

2.答:氯水中,氯和水作用生成盐酸和次氯酸。在日光的照射下,次氯酸会缓慢地分解,放出氧气。

$$2HClO=2HCl+O_2 \quad （日光照射会加速分解）$$

氯水应该盛放在棕色瓶中并放在阴凉处保存。

3.答:在氨分子中氮原子采取不等性 sp^3 杂化,分子呈三角锥形。NH_3 分子中 N 原子上有一对孤对电子,氨作为 Lewis 碱,能与许多含有空轨道的离子或分子形成各种形式的加合物。氨能和金属离子形成氨配合物,例如$[Ag(NH_3)_2]^+$ 等。

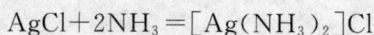

$$AgCl+2NH_3=[Ag(NH_3)_2]Cl$$

4.答:第ⅣA元素有同种原子自相结合成链的特性。成链作用的趋势大小与键能有关,键能越高,成键作用就愈强。C−C 单键的键能比 Si−Si 单键的键能要大得多,因此碳元素能形成数百万种的有机化合物。Si 可以形成不太长的硅链,因此硅的化合物要比碳的化合物少得多。由于 Si−O 键的键能高。硅元素主要靠$-Si-O-Si-O-$链形成大量化合物。

5.答:硼族元素原子有四个价层轨道,为 ns、np_x、np_y、np_z,但只有三个价电子,即价电子数少于价电子层轨道数,故称硼族元素为缺电子原子。

习 题

1.为什么氢氟酸贮存在塑料容器中？

2.能否用浓 H_2SO_4 与溴化钠、碘化钠分别制备溴化氢、碘化氢？为什么？

3.为何碘不溶于水而溶于 KI 溶液？

4.为什么 H_2S 溶液久置变浑浊？

5.过氧化氢在酸性介质中遇重铬酸钾时，何者为氧化剂？为什么？写出反应式。

6.分别写出 Zn 使 HNO_3 还原为 NO_2、NO、N_2O 和 NH_4^+ 的反应式。

7.有四种试剂：Na_2SO_4、Na_2SO_3、$Na_2S_2O_3$、Na_2S，其中标签已脱落，设计一简便方法鉴别它们。

8.如何用马氏试砷法检验 As_2O_3，写出有关反应式。

9.如何配制 $SnCl_2$ 溶液？为何要在配好的溶液中加入少量金属 Sn？

10.硼酸为什么是一元弱酸而不是三元酸？

11.有一种盐 A，溶于水后加入稀盐酸有刺激性气体 B 产生，同时有黄色沉淀 C 析出。气体能使高锰酸钾溶液褪色，通入氯气于 A 溶液中，氯的黄绿色消失，生成溶液 D，D 与可溶性钡盐生成白色沉淀 E，试确定 A、B、C、D、E 各为何物，写出有关的反应方程式。

12.配平并完成下列反应式

(1)$Cl_2 + OH^-$（冷）$\longrightarrow$

(2)$I_2 + Na_2S_2O_3 \longrightarrow$

(3)$CrO_2^- + H_2O_2 + OH^- \longrightarrow$

(4)$I^- + NO_2^- + H^+ \longrightarrow$

(5)$Na_2S_2O_3 + HCl \longrightarrow$

(6)$Al^{3+} + CO_3^{2-} + H_2O \longrightarrow$

(7)$PbO_2 + HCl$（浓）$\longrightarrow$

(8)$Na_2SO_3 + Cl_2 + H_2O \longrightarrow$

(9)$MnO_4^- + SO_3^{2-} + H^+ \longrightarrow$

(10)$Mn^{2+} + Na_2BiO_3(s) + H^+ \longrightarrow$

习题参考答案

1.**答**：SiO_2 是玻璃的主要成分，氢氟酸能与 SiO_2 反应生成气态的 SiF_4。

$$SiO_2 + 4HF = SiF_4 \uparrow + 2H_2O$$

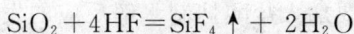

因此，氢氟酸不宜贮存于玻璃器皿中，通常盛于塑料容器里。

2.**答**：不能，因为浓 H_2SO_4 与溴化物、碘化物反应生成的溴化氢、碘化氢具有一定的还原性，它们能与浓 H_2SO_4 继续发生氧化还原反应：

$$2HBr+H_2SO_4(浓)=Br_2+SO_2\uparrow+2H_2O$$
$$8HI+H_2SO_4(浓)=4I_2+H_2S\uparrow+4H_2O$$

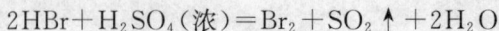

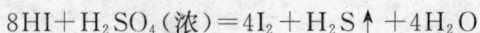

3.答:碘是非极性分子,在水中溶解度很小。I_2 溶于 KI 溶液,这是由于 I_2 和 I^- 形成了溶解度较大的 I_3^- 离子的缘故。

$$I_2+I^-\rightleftharpoons I_3^-$$

4.答:H_2S 溶液具有相当强的还原性,在常温下容易被空气中的 O_2 氧化,析出单质硫,使溶液变浑浊。

$$2H_2S+O_2=2S\downarrow+2H_2O$$

5.答:$K_2Cr_2O_7$ 是氧化剂。$K_2Cr_2O_7$ 与 H_2O_2 在酸性溶液生成 CrO_5,但 CrO_5 在水中不稳定,与 H_2O_2 反应生成 Cr^{3+}。

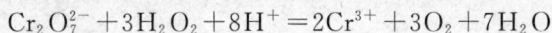

$$Cr_2O_7^{2-}+3H_2O_2+8H^+=2Cr^{3+}+3O_2+7H_2O$$

6.答:

$$Zn+4HNO_3(浓)=Zn(NO_3)_2+2NO_2\uparrow+2H_2O$$

$$3Zn+8HNO_3(稀)=3Zn(NO_3)_2+2NO\uparrow+4H_2O$$

$$4Zn+10HNO_3(稀)=4Zn(NO_3)_2+N_2O\uparrow+5H_2O$$

$$4Zn+10HNO_3(很稀)=4Zn(NO_3)_2+NH_4NO_3+3H_2O$$

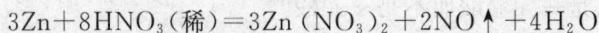

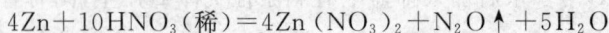

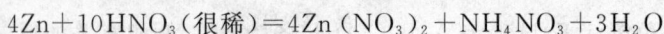

7.答:取少量试样分别与稀 HCl 作用。

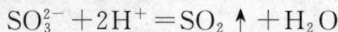

$$SO_3^{2-}+2H^+=SO_2\uparrow+H_2O$$

$$S_2O_3^{2-}+2H^+=S\downarrow+SO_2\uparrow+H_2O$$

$$Na_2S+2H^+=H_2S+2Na^+$$

根据反应现象,可以鉴别这四种试剂。有刺激性 SO_2 产生,可使湿品红试纸变为无色的为 Na_2SO_3;有刺激性 SO_2 产生,并有硫黄沉淀使溶液变浑浊的为 NaS_2O_3;有臭鸡蛋味 H_2S 气体产生,可使湿的 $Pb(AC)_2$ 试纸变黑的为 Na_2S;没有反应现象的为 Na_2SO_4。

8.答:马氏试砷法是检验砷的灵敏方法。将锌、稀酸和试样混在一起,反应生成的气体导入热玻璃管中。如试样中有 As_2O_3 则因氢气的还原而生成砷,砷在玻璃管的受热部位分解,砷积聚而成亮黑色的"砷镜"。有关反应如下:

$$As_2O_3+6Zn+12H^+=2AsH_3\uparrow+6Zn^{2+}+3H_2O$$

$$2AsH_3\xrightarrow{\triangle}2As+3H_2$$

9.答:$SnCl_2$ 易水解生成碱式盐沉淀:

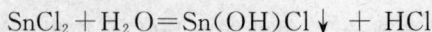

$$SnCl_2+H_2O=Sn(OH)Cl\downarrow+HCl$$

在配制 $SnCl_2$ 溶液时,需要加入盐酸抑制水解反应的发生。另外,$SnCl_2$ 有较强的还原性,可被空气中的氧气氧化,所以 $SnCl_2$ 溶液中须加入锡粒,防止其氧化。

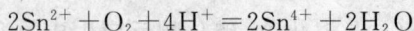

$$2Sn^{2+}+O_2+4H^+=2Sn^{4+}+2H_2O$$

$$Sn+Sn^{4+}=2Sn^{2+}$$

加入锡粒后可保持 $SnCl_2$ 溶液长期放置,不会变成 Sn^{4+} 而失效。

10.答:硼酸是一元酸,但硼酸的酸性并不是它本身能给出质子,而是由于硼酸是一个缺电子化合物。硼原子能作为电子对接受体,加合 H_2O 分子中的 OH^-,释放出一个 H^+ 离子。

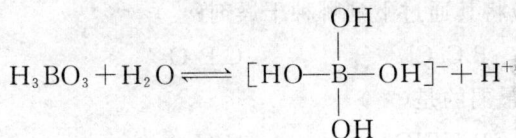

$$H_3BO_3 + H_2O \rightleftharpoons [HO-B-OH]^- + H^+$$

由于硼原子的最高配位数是 4,所以 H_3BO_3 只能接受一个 OH^-,另外水的电离很弱,因此 H_3BO_3 是一元弱酸而不是三元酸。

11.答:A 为 $Na_2S_2O_3$,B 为 SO_2,C 为 S,D 为 Na_2SO_4,E 为 $BaSO_4$。

反应方程式如下:

$$Na_2S_2O_3 + 2HCl = 2NaCl + SO_2\uparrow + H_2O + S\downarrow(黄)$$

$$Na_2S_2O_3 + 4Cl_2 + 5H_2O = Na_2SO_4 + H_2SO_4 + 8HCl\uparrow$$

$$Na_2SO_4 + BaCl_2 = 2NaCl + BaSO_4\downarrow(白)$$

12.配平并完成下列反应式

(1)$Cl_2 + 2OH^-(冷) = Cl^- + ClO^- + H_2O$

(2)$2Na_2S_2O_3 + I_2 = Na_2S_4O_6 + 2NaI$

(3)$2CrO_2^- + 3H_2O_2 + 2OH^- = 2CrO_4^{2-} + 4H_2O$

(4)$2I^- + 2NO_2^- + 4H^+ = I_2 + 2NO + 2H_2O$

(5)$Na_2S_2O_3 + 2HCl = 2NaCl + S\downarrow + SO_2\uparrow + H_2O$

(6)$2Al^{3+} + 3CO_3^{2-} + 3H_2O = 2Al(OH)_3\downarrow + 3CO_2\uparrow$

(7)$PbO_2 + 4HCl = PbCl_2 + 2H_2O + Cl_2\uparrow$

(8)$Na_2SO_3 + Cl_2 + H_2O = Na_2SO_4 + 2HCl$

(9)$2MnO_4^- + 5SO_3^{2-} + 6H^+ = 2Mn^{2+} + 5SO_4^{2-} + 3H_2O$

(10)$2Mn^{2+} + 5NaBiO_3(s) + 14H^+ = 2MnO_4^- + 5Bi^{3+} + 5Na^+ + 7H_2O$

自我测试题

一、单选题

1.加热能生成少量氯气的一组物质是(　)

　A.NaCl 和 H_2SO_4　　　　　　　B.浓 HCl 和固体 $KMnO_4$

　C.HCl 和 Br　　　　　　　　　D.NaCl 和 MnO_2

2.稀有气体 Xe 能与(　)元素形成化合物

　A.钠　　　　　B.氦　　　　　　C.溴　　　　　D.氟

3.元素硒与下列哪种元素的性质相似(　　)

A.氧　　　　　　　B.氮　　　　　　　C.硫　　　　　　　D.硅

4.在 HNO_3 介质中,欲使 Mn^{2+} 氧化成 MnO_4^-,可加哪种氧化剂(　　)

A.$KClO_3$　　　　B.H_2O_2　　　　C.王水　　　　D.$(NH_4)_2S_2O_8$

5.要使氨气干燥,应将其通过下列哪种干燥剂(　　)

A.浓 H_2SO_4　　　B.$CaCl_2$　　　　C.P_2O_5　　　　D.$NaOH$

6.下列物质中酸性最弱的是(　　)

A.H_3PO_4　　　　B.$HClO_4$　　　　C.H_3AsO_4　　　　D.H_3AsO_3

7.下列物质中热稳定性最好的是(　　)

A.$Mg(HCO_3)_2$　　B.$MgCO_3$　　　C.H_2CO_3　　　D.$SrCO_3$

8.下列物质中存在分子内氢键的是(　　)

A.NH_3　　　　　B.C_2H_4　　　　C.H_2　　　　D.HNO_3

9.p 区元素性质特征变化规律最明显的是(　　)

A.ⅣA　　　　　　B.ⅤA　　　　　　C.ⅥA　　　　　　D.ⅦA

10.碘易升华的原因是(　　)

A.分子间作用力大,蒸气压高　　　　　　B.分子间作用力小,蒸气压高

C.分子间作用力大,蒸气压低　　　　　　D.分子间作用力小,蒸气压低

二、填空题

1.H_3BO_3 是_____元酸,它与水反应的方程式是_____。

2.B_2H_6 分子中存在着_____,它是一种_____化合物。

3.H_3BO_3、HNO_2、HNO_3、H_3AlO_3 的酸性由弱到强的顺序是_____。

4.$SiCl_4$ 在潮湿空气中由于_____而产生浓雾,其反应式为_____。

三、简答题

1.四支试管分别盛有 HCl、HBr、HI、H_2SO_4 溶液,如何鉴别?

2.现有五瓶无色溶液,分别是 Na_2S、Na_2SO_3、$Na_2S_2O_3$、Na_2SO_4、$Na_2S_2O_8$,试加以确认并写出有关的反应方程式。

3.为什么 CCl_4 遇水不水解,而 $SiCl_4$、BCl_3、NCl_3 却易水解。

4.硅单质有类似于金刚石的结构,但其熔点、硬度却比金刚石差得多,请解释原因。

5.如何配制 $SnCl_2$ 溶液,并加以解释。

自我测试题参考答案

一、单选题

1.B　　2.D　　3.C　　4.D　　5.D　　6.D　　7.D　　8.D　　9.D　　10.B

二、填空题

1.一；$H_3BO_3 + H_2O \rightleftharpoons [B(OH)_4]^- + H^+$

2.三中心二电子键；共价

3.$H_3AlO_3 < H_3BO_3 < HNO_2 < HNO_3$

4.水解；$SiCl_4 + 3H_2O = H_2SiO_3 + 4HCl$

三、简答题

1.**答**：向四支试管中分别加入少许 CCl_4 和 $KMnO_4$，CCl_4 层变黄或橙色的是 HBr；CCl_4 层变紫的是 HI；CCl_4 层不变色，但 $KMnO_4$ 褪色或颜色变浅的是 HCl；无明显变化的是 H_2SO_4。

2.**答**：分别取少量溶液加入稀盐酸，产生的气体能使 $Pb(Ac)_2$ 试纸变黑的溶液为 Na_2S；产生有刺激性气体，但不使 $Pb(Ac)_2$ 试纸变黑的是 Na_2SO_3；产生刺激性气体，同时有乳白色沉淀生成的溶液是 $Na_2S_2O_3$；无任何变化的则是 Na_2SO_4 和 $Na_2S_2O_8$。将 Na_2SO_4 和 $Na_2S_2O_8$ 两种溶液酸化加 KI 溶液，有 I_2 生成的是 $Na_2S_2O_8$ 溶液，另一溶液为 Na_2SO_4。

有关反应方程式：$S^{2+} + 2H^+ \rightarrow H_2S$；$H_2S + Pb^{2+} \rightarrow PbS(黑) + 2H^+$；$SO_3^{2-} + 2H^+ \rightarrow SO_2 + H_2O$；$S_2O_3^{2-} + 2H^+ \rightarrow SO_2 + S + H_2O$；$S_2O_3^{2-} + 2I^- \rightarrow 2SO_4^{2-} + I_2$

3.**答**：C 为第二周期元素，只有 $2s2p$ 轨道可以成键，最大配位数为 4，CCl_4 无空轨道可以接受水的配位，因而不水解。S 为第三周期元素，形成 $SiCl_4$ 后还有空的 $3d$ 轨道，d 轨道接受水分子中氧原子的孤对电子，形成配位键而发生水解，BCl_3 分子中 B 虽无空的价层 d 轨道，但 B 有空的 p 轨道，可以接受电子对因而易水解，NCl_3 无空的 d 轨道或空的 p 轨道，但分子中 N 原子尚有孤对电子可以向水分子中氢配位而发生水解。

4.**答**：Si 和 C 单质都可采取 sp^3 杂化形成金刚石型结构，但 Si 的半径比 C 大得多，因此 Si—Si 键较弱，键能低，使单质硅的熔点、硬度比金刚石低得多。

5.**答**：因为 $SnCl_2$ 极易水解，$SnCl_2 + H_2O = Sn(OH)Cl\downarrow + HCl$；向一定量的含两个结晶水的氯化亚锡加入浓盐酸，加热至澄清，然后加水稀释到所需浓度。如果长期保存还需要加入锡粒来防止亚锡被氧化。$2Sn^{2+} + O_2 + 4H^+ = 2Sn^{4+} + 2H_2O$，$Sn^{4+} + Sn = 2Sn^{2+}$。

第十二章　*d*区元素 ▷▷▷▷

思考题

1.*d* 区元素的金属离子会出现价态的变化与原子结构有什么关系？

2.为什么金属离子的水合离子都具有一定的颜色？

3.矿物药通常如何分类？

思考题参考答案

1.**答**:①最后一个电子填充在 *d* 轨道上的元素为 *d* 区元素,价电子层构型为$(n-1)d^{1\sim9}ns^{1\sim2}$(钯例外),包括ⅢB～ⅧB族元素。*d* 区元素外层 *s* 电子与次外层 *d* 电子能级接近,因此除了最外层 *s* 电子参与成键外,*d* 电子也可以部分或全部参与成键,形成多种氧化值,所以容易变价。

2.**答**:*d* 区元素的化合物或离子普遍具有颜色,就第一过渡系元素的水合离子来说,除 *d* 电子数为零的 Sc^{3+}、Ti^{4+} 外,均具有颜色。这些水合离子的颜色同它们的 *d* 轨道未成对电子在晶体场作用下发生跃迁有关。

3.**答**:化学学科按矿物药的主要阳离子种类划分为汞化合物类、铜化合物类、铁化合物类、砷化合物类、铅化合物类、钙化合物类、硅化合物类、铝化合物类、钠化合物类、化石类等。按矿物药的功能分为清热解毒药、利水通淋药、理血药、潜阳安神药、补阳止泻药、消积药、涌吐药、外用药等,或按来源不同、加工方法及所用原料性质不同,将矿物药分为原矿物药、矿物制品药、矿物药制剂三类。

习　题

1.配平并完成下列反应式

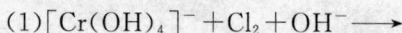

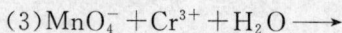

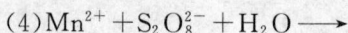

(1)$[Cr(OH)_4]^- + Cl_2 + OH^- \longrightarrow$

(2)$MnO_4^- + Mn^{2+} \longrightarrow$

(3)$MnO_4^- + Cr^{3+} + H_2O \longrightarrow$

(4)$Mn^{2+} + S_2O_8^{2-} + H_2O \longrightarrow$

(5)$Fe^{2+} + H_2O_2 \longrightarrow$

(6)$Co(OH)_3 + HCl \longrightarrow$

(7)$[Co(NH_3)_6]^{2+} + O_2 + H_2O \longrightarrow$

(8)$Ni_2O_3 + HCl \longrightarrow$

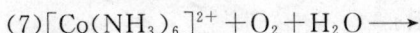

2.写出以软锰矿为原料制备高锰酸钾各步反应的方程式。

3.铬的某化合物 A 是一橙红色溶于水的固体,将 A 用浓 HCl 处理产生黄绿色刺激性气体 B 和暗绿色溶液 C。在 C 中加入 KOH 溶液,先生成灰蓝色沉淀 D,继续加入过量 KOH 溶液则沉淀消失,变为绿色溶液 E。在 E 中加入 H_2O_2,加热则生成黄色溶液 F,F 用稀酸酸化,又变为原来的化合物 A 的溶液。问:A、B、C、D、E、F 各是什么物质?写出每步变化的反应式。

4.在 Fe^{2+}、Co^{2+}、Ni^{2+} 盐的溶液中,分别加入 NaOH 溶液,在空气中放置后,各得到什么产物?写出相关的反应式。

5.选择适当试剂,完成下列各步变化过程,并写出每一步的反应方程式。

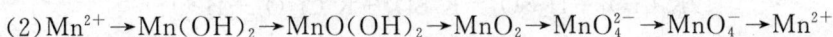

(1)$Cr^{3+} \rightarrow Cr(OH)_3 \rightarrow Cr(OH)_4^- \rightarrow CrO_4^{2-} \rightarrow Cr_2O_7^{2-} \rightarrow Cr^{3+}$

(2)$Mn^{2+} \rightarrow Mn(OH)_2 \rightarrow MnO(OH)_2 \rightarrow MnO_2 \rightarrow MnO_4^{2-} \rightarrow MnO_4^- \rightarrow Mn^{2+}$

6.配合物 $Ni(CO)_4$ 和 $[Ni(CN)_4]^{2-}$ 具有不同的结构,但两者都是反磁性的,试用价键理论解释。

7.有一种含结晶水的淡绿色晶体,将其配成溶液,若加入 $BaCl_2$ 溶液,则产生不溶于酸的白色沉淀;若加入 NaOH 溶液,则生成白色胶状沉淀并很快变成红棕色,再加入盐酸,此沉淀又溶解,滴入硫氰化钾溶液显血红色。问:该晶体是什么物质?写出有关的化学反应式。

8.在 $K_2Cr_2O_7$ 的饱和溶液中加入浓 H_2SO_4,并加热到 200℃时,发现溶液的颜色为蓝绿色,经检查反应开始时溶液中并无任何还原剂存在,试说明上述变化的原因。

9.在 $MnCl_2$ 溶液中加入适量的硝酸,再加入 $NaBiO_3(s)$,溶液中出现紫红色后又消失,试说明原因,写出有关的反应方程式。

10.某粉红色晶体溶于水,其水溶液 A 也呈粉红色。向 A 中加入少量 NaOH 溶液,生成蓝色沉淀,当 NaOH 溶液过量时,则得到粉红色沉淀 B。再加入 H_2O_2 溶液,得到棕色沉淀 C,C 与过量浓盐酸反应生成蓝色溶液 D 和黄绿色气体 E。将 D 用水稀释又变为溶液 A。A 中加入 KSCN 晶体和丙酮后得到天蓝色溶液 F。试确定各字母所代表的物质,写出有关反应的方程式。

习题参考答案

1.配平并完成下列反应式

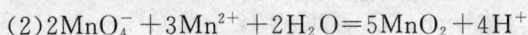

(1)$2[Cr(OH)_4]^- + 3Cl_2 + 8OH^- = 2CrO_4^{2-} + 6Cl^- + 8H_2O$

(2)$2MnO_4^- + 3Mn^{2+} + 2H_2O = 5MnO_2 + 4H^+$

(3) $6MnO_4^- + 10Cr^{3+} + 11H_2O = 6Mn^{2+} + 5Cr_2O_7^{2-} + 22H^+$

(4) $2Mn^{2+} + 5S_2O_8^{2-} + 8H_2O = 16H^+ + 10SO_4^{2-} + 2MnO_4^-$

(5) $2Fe^{2+} + H_2O_2 + 2H^+ = 2Fe^{3+} + 2H_2O$

(6) $2Co(OH)_3 + 6HCl = 2CoCl_2 + Cl_2\uparrow + 6H_2O$

(7) $4[Co(NH_3)_6]^{2+} + O_2 + 2H_2O = 4[Co(NH_3)_6]^{3+} + 4OH^-$

(8) $Ni_2O_3 + 6HCl = 2NiCl_2 + Cl_2\uparrow + 3H_2O$

2.答:
$$3MnO_2 + 6KOH + KClO_3 \xrightarrow{熔融} 3K_2MnO_4 + 3H_2O + KCl$$
$$3K_2MnO_4 + 2CO_2 = 2KMnO_4 + MnO_2 + 2K_2CO_3$$

3.答: A.$K_2Cr_2O_7$　B.Cl_2　C.$CrCl_3$　D.$Cr(OH)_3$　E.$KCrO_2$　F.K_2CrO_4
$$K_2Cr_2O_7 + 14HCl = 3Cl_2\uparrow + 2CrCl_3 + 2KCl + 7H_2O$$
$$CrCl_3 + 3KOH = Cr(OH)_3\downarrow + 3KCl$$
$$Cr(OH)_3 + KOH = KCrO_2 + 2H_2O$$
$$2KCrO_2 + 3H_2O_2 + 2KOH = 2K_2CrO_4 + 4H_2O$$
$$2K_2CrO_4 + H_2SO_4 = K_2SO_4 + K_2Cr_2O_7 + H_2O$$

4.答:
$$Fe^{2+} + 2OH^- = Fe(OH)_2\downarrow(白色)$$
$$4Fe(OH)_2 + O_2 + 2H_2O = 4Fe(OH)_3\downarrow(红棕色)$$
$$Co^{2+} + 2OH^- = Co(OH)_2(粉红色)$$
$$4Co(OH)_2 + O_2 + 2H_2O = 4Co(OH)_3(棕褐色)$$
$$Ni^{2+} + 2OH^- = Ni(OH)_2\downarrow(苹果绿色)$$

5.答:(略)

6.答: $Ni(CO)_4$ 中,Ni 的电子构型是 $3d^{10}$,Ni 原子采取 sp^3 杂化,$Ni(CO)_4$ 呈正四面体构型,所以 Ni 原子中不存在单电子,其配合物呈反磁性;$[Ni(CN)_4]^{2-}$ 中,Ni^{2+} 的电子构型是 $3d^8$,Ni^{2+} 离子采取 dsp^2 杂化,$[Ni(CN)_4]^{2-}$ 呈平面四方形,所以 Ni^{2+} 离子中也不存在单电子,其配离子也呈反磁性。

7.答: 此淡绿色晶体为 $FeSO_4 \cdot 7H_2O$,有关的化学反应式为:
$$FeSO_4 + BaCl_2 = BaSO_4\downarrow + FeCl_2$$
$$FeSO_4 + 2NaOH = Na_2SO_4 + Fe(OH)_2\downarrow$$
$$4Fe(OH)_2 + O_2 + 2H_2O = 4Fe(OH)_3$$
$$Fe(OH)_3 + 3HCl = FeCl_3 + 3H_2O$$
$$FeCl_3 + 3KSCN = 3KCl + [Fe(SCN)_3]$$

8.答: $K_2Cr_2O_7$ 与浓 H_2SO_4 作用生成 CrO_3,而 CrO_3 受热超过其熔点(196℃)时即分解为 Cr_2O_3 和 O_2,Cr_2O_3 又与 H_2SO_4 作用生成 Cr^{3+},Cr^{3+} 的水合离子呈蓝绿色,主要反应为:
$$K_2Cr_2O_7 + H_2SO_4(浓) = K_2SO_4 + 2CrO_3\downarrow + H_2O$$

$$4CrO_3 \xrightarrow{\triangle} 2Cr_2O_3 + 3O_2 \uparrow$$
$$Cr_2O_3 + 3H_2SO_4 = Cr_2(SO_4)_3 + 3H_2O$$

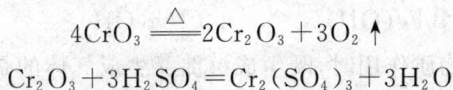

9.答:在酸性溶液中，$NaBiO_3$ 可以将 Mn^{2+} 氧化成紫红色的 MnO_4^- 离子。当溶液中有 Cl^- 存在时，MnO_4^- 可被 Cl^- 还原为 Mn^{2+}，所以紫红色又消失。有关的反应如下：

$$5NaBiO_3 + 2Mn^{2+} + 14H^+ = 5Na^+ + 5Bi^{3+} + 2MnO_4^- + 7H_2O$$
$$2MnO_4^- + 10Cl^- + 16H^+ = 2Mn^{2+} + 5Cl_2 + 8H_2O$$

10.答：A 为 Co^{2+}，B 为 $Co(OH)_2$，C 为 $Co(OH)_3$，D 为 $[CoCl_4]^{2-}$，E 为 Cl_2，F 为 $[Co(SCN)_4]^{2-}$。

$$Co^{2+} + 2OH^- = Co(OH)_2$$
$$2Co(OH)_2 + H_2O_2 = 2Co(OH)_3$$
$$2Co(OH)_3 + 10HCl = 2H_2[CoCl_4] + Cl_2 + 6H_2O$$
$$[CoCl_4]^{2-} = Co^{2+} + 4Cl^-$$
$$Co^{2+} + 4SCN^- \xrightarrow{\text{丙酮}} [Co(SCN)_4]^{2-}$$

自我测试题

一、填空题

1.向 CrO_2^- 溶液中逐滴加入盐酸，先生成灰蓝色沉淀，其反应式为_____，最后沉淀溶解，其反应式为_____。

2.在 $FeCl_3$ 溶液中加入足量的 NaF 后，又加入 KI 溶液时，_____ I_2 生成，这是由于_____。

3.$KMnO_4$ 在酸性和碱性介质中，其还原产物分别是_____，_____。

4.下列离子或化合物具有何种颜色：
$[Fe(H_2O)_6]^{3+}$ _____，CrO_5（乙醚中）_____，$CoCl_2$ _____，$[Ti(H_2O)_6]^{3+}$ _____。

5.在配制 $FeSO_4$ 溶液时，需要加入_____、_____，其目的是_____。

二、单选题

1.+3 价铬在过量强碱溶液中的存在形式是（　）
A.$Cr(OH)_3$　　　　B.CrO_2^-　　　　C.Cr^{3+}　　　　D.CrO_4^{2-}

2.向 $MgCl_2$ 溶液中加入 Na_2CO_3 溶液，生成的产物之一为（　）
A.$MgCO_3$　　　B.$Mg(OH)_2$　　　C.$Mg_2(OH)_2CO_3$　　D.$Mg(HCO_3)_2$

3.$K_2Cr_2O_7$ 溶液与下列物质反应没有沉淀生成的是（　）
A.H_2S　　　　B.KI　　　　C.H_2O_2　　　　D.$AgNO_3$

4.下列氢氧化物中具有两性的是（　）

　　A.Cr(OH)₃　　　　B.Fe(OH)₃　　　　　C.Ni(OH)₂　　　　　D.Mn(OH)₂

5.CrCl₃ 溶液与下列物质作用时,既生成沉淀又生成气体的是(　　)

　　A.NH₃·H₂O　　　B.NaOH　　　　　C.Na₂CO₃　　　　D.锌粉

6.能使酸性 KMnO₄ 溶液褪色的试剂有(　　)

　　A.Fe(NO₃)₃　　　B.NaNO₂　　　　C.Na₂CO₃　　　　D.Na₂SO₄

7.下列氢氧化物溶于浓 HCl 的反应不仅仅是酸碱反应的是(　　)

　　A.Fe(OH)₃　　　B.Cr(OH)₃　　　　C.Mn(OH)₂　　　D.Co(OH)₃

8.下列试剂中,不能与 FeCl₃ 溶液反应的是(　　)

　　A.Fe　　　　　B.Cu　　　　　　C.KI　　　　　D.SnCl₄

9.在 Cr 的下列物种中,还原性最差的是(　　)

　　A.Cr²⁺　　　　B.Cr³⁺　　　　　C.Cr(OH)₃　　　D.[Cr(OH)₄]⁻

10.锰的下列物种中,在酸性溶液中发生歧化反应的是(　　)

　　A.Mn³⁺　　　　B.MnO₂　　　　　C.MnO₄⁻　　　　D.Mn²⁺

三、简答题

1.为什么重铬酸钾溶液中加入 Ba²⁺ 离子得到铬酸盐沉淀。

2.解释下列实验现象,并写出各步的反应式。

　　(1)向含有 Fe²⁺ 的溶液中加入 NaOH 溶液后生成白色沉淀,并逐渐变为棕红色。

　　(2)过滤后,沉淀用盐酸处理,溶液呈黄色。

　　(3)向黄色溶液中加几滴 KSCN 溶液,又变为血红色。

　　(4)向红色溶液中加入少量 Fe 粉,红色消失。

3.已知:O₂＋4H⁺＋4e⁻⇌2H₂O　　　　$E^{\ominus}=1.23V$

　　　　Mn²⁺＋2e⁻⇌Mn　　　　　　$E^{\ominus}=-1.18V$

　　　　Co³⁺＋e⁻⇌Co²⁺　　　　　　$E^{\ominus}=1.81V$

根据上述标准电极电势,判断下列各个物质 Mn²⁺、Mn、Co³⁺、Co²⁺ 分别置于 pH＝0 的水溶液时能否稳定存在? 不能稳定存在的,则写出有关反应式。

自我测试题参考答案

一、填空题

1.CrO₂⁻＋H₃O⁺＝Cr(OH)₃;Cr(OH)₃＋3H⁺＝Cr³⁺＋3H₂O

2.无;F⁻ 离子与 Fe³⁺ 形成配离子,降低了 Fe³⁺ 氧化性

3.Mn²⁺;MnO₄²⁻

4.黄色;蓝色;蓝色;紫色

5.稀硫酸;铁粉(屑);防止亚铁离子水解和被氧化

二、单选题

1.B　2.C　3.C　4.A　5.C　6.B　7.D　8.D　9.B　10.A

三、问答题

1.答:重铬酸钾溶液中存在以下平衡:

$$2CrO_4^{2-} + 2H^+ \rightleftharpoons Cr_2O_7^{2-} + H_2O$$

生成的两种阴离子都可能与 Ba^{2+} 生成相应的盐,但因为 $BaCrO_4$(黄色)为难溶盐,而重铬酸盐较易溶解,所以 $K_2Cr_2O_7$ 溶液中加 Ba^{2+} 时生成相应的铬酸盐沉淀。

2.答:(1)$Fe^{2+} + 2OH^- = Fe(OH)_2(s)$,$4Fe(OH)_2 + O_2 + 2H_2O = 4Fe(OH)_3$

(2)$Fe(OH)_3 + 3HCl = FeCl_3 + 3H_2O$

(3)$Fe^{3+} + nSCN^- \rightleftharpoons [Fe(SCN)_n]^{3-n}$

(4)$2Fe^{3+} + Fe = 3Fe^{2+}$

　　$[Fe(SCN)_n]^{3-n} \rightleftharpoons Fe^{3+} + nSCN^-$

3.答:根据标准电极电势判断 Mn、Co^{3+} 不能稳定存在。他们在 pH=0 的水溶液中分别发生下列反应:

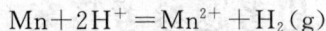

$$Mn + 2H^+ = Mn^{2+} + H_2(g)$$

$$4Co^{3+} + 2H_2O = 4Co^{2+} + 4H^+ + O_2(g)$$

第十三章 *ds*区元素 ▷▷▷▷

思考题

1.如何排列铜族和锌族这六种金属的活泼性顺序?

2.在溶液中,Cu^{2+} 和 Cu^+ 哪种稳定?

3.Cu^+、Ag^+、Zn^{2+}、Cd^{2+}、Hg^{2+} 的配合物多是白色,为什么?

4.为什么氯化亚汞分子式要写成 Hg_2Cl_2 而不能写成 $HgCl$?

5.铜和汞都有正一价,但是它们在水溶液中的稳定性却相反。您能给出正确的解释吗?

思考题参考答案

1.答:$Zn>Cd>Cu>Hg>Ag>Au$,由于 18e 构型对核的屏蔽效应比 8e 构型的小得多,使铜、锌族元素原子的有效电荷较大,对最外层 s 电子的吸引力强,所以其原子半径、离子半径比较小,电离能高和密度大,金属的活泼性远不如碱金属和碱土金属,铜族与锌族相比,锌族元素比同周期的铜族元素活泼,自上到下金属的活泼性依次降低,这是因为 ds 区自上而下原子半径增大不多,有效核电荷增大明显(屏蔽小),有效核电荷对价电子吸引力增大的缘故。

2.答:在水溶液中 Cu^{2+} 比 Cu^+ 更稳定。从铜的电极电势图也可看出:

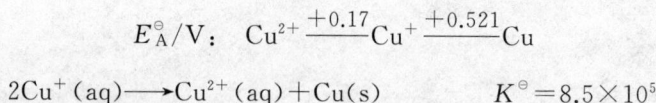

$$E_A^\ominus/V: \quad Cu^{2+} \xrightarrow{+0.17} Cu^+ \xrightarrow{+0.521} Cu$$

$$2Cu^+(aq) \longrightarrow Cu^{2+}(aq) + Cu(s) \qquad K^\ominus = 8.5 \times 10^5$$

Cu^+ 在水溶液中很不稳定,很快歧化。

3.答:离子显色情况与其电子层结构有关,除了 Au^{3+}、Cu^{2+} 是 d^8、d^9 结构外,余者均为 d^{10} 饱和结构,d^8、d^9 这种高氧化值的离子由于具有不饱和 d 电子结构,其中 d 电子易在可见光照射下,发生 d-d 跃迁,所以它们的化合物有颜色。d^{10} 饱和结构是不可能发生的。

4.答:Hg 原子电子构型为 $5d^{10}6s^2$,若氯化亚汞分子式写成 $HgCl$,则意味着在氯化亚汞的分子中,汞还存在着一个未成对电子,这是一种很难存在的不稳定构型;另外,它是反磁性的,这与 $5d^{10}6s^2$ 的电子构型相矛盾。因此,写成 $Cl-Hg-Hg-Cl$ 才与分子磁性一致,实验证明其中亚汞离子是 $(Hg-Hg)^{2+}$,而不是 Hg^+。

5.答:从下面的平衡

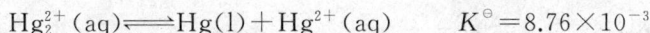

$$2Cu^+ \rightleftharpoons Cu^{2+} + Cu \qquad K^{\ominus} = 8.5 \times 10^5$$

$$Hg_2^{2+}(aq) \rightleftharpoons Hg(l) + Hg^{2+}(aq) \qquad K^{\ominus} = 8.76 \times 10^{-3}$$

可以得到提示:在水溶液中稳定 Cu(Ⅰ)要用到沉淀剂或配合剂,而在第二个反应中,却要用到沉淀剂或配合剂去稳定 Hg^{2+}。

习 题

1.完成并配平下列反应式。

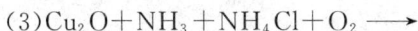

(1)$Cu^+ + NaOH \longrightarrow$

(2)$Cu^{2+} + NaOH(浓) \longrightarrow$

(3)$Cu_2O + NH_3 + NH_4Cl + O_2 \longrightarrow$

(4)$Ag^+ + OH^- \longrightarrow$

(5)$Hg^{2+} + OH^- \longrightarrow$

(6)$Hg_2^{2+} + OH^- \longrightarrow$

(7)$Cu_2O + HCl \longrightarrow$

(8)$Cu_2O + H_2SO_4 \longrightarrow$

(9)$Ag_2O + H_2SO_4(稀) \longrightarrow$

(10)$Ag_2O + HCl \longrightarrow$

(11)氯化铜溶液与亚硫酸氢钠溶液混合后微热。

(12)向硫酸铜溶液中加入氰化钠溶液。

(13)氯化亚铜暴露于空气中。

(14)Cu_2O 溶于热的浓硫酸。

(15)向 $[Ag(S_2O_3)_2]^{3-}$ 溶液中通入氯气。

(16)向升汞溶液中逐滴加氯化亚锡溶液。

(17)用氨水处理甘汞。

(18)分别用文火与武火加热硝酸汞。

(19)用氰化法从矿砂中提取金。

(20)向硝酸亚汞溶液中加碘化钾至过量。

2.用化学反应解释下列事实。

(1)铜器在潮湿的空气中会慢慢生成一层铜绿。

(2)将 $CuCl_2$ 浓溶液加水稀释时,溶液的颜色由黄色经绿色变为蓝色。

(3)$AgNO_3$ 溶液或固体通常应储存在棕色的瓶子中。

(4)加热 $CuCl_2 \cdot 2H_2O$ 得不到无水 $CuCl_2$。

(5)HgS 能溶于王水或 Na_2S 溶液,但不溶于 HCl、HNO_3 及 $(NH_4)_2S$ 溶液中。

(6)Hg_2Cl_2 为利尿剂,但有时服用含它的药物会发生中毒。

(7)用简单方法将下列混合物分离:

      ① Hg_2Cl_2 与 $HgCl_2$

      ② $Cu(NO_3)_2$ 与 $AgNO_3$

      ③ CuS 与 HgS

3.铁能使 Cu^{2+} 还原,铜又能使 Fe^{3+} 还原,这两个事实有无矛盾?试说明理由。

4.试从原子结构方面比较说明铜族元素与碱金属、锌族元素与碱土金属在化学性质上的差异性。

5.黑色化合物 A 不溶于水,溶于浓盐酸获得黄色溶液 B,用水稀释 B 溶液则变成蓝色 C,向 C 中加入碘化钾溶液则有黄色沉淀 D 生成,若加入过量的 $Na_2S_2O_3$ 溶液后沉淀转为白色,说明有 E 存在。E 继续溶于过量的 $Na_2S_2O_3$ 得无色溶液 F。若向 B 溶液中通入二氧化硫后加水稀释得白色沉淀 G,G 溶于氨水得无色溶液但很快转化为深蓝色溶液 H,请给出 A、B、C、D、E、F、G、H 所代表的化合物或离子。

6.有一种固体可能含有 $AgNO_3$、CuS、$ZnCl_2$、$KMnO_4$ 和 Na_2SO_4,固体加入水中,并用几滴盐酸酸化,有白色沉淀 A 生成,滤液 B 是无色的。A 能溶于氨水。B 分成两份:一份加入少量 $NaOH$ 时有白色沉淀生成,再加入过量 $NaOH$ 溶液,沉淀溶解;另一份加入少量氨水时有白色沉淀生成,再加入过量氨水沉淀溶解。根据上述现象,指出哪些化合物肯定存在?哪些化合物肯定不存在?哪些化合物可能存在?

7.利用 $K_{稳}^{\ominus}$ 并通过计算说明下列反应进行的方向(各离子浓度相同)

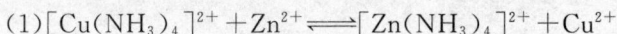

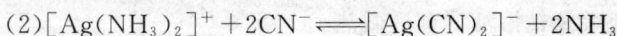

(1)$[Cu(NH_3)_4]^{2+}+Zn^{2+}\rightleftharpoons[Zn(NH_3)_4]^{2+}+Cu^{2+}$

(2)$[Ag(NH_3)_2]^++2CN^-\rightleftharpoons[Ag(CN)_2]^-+2NH_3$

(3)$[HgI_4]^{2-}+4Cl^-\rightleftharpoons[HgCl_4]^{2-}+4I^-$

习题参考答案

1.配平并完成下列反应

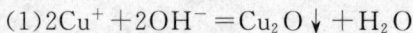

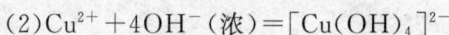

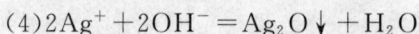

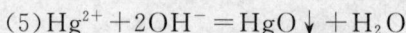

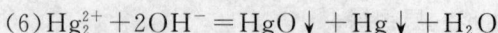

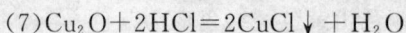

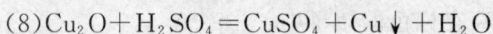

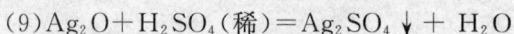

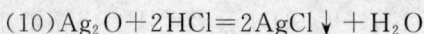

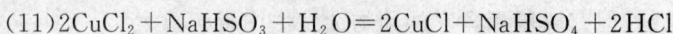

(1)$2Cu^++2OH^-=Cu_2O\downarrow+H_2O$

(2)$Cu^{2+}+4OH^-(浓)=[Cu(OH)_4]^{2-}$

(3)$2Cu_2O+8NH_3+8NH_4^++O_2=4[Cu(NH_3)_4]^{2+}+4H_2O$

(4)$2Ag^++2OH^-=Ag_2O\downarrow+H_2O$

(5)$Hg^{2+}+2OH^-=HgO\downarrow+H_2O$

(6)$Hg_2^{2+}+2OH^-=HgO\downarrow+Hg\downarrow+H_2O$

(7)$Cu_2O+2HCl=2CuCl\downarrow+H_2O$

(8)$Cu_2O+H_2SO_4=CuSO_4+Cu\downarrow+H_2O$

(9)$Ag_2O+H_2SO_4(稀)=Ag_2SO_4\downarrow+H_2O$

(10)$Ag_2O+2HCl=2AgCl\downarrow+H_2O$

(11)$2CuCl_2+NaHSO_3+H_2O=2CuCl+NaHSO_4+2HCl$

(12) $2Cu^{2+}+4CN^-=2CuCN+(CN)_2\uparrow$

$\quad\quad CuCN+CN^-=[Cu(CN)_2]^-$

(13) $4CuCl+O_2=2CuCl_2+2CuO$

(14) $Cu_2O+3H_2SO_4(浓)\xrightarrow{\triangle}2CuSO_4+SO_2\uparrow+3H_2O$

(15) $[Ag(S_2O_3)_2]^{3-}+8Cl_2+10H_2O=AgCl+15Cl^-+4SO_4^{2-}+20H^+$

(16) $2HgCl_2+SnCl_2=Hg_2Cl_2\downarrow+SnCl_4$

$\quad\quad Hg_2Cl_2+SnCl_2=2Hg\downarrow+SnCl_4$

(17) $Hg_2Cl_2+2NH_3=HgNH_2Cl\downarrow+Hg\downarrow+NH_4Cl$

(18) $2Hg(NO_3)_2\xrightarrow{低温}2HgO+4NO_2\uparrow+O_2\uparrow$

$\quad\quad Hg(NO_3)_2\xrightarrow{高温}Hg+2NO_2\uparrow+O_2\uparrow$

(19) $4Au+8CN^-+O_2+2H_2O=4[Au(CN)_2]^-+4OH^-$

$\quad\quad 2[Au(CN)_2]^-+Zn=[Zn(CN)_4]^{2-}+2Au$

(20) $Hg_2(NO_3)_2+2KI=Hg_2I_2\downarrow+2KNO_3$

$\quad\quad Hg_2I_2+2KI=[HgI_4]^{2-}+Hg\downarrow+2K^+$

2. 用化学反应解释下列事实

(1) 铜在空气中被缓慢氧化并生成绿色的 $Cu(OH)_2\cdot CuCO_3$。

$$2Cu+O_2+CO_2+H_2O=Cu(OH)_2\cdot CuCO_3$$

(2) 在 $CuCl_2$ 溶液中存在着下列平衡：

$$[Cu(Cl)_4]^{2-}+4H_2O=[Cu(H_2O)_4]^{2+}+4Cl^-$$

在 $CuCl_2$ 浓溶液中，有大量的 $[Cu(Cl)_4]^{2-}$，因而溶液显黄色。加水稀释时，溶液中蓝色的 $[Cu(H_2O)_4]^{2+}$ 不断增加，当 $[Cu(H_2O)_4]^{2+}$ 与 $[Cu(Cl)_4]^{2-}$ 浓度相当时，溶液显二者的混合色——绿色，继续加水，当溶液中以 $[Cu(H_2O)_4]^{2+}$ 为主时，则溶液呈蓝色。

(3) 因 $AgNO_3$ 见光易分解，故常储存于棕色瓶中。

$$2AgNO_3\xrightarrow{713K\ 或光}2Ag+2NO_2\uparrow+O_2\uparrow$$

(4) 因 Cu^{2+} 极化能力较强，而 HCl 为挥发性酸，$CuCl_2\cdot 2H_2O$ 受热时发生水解，故加热时得不到无水 $CuCl_2$。

$$CuCl_2\cdot 2H_2O\xrightarrow{\triangle}Cu(OH)Cl+H_2O\uparrow+HCl\uparrow$$

$$Cu(OH)Cl\xrightarrow{\triangle}CuO+HCl\uparrow$$

(5) HgS 与王水反应生成 $[Hg(Cl)_4]^{2-}$ 和 S，故可溶于王水：

$$3HgS+8H^++2NO_3^-+12Cl^-=3[HgCl_4]^{2-}+3S\downarrow+2NO\uparrow+4H_2O$$

HgS 与 Na_2S 反应生成可溶的 $[HgS_2]^{2-}$，HgS 可溶于 Na_2S 溶液：

$$HgS+S^{2-}\rightleftharpoons[HgS_2]^{2-}$$

(6) Hg_2Cl_2 本身无毒，但见光易分解成剧毒的 $HgCl_2$ 和 Hg：

$$Hg_2Cl_2 \underset{}{\overset{光}{\rightleftharpoons}} HgCl_2 + Hg$$

(7)①将混合物溶于水：Hg_2Cl_2 不溶于水而 $HgCl_2$ 溶解，过滤即可分离。

②加水使混合物溶解后加入盐酸，$AgNO_3$ 生成沉淀而 $Cu(NO_3)_2$ 不产生沉淀：

$$Ag^+ + Cl^- = AgCl\downarrow$$

③将混合物溶于热的硝酸，CuS 溶解而 HgS 不溶。

$$3CuS + 2NO_3^- + 8H^+ = 3Cu^{2+} + 3S\downarrow + 2NO\uparrow + 4H_2O$$

3.这并不矛盾。因为 $E^\ominus(Cu^{2+}/Cu) = 0.3419V > E^\ominus(Fe^{2+}/Fe) = -0.447V$，反应：

$$Fe + Cu^{2+} \rightleftharpoons Fe^{2+} + Cu$$

可正向进行，即铁能使 Cu^{2+} 还原。

又 $E^\ominus(Fe^{3+}/Fe^{2+}) = 0.771V > E^\ominus(Cu^{2+}/Cu) = 0.3419V$，反应：

$$2Fe^{3+} + Cu \rightleftharpoons 2Fe^{2+} + Cu^{2+}$$

可正向进行，即铜又能使 Fe^{3+} 还原。

4.铜、锌族元素的价电子结构为 $(n-1)d^{10}ns^{1\sim2}$，因碱金属、碱土金属的价电子层结构为 $ns^{1\sim2}$，铜、锌族元素次外层为 18 电子组态，对核的屏蔽效应比碱金属和碱土金属元素的 8 电子组态小得多，最外层的电子受核的吸引力比碱金属和碱土金属强得多，因此，化学性质不如碱金属、碱土金属活泼。二者的性质对比见下表：

铜族元素和碱金属元素性质比较

	铜 族 元 素	碱 金 属 元 素
物理性质	金属键较强，具有较高的熔点、沸点和升华热，有良好的延展性。导电性和导热性最好，密度也较大	金属键较弱，熔点、沸点较低，密度、硬度较小
化学活泼性和性质变化规律	是不活泼的重金属，同族内金属活泼性从上至下减小	是极活泼的轻金属，同族自上而下金属性增强
氧化值	有 +1、+2、+3 三种	只有 +1 一种
化合物的键型和还原性	化合物有较明显的共价性，化合物主要是有颜色的，金属离子易被还原	化合物大多是离子型的，正离子一般是无色的，极难被还原
离子形成配合物的能力	由于 d、s、p 轨道能量相差较小，低能量空轨道较多，有很强的生成配合物的倾向	只能和极强的配合剂生成极少量的配合物
氢氧化物的碱性和稳定性	氢氧化物碱性较弱，易脱水形成氧化物	氢氧化物是强碱，对热非常稳定

锌族元素和碱土金属元素性质比较

	锌 族 元 素	碱 土 金 属 元 素
物理性质	金属的熔点、沸点较低，汞在常温下为液体，延展性、导电性和导热性较差，密度较大	金属的熔点、沸点较锌族高，密度、硬度较小，有延展性。导电性和导热性较差
化学活泼性和性质变化规律	是活泼的重金属，较 ⅡA 差，同族内金属活泼性从上至下减弱	是极活泼的轻金属，比 ⅠA 略差，同族自上而下金属性增强
氧化值	以 +2 为特征，也有 +1	只有 +2 一种
与氧作用	室温下干燥空气中不反应	容易

续表

	锌 族 元 素	碱 土 金 属 元 素
与非氧化性酸作用	Zn、Cd 能置换酸中的氢,而汞不能	反应剧烈,放出氢气
氢氧化物碱性及变化规律	弱碱 $Zn(OH)_2$ 为两性,自上而下依次增强	强碱 $Be(OH)_2$ 为两性,自上而下依次增强
键型及形成配合物能力	共价性强,有较强的生成配合物的能力	离子型(Be 除外),不易形成配合物
盐的水解	在溶液中有一定程度的水解	强酸盐一般不水解

5.A 为 CuO;B 为 $[CuCl_4]^{2-}$;C 为 $[Cu(H_2O)_4]^{2+}$;D 为 $CuI+I_2$;E 为 CuI;F 为 $[Cu(S_2O_3)_2]^{3-}$;G 为 $CuCl$;H 为 $[Cu(NH_3)_4]^{2+}$。

6.肯定存在的是 $AgNO_3$ 和 $ZnCl_2$;肯定不存在的是 $KMnO_4$ 和 CuS;可能存在的是 Na_2SO_4。

7.利用 $K_{稳}^{\ominus}$ 并通过计算说明下列反应进行的方向(各离子浓度相同)

(1)解:该反应的平衡常数为:

$$K^{\ominus} = \frac{c_{eq}[Zn(NH_3)_4^{2+}] \cdot c_{eq}(Cu^{2+})}{c_{eq}[Cu(NH_3)_4^{2+}] \cdot c_{eq}(Zn^{2+})}$$

$$= \frac{K_{稳}^{\ominus}[Zn(NH_3)_4^{2+}]}{K_{稳}^{\ominus}[Cu(NH_3)_4^{2+}]} = \frac{2.9 \times 10^9}{2.1 \times 10^{13}}$$

$$= 1.4 \times 10^{-4}$$

说明该反应正向进行的程度很小,而逆向趋势较大。故该反应逆向进行。

(2)解:该反应的平衡常数为:

$$K^{\ominus} = \frac{c_{eq}[Ag(CN)_2^-] \cdot [c_{eq}(NH_3)]^2}{c_{eq}[Ag(NH_3)_2^+] \cdot [c_{eq}(CN^-)]^2}$$

$$= \frac{K_{稳}^{\ominus}[Ag(CN)_2^-]}{K_{稳}^{\ominus}[Ag(NH_3)_2^+]} = \frac{1.3 \times 10^{21}}{1.1 \times 10^7}$$

$$= 1.2 \times 10^{14}$$

说明该反应正向进行的程度很大。故该反应正向进行。

(3)解:该反应的平衡常数为:

$$K^{\ominus} = \frac{c_{eq}[Hg(Cl)_4^{2-}] \cdot [c_{eq}(I^-)]^4}{c_{eq}[HgI_4^{2-}] \cdot [c_{eq}(Cl^-)]^4}$$

$$= \frac{K_{稳}^{\ominus}[HgCl_4^{2-}]}{K_{稳}^{\ominus}[HgI_4^{2-}]} = \frac{1.2 \times 10^{15}}{6.8 \times 10^{29}}$$

$$= 1.8 \times 10^{-15}$$

说明该反应正向进行的程度很小,而逆向趋势很大。故该反应逆向进行。

自我测试题

一、选择题(1、2 小题为多选题,3、4、5 小题为单选题)

1.下列离子与过量的 KI 溶液反应,能得到澄清无色溶液的是( )

    A.Cu^{2+} B.Ag^+ C.Hg^{2+} D.Hg_2^{2+}

2.下列金属和相应的盐混合,可发生反应的是( )

    A.Fe 和 Fe^{3+} B.Cu 和 Cu^{2+}

    C.Hg 和 Hg^{2+} D.Zn 和 Zn^{2+}

3.在晶体 $CuSO_4 \cdot 5H_2O$ 中,中心离子 Cu^{2+} 的配位数是( )

    A.4   B.5   C.6   D.2

4.下列硫化物中,能溶于 Na_2S 的是( )

    A.CuS   B.Au_2S C.ZnS   D.HgS

5.Hg_2^{2+} 中,Hg 原子之间的化学键是( )

    A.离子键   B.σ 键

    C.π 键   D.配位键

二、填空题

选择合适的配位剂溶解下列微溶盐。

	微溶盐	溶 剂	化学反应方程式
(1)	CuCl		
(2)	AgBr		
(3)	CuS		
(4)	CuI		
(5)	AgCl		
(6)	Ag_2S		
(7)	Cu_2S		
(8)	HgS		

自我测试题参考答案

一、选择题(1、2 小题为多选题,3、4、5 小题为单选题)

  1.B、C   2.A、C   3.A   4.D   5.B

二、填空题

微溶盐	溶剂	化学反应方程式
(1) CuCl	HCl	$CuCl + HCl \rightleftharpoons H[CuCl_2]$
(2) AgBr	$Na_2S_2O_3$	$AgBr + 2S_2O_3^{2-} \rightleftharpoons [Ag(S_2O_3)_2]^{3-} + Br^-$
(3) CuS	NaCN	$2CuS + 10CN^- \rightleftharpoons 2[Cu(CN)_4]^{3-} + 2S^{2-} + (CN)_2$
(4) CuI	$Na_2S_2O_3$	$CuI + 2S_2O_3^{2-} \rightleftharpoons [Cu(S_2O_3)_2]^{3-} + I^-$
(5) AgCl	$NH_3 \cdot H_2O$	$AgCl + 2NH_3 \rightleftharpoons [Ag(NH_3)_2]^+ + Cl^-$
(6) Ag_2S	NaCN	$Ag_2S + 4CN^- \rightleftharpoons 2[Ag(CN)_2]^- + S^{2-}$
(7) Cu_2S	NaCN	$Cu_2S + 4CN^- \rightleftharpoons 2[Cu(CN)_2]^- + S^{2-}$
(8) HgS	王水	$3HgS + 8H^+ + 2NO_3^- + 12Cl^- = 3[HgCl_4]^{2-} + 3S\downarrow + 2NO\uparrow + 4H_2O$

无机化学模拟试题

试卷一 （上海中医药大学） ▷▷▷▷

一、判断题

1.对于关系式 $\dfrac{\left[c_{eq}(H^+)\right]^2 \cdot c_{eq}(S^{2-})}{c_{eq}(H_2S)} = K_{a_1}^{\ominus} \cdot K_{a_2}^{\ominus}$ 来说,此式表明,通过调节 $c_{eq}(H^+)$ 可以使 $c_{eq}(S^{2-})$ 达到任意值。（ ）

2.在相同温度下,浓度均为 $0.1\,mol \cdot L^{-1}$ 的 HCl、H_2SO_4、NaOH 和 NH_4Ac 的四种溶液中,$c_{eq}(H_3O^+)$ 和 $c_{eq}(OH^-)$ 的浓度乘积均相等。（ ）

3.根据酸碱质子理论,强酸反应后变成弱酸。（ ）

4.用水稀释含有 Ag_2CrO_4 固体的溶液时,Ag_2CrO_4 的溶度积不变,其溶解度也不变。（ ）

5.在氧化还原反应中,如果两电对的电极电位差值越大,则反应进行的速率就越大。（ ）

6.因为 $E^{\ominus}(Cl_2/Cl^-) > E^{\ominus}(MnO_2/Mn^{2+})$,所以绝不能用 MnO_2 与盐酸作用制取 Cl_2。（ ）

7.对于多电子原子来说,主量子数 n 决定角量子数 l 的取值。（ ）

8.ⅠB族元素的最高正价高于族号数。（ ）

9.Be 的外层电子是 $2s^2$,激发一个电子到 $2p$ 轨道上,就能形成 Be_2 分子。（ ）

10.中心原子采用 sp^3 杂化轨道成键的分子,其空间构型都是四面体。（ ）

11.离子晶体中,离子的电荷数越多,核间距越大,其晶格能也越大。（ ）

12.每周期的元素数目等于相应能级组中所能容纳的最多电子数。（ ）

13.配合物的内界与外界之间主要以共价键结合。（ ）

14.在 $[FeF_6]^{3-}$ 溶液中加入强酸,不会影响其稳定性。（ ）

15.中心离子所提供杂化的轨道其主量子数必须相同。（　　）

二、选择题

1.醋酸溶液中,加入等物质量的固体 NaAc,在混合溶液中不变的量是（　　）

    A.pH 值   B.电离度

    C.电离常数   D.OH^- 离子的浓度

2.某盐溶于水后,pH＝7,则说明该盐（　　）

    A.不水解   B.水解

    C.不电离   D.前三种情况均有可能

3.$0.1mol \cdot L^{-1} NH_3 \cdot H_2O$ 溶液 10mL 与 $0.2mol \cdot L^{-1}$ HCl 溶液 5mL 相混合。此混合溶液能使紫色石蕊试液（　　）

    A.不变色   B.变红

    C.变蓝   D.褪色

4.反应 $HY+X \longrightarrow HX^+ + Y^-$ 的 $K^{\ominus} = 10^8$,指出下列说法哪个是正确的（　　）

    A.HX^+ 的酸性比 HY 强

    B.X 的碱性比 Y^- 强

    C.X 的酸性比 Y^- 强

    D.HY 与 HX^+ 的酸性不能比较

5.在下列溶液中 HCN 电离度最大的是（　　）

    A.$0.1mol \cdot L^{-1}$ NaCN

    B.$0.1mol \cdot L^{-1}$ KCl 和 $0.2mol \cdot L^{-1}$ NaCl 混合液

    C.$0.2mol \cdot L^{-1}$ NaCl

    D.$0.1mol \cdot L^{-1}$ NaCN 和 $0.1mol \cdot L^{-1}$ KCl 混合液

6.往相同浓度（$0.1mol \cdot L^{-1}$）的 KI 和 K_2SO_4 的混合溶液中逐滴加入 $Pb(NO_3)_2$ 溶液时,则（　　）

    （已知 PbI_2 的 $K_{sp}^{\ominus} = 7.1 \times 10^{-9}$, $PbSO_4$ 的 $K_{sp}^{\ominus} = 1.6 \times 10^{-8}$）

    A.先生成 $PbSO_4$ B.先生成 PbI_2

    C.两种沉淀同时生成   D.两种沉淀都不生成

7.众所周知,NaCl 易溶于水,但将浓盐酸加到它的饱和溶液中时,也析出 NaCl 固体,对这种现象的正确解释是（　　）

    A.由于 $c(Cl^-)$ 增加,使溶液中 $c(Na^+) \cdot c(Cl^-)$ 大于 NaCl 的溶度积,故 NaCl 沉淀出来

    B.盐酸是强酸,所以它能使 NaCl 沉淀出来

    C.由于 $c(Cl^-)$ 增加,使 NaCl 的溶解平衡向析出 NaCl 方向移动,故 NaCl 沉淀出来

    D.酸的存在降低了盐的溶度积常数

8.已知 AgCl、$Ag_2C_2O_4$、Ag_2CrO_4 和 AgBr 的溶度积常数分别为 1.8×10^{-10}、$3.4 \times$

10^{-11}、1.1×10^{-12} 和 5.2×10^{-13}，在下列难溶银盐的饱和溶液中，Ag^+ 浓度最大的是（ ）

A.AgCl   B.$Ag_2C_2O_4$

C.Ag_2CrO_4 D.AgBr

9.有一难溶电解质 AB_2，在水溶液中达到溶解平衡，设平衡时，$c_{eq}(A)=x\text{ mol·L}^{-1}$，$c_{eq}(B)=y\text{ mol·L}^{-1}$，则 $K_{sp}^{\ominus}$ 可表达为（ ）

A.$K_{sp}^{\ominus}=x^2y$ B.$K_{sp}^{\ominus}=xy$

C.$K_{sp}^{\ominus}=x(2y)^2$ D.$K_{sp}^{\ominus}=xy^2$

10.金属与其离子溶液组成电极，若溶液中金属离子生成配合物后，其电极电势值（ ）

A.变小   B.变大

C.不变   D.难以确定

11.与下列原电池电动势无关的因素有（ ）

（—）$Zn\,|\,ZnSO_4(c_1)\,\|\,HCl(c_2)\,|\,H_2(10135Pa)\,|\,Pt(+)$

A.盐酸浓度   B.$ZnSO_4$ 浓度

C.氢的体积   D.温度

12.由下列磷的电势图，可以确定电对 P_4/PH_3 的 $E^{\ominus}$ 为（ ）

$$H_2PO_2^- \xrightarrow{-2.05V} P_4 \longrightarrow PH_3$$
$$\underset{-1.18V}{\underbrace{\hspace{4cm}}}$$

A.$+0.87V$ B.$-0.89V$

C.$-0.83V$ D.$-0.87V$

13.现有 6 组量子数，其中正确的是（ ）

①$n=3,l=1,m=-1$

②$n=3,l=0,m=0$

③$n=2,l=2,m=-1$

④$n=2,l=1,m=0$

⑤$n=2,l=0,m=-1$

⑥$n=2,l=3,m=2$

A.①③⑤   B.①②④

C.②④⑥   D.①②③

14.最外层上有 2 个电子，其量子数 $n=3,l=0$ 的元素属（ ）

A.d 区   B.s 区

C.f 区   D.p 区

15.下列各组元素的电负性大小次序正确的是（ ）

A.S＜N＜O＜F   B.S＜O＜N＜F

C.$Si<Na<Mg<Al$ D.$Br<H<Zn$

16.某元素的原子序数为24,它具有的成单电子数为(   )

A.6 个   B.5 个

C.4 个   D.3 个

17.当基态原子的第六电子层只有 2 个电子时,原子的第五电子层的电子数(   )

A.肯定为 8 个电子   B.肯定为 18 个电子

C.肯定为 8～18 个电子   D.肯定为 8～32 个电子

18.La 系收缩的后果之一,是使下列哪组元素性质相似(   )

A.Mn 与 Tc   B.Sc 与 La

C.Zr 与 Hf   D.Fe 与 Ru

19.下列说法正确的是(   )

A.非极性分子内的化学键总是非极性键

B.色散力仅存在于非极性分子之间

C.取向力仅存在于极性分子之间

D.凡是有氢原子的物质分子间一定存在氢键

20.用价层电子对互斥理论,判断下列分子中具有直线形结构的是(   )

A.CS_2 B.NO_2

C.OF_2 D.SO_2

21.下列原子轨道的 n 相同,且各有一个自旋方向相反的不成对的电子,则发现 x 轴方向可形成 π 键的是(   )

A.p_x-p_x B.p_x-p_y

C.p_y-p_z D.p_z-p_z

22.关于离子变形性大小的下列说法中,错误的是(   )

A.阳离子随其电荷的减少或阴离子随其电荷的增加,其变形性增大

B.随离子半径的增大,变形性增大

C.外层 8 电子结构的离子的变形性小于外层 18 电子结构的离子的变形性

D.离子的质量愈大,其变形性愈大

23.下列各分子中,偶极矩不为零的分子是(   )

A.$BeCl_2$ B.BF_3

C.NF_3 D.C_6H_6

24.一个离子如果它具有下列哪一特性才能使与它接近的离子变形性最大(   )

A.低的离子电荷和大的半径

B.高的离子电荷和大的半径

C.高的离子电荷和小的半径

D.低的离子电荷和小的半径

25.氨溶于水,氨分子与水分子之间产生的作用力是哪一种(   )

A.取向力＋氢键　　　　　　　　B.取向力＋诱导力

C.色散力＋氢键　　　　　　　　D.范德华力＋氢键

26.下列物质中,熔点最低的是(　　)

A.NaCl　　　　　　　　　　　　B.$AlCl_3$

C.KF　　　　　　　　　　　　　D.MgO

27.在$[Co(C_2O_4)_2(en)]^-$中,中心离子Co^{3+}的配位数为(　　)

A.3　　　　　B.4　　　　　C.5　　　　　D.6

28.在$[Fe(NCS)_3]$中,配位原子、配位数和名称依次为(　　)

A.S、6、三硫氰酸根合铁(Ⅲ)

B.S、3、三硫氰酸根合铁(Ⅲ)

C.N、6、三异硫氰酸根合铁(Ⅲ)

D.N、3、三异硫氰酸根合铁(Ⅲ)

29.$[Ni(CN)_4]^{2-}$是平面正方形构型,它以下列哪种杂化轨道成键(　　)

A.sp^3　　　　　　　　　　　　B.dsp^2

C.sp^2d　　　　　　　　　　　D.d^2sp^3

30.往化合物$CoCl_3·5NH_3$中加入$AgNO_3$溶液,有AgCl沉淀生成,样品过滤,沉淀再加入$AgNO_3$溶液并加热至沸,又有AgCl沉淀生成,其重量为原来沉淀的一半,此化合物的结构式为(　　)

A.$[Co(NH_3)_4Cl_2]Cl$　　　　　　B.$[Co(NH_3)_5Cl]Cl_2$

C.$[Co(NH_3)_3Cl_3]·2NH_3$　　　　D.$[Co(NH_3)_5(H_2O)]Cl_3$

三、简答题

1.NaCl和CuCl,Na^+和Cu^+离子半径相似,为什么在水中溶解度NaCl远大于CuCl?

2.由杂化轨道理论可知,在CH_4、PCl_3、H_2O分子中,C、P、O均采用sp^3杂化,为什么由实验测得PCl_3和H_2O的键角分别为101°和104°45′,都比CH_4的键角109°28′小?

3.请解释CCl_4是液体,CH_4和CF_4是气体,而CI_4是固体?

4.已知$[MnBr_4]^{2-}$和$[Mn(CN)_6]^{3-}$的磁矩分别为5.9B.M.和2.8B.M.,试根据价键理论推测这两种配离子d电子分布情况及它们的几何构型。

四、计算题

1.有0.2mol·L^{-1}的醋酸溶液20mL,求在以下几种情况下的pH值。(已知醋酸$K_a^{\ominus}=1.75×10^{-5}$,p$K_a^{\ominus}$=4.76)

(1)加水稀释到50mL

(2)加入0.1mol·L^{-1}的NaOH溶液10mL

(3)加入0.2mol·L^{-1}的NaOH溶液20mL

2.有一含有Mg^{2+}(0.1mol·L^{-1})和Fe^{3+}(0.1mol·L^{-1})的混合溶液,试确定如何用控

制 pH 方法使之分离? 已知 $Mg(OH)_2$ 的 $K_{sp}^{\ominus}=1.8\times10^{-11}$,$Fe(OH)_3$ 的 $K_{sp}^{\ominus}=4.0\times10^{-38}$。

3.在实验室中,常利用 $MnO_2+4H_3O^{+}+2Cl^{-}\longrightarrow Mn^{2+}+Cl_2+6H_2O$ 反应制备 Cl_2,通过计算证明,在标准状况下不能用此反应制备 Cl_2。如果 Cl^{-} 浓度和 Mn^{2+} 浓度仍为 $1.0mol\cdot L^{-1}$,Cl_2 压力仍是 1.0 大气压,只是用增加 H_3O^{+} 浓度的方法,使反应能自发向右进行,问 H_3O^{+} 浓度最小应是多少? 已知 $E^{\ominus}(MnO_2/Mn^{2+})=1.23V$,$E^{\ominus}(Cl_2/Cl^{-})=1.3595V$。

4.在 10mL 溶液中,要使 470mg 的 AgI 溶解,KCN 的最低浓度为多少? 至少需加入 KCN 多少毫克(假定溶液体积不变)? 已知 AgI 的 $K_{sp}^{\ominus}=8.3\times10^{-17}$,AgI 分子量为 235,KCN 分子量为 65,$[Ag(CN)_2]^{-}$ 的 $K_{稳}^{\ominus}=1.3\times10^{21}$。

参考答案

一、判断题

1.× 2.√ 3.× 4.√ 5.× 6.× 7.√ 8.√ 9.× 10.×
11.× 12.√ 13.× 14.× 15.×

二、选择题

1.C 2.D 3.B 4.B 5.B 6.A 7.C 8.B 9.D 10.A
11.C 12.B 13.B 14.B 15.A 16.A 17.C 18.C 19.C 20.A
21.D 22.D 23.C 24.C 25.D 26.B 27.D 28.D 29.B 30.B

三、简答题

1.答:Na^{+} 为 8 电子构型,Cu^{+} 为 18 电子构型,所以极化力 $Cu^{+}>Na^{+}$,故分子的共价性 $CuCl>NaCl$,所以溶解度 $NaCl>CuCl$。

2.答:因为 CH_4 原子是等性 sp^3 杂化,而 PCl_3 和 H_2O 是不等性 sp^3 杂化,故杂化轨道上存在孤对电子,孤对电子对成键电子对施加排斥作用,将键角压小,故它们的键角就小于$109°28'$。

3.答:因为 CCl_4、CH_4、CF_4、CI_4 均为非极性分子,非极性分子间仅存在色散力,而色散力的大小取决于分子量的大小,因为分子量的大小顺序为 $CI_4>CCl_4>CF_4>CH_4$,所以 CI_4 分子间作用力最强,CCl_4 次之,CH_4 及 CF_4 之间作用力最弱,故 CI_4 为固体,CCl_4 为液体,CH_4 及 CF_4 是气体。

4.答:根据 $\mu=\sqrt{n(n+2)}$

$[MnBr_4]^{2-}$ $n=5$

Mn^{2+} 外层电子构型为 $3d^5 4s^0$,故进行 sp^3 杂化,空间结构为正四面体。

$[Mn(CN)_6]^{3-}$ $n=2$

Mn^{3+} 外层电子构型为 $3d^44s^0$，进行电子重排，四个电子占三个 $3d$ 轨道，$3d$ 有两个空轨道，进行 d^2sp^3 杂化，空间结构为正八面体。

四、计算题

1.**解：**(1)
$$c(HAc)=0.2mol\cdot L^{-1}\times\frac{20mL}{50mL}=0.08mol\cdot L^{-1}$$

$$c/K_a^{\ominus}=\frac{0.08}{1.75\times10^{-5}}>400$$

$$c_{eq}(H^+)=\sqrt{K_a^{\ominus}c}$$
$$=\sqrt{1.75\times10^{-5}\times0.08}$$
$$=1.2\times10^{-3}mol\cdot L^{-1}$$
$$pH=2.9$$

(2)

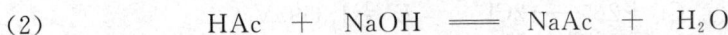
	HAc	+	NaOH	$=$	NaAc	+	H_2O

反应前 　　　　$0.2\times\dfrac{20}{30}$ 　　$0.1\times\dfrac{10}{30}$ 　　　　0 　　　　0

反应后 　　　　0.1 　　　　　0 　　　　　$\dfrac{1}{30}$

组成 HAc-NaAc 缓冲溶液

$$pH=pK_a^{\ominus}-\lg\frac{c_{酸}}{c_{盐}}$$

$$pH=4.76-\lg\frac{0.1}{\frac{1}{30}}=4.3$$

(3)

	HAc	+	NaOH	$=$	NaAc	+	H_2O

反应前 　　　　$0.2\times\dfrac{20}{40}$ 　　$0.2\times\dfrac{20}{40}$ 　　　　0 　　　　0

反应后 　　　　　0 　　　　　0 　　　　　0.1

$$c(OH^-)=\sqrt{\frac{K_w^{\ominus}}{K_a^{\ominus}}\times c}=\sqrt{\frac{1.0\times10^{-14}}{1.75\times10^{-5}}\times0.1}=7.6\times10^{-6}(mol\cdot L^{-1})$$

$$pH=14-pOH=14-5.1=8.9$$

2.**解：**①Fe^{3+} 刚生成沉淀的条件：
$$c(Fe^{3+})[c(OH^-)]^3=4.0\times10^{-38}$$

$$c(OH^-)=\sqrt[3]{\frac{4.0\times10^{-38}}{0.1}}=7.4\times10^{-13}(mol\cdot L^{-1})$$

$$pH=14-pOH=14-12.1=1.9$$

Fe^{3+} 沉淀完全的条件：$c(Fe^{3+})=1.0\times10^{-5}(mol\cdot L^{-1})$

$$c(\text{Fe}^{3+})[c(\text{OH}^-)]^3 = 4.0 \times 10^{-38}$$

$$c(\text{OH}^-) = \sqrt[3]{\frac{4.0 \times 10^{-38}}{1.0 \times 10^{-5}}} = 1.6 \times 10^{-11}(\text{mol} \cdot \text{L}^{-1})$$

$$\text{pH} = 14 - \text{pOH} = 14 - 10.8 = 3.2$$

②Mg^{2+}刚生成沉淀的条件：

$$c(\text{Mg}^{2+})[c(\text{OH}^-)]^2 = 1.8 \times 10^{-11}$$

$$c(\text{OH}^-) = \sqrt{\frac{1.8 \times 10^{-11}}{0.1}} = 1.3 \times 10^{-5}(\text{mol} \cdot \text{L}^{-1})$$

$$\text{pH} = 14 - \text{pOH} = 14 - 4.9 = 9.1$$

要使两种离子完全分离,则应使 Fe^{3+} 沉淀完全,而 Mg^{2+} 尚未开始沉淀,故 pH 值范围应控制在 3.2～9.1 之间。

3.解:

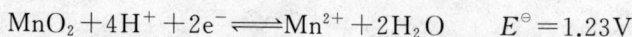

$$\text{MnO}_2 + 4\text{H}^+ + 2e^- \Longrightarrow \text{Mn}^{2+} + 2\text{H}_2\text{O} \qquad E^{\ominus} = 1.23\text{V}$$

$$\text{Cl}_2 + 2e^- \longrightarrow 2\text{Cl}^- \qquad E^{\ominus} = 1.3595\text{V}$$

$$E^{\ominus}_{\text{MF}} = 1.23 - 1.3595 < 0$$

∴ 在标准状况下不能用此反应制备 Cl_2。

要使此反应进行,必须 $E^{\ominus}(\text{MnO}_2/\text{Mn}^{2+}) > E^{\ominus}(\text{Cl}_2/\text{Cl}^-)$

即:$1.23 + \dfrac{0.0592}{2}\lg\dfrac{[c_{\text{eq}}(\text{H}^+)]^4}{c_{\text{eq}}(\text{Mn}^{2+})} > 1.3595$

$1.23 + \dfrac{0.0592}{2}\lg\dfrac{[c_{\text{eq}}(\text{H}^+)]^4}{1} > 1.3595 \qquad c_{\text{eq}}(\text{H}^+) > 12.41\text{mol} \cdot \text{L}^{-1}$

答:使反应能进行,H_3O^+ 浓度最小应是 $12.46\text{mol} \cdot \text{L}^{-1}$。

4.解: $\qquad c(\text{AgI}) = \dfrac{470 \times 10^{-3}}{235 \times 10 \times 10^{-3}} = 0.2\text{mol} \cdot \text{L}^{-1}$

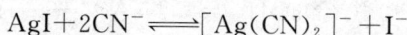

$$\text{AgI} + 2\text{CN}^- \Longrightarrow [\text{Ag(CN)}_2]^- + \text{I}^-$$

平衡 $\qquad\qquad c_{\text{eq}}(\text{CN}^-) \qquad\qquad 0.2 \qquad\quad 0.2$

$$\frac{c_{\text{eq}}[\text{Ag(CN)}_2^-]c_{\text{eq}}(\text{I}^-)}{[c_{\text{eq}}(\text{CN}^-)]^2} = K^{\ominus}_{\text{sp}} \times K^{\ominus}_{\text{稳}}$$

$$\frac{0.2 \times 0.2}{[c_{\text{eq}}(\text{CN}^-)]^2} = 8.3 \times 10^{-17} \times 1.3 \times 10^{21}$$

$$c_{\text{eq}}(\text{CN}^-) = 6.1 \times 10^{-4}\text{mol} \cdot \text{L}^{-1}$$

$$c(\text{KCN}) = 0.2 \times 2 + 6.1 \times 10^{-4} \approx 0.4\text{mol} \cdot \text{L}^{-1}$$

$$m = 65\text{g/mol} \times 0.4\text{mol} \cdot \text{L}^{-1} \times (10 \times 10^{-3})\text{L} = 0.26\text{g} = 260\text{mg}$$

答:KCN 的最低浓度为 $0.4\text{mol} \cdot \text{L}^{-1}$。至少需加入 KCN 260mg。

试卷二 （广州中医药大学） ▷▷▷▷

一、选择题

1.有同温同体积的三杯蔗糖溶液,A 杯溶液浓度为 $0.1\,mol\cdot kg^{-1}$,B 杯溶液浓度为 $0.1\,mol\cdot L^{-1}$,C 杯溶液质量分数为 1%。已知蔗糖的摩尔质量为 $180g\cdot mol^{-1}$,则各杯中蔗糖的质量（　　）

A.C 杯多　　　　　　　　　　B.B 杯多

C.A 杯多　　　　　　　　　　D.A 杯等于 B 杯

2.1000g 水中溶解 0.1mol 食盐的水溶液与 1000g 水中溶解 0.1mol 葡萄糖的水溶液,在 $1.013\times10^5\,Pa$ 时,下列有关沸点的陈述中正确的是（　　）

A.都高于 100℃,但食盐水溶液比葡萄糖水溶液要低

B.都高于 100℃,但葡萄糖水溶液比食盐水溶液要低

C.食盐水溶液低于 100℃,葡萄糖的水溶液高于 100℃

D.葡萄糖水溶液低于 100℃,食盐的水溶液高于 100℃

3.土壤中 NaCl 含量高时植物难于生存,这与下列稀溶液的性质有关的是（　　）

A.蒸气压下降　　　　　　　　B.沸点升高

C.冰点下降　　　　　　　　　D.渗透压

4.化学反应达到平衡时（　　）

A.正反应停止　　　　　　　　B.反应物与产物浓度相等

C.逆反应停止　　　　　　　　D.逆反应速率等于正反应速率

5.某温度时,反应 $NH_4HS(s)\rightleftharpoons NH_3(g)+H_2S(g)$ 的 $K^\ominus=0.09$,将足量的 $NH_4HS(s)$ 放入密闭容器中,达平衡时,各组分的分压为（　　）

A.NH_3 的分压为 $0.45p^\ominus$　　　　B.NH_3 的分压为 $0.30p^\ominus$

C.H_2S 的分压为 $0.45p^\ominus$　　　　D.H_2S 的分压为 $0.09p^\ominus$

6.在一定温度下,已知反应 $H\rightleftharpoons G$ 的 $K_1^\ominus$,反应 $G+W\rightleftharpoons V$ 的 $K_2^\ominus$,则反应 $H+W\rightleftharpoons V$ 的 $K^\ominus$ 可表示为（　　）

A.$K_1^\ominus/K_2^\ominus$　　　　　　　　　B.$K_2^\ominus/K_1^\ominus$

C.$K_1^\ominus\cdot K_2^\ominus$　　　　　　　　D.$(K_1^\ominus\cdot K_2^\ominus)^2$

7.反应 $NO_2(g)+NO(g)\rightleftharpoons N_2O_3(g)$ 的 $\Delta_rH^\ominus=-40.5kJ\cdot mol^{-1}$,反应达到平衡时,可使平衡向逆向移动的是（　　）

    A.T 一定,V 一定,充入氖气   B.T 一定,V 变小

    C.V 一定,p 一定,T 降低   D.p 一定,T 一定,充入氦气

8.弱酸性水溶液中的氢离子浓度可表示为( )

    A.$14-pOH$ B.$K_w^\ominus/pOH$

    C.10^{pOH-14} D.10^{14-pOH}

9.将 $0.1 mol\cdot L^{-1}$ 的下列溶液加水稀释 1 倍后,pH 变化最小的是( )

    A.HCl   B.H_2SO_4

    C.HNO_3 D.HAc

10.配制 pH=7 的缓冲溶液时,选择最合适的缓冲对是( )

$[K_a^\ominus(HAc)=1.8\times10^{-5}$;$K_b^\ominus(NH_3)=1.8\times10^{-5}$;$H_2CO_3$:$K_{a_1}^\ominus=4.2\times10^{-7}$,$K_{a_2}^\ominus=5.6\times10^{-11}$;$H_3PO_4$:$K_{a_1}^\ominus=7.6\times10^{-3}$,$K_{a_2}^\ominus=6.3\times10^{-8}$,$K_{a_3}^\ominus=4.4\times10^{-13}]$

    A.HAc-NaAc   B.NH_3-NH_4Cl

    C.NaH_2PO_4-Na_2HPO_4 D.$NaHCO_3$-Na_2CO_3

11.已知 $K_b^\ominus(NH_3)=1.8\times10^{-5}$,则其共轭酸的 $K_a^\ominus$ 值为( )

    A.1.8×10^{-9} B.1.8×10^{-10}

    C.5.6×10^{-10} D.5.6×10^{-5}

12.已知 $Zn(OH)_2$ 的溶度积常数为 1.2×10^{-17},则 $Zn(OH)_2$ 在水中的溶解度为( )

    A.$1.4\times10^{-6} mol\cdot L^{-1}$

    B.$2.3\times10^{-6} mol\cdot L^{-1}$

    C.$1.4\times10^{-9} mol\cdot L^{-1}$

    D.$2.3\times10^{-9} mol\cdot L^{-1}$

13.下面的叙述中,正确的是( )

    A.溶度积大的化合物溶解度肯定大。

    B.向含 AgCl 固体的溶液中加适量的水使 AgCl 溶解又达到平衡时,AgCl 溶度积不变,其溶解度也不变。

    C.将难溶电解质放入水中,溶解达平衡时,电解质离子浓度的乘积就是该物质的溶度积。

    D.AgCl 水溶液的导电性很弱,所以 AgCl 为弱电解质。

14.下列试剂中能使 $CaSO_4(s)$ 溶解度增大的是( )

    A.$CaCl_2$ B.Na_2SO_4

    C.NH_4Ac D.H_2O

15.使下列电极反应中有关离子浓度减小一半,而电极电势 E 值增加的是( )

    A.$Cu^{2+}+2e^-\rightleftharpoons Cu$ B.$I_2+2e^-\rightleftharpoons 2I^-$

    C.$2H^++2e^-\rightleftharpoons H_2$ D.$Fe^{3+}+e^-\rightleftharpoons Fe^{2+}$

16.现有原电池$(-)Pt|Fe^{3+},Fe^{2+}\parallel Ce^{4+},Ce^{3+}|Pt(+)$,该原电池放电时所发生的反应是( )

A.$Ce^{3+}+Fe^{3+}\rightleftharpoons Ce^{4+}+Fe^{2+}$ B.$3Ce^{4+}+Ce\rightleftharpoons 4Ce^{3+}$

C.$Ce^{4+}+Fe^{2+}\rightleftharpoons Ce^{3+}+Fe^{3+}$ D.$2Ce^{4+}+Fe\rightleftharpoons 2Ce^{3+}+Fe^{2+}$

17.已知 $E^{\ominus}(M^{3+}/M^{2+})>E^{\ominus}[M(OH)_3/M(OH)_2]$，则溶度积 $K_{sp}^{\ominus}[M(OH)_3]$ 与 $K_{sp}^{\ominus}[M(OH)_2]$ 的关系应是（　　）

A.$K_{sp}^{\ominus}[M(OH)_3]>K_{sp}^{\ominus}[M(OH)_2]$

B.$K_{sp}^{\ominus}[M(OH)_3]<K_{sp}^{\ominus}[M(OH)_2]$

C.$K_{sp}^{\ominus}[M(OH)_3]=K_{sp}^{\ominus}[M(OH)_2]$

D.无法判断

18.下列轨道上的电子，在 xy 平面上的电子云密度为零的是（　　）

A.$3s$ B.$3p_x$

C.$3p_z$ D.$3d_z^2$

19.在多电子原子中，具有下列各组量子数的电子中能量最高的是（　　）

A.$3,2,+1,+\dfrac{1}{2}$ B.$2,1,+1,-\dfrac{1}{2}$

C.$3,1,0,-\dfrac{1}{2}$ D.$3,1,-1,-\dfrac{1}{2}$

20.基态原子的第五电子层只有二个电子，则该原子的第四电子层中的电子数肯定为（　　）

A.8 个 B.18 个

C.8～18 个 D.8～32 个

21.按原子半径由大到小排列，顺序正确的是（　　）

A.Mg、B、Si B.Si、Mg、B

C.Mg、Si、B D.B、Si、Mg

22.具有下列电子构型的元素中，第一电离能最小的是（　　）

A.ns^2np^3 B.ns^2np^4

C.ns^2np^5 D.ns^2np^6

23.下列化合物中含有极性共价键的是（　　）

A.$KClO_3$ B.Na_2O_2

C.Na_2O D.KI

24.中心原子采取 sp^2 杂化的分子是（　　）

A.NH_3 B.BCl_3

C.PCl_3 D.H_2O

25.按分子轨道理论，最稳定的顺磁性微粒是（　　）

A.O_2^+ B.O_2^{2+}

C.O_2 D.O_2^-

26.下列分子中不能形成氢键的是（　　）

A.NH_3 B.N_2H_4

C.C_2H_5OH D.HCHO

27.Co(Ⅲ)的八面体配合物 $CoCl_m \cdot nNH_3$,若 1mol 该配合物与 $AgNO_3$ 作用生成 1mol AgCl 沉淀,则 m 和 n 的值是(   )

A.$m=1,n=5$ B.$m=3,n=4$

C.$m=5,n=1$ D.$m=4,n=5$

28.下列配离子中,属反磁性的是(   )

A.$[Mn(CN)_6]^{4-}$ B.$[Cu(CN)_4]^{2-}$

C.$[Co(CN)_6]^{3-}$ D.$[Fe(CN)_6]^{3-}$

29.下列配离子中,无色的是(   )

A.$[Ni(NH_3)_4]^{2+}$ B.$[Cu(NH_3)_4]^{2+}$

C.$[Cd(NH_3)_4]^{2+}$ D.$[CuCl_4]^{2-}$

30.下列配合物的取代反应中,平衡常数大于 1 的是(   )

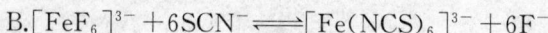

A.$[Ag(CN)_2]^- + 2NH_3 \rightleftharpoons [Ag(NH_3)_2]^+ + 2CN^-$

B.$[FeF_6]^{3-} + 6SCN^- \rightleftharpoons [Fe(NCS)_6]^{3-} + 6F^-$

C.$[Cu(NH_3)_4]^{2+} + Zn^{2+} \rightleftharpoons [Zn(NH_3)_4]^{2+} + Cu^{2+}$

D.$[HgCl_4]^{2-} + 4I^- \rightleftharpoons [HgI_4]^{2-} + 4Cl^-$

二、填空题

1.现有三种水溶液:(a)$0.2mol \cdot L^{-1}$ KCl;(b)$0.1mol \cdot L^{-1}$ 蔗糖;(c)$0.25mol \cdot L^{-1}$ NH_3。凝固点由高到低的顺序是_____。

2.标准压力 $p^\ominus =$_____,标准物质的量浓度 $c^\ominus =$_____。

3.反应 $Cr_2O_7^{2-} + 14H^+ + 6Cl^- \rightleftharpoons 2Cr^{3+} + 3Cl_2 + 7H_2O$ 达平衡时,其标准平衡常数 $K^\ominus$ 的表达式为_____。

4.在水溶液中,H_4SiO_4、$HClO_4$、NH_3、NH_4^+、HSO_4^- 按酸性由强至弱排列为_____。HSO_4^-、OH^-、HAc、H_2O、NH_3 按碱性由强至弱排列为_____。

5.下列溶液中各物质的浓度均为$0.10mol \cdot L^{-1}$,则它们按 pH 由大到小排列的顺序为_____。

(1)NH_4Cl 和 $NH_3 \cdot H_2O$ 混合溶液

(2)NaAc 和 HAc 混合溶液

(3)HAc

(4)$NH_3 \cdot H_2O$

(5)HCl

(6)NaOH

6.已知 18℃ 时水的 $K_w^\ominus = 6.4 \times 10^{-15}$,此时中性溶液中氢离子浓度为_____ $mol \cdot L^{-1}$,pH 为_____。

7.在 $0.10\text{mol}\cdot\text{L}^{-1}$ HAc 溶液中加入少许 NaCl 晶体，溶液中 $c(\text{H}^+)$ 将会_____；若以 Na_2CO_3 代替 NaCl，则溶液中 $c(\text{H}^+)$ 将会_____。

8.根据酸碱质子理论，$[\text{Fe(OH)(H}_2\text{O)}_5]^{2+}$ 的共轭酸是_____，共轭碱是_____。

9.已知 $\text{La}_2(\text{C}_2\text{O}_4)_3$ 的饱和溶液的浓度为 $1.1\times10^{-6}\ \text{mol}\cdot\text{L}^{-1}$，其溶度积常数为_____。

10.向含有 AgI 固体的饱和溶液中加入固体 AgBr，则 $c(\text{I}^-)$ 变_____，而 $c(\text{Ag}^+)$ 变_____。

11.将 Ag-AgCl 电极 $[E^\ominus(\text{AgCl/Ag})=0.2222\text{V}]$ 与饱和甘汞电极 $[E^\ominus(\text{Hg}_2\text{Cl}_2/\text{Hg})=0.2676\text{V}]$ 组成原电池，该原电池的电池符号为_____；电池反应为_____；电池反应的平衡常数为_____。

12.某元素在氪之前，该元素的原子失去二个电子后的离子在角量子数为 2 的轨道中有一个成单电子，若失去一个电子则离子的轨道中没有成单电子。该元素的符号为_____，其基态原子核外电子排布为_____，该元素在_____区，第_____族。

13.NaCl、MgCl_2、CO_2、SO_2 四种物质的沸点由高到低排列的顺序是_____。

14.H_2O、BCl_3、NH_3、PCl_4^+ 键角由大到小排列的顺序是_____。

15.按配合物的命名原则，$[\text{PtCl}_2(\text{OH})_2(\text{NH}_3)_2]$ 的名称为_____。

16.二氯化亚硝酸根·三氨·二水合钴（Ⅲ）的化学式为_____。

17.已知 $[\text{PtCl}_2(\text{NH}_3)_2]$ 有两种几何异构体，则中心原子应采取_____杂化。

18.矿物药砒霜、硼砂的主要化学成分分别为_____、_____。

三、完成并配平下列反应方程式

1.将二氧化碳通入过氧化钠。

2.将 AsH_3 通入 AgNO_3 溶液中。

3.将 Cr_2S_3 投入水中。

4.用氢碘酸溶液处理氧化铜。

5.向 $[\text{Ag(S}_2\text{O}_3)_2]^{3-}$ 的弱酸性溶液中通入 H_2S。

四、简答题

1.实验测得 $[\text{Mn(CN)}_6]^{3-}$ 的磁矩为2.8B.M.。

(1)根据价键理论指出配离子的中心原子的未成对电子数、杂化轨道类型、配离子的空间构型；

(2)按价键理论预测的空间构型，计算配离子的晶体场稳定化能 E_C（以 Dq 和 E_P 表示）。

2.棕黑色粉末 A 不溶于水。将 A 与稀 H_2SO_4 混合后，加入 H_2O_2 并微热得无色溶液 B。向酸性的 B 中加入 NaBiO_3 粉末后得紫红色溶液 C。向 C 中加入 NaOH 溶液至碱性后，

滴加 Na_2SO_3 溶液有绿色溶液 D 生成。向 D 中滴加稀 H_2SO_4 又生成 A 和 C。向 B 中滴加 NaOH 溶液有白色沉淀 E 生成,在空气中 E 逐渐变为棕黑色。给出各字母所代表的物质。

五、计算题

1.欲配制 0.5L pH＝9,其中 $c(NH_4^+)=1.0\,mol\cdot L^{-1}$ 的缓冲溶液。求:(1)需密度为 $0.904\,g\cdot ml^{-1}$、含氨质量分数为 26.0% 的氨水的体积;(2)需固体氯化铵的质量。已知 $K_b^\ominus(NH_3)=1.8\times10^{-5}$,$NH_4Cl$ 的摩尔质量为 $53.5\,g\cdot mol^{-1}$。

2.在 1L 6mol·L^{-1} 的氨水中加入 0.01mol 固体 $CuSO_4$,溶解后,在此溶液中再加入 0.01mol 固体 NaOH,是否有 $Cu(OH)_2$ 沉淀生成?已知 $K_稳^\ominus[Cu(NH_3)_4]^{2+}=2.09\times10^{13}$,$K_{sp}^\ominus[Cu(OH)_2]=2.2\times10^{-20}$。

3.已知下列元素电势图:

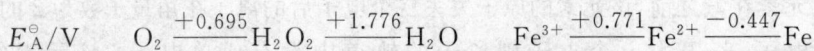

$$E_A^\ominus/V \qquad O_2 \xrightarrow{+0.695} H_2O_2 \xrightarrow{+1.776} H_2O \qquad Fe^{3+} \xrightarrow{+0.771} Fe^{2+} \xrightarrow{-0.447} Fe$$

(1)H_2O_2、Fe^{2+} 能否发生歧化反应? 如果能发生,写出反应式。

(2)判断反应 $4Fe^{2+}+4H^++O_2 \Longrightarrow 4Fe^{3+}+2H_2O$ 在标准状况下进行的方向。

(3)计算 25℃时,反应 $H_2O_2+2Fe^{2+}+2H^+ \Longrightarrow 2Fe^{3+}+2H_2O$ 的平衡常数。

参考答案

一、选择题

1.B	2.B	3.D	4.D	5.B	6.C	7.D	8.C	9.D	10.C
11.C	12.A	13.B	14.C	15.B	16.C	17.B	18.C	19.A	20.C
21.C	22.B	23.A	24.B	25.A	26.D	27.B	28.C	29.C	30.D

二、填空题

1.(b)＞(c)＞(a)

2.100kPa; 1mol·L^{-1}

3.$K^\ominus=\dfrac{[c_{eq}(Cr^{3+})]^2\cdot[p(Cl_2)/p^\ominus]^3}{c_{eq}(Cr_2O_7^{2-})\cdot[c_{eq}(H^+)]^{14}\cdot[c_{eq}(Cl^-)]^6}$

4.$HClO_4$、HSO_4^-、NH_4^+、H_4SiO_4、NH_3; OH^-、NH_3、H_2O、HAc、HSO_4^-

5.(6)、(4)、(1)、(2)、(3)、(5)

6.8×10^{-8}; 7.10

7.增大; 减小

8.$[Fe(H_2O)_6]^{3+}$; $[Fe(OH)_2(H_2O)_4]^+$

9.1.7×10^{-28}

10. 小；大

11. （一）Ag-AgCl│Cl$^-$（1mol·L^{-1}）‖ KCl（饱和）│Hg$_2$Cl$_2$│Hg（+）；

Hg$_2$Cl$_2$+2Ag $\rightleftharpoons$ 2Hg+2AgCl；$K^\ominus$＝34.4

12. Cu；［Ar］$3d^{10}4s^1$；ds；ⅠB

13. MgCl$_2$、NaCl、SO$_2$、CO$_2$

14. BCl$_3$、PCl$_4^+$、NH$_3$、H$_2$O

15. 二氯·二羟·二氨合铂（Ⅳ）

16. ［Co(ONO)(NH$_3$)$_3$(H$_2$O)$_2$］Cl$_2$

17. dsp^2

18. As$_2$O$_3$；Na$_2$B$_4$O$_7$·10H$_2$O

三、完成并配平下列反应方程式

1. 2Na$_2$O$_2$+2CO$_2$＝2Na$_2$CO$_3$+O$_2$↑

2. 2AsH$_3$+12AgNO$_3$+3H$_2$O＝As$_2$O$_3$+12HNO$_3$+12Ag↓

3. Cr$_2$S$_3$+6H$_2$O＝2Cr(OH)$_3$↓+3H$_2$S↑

4. 2CuO+4HI＝2CuI↓+I$_2$+2H$_2$O

5. 2［Ag(S$_2$O$_3$)$_2$］$^{3-}$+H$_2$S+6H$^+$＝Ag$_2$S↓+4S↓+4SO$_2$↑+4H$_2$O

四、简答题

1. 答：（1）根据价键理论，配位数为 6 的中心原子通常有 sp^3d^2 和 d^2sp^3 两种杂化类型，故［Mn(CN)$_6$］$^{3-}$中 Mn^{3+}的 $3d^4$ 有两种可能的排布：↑ ↑ ↑ ↑ ＿ 或 ↑↓ ↑ ↑ ＿ ＿。按 $\mu=\sqrt{n(n+2)}$ B.M. 计算，这两种可能的电子排布的磁矩分别为：4.90B.M.和2.82B.M.。将两者与实测磁矩 2.8B.M.比较，可知［Mn(CN)$_6$］$^{3-}$中 Mn^{3+}的未成对电子数为 2、杂化轨道类型为 d^2sp^3，［Mn(CN)$_6$］$^{3-}$为八面体构型。

（2）由磁矩可知［Mn(CN)$_6$］$^{3-}$中 Mn^{3+}的未成对电子数为 2，按晶体场理论，Mn^{3+}处于八面体强场中，d 电子排布为 $d_\varepsilon^4 d_\gamma^0$。按 $E_C=E_{晶体场}-E_{球形场}=E_{晶体场}-0$，并考虑成对能 E_P 对 E_C 的影响，忽略同种金属离子的 E_P 在晶体场中和球形场中的差异，则

$$E_C=4\times(-4Dq)+E_P=-16Dq+E_P$$

2. 答：A 为 MnO$_2$，B 为 MnSO$_4$，C 为 NaMnO$_4$，D 为 Na$_2$MnO$_4$，E 为 Mn(OH)$_2$。

五、计算题

1. 解：（1）由于

$$pH=14-pK_b^\ominus+\lg\frac{c(NH_3)}{c(NH_4^+)}$$

则

$$\lg\frac{c(NH_3)}{c(NH_4^+)}=pH+pK_b^\ominus-14$$

$$=9+4.74-14$$

$$= -0.26$$

$$\frac{c(NH_3)}{c(NH_4^+)} = 0.55$$

$$c(NH_3) = 0.55 \times c(NH_4^+)$$

$$= 0.55 \times 1.0 mol \cdot L^{-1}$$

$$= 0.55 mol \cdot L^{-1}$$

密度为 $0.904 g \cdot mL^{-1}$ 的氨水的浓度为

$$\frac{1000 mL \times 0.904 g \cdot mL^{-1} \times 26.0\%}{17 g \cdot mol^{-1} \times 1L} = 13.83 mol \cdot L^{-1}$$

需密度为 $0.904 g \cdot mL^{-1}$ 的氨水的体积为

$$\frac{0.50 L \times 0.55 mol \cdot L^{-1}}{13.83 mol \cdot L^{-1}} = 1.99 \times 10^{-2} L$$

$$= 19.9 mL$$

(2)需固体 NH_4Cl 的质量为

$$1.0 mol \cdot L^{-1} \times 0.5L \times 53.5 g \cdot mol^{-1} = 26.75 g$$

2.解： 设生成 $[Cu(NH_3)_4]^{2+}$ 后，$c_{eq}(Cu^{2+}) = x \ mol \cdot L^{-1}$，则

$$Cu^{2+} \ + \ 4NH_3 \ \rightleftharpoons \ [Cu(NH_3)_4]^{2+}$$

相对平衡浓度 $\qquad x \qquad 6-4(0.01-x) \qquad 0.01-x$

有大量 NH_3 存在时，$[Cu(NH_3)_4]^{2+}$ 的解离受到抑制，故 $6-4(0.01-x) \approx 5.96$，$0.01-x \approx 0.01$。故

$$K_稳^\ominus = \frac{c_{eq}[Cu(NH_3)_4^{2+}]}{c_{eq}(Cu^{2+})[c_{eq}(NH_3)]^4}$$

$$= \frac{0.01}{x \times 5.96^4}$$

$$= 2.09 \times 10^{13}$$

解得 $c_{eq}(Cu^{2+}) = x = 3.79 \times 10^{-19} mol \cdot L^{-1}$。

已知溶液中 $c(OH^-) = 0.01 mol \cdot L^{-1}$，可得

$$c(Cu^{2+}) \times [c(OH^-)]^2 = 3.79 \times 10^{-19} \times 0.01^2$$

$$= 3.79 \times 10^{-23} < K_{sp}^\ominus[Cu(OH)_2] = 2.2 \times 10^{-20}$$

所以没有 $Cu(OH)_2$ 沉淀生成。

3.解：(1)H_2O_2：因为 $E_右^\ominus > E_左^\ominus$，故 H_2O_2 能发生歧化反应。

$$2H_2O_2 \rightleftharpoons O_2 + 2H_2O$$

Fe^{2+}：因为 $E_右^\ominus < E_左^\ominus$，故 Fe^{2+} 不能发生歧化反应。

(2) $\qquad E^\ominus(O_2/H_2O) = \dfrac{1 \times E^\ominus(O_2/H_2O_2) + 1 \times E^\ominus(H_2O_2/H_2O)}{2}$

$$= \frac{1 \times 0.695V + 1 \times 1.776V}{2} = 1.236V$$

在标准状况下

$$E_{MF}^{\ominus}=E_{(+)}^{\ominus}-E_{(-)}^{\ominus}=E_{(+)}^{\ominus}(O_2/H_2O)-E_{(-)}^{\ominus}(Fe^{3+}/Fe^{2+})$$

$$=1.236V-0.771V$$

$$=0.465V$$

$E_{MF}^{\ominus}>0$，反应正向进行。

（3）
$$\lg K^{\ominus}=n[E_{(+)}^{\ominus}-E_{(-)}^{\ominus}]/0.0592$$

$n=2$

$E_{(+)}^{\ominus}=E^{\ominus}(H_2O_2/H_2O)=1.776V$

$E_{(-)}^{\ominus}=E^{\ominus}(Fe^{3+}/Fe^{2+})=0.771V$

$\lg K^{\ominus}=2\times(1.776-0.771)/0.0592=34.0$

$K^{\ominus}=1\times10^{34}$

试卷三 （广西中医药大学） ▷▷▷▷

....

一、选择题

1.下列各组物质能组成缓冲溶液的是（　）

　　A.$NaHCO_3$-Na_2CO_3　　　　　　　　　B.HCl-$NaCl$

　　C.HAc-$NaOH$（过量）　　　　　　　　D.$NH_3 \cdot H_2O$-$NaCl$

2.某缓冲对中对应酸的 $pK_a^\ominus = 6.3$，则该缓冲溶液的缓冲范围 pH 是（　）

　　A.$[1,14]$　　　　　　　　　　　　　　B.$[5.3,7.3]$

　　C.$[4,9]$　　　　　　　　　　　　　　D.$[-\infty,+\infty]$

3.能决定多电子原子能量的量子数是（　）

　　A.n、m　　　　　　　　　　　　　　B.l、m

　　C.n、l　　　　　　　　　　　　　　D.l、s_i

4.在多电子原子中，其他电子对某个选定电子排斥作用，相当于核电荷对该电子引力减弱的现象称为（　）

　　A.镧系收缩　　　　　　　　　　　　　B.屏蔽效应

　　C.钻穿效应　　　　　　　　　　　　　D.能级交错

5.某元素原子的价层电子构型为 $4d^{10}5s^2$，则该元素在周期表中位于（　）

　　A.第二周期　　　　　　　　　　　　　B.第三周期

　　C.第四周期　　　　　　　　　　　　　D.第五周期

6.ds 区元素原子的价层电子构型为（　）

　　A.$ns^{1\sim2}$　　　　　　　　　　　　B.$ns^2np^{1\sim6}$

　　C.$(n-1)d^{10}ns^{1\sim2}$　　　　　　　D.$(n-1)d^{1\sim9}ns^{1\sim2}$

7.今有一种元素，其原子中有 5 个半充满的 d 轨道，该元素是（　）

　　A.$_{29}Cu$　　　　　　　　　　　　　B.$_{26}Fe$

　　C.$_{24}Cr$　　　　　　　　　　　　　D.$_{35}Br$

8.在周期表短周期中，从左到右性质变化不正确的是（　）

　　A.原子半径逐渐变大　　　　　　　　　B.电离能逐渐变大

　　C.电子亲和能逐渐变大　　　　　　　　D.电负性逐渐变大

9.下列化合物中含有极性共价键的是（　）

　　A.Na_2O_2　　　　　　　　　　　　　B.Na_2O

C.NaCl   D.NaClO$_3$

10.下列分子中,碳采取 sp 杂化方式的是( )

A.CH$_3$OH   B.C$_2$H$_2$

C.CHCl$_3$ D.CH$_2$O

11.下列分子或离子中,具有反磁性的是( )

A.O$_2^{2-}$ B.O$_2^-$

C.O$_2^+$ D.O$_2$

12.含有 CrCl$_3$·6H$_2$O 的配合物溶液,加入足量 AgNO$_3$ 有 1/3 的 Cl$^-$ 析出,其结构式为( )

A.[CrCl(H$_2$O)$_5$]Cl$_2$·H$_2$O   B.[CrCl$_2$(H$_2$O)$_4$]Cl·2H$_2$O

C.[CrCl$_3$(H$_2$O)$_3$]3H$_2$O   D.[Cr(H$_2$O)$_6$]Cl$_3$

13.[Zn(CN)$_4$]$^{2-}$ 是四面体构型,其中心离子的杂化轨道类型是( )

A.dsp^2 B.d^2sp^3

C.sp^3 D.sp^3d

14.下列 p 区元素含氧酸中,既能做氧化剂又能做还原剂的是( )

A.H$_2$SO$_4$ B.HNO$_2$

C.HNO$_3$ D.H$_3$PO$_4$

15.下列药品中能用于解救卤素和氰化物中毒的是( )

A.NaCl   B.H$_2$O$_2$

C.Na$_2$S$_2$O$_3$ D.NH$_4$Cl

16.下列物质热稳定性最好的是( )

A.NaHCO$_3$ B.H$_2$CO$_3$

C.Na$_2$CO$_3$ D.(NH$_4$)$_2$CO$_3$

17.下面分子结构中含有两个二电子三中心键即"氢桥键"的是( )

A.H$_2$O$_2$ B.B$_2$H$_6$

C.H$_2$SO$_4$ D.HNO$_3$

18.化学上常用作氧化剂,医药上可用作防腐、消毒、除臭、解毒剂的是( )

A.MnO$_2$ B.MnSO$_4$

C.K$_2$MnO$_4$ D.KMnO$_4$

19.要鉴别 AgNO$_3$、Cu(NO$_3$)$_2$、HgCl$_2$、Hg$_2$Cl$_2$ 溶液最好选用( )

A.KI   B.CCl$_4$

C.KCl   D.HCl

20.下列物质最不容易被空气氧化的是( )

A.Mn(OH)$_2$ B.Ni(OH)$_2$

C.Co(OH)$_2$ D.Fe(OH)$_2$

二、是非题

1.向病人输入大量的高渗溶液会造成细胞"溶血"。（　　）

2.两难溶电解质,其中 $K_{sp}^{\ominus}$ 较大者溶解度也较大。（　　）

3.电子构型为 $1s^2 2s^1 2d^1$ 的运动状态是不存在的。（　　）

4.氢原子光谱是证明核外电子运动具有量子化特征的实验基础。（　　）

5.共价键只有方向性没有饱和性。（　　）

6.键能越大则分子越不稳定。（　　）

7.内轨型配合物一般比外轨型的稳定。（　　）

8.Na_2SO_3 有较强的还原性,可用作注射剂的抗氧剂。（　　）

9.向 $MnCl_2$ 溶液加入 $NaBiO_3$ 有紫红色出现。（　　）

10.Fe^{2+} 和 Fe^{3+} 都很容易与氨水结合成配合物。（　　）

三、填空题

1.苯的凝固点为 278.5K,$K_f = 5.1$,某 B 激素 1.8g 溶于 12.0g 苯中,得溶液凝固点为 275.95K,则质量摩尔浓度 $b_B =$ ＿＿＿＿＿ $mol \cdot kg^{-1}$,摩尔质量 $M_B =$ ＿＿＿＿＿;0.4mol $\cdot L^{-1}$ 的 $NH_3 \cdot H_2O$ 溶液 pH ＿＿＿＿＿,电离度 ＿＿＿＿＿（已知 $NH_3 \cdot H_2O$ 的 $K_b^{\ominus} = 1.75 \times 10^{-5}$）。

2.原子中电子的波函数 ψ 是描述＿＿＿＿＿的数学函数,ψ 绝对值的平方用空间图形象化表示时称为＿＿＿＿＿。多电子在原子核外排布时应遵循＿＿＿＿＿、＿＿＿＿＿和洪特规则三个原理。

3.在 CH_3CHO、CH_3CH_2OH、HNO_3 和 C_6H_6 各自分子中,只有色散力的是＿＿＿＿＿,有 π 键无氢键的极性分子是＿＿＿＿＿,有分子内氢键的是＿＿＿＿＿,有分子间氢键的是＿＿＿＿＿。

4.在 $[CrCl_2(en)_2]Cl$ 配合物中,其形成体为＿＿＿＿＿,配位数为＿＿＿＿＿,配位体有＿＿＿＿＿,系统命名叫＿＿＿＿＿。

5.写出药品分子式:熟石膏＿＿＿＿＿,硼砂＿＿＿＿＿,代赭石＿＿＿＿＿,白降丹＿＿＿＿＿。

四、简答题

1.什么是盐的水解? 判断 NaH_2PO_4 盐溶液的酸碱性并说明理由。已知 H_3PO_4 的 $K_{a_1}^{\ominus} = 7.6 \times 10^{-3}$,$K_{a_2}^{\ominus} = 6.3 \times 10^{-8}$,$K_{a_3}^{\ominus} = 4.4 \times 10^{-13}$。

2.在 CH_4、CCl_4 和 CI_4 中,各自的 C 采用什么杂化? 常温下熔沸点最高的是谁? 为什么?

（原子量 C=12,H=1,Cl=35.5,I=127）

3.分析说明 $[Fe(CN)_6]^{4-}$ 配离子（磁距 $\mu = 0$ B.M.,Fe 为 26 号元素）中心离子的杂化

轨道类型,指出该配离子的空间构型和磁性各是什么?

4.为什么说硼族元素是缺电子原子? 硼酸为什么是一元弱酸?

五、反应分析题

1.某绿色氧化物 A 用 HCl 溶解后分成两份,一份逐滴加入 NaOH 先是生成灰蓝色沉淀 B,继续加入 NaOH 则 B 溶解为亮绿色溶液;另一份加入 $K_2S_2O_8$ 得橙红色溶液 C,向 C 加入 $AgNO_3$ 得砖红色沉淀 D。则 A、B、C、D 各是什么? 写出生成 B、C 的离子反应式。

2.完成下列反应式并配平:

(1)HF 酸腐蚀玻璃。

(2)KI 解救酸性溶液中 $NaNO_2$ 中毒的离子反应式。

(3)$Hg(NO_3)_2$ 溶于水时发生水解。

六、计算题

1.镉是公认的剧毒元素,若某药剂溶液中 $c_{eq}(Cd^{2+})=10^{-5} mol \cdot L^{-1}$,当通入 H_2S 达饱和时,平衡溶液的 pH=1。请问:

(1)这时溶液中的 $c_{eq}(S^{2-})$ 为多少?

(2)1L 溶液能沉淀出多少克 CdS?

已知 H_2S 总 $K_a^{\ominus}=6\times10^{-22}$,$K_{sp}^{\ominus}(CdS)=6\times10^{-27}$,CdS 的 $M=144.5 g \cdot mol^{-1}$。

2. 298K 时,铅蓄电池正极反应 $PbO_2(s)+4H^++2e=Pb^{2+}+2H_2O$ 的 $E_1^{\ominus}=1.47V$。请计算:

(1)$c(Pb^{2+})=0.01 mol \cdot L^{-1}$ 和 pH=4 时该电极的电极电势 $E_1=$?

(2)若将上述(1)电极与标准氢电极 $2H^+(1mol \cdot L^{-1})+2e=H_2(g,100kPa)$ 组成电池,求该电池的电动势,并写出电池的反应式和电池符号。

3.欲使 0.4mol 的 AgBr 溶于 2L 的 $Na_2S_2O_3$ 溶液中形成 $[Ag(S_2O_3)_2]^{3-}$ 配合物,则所需 $Na_2S_2O_3$ 的最低浓度是多少? 已知 $K_{sp}^{\ominus}(AgBr)=5.3\times10^{-13}$,$[Ag(S_2O_3)_2]^{3-}$ 的 $K_{稳}^{\ominus}=3\times10^{13}$。

参考答案

一、选择题

1.A	2.B	3.C	4.B	5.D	6.C	7.C	8.A	9.D	10.B
11.A	12.B	13.C	14.B	15.C	16.C	17.B	18.D	19.A	20.B

二、是非题

1.×	2.×	3.√	4.√	5.×	6.×	7.√	8.√	9.√	10.×

三、填空题

1. 0.5;300;11.42;0.66%
2. 核外电子运动;电子云;能量最低;泡里不相溶
3. C_6H_6;CH_3CHO;HNO_3;CH_3CH_2OH
4. Cr^{3+};6;Cl^-、en;氯化二氯二乙二胺合铬(Ⅲ)
5. $CaSO_4 \cdot 1/2H_2O$;$Na_2B_4O_7 \cdot 10H_2O$;Fe_2O_3;$HgCl_2$

四、简答题

1. 盐的离子与溶液中电离出的 H^+ 或 OH^- 作用生成弱电解质的反应称为盐的水解。NaH_2PO_4 溶液显酸性;因为水解常数 $K_{b_3}^{\ominus} = \dfrac{K_w^{\ominus}}{K_{a_1}^{\ominus}} = \dfrac{10^{-14}}{7.6 \times 10^{-3}} = 1.32 \times 10^{-12} < K_{a_2}^{\ominus}$(电离)。

2. 各自的 C 都是 sp^3 等性杂化;CI_4 的熔沸点最高;因为它们是同类型的非极性分子,分子量越大色散力越强,熔沸点就越高。

3. 由 $\mu = \sqrt{n(n+2)} = 0$,得 $n = 0$,即 $[Fe(CN)_6]^{4-}$ 的中心离子没有未成对电子,而 $_{26}Fe^{2+}$ 的 $3d^6$ 中有四个成单电子。所以该配离子是内轨型,中心离子为 d^2sp^3 杂化,空间构型为正八面体,是反磁性。

4. 因为硼族元素的价电子数少于价层的轨道数,故是缺电子原子。由于硼酸是缺电子化合物,不能给出质子,是 $H_3BO_3 + H_2O = [B(OH)_4]^- + H^+$ 体现酸性,所以硼酸是一元弱酸。

五、反应分析题

1. A 是 Cr_2O_3;B 是 $Cr(OH)_3$;C 是 $K_2Cr_2O_7$;D 是 Ag_2CrO_4。

生成 B:$Cr^{3+} + 3OH^- = Cr(OH)_3$;生成 C:$2Cr^{3+} + 3S_2O_8^{2-} + 7H_2O = Cr_2O_7^{2-} + 6SO_4^{2-} + 14H^+$

2. (1) $SiO_2 + 4HF = SiF_4 \uparrow + 2H_2O$

   (2) $2NO_2^- + 2I^- + 4H^+ = 2NO \uparrow + I_2 + 2H_2O$

   (3) $Hg(NO_3)_2 + H_2O = Hg(OH)NO_3 \downarrow + HNO_3$

六、计算题

1. (1) 饱和时 $c_{eq}(H_2S) = 0.1 \, mol \cdot L^{-1}$,pH = 1 得 $c_{eq}(H^+) = 0.1 \, mol \cdot L^{-1}$,由 $H_2S \rightleftharpoons 2H^+ + S^{2-}$ 知

$$K_a^{\ominus} = \frac{c_{eq}(S^{2-}) \cdot [c_{eq}(H^+)]^2}{c_{eq}(H_2S)}, \quad 得 \quad c_{eq}(S^{2-}) = \frac{6 \times 10^{-22} \times 0.1}{0.1^2} = 6 \times 10^{-21} \, mol \cdot L^{-1}$$

(2) 由 $CdS \rightleftharpoons Cd^{2+} + S^{2-}$ 得 $K_{sp}^{\ominus} = c_{eq}(Cd^{2+}) \cdot c_{eq}(S^{2-}) = 6 \times 10^{-27}$,剩余 $c_{eq}(Cd^{2+}) =$

$10^{-6} \, \text{mol} \cdot \text{L}^{-1}$

所以沉淀的 CdS 为 $m = n \cdot M = (10^{-5} - 10^{-6}) \times 1 \times 144.5 = 1.43 \times 10^{-3} \, \text{g}$

2.(1)pH$=4$ 得 $c(\text{H}^+) = 10^{-4} \, \text{mol} \cdot \text{L}^{-1}$，由能斯特方程得

$$E_1 = E_1^\ominus + \frac{0.0592}{2} \lg \frac{[c(\text{H}^+)]^4}{c(\text{Pb}^{2+})} = 1.47 + \frac{0.0592}{2} \lg \frac{(10^{-4})^4}{10^{-2}} = 1.0556 \text{V}$$

(2)电池的电动势为

$$E_{\text{MF}} = E_1 - E^\ominus(\text{H}^+/\text{H}_2) = 1.0556 - 0.00 = 1.0556 \text{V}$$

电池的反应式为 $\quad \text{PbO}_2 + 2\text{H}^+ + \text{H}_2 = \text{Pb}^{2+} + 2\text{H}_2\text{O}$

电池的符号为

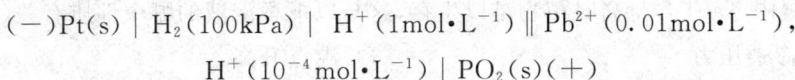

$$(-)\text{Pt}(s) \mid \text{H}_2(100\text{kPa}) \mid \text{H}^+(1\text{mol} \cdot \text{L}^{-1}) \parallel \text{Pb}^{2+}(0.01\text{mol} \cdot \text{L}^{-1}),$$
$$\text{H}^+(10^{-4}\text{mol} \cdot \text{L}^{-1}) \mid \text{PO}_2(s)(+)$$

3.AgBr 溶解后 $c(\text{Br}^-) = n/V = 0.4/2 = 0.2 \, \text{mol} \cdot \text{L}^{-1}$，设平衡时 $c_{\text{eq}}(\text{S}_2\text{O}_3^{2-})$ 为 x，则

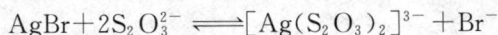

$$\text{AgBr} + 2\text{S}_2\text{O}_3^{2-} \rightleftharpoons [\text{Ag}(\text{S}_2\text{O}_3)_2]^{3-} + \text{Br}^-$$

平衡浓度 $\qquad\qquad x \qquad\qquad 0.2 \qquad\qquad 0.2$

由 $\qquad K^\ominus = \dfrac{0.2 \times 0.2}{x^2} = K_{\text{sp}}^\ominus \cdot K_{\text{稳}}^\ominus = 5.3 \times 10^{-13} \times 3 \times 10^{13}$，得 $x = 0.05 \, \text{mol} \cdot \text{L}^{-1}$

所以需要 $\text{Na}_2\text{S}_2\text{O}_3$ 的最低浓度是 $c = 0.05 + 0.2 \times 2 = 0.45 \, \text{mol} \cdot \text{L}^{-1}$

试卷四（广东药科大学） ▷▷▷▷

一、单项选择题

1. 土壤中 NaCl 含量高时植物难以生存，这与以下稀溶液的哪个性质有关（   ）

  A. 渗透压力   B. 沸点升高

  C. 凝固点下降   D. 蒸气压下降

  E. 离子强度

2. 已知 $CaCl_2$ 溶液与蔗糖溶液的渗透浓度均为 $300mmol \cdot L^{-1}$，则两溶液的物质的量浓度关系为（   ）

  A. $c(蔗糖) = 3c(CaCl_2)$ B. $c(CaCl_2) = 3c(蔗糖)$

  C. $c(蔗糖) = c(CaCl_2)$ D. $c(蔗糖) = 2c(CaCl_2)$

  E. $c(CaCl_2) = 2c(蔗糖)$

3. 会使红细胞发生溶血的溶液是（   ）

  A. $90.0g \cdot L^{-1} NaCl$ B. $50g \cdot L^{-1}$ 葡萄糖

  C. $100g \cdot L^{-1}$ 葡萄糖   D. 生理盐水的 10 倍稀释液

  E. $0.15mol \cdot L^{-1} NaCl$

4. 下列药物中，可作为抗酸药物，治疗糖尿病昏迷及畸形肾炎等引起的代谢性酸中毒的是（   ）

  A. 胰岛素   B. 葡萄糖酸钙

  C. $NaHCO_3$ D. $Al(OH)_3$

  E. 阿司匹林

5. 已知下列反应的标准平衡常数：$H_2(g) + S(s) \Longleftrightarrow H_2S(g)$ 为 $K_1^{\ominus}$；$O_2(g) + S(s) \Longleftrightarrow SO_2(g)$ 为 $K_2^{\ominus}$；则反应 $H_2(g) + SO_2(g) \Longleftrightarrow O_2(g) + H_2S(g)$ 的标准平衡常数为（   ）

  A. $K_1^{\ominus} - K_2^{\ominus}$ B. $K_1^{\ominus} \cdot K_2^{\ominus}$

  C. $K_2^{\ominus} / K_1^{\ominus}$ D. $K_1^{\ominus} / K_2^{\ominus}$

  E. $K_1^{\ominus} + K_2^{\ominus}$

6. $0.010mol \cdot L^{-1}$ 的一元弱碱（$K_b^{\ominus} = 1.0 \times 10^{-8}$）溶液与等体积水混合后，溶液的 pH 值为（   ）

  A. 8.7   B. 8.85

  C. 9.0   D. 10.5

E.10.0

7.某缓冲溶液的共轭酸的 $K_a = 1.0 \times 10^{-6}$,从理论上推算论缓冲溶液的缓冲范围是(　　)

  A.6~8   B.7~9

  C.5~7   D.5~6

  E.5.5~6.5

8.欲配制与血浆 pH 相同的缓冲溶液,应选用下列哪一组缓冲对(　　)

  A.HAc-NaAc($pK_a^\ominus = 4.75$)   B.NaH_2PO_4-Na_2HPO_4($pK_a^\ominus = 7.20$)

  C.NH_3-NH_4Cl($pK_a^\ominus = 9.25$)   D.H_2CO_3-$NaHCO_3$($pK_a^\ominus = 12.32$)

  E.Na_2HPO_4-Na_3PO_4($pK_a^\ominus = 6.73$)

9.已知 $K_{sp}^\ominus(Ag_3PO_4) = 1.4 \times 10^{-16}$,其溶解度为(　　)

  A.1.1×10^{-4} mol·L^{-1} B.8.3×10^{-5} mol·L^{-1}

  C.1.2×10^{-8} mol·L^{-1} D.2.3×10^{-4} mol·L^{-1}

  E.4.8×10^{-5} mol·L^{-1}

10.欲使 $Mg(OH)_2$ 溶解,可加入(　　)

  A.NaCl   B.NH_4Cl

  C.$NH_3·H_2O$ D.NaOH

  E.H_2O

11.$E^\ominus(Cu^{2+}/Cu^+) = 0.158V$,$E^\ominus(Cu^+/Cu) = 0.522V$,则反应 $2Cu^+ \rightleftharpoons Cu^{2+} + Cu$ 的 $K^\ominus$ 为(　　)

  A.6.93×10^{-7} B.1.98×10^{12}

  C.1.4×10^6 D.4.8×10^{-13}

  E.4.8×10^{-8}

12.某元素的原子序数小于 36,当该元素原子失去一个电子时,其副量子数等于 2 的轨道内电子数为全充满,则该元素为(　　)

  A.Cu   B.K

  C.Br   D.Cr

  E.Mn

13.下列描述核外电子空间运动状态的量子数中,不正确的一组是(　　)

  A.$n=2$,$l=0$,$m=0$ B.$n=1$,$l=1$,$m=0$

  C.$n=2$,$l=1$,$m=-1$ D.$n=6$,$l=5$,$m=5$

  E.$n=3$,$l=2$,$m=0$

14.第二周期从 Li 到 Ne 原子的第一电离势变化总的趋势是(　　)

  A.从小变大   B.从大变小

  C.从 Li 到 N 增加,从 N 到 Ne 下降   D.基本不变

  E.没有规律

15.NH_4Cl 分子中 N 原子采用的杂化轨道类型为( )

 A.等性 sp^3 B.sp

 C.sp^2 D.不等性 sp^3

 E.dsp^2

16.HI 分子间存在的分子间作用力是( )

 A.取向力、色散力   B.取向力、诱导力

 C.诱导力、色散力   D.诱导力、取向力、色散力

 E.诱导力、取向力、色散力、氢键

17.下列物质极化率最小的是( )

 A.CO_2 B.CS_2

 C.CO   D.CH_4

 E.H_2

18.下列物质的沸点高低顺序正确的是( )

 A.$H_2Te>H_2Se>H_2S>H_2O$ B.$H_2Se>H_2S>H_2O>H_2Te$

 C.$H_2O>H_2S>H_2Se>H_2Te$ D.$H_2O>H_2Te>H_2Se>H_2S$

 E.$H_2O>H_2Se>H_2Te>H_2S$

19.下列卤化物中,离子键成分大小顺序正确的是( )

 A.$CsF>RbCl>KBr>NaI$ B.$CsF>RbBr>KCl>NaF$

 C.$RbBr>CsI>NaF>KCl$ D.$KCl>NaF>CsI>RbBr$

 E.$KCl>NaF>RbBr>CsI$

20.下列论述中不正确的是( )

 A.过渡元素最显著的特征之一是它们有多种氧化值

 B.随着卤素原子序数的增加,卤素原子的半径增大

 C.在酸性条件下,$K_2Cr_2O_7$ 是一种良好的氧化剂

 D.$Zn(OH)_2$ 是两性氢氧化物

 E.实验室常用固体 KBr 和浓 H_2SO_4 制备气体 HBr

二、判断题

1.实验室可用 HNO_3 或者 H_2SO_4 与 FeS 作用制备 H_2S 气体。( )

2.乙烷裂解生成乙烯:$C_2H_6(g) \Longrightarrow C_2H_4(g)+H_2(g)$。在实际生产中常在恒温恒压下采用加入过量水蒸气的方法来提高乙烯的产率,这是因为随着水蒸气的加入,同时以相同倍数降低了 $p(C_2H_6)$、$p(C_2H_4)$、$p(H_2)$,使平衡向右移动。( )

3.在相同温度下,纯水或 $0.1mol \cdot L^{-1}$ HCl 或 $0.1mol \cdot L^{-1}$ NaOH 溶液中,水的离子积都相同。( )

4.配位体浓度越大,生成的配离子的配位数越大。( )

5.$1 \times 10^{-5} mol \cdot L^{-1}$ 盐酸溶液冲稀 1000 倍,溶液的 pH 值等于 8.0。( )

6.对于同一反应来说,在一定的温度下,无论起始浓度如何,其各反应物的平衡转化率都是一样的。（　）

7.波函数 ψ 表明微观粒子运动的波动性,其数值可大于零,也可小于零,$|\psi|^2$ 表示电子在原子核外空间出现的几率密度。（　）

8.在浓碱溶液中 MnO_4^- 可以被 OH^- 还原为 MnO_4^{2-}（　）

9.有一气相反应 $aA+bB \rightleftharpoons dD+eE$,已知,$a+b>d+e$,若各分压都增加一倍,则其标准平衡常数也随之增加。（　）

10.在一定温度下,$AgCl$ 水溶液中 Ag^+ 和 Cl^- 浓度之积是一个常数。（　）

三、填空题

1.原子序数为 47 的元素的电子层结构式为_____,属于____区。

2.现有浓度相等的四种溶液 HCl、$HAc(K_a^\ominus=1.8\times10^{-5})$、$NaOH$ 和 $NaAc$,欲配制 $pH=4.44$ 的缓冲溶液,可有三种配法,每种配法选择两种溶液,则每种配法的溶液及其体积比分别为____,____,____。

3.若萘($C_{10}H_8$)的苯溶液中,萘的摩尔分数为 0.100,则该溶液的质量摩尔浓度为_____。

4.200g 水中溶解了 40g 难挥发非电解质,该溶液在 $-5.58℃$ 时结冰,则该溶质的相对分子质量为_____（已知水的 $K_f=1.86K\cdot kg\cdot mol^{-1}$）。

5.溶液中有 $0.01mol\cdot L^{-1}$ $NaCl$ 和 $0.01mol\cdot L^{-1}$ 的 $BaCl_2$,则溶液的离子强度 I 等于_____。

6.按照质子理论,下列物质 HS^-、S^{2-}、H_2S、H_2O、H_3O^+、HCO_3^-、HSO_4^-、H_2CO_3 中,_____既是酸又是碱。

7.在 30mL $0.2mol\cdot L^{-1}$ 氨水中加入_____ mL 水,才能使氨水的电离度增大 倍。$[K^\ominus(NH_3\cdot H_2O)=1.8\times10^{-5}]$

8.H_2S 和 HS^- 的电离常数分别为 10^{-8} 和 10^{-12},则在饱和的 H_2S 水溶液中 $c_{eq}(S^{2-})=$_____ $mol\cdot L^{-1}$。

9.已知 $K_{sp}^\ominus(BaF_2)=1.7\times10^{-6}$,将 1.0×10^{-2} mol $Ba(NO_3)_2(s)$ 和 2.0×10^{-2} mol $NaF(s)$溶于 1L 水之中,其离子积为_____,则该溶液将_____。

10.用离子-电子法配平:$Cr_2O_7^{2-}+H_2O_2+H^+\rightarrow Cr^{3+}+O_2+H_2O$

11.已知 $E_A^\ominus/V$:$Cr_2O_7^{2-}\xrightarrow{+1.36}Cr^{3+}\xrightarrow{-0.41}Cr^{2+}\xrightarrow{-0.86}Cr$,则 $E^\ominus(Cr_2O_7^{2-}/Cr^{2+})=$_____ V,$Cr^{2+}$ 能否发生歧化反应_____。

12.已知:$E_B^\ominus(O_2/H_2O)=0.401V$,$E_B^\ominus(H_2O/H_2)=-0.8277V$,由这两个电极组成原电池,则正极反应为_____,负极反应为_____,原电池的标准电动势等于_____,电池符号为_____,电池反应为_____。

13.下列各电极的 $E^\ominus$ 大小顺序是_____:(1)$E^\ominus(Ag^+/Ag)$,(2)$E^\ominus(AgBr/Ag)$,

$(3)E^{\ominus}(AgI/Ag)$，$(4)E^{\ominus}(AgCl/Ag)$。

14.根据分子轨道理论判断，氧分子有一个_____键和两个_____键。

15.在冰的结构中，每个水分子可形成_____个氢键。

16.离子的相互极化作用导致离子间距离缩短和轨道重叠，使得_____键向_____键过渡，这令化合物在水中的溶解度_____，颜色_____。

17.$[PtCl(NO_2)(NH_3)_4]SO_4$ 的名称是_____，其配位原子分别为_____，中心原子的配位数为_____。

18.写出下列配合物的化学式：高氯酸六氨合钴（Ⅱ）_____。

19.比较下列两配离子的稳定性的大小，应该是 $[FeF_6]^{3-}$_____ $[Fe(CN)_6]^{3-}$。

20.Na_2SO_3 与_____共热可制得 $Na_2S_2O_3$，Cl_2 可将 $Na_2S_2O_3$ 氧化为_____。

四、简答题

1.用 VSEPR 理论判断下列物质的空间构型以及中心原子的杂化类型：

(1)XeF_4　　(2)BrF_3　　(3)PO_4^{3-}　　(4)OF_2

2.已知 $[MnBr_4]^{2-}$ 和 $[Mn(CN)_6]^{3-}$ 的磁矩分别为 5.9B.M.和 2.8B.M.，试根据价键理论推测这两种配离子价层 d 电子分布情况及它们的几何构型。

3.某钠盐 A 溶于水后加入 $BaCl_2$ 有白色沉淀 B 生成，在 B 中加稀盐酸 B 溶解得溶液 C 和气体 D，D 能使品红溶液褪色，在 C 中加 $KMnO_4$ 溶液，$KMnO_4$ 紫色消失且有白色沉淀 E 生成。试判断 A、B、C、D、E 各为何物？写出各步反应方程式。

4.选择简便的方法实现下列转化而不引入其他杂质离子（写出相关反应式）

(1)将 $FeCl_3$ 溶液转变为 $FeCl_2$ 溶液

(2)将 $FeCl_2$ 溶液转变为 $FeCl_3$ 溶液

五、计算题

1.450℃时 HgO 的分解反应为 $2HgO(s) \rightleftharpoons 2Hg(g) + O_2(g)$，若将 0.05mol HgO 固体放在 1L 密闭容器中加热到 450℃，平衡时测得总压力为 108.0kPa，求该反应在 450℃时的标准平衡常数 $K^{\ominus}$。

2.现有无水醋酸钠固体和 6.0mol·L^{-1} HCl 溶液，需配制 pH＝5.0，总浓度为 1.0mol·L^{-1} 的缓冲溶液 1L，请计算需要加多少毫升 HCl 溶液和多少克无水醋酸钠？已知醋酸钠摩尔质量为 82.03g·mol^{-1}，醋酸的 $pK_a^{\ominus}$＝4.74。

3.溶液中 Fe^{3+} 和 Mg^{2+} 的浓度均为 0.01mol·L^{-1}，欲通过生成氢氧化物使二者分离完全，问溶液的 pH 值应控制在什么范围？已知 $K_{sp}^{\ominus}[Fe(OH)_3]$ 为 $4.0×10^{-38}$，$K_{sp}^{\ominus}[Mg(OH)_2]$ 为 $1.8×10^{-11}$。

4.$PbSO_4$ 的 $K_{sp}^{\ominus}$ 可用如下方法测得，选择 Cu^{2+}/Cu、Pb^{2+}/Pb 两电对组成一个原电池，使 $c(Cu^{2+})=1.0mol·L^{-1}$，在 Pb^{2+}/Pb 半电池中加入 SO_4^{2-}，产生 $PbSO_4$ 沉淀，并调至 $c(SO_4^{2-})=1.0mol·L^{-1}$，实验测得电动势为 0.62V（已知铜为正极），计算 $PbSO_4$ 的 $K_{sp}^{\ominus}$。

已知 $E^{\ominus}(Pb^{2+}/Pb)$ 为 $-0.1262V$，$E^{\ominus}(Cu^{2+}/Cu)$ 为 $0.3419V$。

参考答案

一、单项选择题

1.A　　2.A　　3.D　　4.C　　5.D　　6.B　　7.C　　8.B　　9.E　　10.B

11.C　　12.A　　13.B　　14.A　　15.A　　16.D　　17.E　　18.D　　19.A　　20.E

二、判断题

1.×　　2.√　　3.√　　4.×　　5.×　　6.×　　7.√　　8.√　　9.×　　10.×

三、填空题

1.$1s^2 2s^2 2p^6 3s^2 3p^6 3d^{10} 4s^2 4p^6 4d^{10} 5s^1$；ds

2.HAc—NaAc，2∶1；HCl—NaAc，2∶3；HAc—NaOH，3∶1

3.$1.42\,mol\cdot kg^{-1}$

4.$67\,kg\cdot mol^{-1}$

5.0.04

6.HS^-、H_2O、HCO_3^-、HSO_4^-

7.90

8.10^{-12}

9.4×10^{-6}；出现沉淀

10.$2Cr_2O_7^{2-}+8H_2O_2+16H^+ = 4Cr^{3+}+7O_2+16H_2O$

11.0.917；不能

12.$O_2(g)+2H_2O+4e \rightleftharpoons 4OH^-$；$2H_2O+2e \rightleftharpoons H_2(g)+2OH^-$；1.2287V；

(−)Pt|$H_2(g)$|$OH^-(c_1)$ ‖ $OH^-(c_2)$|$O_2(g)$|Pt(+)；

$O_2(g)+2H_2(g)\rightleftharpoons 2H_2O$

13.(1)＞(4)＞(2)＞(3)

14.σ；三电子 π

15.4

16.离子；共价；变小；加深

17.硫酸一氯·一硝基·四氨合铂（Ⅳ）；N，N，Cl；6

18.$[Co(NH_3)_6](ClO_4)_2$

19.＜

20.硫粉；Na_2SO_4

四、简答题

1.答:

	价层电子对数	价层电子排布	成键电子对数	孤对电子对数	分子构型	杂化类型
XeF_4	6	八面体	4	2	平面正方形	sp^3d^2 杂化
BrF_3	5	三角双锥	3	2	T 形	sp^3d 杂化
PO_4^{3-}	4	四面体	4	0	正四面体	sp^3 杂化
OF_2	4	四面体	2	2	V 形	sp^3 杂化

2.答:由 $\mu=\sqrt{n(n+2)}$ 解得:$[MnBr_4]^{2-}$ 的未成对电子数 $n=5$;$[Mn(CN)_6]^{3-}$ 的 $n=2$ 而金属离子 Mn^{2+} 的 $n=5$;Mn^{3+} 的 $n=4$,则 $[MnBr_4]^{2-}$ 中的 $Mn(Ⅱ)$ 的价电子还是保持了 $3d^5$(每个轨道里各有一个电子),提供了 $4s$ 和 $4p$ 空轨道进行 sp^3 杂化,离子的分子构型为正四面体。

$[Mn(CN)_6]^{3-}$ 中的 $Mn(Ⅲ)$ 的价电子分布是 $3d^4$(一个轨道里两个电子,两个轨道各有一个电子,还有两个空轨道),提供了两个 $3d,4s$ 和 $4p$ 空轨道进行 d^2sp^3 杂化,离子的分子构型为正八面体。

3.答:A 为 Na_2SO_3,B 为 $BaSO_3$,C 为 Ba^{2+}、SO_3^{2-}、H^+、Cl^-,D 为 SO_2,E 为 $BaSO_4$。

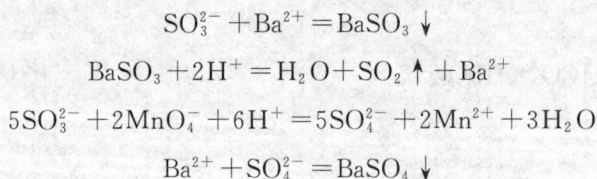

$$SO_3^{2-}+Ba^{2+}=BaSO_3\downarrow$$
$$BaSO_3+2H^+=H_2O+SO_2\uparrow+Ba^{2+}$$
$$5SO_3^{2-}+2MnO_4^-+6H^+=5SO_4^{2-}+2Mn^{2+}+3H_2O$$
$$Ba^{2+}+SO_4^{2-}=BaSO_4\downarrow$$

4.答:

(1)向 $FeCl_3$ 溶液中加入纯净的 Fe 粉,充分反应后过滤除去固体,剩余的即为 $FeCl_2$ 溶液。

$$2FeCl_3+Fe=3FeCl_2$$

(2)向 $FeCl_2$ 溶液中加入 H_2O_2 和盐酸,充分反应后加热除去过量 H_2O_2,剩余的即为 $FeCl_3$ 溶液。

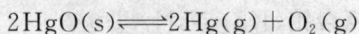

$$2FeCl_2+H_2O_2+2HCl=2FeCl_3+2H_2O$$

五、计算题

1.解:设平衡时 O_2 的分压和物质的量为 p 和 n,则

$$2HgO(s)\Longrightarrow 2Hg(g)+O_2(g)$$

平衡分压 　　　　　　　　　　$2p$ 　　　p

$$p_总=2p+p=108.0kPa$$
$$p=36.0kPa$$

$$pV=nRT \Rightarrow n=\frac{pV}{RT}=\frac{36\text{kPa}\times1\times10^{-3}\,\text{m}^3}{8.314\text{Pa}\cdot\text{m}^3\cdot\text{K}^{-1}\times723\text{K}}=5.99\text{mol}$$

$$K^{\ominus}=\left(\frac{2p}{p^{\ominus}}\right)^2\cdot\left(\frac{p}{p^{\ominus}}\right)^3=4\times\left(\frac{36\text{kPa}}{101\text{kPa}}\right)^3=0.18$$

答:该反应在 45℃ 的 $K^{\ominus}$ 为 0.18。

2.解:由题意得:1L 缓冲溶液中 $c(\text{HAc})+c(\text{Ac}^-)=1.0\text{mol}\cdot\text{L}^{-1}$

其中,HAc 由部分 NaAc 与 HCl 中和得到,则:

无水固体醋酸钠需要: $1.0\text{mol}\cdot\text{L}^{-1}\times1\text{L}=1.0\text{mol}$

$$m_{\text{NaAc}}=1.0\text{mol}\times82.03\text{g}\cdot\text{mol}^{-1}=82.03\text{g}$$

$$c(\text{HAc})=c(\text{HCl})=6.0\text{mol}\cdot\text{L}^{-1}\times V_{\text{HCl}}\div1\text{L}=6.0\text{mol}\cdot\text{L}^{-1}\times V_{\text{HCl}}$$

$$c(\text{Ac}^-)=1.0\text{mol}-6.0\text{mol}\cdot\text{L}^{-1}\times V_{\text{HCl}}$$

$$\text{pH}=\text{p}K_a+\lg\frac{c(\text{Ac}^-)}{c(\text{HAc})}$$

$$5.0=4.74+\lg\frac{1.0-6.0\times V_{\text{HCl}}}{6.0\times V_{\text{HCl}}}$$

$$V_{\text{HCl}}=0.059\text{L}=59\text{mL}$$

答:需要 59mL HCl 溶液和 82.03g 无水醋酸钠。

3.解:(1)Fe^{3+} 开始沉淀需要的 OH^- 的浓度为:

$$c(\text{OH}^-)=\sqrt[3]{\frac{K_{\text{sp}}^{\ominus}[\text{Fe(OH)}_3]}{c(\text{Fe}^{3+})}}=\sqrt[3]{\frac{4.0\times10^{-38}}{0.01}}=1.59\times10^{-12}\text{mol}\cdot\text{L}^{-1}$$

Mg^{2+} 开始沉淀需要的 OH^- 的浓度为:

$$c(\text{OH}^-)=\sqrt{\frac{K_{\text{sp}}^{\ominus}[\text{Mg(OH)}_2]}{c(\text{Mg}^{2+})}}=\sqrt{\frac{1.8\times10^{-11}}{0.01}}=4.24\times10^{-5}\text{mol}\cdot\text{L}^{-1}$$

即 $\text{pOH}=4.37$ $\text{pH}=14-4.37=9.63$

$\therefore \text{Fe}^{3+}$ 先开始沉淀。

(2)Fe^{3+} 沉淀完全时,溶液中 OH^- 的浓度必须满足:

$$c(\text{OH}^-)\geqslant\sqrt[3]{\frac{K_{\text{sp}}^{\ominus}[\text{Fe(OH)}_3]}{c(\text{Fe}^{3+})}}=\sqrt[3]{\frac{4.0\times10^{-38}}{10^{-5}}}=1.59\times10^{-11}\text{mol}\cdot\text{L}^{-1}$$

即 $\text{pOH}=10.80$ $\text{pH}=14-10.80=3.20$

此浓度远小于 Mg^{2+} 开始沉淀需要的 OH^- 的浓度,因此要通过生成氢氧化物使二者分离,溶液中 OH^- 的浓度应控制在 $1.59\times10^{-11}\text{mol}\cdot\text{L}^{-1}\sim4.24\times10^{-5}\text{mol}\cdot\text{L}^{-1}$,即溶液的 pH 值应控制在 $3.20\sim9.63$ 之间。

答:溶液 pH 值应控制在 3.20~9.63。

4.解:该电池的电动势

$$E=E_{(+)}-E_{(-)}=E^{\ominus}(\text{Cu}^{2+}/\text{Cu})-E(\text{Pb}^{2+}/\text{Pb})$$

负极的电极反应为: $\text{Pb}^{2+}+2e\Longrightarrow\text{Pb}(s)$

此时溶液中同时存在以下平衡:$\text{PbSO}_4(s)\Longrightarrow\text{Pb}^{2+}+\text{SO}_4^{2-}$,则:

$$E(Pb^{2+}/Pb) = E^{\ominus}(Pb^{2+}/Pb) + \frac{0.0592V}{2} \times \lg c_{eq}(Pb^{2+})$$

$$= E^{\ominus}(Pb^{2+}/Pb) + \frac{0.0592V}{2} \times \lg \frac{K_{sp}^{\ominus}(PbSO_4)}{c_{eq}(SO_4^{2-})}$$

$$= -0.1262V + \frac{0.0592V}{2} \times \lg \frac{K_{sp}^{\ominus}(PbSO_4)}{1.0mol \cdot L^{-1}}$$

$$= -0.1262V + 0.0296V \times \lg K_{sp}^{\ominus}(PbSO_4)$$

代入上式得： $\qquad E = E^{\ominus}(Cu^{2+}/Cu) - E(Pb^{2+}/Pb)$

$$0.62V = 0.3419V - [-0.1262V + 0.0296V \times \lg K_{sp}^{\ominus}(PbSO_4)]$$

$$K_{sp}^{\ominus}(PbSO_4) = 1.35 \times 10^{-5}$$

答：$PbSO_4$ 的 $K_{sp}^{\ominus}$ 为 1.35×10^{-5}。

试卷五 （山东中医药大学） ▷▷▷▷

一、单项选择题

1.下列几种溶液中,不能组成缓冲溶液的是(　　)

　　A.$0.2mol \cdot L^{-1}NH_4Cl$ 和 $0.1mol \cdot L^{-1}NaOH$ 等体积混合

　　B.HAc 和 NaAc

　　C.$NaCO_3$ 和 $NaHCO_3$

　　D.NaOH 和 HAc 等浓度等体积混合

2.下列说法中正确的是(　　)

　　A.共价键仅存在于共价型化合物中

　　B.由极性键形成的分子一定是极性分子

　　C.由非极性键形成的分子一定是非极性分子

　　D.离子键没有极性

3.下列说法中不正确的是(　　)

　　A.σ 键比 π 键的键能大

　　B.σ 键比 π 键的键能小

　　C.在相同原子间形成双键比形成单键的键长要短

　　D.π 键的电子活动性较高,是化学反应的积极参加者

4.d 亚层的原子轨道数目是几个(　　)

　　A.1 个 　　　　　　　　　　　　　　B.3 个

　　C.5 个 　　　　　　　　　　　　　　D.7 个

5.下列分子中存在分子内氢键的是(　　)

　　A.NH_3 　　　　　　　　　　　　　　B.H_2O

　　C.HAc 　　　　　　　　　　　　　　D.CH_3COOH

6.Fe_2S_3 的溶度积 $K_{sp}^{\ominus}$ 表达式是(　　)

　　A.$c_{eq}(Fe^{3+}) \cdot c_{eq}(S^{2-})$ 　　　　　B.$[c_{eq}(Fe^{3+})]^3 \cdot [c_{eq}(S^{2-})]^2$

　　C.$[c_{eq}(Fe^{3+})]^2 \cdot [c_{eq}(S^{2-})]^3$ 　　　D.$[c_{eq}(2Fe^{3+})]^2 \cdot [c_{eq}(3S^{2-})]^3$

7.$BaSO_4$ 在下列溶液中溶解度最小的是(　　)

　　A.$1mol \cdot L^{-1}KNO_3$ 　　　　　　　B.$2mol \cdot L^{-1}Na_2SO_4$

　　C.$2mol \cdot L^{-1}HCl$ 　　　　　　　　D.纯水

8.NH_3分子中,氮原子以哪种杂化方式与氢原子成键( )

    A.sp^3等性杂化   B.sp^3不等性杂化

    C.sp^2等性杂化   D.sp杂化

9.元素原子半径在同周期从左到右的变化规律是( )

    A.从小到大   B.从大到小

    C.无规律   D.从 Li 到 N 增大,从 N 到 Ne 减小

10.某两个电对的电极电势相差越大,则它们之间的氧化还原反应( )

    A.反应进行得越完全

    B.反应速度越快

    C.氧化剂和还原剂之间转移的电子数越多

    D.反应越容易达到平衡

11.配置 $SnCl_2$ 溶液,为了防止其水解应该加入( )

    A.HCl   B.NaOH

    C.HNO_3 D.NaCl

12.电子云指的是( )

    A.核外电子运动的一种固定状态

    B.波函数

    C.核外电子概率密度分布的形象化表示

    D.核外电子运动的固定轨道

13.当主量子数 $n=4$ 时,最多可容纳的电子数为( )

    A.6   B.9

    C.18   D.32

14.已知多电子原子中,下列各电子具有如下量子数,其中能量最低的是( )

    A.2,0,0,$-1/2$ B.3,2,2,$+1/2$

    C.3,1,1,$-1/2$ D.2,1,1,$-1/2$

15.下列各组量子数(n,l,m,s_i)合理的是( )

    A.3,1,2,$+1/2$ B.1,2,0,$+1/2$

    C.2,1,0,$-1/2$ D.2,-1,-1,$+1/2$

16.SiF_4 的空间构型是( )

    A.正四面体   B.三角锥

    C.三角双锥   D.八面体

17.下列分子的中心原子采用 sp^2 等性杂化的是( )

    A.NH_3 B.$BeCl_2$

    C.H_2S D.CH_4

18.已知 AgI 的 $K_{sp}^{\ominus}=K_1$,$[Ag(CN)_2]^-$ 的 $K_{稳}^{\ominus}=K_2$,则下列反应的平衡常数为( )

$$AgI(s)+2CN^- \Longrightarrow [Ag(CN)_2]^- + I^-$$

$A.K_1 \cdot K_2$ 　　　　　　　　　　$B.K_1/K_2$

$C.K_2/K_1$ 　　　　　　　　　　$D.K_1+K_2$

19.碘水中,碘分子与水分子之间存在的作用力是(　)

A.取向力和诱导力 　　　　　B.诱导力和色散力

C.取向力 　　　　　　　　　D.取向力和色散力

20.将 $0.1\text{mol} \cdot \text{L}^{-1}$ HAc 稀释 1 倍,HAc 的电离度和溶液中 H^+ 浓度分别会(　)

A.不变,变大 　　　　　　　B.减小,变大

C.变大,减小 　　　　　　　D.无法解释

21.下列说法不正确的是(　)

A.氢原子中,电子的能量只取决于主量子数 n

B.多电子原子中,电子的能量不仅与 n 有关,还与 l 有关

C.波函数由四个量子数确定

D.$s_i=\pm1/2$ 表示电子的自旋有两种方式

22.下列说法不正确的是(　)

A.ψ 表示电子的概率密度

B.ψ 没有直接的物理意义

C.ψ 是薛定谔方程的合理解,称为波函数

D.ψ 就是原子轨道

23.下列原子中第一电离势最大的是(　)

A.Be 　　　　　　　　　　B.C

C.Al 　　　　　　　　　　D.Si

24.将锌片浸入含有 $0.01\text{mol} \cdot \text{L}^{-1}$ 浓度的 Zn^{2+} 离子溶液中,已知 $E^\ominus=-0.762\text{V}$,则 25℃时锌电极的电极电势为(　)

A.-0.762V 　　　　　　　B.-0.801V

C.-0.821V 　　　　　　　D.-0.703V

25.关于杂化轨道的说法正确的是(　)

A.凡中心原子采取 sp^3 杂化轨道成键的分子其几何构型都是正四面体

B.CH_4 分子中的 sp^3 杂化轨道是由 4 个 H 原子的 $1s$ 轨道和 C 原子的 $2p$ 轨道混合而成的

C.sp^3 杂化轨道是由同一原子中能量相近的 s 轨道和 p 轨道混合起来形成的一组能量相等的新轨道

D.凡 AB_3 型的共价化合物,其中心原子 A 均采用 sp^3 杂化轨道成键

26.铁为 26 号元素,其基态原子电子排布式为(　)

A.$1s^22s^22p^63s^23p^63d^74s^1$ 　　　　B.$1s^22s^22p^63s^23p^63d^64s^2$

C.$1s^22s^22p^63s^23p^63d^8$ 　　　　　D.$1s^22s^22p^63s^23p^63d^84s^0$

27.下列电对中标准电极电势最大的是(　)

A.$E^{\ominus}$(AgCl/Ag)   B.$E^{\ominus}$(AgBr/Ag)

C.$E^{\ominus}$(AgI/Ag)   D.$E^{\ominus}$(Ag$^+$/Ag)

28.H_2O 的反常熔、沸点归因于（   ）

　　A.分子间作用力　　　　　　B.配位键

　　C.离子键　　　　　　　　　D.氢键

29.[CoCl(NH$_3$)$_5$]Cl$_2$ 的正确命名是（   ）

　　A.二氯化五氨一氯合钴（Ⅲ）　　B.一氯·五氨合钴（Ⅲ）化二氯

　　C.二氯化一氯·五氨合钴（Ⅲ）　　D.三氯化五氨合钴（Ⅲ）

30.[Ni(en)$_2$]$^{2+}$ 的配位数是（   ）

　　A.2　　　　　　　　　　　　B.4

　　C.6　　　　　　　　　　　　D.8

二、判断题

1.难溶电解质的沉淀溶解平衡是多相的动态平衡。（   ）

2.溶度积和溶解度的换算公式只适用于溶解部分完全电离的难溶电解质。（   ）

3.化学反应的平衡常数越大表示反应速率越大。（   ）

4.增大溶液中离子浓度,电极电势一定增大。（   ）

5.标准氢电极的电极电势为零是实际测定的结果。（   ）

6.p 电子绕核运转时,其轨道就是一个哑铃型轨道。（   ）

7.氮元素的第一电离势比氧元素的大。（   ）

8.直线型分子一定是非极性分子。（   ）

9.一个分子中,最少要有一个 σ 键。（   ）

10.配合物中的中心离子与配位体之间的化学键为配位共价键。（   ）

三、填空题

1.多电子原子中,_____数决定核外电子层数,_____数决定轨道子所在的亚层。

2.极性分子和极性分子之间存在 _____ 力,极性分子和非极性分子之间存在 _____ 力,非极性分子和非极性分子之间存在_____力。

3.写出 29 号元素的价电子结构排布式 _____,它属于第 _____ 周期,第_____族,_____区元素,元素符号是_____。

4.BF$_3$ 分子的几何构型为_____,等性 sp^2 杂化轨道的夹角是_____。

5.按照鲍林电负性标度,在所有元素中电负性最大的是_____元素,电负性最小的是_____元素。

6.一般来说,键能越大,键越_____,由该键构成的分子越_____。

7.Fe^{3+} 采取 sp^2d^2 杂化与 F$^-$ 生成[FeF$_6$]$^{3-}$ 配离子,属于_____轨型配合物,而

Fe^{3+}又可采取_____杂化与CN^-生成$[Fe(CN)_6]^{3-}$,属于_____轨型配合物,在离解稳定性方面后者比前者_____。

四、名词解释

1.波函数

2.原电池

3.σ键

4.泡里不相容原理

5.螯合物

五、计算题

1.将铜丝插入浓度为$1mol \cdot L^{-1}$的$CuSO_4$溶液中,银丝插入浓度为$1mol \cdot L^{-1}$的$AgNO_3$溶液中组成原电池。已知$E^{\ominus}(Ag^+/Ag)=0.7996V$,$E^{\ominus}(Cu^{2+}/Cu)=0.3419V$,$K^{\ominus}_{稳}[Cu(NH_3)_4^{2+}]=2.1\times10^{13}$。

(1)用原电池符号表示该原电池,并计算其反应的平衡常数。

(2)若往$CuSO_4$溶液中通入氨气,使平衡时氨水的浓度为$1mol \cdot L^{-1}$,计算电池的电动势。(假设通入氨水前后溶液体积不变)

2.20mL $0.2mol \cdot L^{-1}$氨水溶液中加入等体积的$0.1mol \cdot L^{-1}$的盐酸,求溶液的pH值,已知NH_3的$K^{\ominus}_b=1.74\times10^{-5}$。

3.在$0.10mol \cdot L^{-1}$ $K[Ag(CN)_2]$溶液中加入KCN固体,使CN^-的浓度为$0.10mol \cdot L^{-1}$,然后再加入KI固体,使I^-的浓度为$0.10mol \cdot L^{-1}$,是否产生AgI沉淀?已知$[Ag(CN)_2]^-$的$K^{\ominus}_{稳}=1.3\times10^{21}$,AgI的$K^{\ominus}_{sp}=8.3\times10^{-17}$。

参考答案

一、单项选择题

1.D	2.C	3.A	4.C	5.D	6.C	7.B	8.B	9.B	10.A
11.A	12.C	13.D	14.A	15.C	16.A	17.B	18.A	19.B	20.C
21.C	22.A	23.B	24.B	25.C	26.B	27.D	28.D	29.C	30.B

二、判断题

1.√	2.√	3.×	4.×	5.×	6.×	7.√	8.×	9.√	10.√

三、填空题

1.主量子数;角量子数

2.取向力、诱导力、色散力;诱导力、色散力;色散力

3.$3d^{10}4s^1$;四;ⅠB;ds;Cu

4.正三角形;120°

5.氟(或 F);铯(或 Cs)

6.牢固;稳定

7.外;d^2sp^3;内;稳定

四、名词解释

1.波函数是量子力学中描述原子核外电子运动状态的数学函数式,它的图像表示某一电子的运动状态,即在核外空间范围内电子出现的概率。

2.原电池是利用自发的氧化还原反应把化学能转化成电能的装置。

3.σ 键指以"头碰头"的方式发生轨道重叠,轨道重叠部分是沿着键轴呈圆柱形分布的。

4.泡里不相容原理指在同一个原子中,不可能有四个量子数完全相同的电子存在。

5.螯合物是一个中心离子与多齿配体成键形成的具有环状结构的配合物。

五、计算题

1.解:

(1)$(-)Cu|Cu^{2+}(1mol \cdot L^{-1}) \parallel Ag^+(1mol \cdot L^{-1})|Ag(+)$

$$E^{\ominus}_{MF}=0.7996-0.3419=0.4577V$$

$$\lg K^{\ominus}=\frac{2\times[E^{\ominus}(Ag^+/Ag)-E^{\ominus}(Cu^{2+}/Cu)]}{0.0592}=\frac{2\times(0.7996-0.3419)}{0.0592}=15.46$$

$$K^{\ominus}=2.88\times10^{15}$$

(2) $$Cu^{2+}+4NH_3 \rightleftharpoons [Cu(NH_3)_4]^{2+}$$

$$x \qquad 1 \qquad 1$$

$$K=1/x$$

$$E=0.3419+\frac{0.0592}{2}\lg c_{eq}(Cu^{2+})=-0.0524V$$

$$E_{MF}=0.7996-(-0.0524)=0.852V$$

2.解: $\qquad NH_3 \qquad + \qquad HCl \qquad = \qquad NH_4Cl$

反应前: $\quad 0.2\times20 \qquad\qquad 0.1\times20 \qquad\qquad 0$

反应后:$(0.2\times20-0.1\times20)/40=0.05 \qquad (0.1\times20)/40=0.05$

所以组成 NH_3-NH_4Cl 缓冲溶液,$pK^{\ominus}_b=4.76$

$$pOH=pK^{\ominus}_b-\lg(c_{碱}/c_{盐})$$

$$=4.76-\lg[c(NH_3)/c(NH_4Cl)]$$

$$=4.76-\lg(0.05/0.05)=4.76$$

故 pH＝14－pOH＝9.24

3.**解**:设溶液中的 $c_{eq}(Ag^+)=x$

$$Ag^+ \quad + \quad 2CN^- \quad \rightleftharpoons \quad [Ag(CN)_2]^-$$
$$x \quad\quad\quad 0.10+2x \quad\quad\quad 0.10-x$$

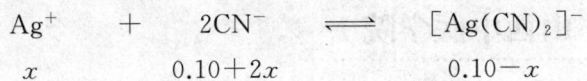

因 $K_{稳}^{\ominus}$ 比较大,故 x 很小,$0.10-x\approx0.10$,$0.10+2x\approx0.10$

$$K^{\ominus}=\frac{c_{eq}[Ag(CN)_2^-]}{c_{eq}(Ag^+)[c_{eq}(CN^-)]^2}=\frac{0.10}{x\times(0.10)^2}=1.3\times10^{21}$$

$$c_{eq}(Ag^+)=x=7.69\times10^{-21}\,mol\cdot L^{-1}$$

$$c_{eq}(Ag^+)c_{eq}(I^-)=7.69\times10^{-22}<K_{sp}^{\ominus}(AgI)=8.3\times10^{-17}$$

所以无 AgI 沉淀生成。

试卷六 （山西中医学院） ▷▷▷▷

一、选择题

1.下列方法中,能改变可逆反应的标准平衡常数的是（　）

 A.改变平衡压力   B.改变反应物浓度

 C.加入催化剂   D.改变体系的温度

2.反应 $4NH_3(g)+5O_2(g) \rightleftharpoons 4NO(g)+6H_2O(g)$ 在此平衡体系中加入惰性气体以增加体系压力,这时（　）

 A.NO 平衡浓度增加   B.NO 平衡浓度减少

 C.加快正反应速度   D.平衡时 NH_3 和 NO 的量并没有变化

3.如果把醋酸钠固体加入到醋酸的稀溶液中,则该溶液的 pH 值（　）

 A.下降   B.不受影响

 C.增高   D.先下降,后升高

4.下列各物质水溶液中,pH<7 的是（　）

 A.NaAc   B.Na_3PO_4

 C.NH_4Ac D.NH_4Cl

5.下列电子的量子数,状态不合理的是（　）

 A.3 3 -1 +1/2   B.3 1 0 -1/2

 C.3 0 0 +1/2   D.3 2 1 +1/2

6.在铜锌原电池的正极,加入氢氧化钠,则电池的电动势将（　）

 A.减小   B.增大

 C.不变   D.无法确定

7.$[Fe(CN)_6]^{4-}$ 是正八面体构型,它以下列哪种杂化轨道成键（　）

 A.sp^3d^2 B.d^2sp^3

 C.sp^3d D.dsp^3

8.下列物质不能直接溶于水配制的是（　）

 A.醋酸钠   B.硫酸钙

 C.三氯化锑   D.氢氧化钠

9.配位数为 5 的配离子的空间构型为（　）

 A.三角双锥   B.平面三角形

C.平面正方形　　　　　　　　　　　D.八面体形

10.下列配体中可作为螯合剂的是(　　)

A.$NH_2CH_2CH_2NH_2$　　　　　　　　B.Cl^-

C.H_2N-NH_2　　　　　　　　　　D.NH_3

11.$SrCO_3$ 在下列试剂中溶解度最大的是(　　)

A.0.10mol·L^{-1} HAc　　　　　　　B.0.10mol·L^{-1} $Sr(NO_3)_2$

C.纯水　　　　　　　　　　　　　D.0.10mol·L^{-1} Na_2CO_3

12.难溶物 Ag_2CrO_4 的溶解度为 s(mol·L^{-1}),其 $K_{sp}^\ominus$ 等于(　　)

A.s^3　　　　　　　　　　　　　　B.$4s^3$

C.$1/2(s^3)$　　　　　　　　　　　D.$4s^2$

13.已知 $E^\ominus(Fe^{3+}/Fe^{2+})=0.771V$,$E^\ominus(Br_2/Br^-)=1.066V$,则反应 $Br_2+2Fe^{2+} \rightleftharpoons 2Br^-+2Fe^{3+}$ 的方向是(　　)

A.正向自发　　　　　　　　　　　B.逆向自发

C.处于平衡　　　　　　　　　　　D.无法判断

14.能够组成缓冲对的物质是(　　)

A.H_2CO_3-Na_2CO_3　　　　　　　B.HCl-NaCl

C.HAc-NaAc　　　　　　　　　　D.H_3PO_4-Na_2HPO_4

15.在配位化合物 $Na_2[Ca(EDTA)]$ 中,中心离子的配位数为(　　)

A.1　　　　　B.6　　　　　C.4　　　　　D.2

16.下列物质属于极性分子的是(　　)

A.CCl_4　　　　　　　　　　　　B.SO_2

C.$HgCl_2$　　　　　　　　　　　D.CO_2

17.下列分子间不存在氢键的是(　　)

A.HCl　　　　　　　　　　　　　B.H_2O

C.NH_3　　　　　　　　　　　　D.HF

18.描述原子轨道在空间伸展方向的是(　　)

A. 主量子数　　　　　　　　　　B. 角量子数

C. 磁量子数　　　　　　　　　　D. 自旋量子数

19.下列分子中,键级为 2 的是(　　)

A.N_2　　　　　B.Be_2　　　　　C.O_2　　　　　D.Cl_2

20.价电子构型为 $3d^64s^2$ 的元素是(　　)

A.Cr　　　　　B.Mn　　　　　C.Fe　　　　　D.Sc

二、判断题

1.当化学平衡移动时,平衡常数也一定随之改变。(　　)

2.同离子效应可以使溶液的 pH 值增大,也可以使 pH 值减小,但一定会使电解质的

电离度降低。（ ）

3.0.2$mol \cdot L^{-1}$ HAc 溶液 $c_{eq}(H^+)$ 是 0.1$mol \cdot L^{-1}$ HAc 溶液 $c_{eq}(H^+)$ 的两倍。（ ）

4.标准氢电极的电极电势为 0，是实际测定的结果。（ ）

5.H_3PO_4 是三元中强酸，H_3BO_3 是三元弱酸。（ ）

6.电子云的角度分布图有"＋"、"－"号，而原子轨道的角度分布图没有。（ ）

7.在一定温度下，溶度积和溶解度都可以表示难溶电解质的溶解能力。（ ）

8.所有含极性键的分子都是极性分子。（ ）

9.电极反应：$Cl_2 + 2e^- \rightleftharpoons 2Cl^-$ 的 $E^{\ominus} = 1.36V$，因此 $1/2Cl_2 + e^- \rightleftharpoons Cl^-$ 的 $E^{\ominus} = 0.68V$。（ ）

10.ZnS 能溶于盐酸，CuS 能溶于硝酸，HgS 不能溶于硝酸。（ ）

三、填空题

1.H_2O 的杂化轨道类型 _____，分子形状 _____。$BeCl_2$ 杂化轨道类型 _____，分子形状 _____。

2.$[Co(NH_3)_6]Cl_3$ 的名称为 _____，中心离子为 _____，配位体为 _____，配位原子为 _____，配位数为 _____。

3.p 轨道之间可以 _____ 方式重叠形成 σ 键；以 _____ 方式重叠形成 π 键。

4.熔点最高的金属是 _____，硬度最大的金属是 _____。

5.原子轨道线性组合成分子轨道的三条原则是 _____、_____、_____。

6.在 $K_2Cr_2O_7$ 溶液中，滴加 Ba^{2+} 时，生成 _____ 色的 _____ 沉淀。

7.原子序数为 29 的元素，其价电子层构型为 _____，属于 _____ 周期，_____ 族，是 _____ 区元素，元素符号为 _____。

8.分子间作用力包括 _____、_____、_____。

9.中药玄明粉的化学成分是 _____，中药白降丹的化学成分是 _____，$Na_2SO_4 \cdot 10H_2O$ 中药上称为 _____。

10.稀溶液的依数性包括 _____、_____、_____、_____。

四、配平并完成下列化学反应方程式

1.$CuS + NO_3^- + H^+ \rightarrow$

2.$Na_2S_2O_3 + I_2 \rightarrow$

3.$MnO_4^- + SO_3^{2-} + H^+ \rightarrow$

4.$Cr^{3+} + S_2O_8^{2-} + H_2O \rightarrow$

5.$Na_2O_2 + CO_2 \rightarrow$

6.$BiO_3^- + Mn^{2+} + H^+ \rightarrow$

7.$Ag^+ + Cr_2O_7^{2-} + H_2O \rightarrow$

8.$Cu^{2+} + I^- \rightarrow$

9.$Fe^{2+} + H_2O_2 + H^+ \rightarrow$

10.$HI + H_2SO_4(浓硫酸) \rightarrow$

五、名词解释

1. 缓冲溶液　　　　2. 渗透现象　　　　3. 分步沉淀

4. 配合物　　　　5. 同离子效应

六、计算题

1.将铜片插于盛有 $0.2\,mol \cdot L^{-1}$ 的硫酸铜溶液的烧杯中，镍片插于盛有 $0.4\,mol \cdot L^{-1}$ 的硝酸镍溶液的烧杯中。已知 $E^{\ominus}(Ni^{2+}/Ni) = -0.257V$，$E^{\ominus}(Cu^{2+}/Cu) = 0.3419V$

(1)写出该原电池的符号。

(2)写出电极反应式和电池反应。

(3)计算相应原电池的电动势。

(4)计算电池反应的平衡常数。

2.在 $1L\ 6.0\,mol \cdot L^{-1}$ 氨水中，溶解 $0.10\,mol\ AgCl$ 固体，试求溶液中 Ag^+、NH_3、$[Ag(NH_3)_2]^+$、Cl^- 离子的浓度。如果在上述溶液中加入 $0.20\,mol\ KCl$ 固体（忽略体积变化），问能否产生 $AgCl$ 沉淀？已知 $[Ag(NH_3)_2]^+$ 的 $K_{稳}^{\ominus} = 1.1 \times 10^7$，$K_{sp}^{\ominus}(AgCl) = 1.8 \times 10^{-10}$。

参考答案

一、选择题

1.D　2.B　3.C　4.D　5.A　6.A　7.B　8.C　9.A　10.A

11.A　12.B　13.A　14.C　15.B　16.B　17.A　18.C　19.C　20.C

二、判断题

1.×　2.√　3.×　4.×　5.×　6.×　7.√　8.×　9.×　10.√

三、填空题

1.sp^3；V 形；sp；直线形

2.三氯化六氨合钴（Ⅲ）；Co^{3+}；NH_3；N；6

3.头碰头；肩并肩

4.W；Cr

5.对称性匹配原则；能量近似原则；轨道最大重叠原则

6.柠檬黄色；$BaCrO_4$

7.$3d^{10}4s^1$；4；ⅠB；ds；Cu

8.诱导力；取向力；色散力

9.Na_2SO_4；$HgCl_2$；芒硝

10.蒸气压下降；沸点升高；凝固点降低；渗透压

四、配平并完成下列化学反应方程式

1.$3CuS + 2NO_3^- + 8H^+ = 3Cu^{2+} + 3S\downarrow + 2NO\uparrow + 4H_2O$

2.$2Na_2S_2O_3 + I_2 = Na_2S_4O_6 + 2NaI$

3.$2MnO_4^- + 5SO_3^{2-} + 6H^+ = 2Mn^{2+} + 5SO_4^{2-} + 3H_2O$

4.$2Cr^{3+} + 3S_2O_8^{2-} + 7H_2O = Cr_2O_7^{2-} + 6SO_4^{2-} + 14H^+$

5.$2Na_2O_2 + 2CO_2 = 2Na_2CO_3 + O_2\uparrow$

6.$5BiO_3^- + 2Mn^{2+} + 14H^+ = 5Bi^{3+} + 2MnO_4^- + 7H_2O$

7.$Ag^+ + Cr_2O_7^{2-} + H_2O = 2Ag_2CrO_4\downarrow + 2H^+$

8.$2Cu^{2+} + 4I^- = 2CuI\downarrow + I_2$

9.$Fe^{2+} + H_2O_2 + 2H^+ = 2H_2O + 2Fe^{3+}$

10.$8HI + H_2SO_4(浓硫酸) = 4I_2 + H_2S\uparrow + 4H_2O$

五、名词解释

1. 缓冲溶液：一种能抵抗外加少量强酸、强碱和稀释，而保持体系的 pH 值基本不变的溶液。

2. 渗透现象：溶剂分子通过半透膜从纯溶剂进入溶液，或从稀溶液进入浓溶液的现象。

3. 分步沉淀：加入一种沉淀剂，使溶液中原有多种离子按照到达溶度积的先后顺序分别沉淀出来的现象。

4. 配合物：由一定数目的可以给出孤对电子的离子或分子和接受孤对电子的原子或离子以配位键结合形成的化合物。

5. 同离子效应：在弱电解质溶液中，加入与弱电解质具有相同离子的其他强电解质时，该弱电解质的电离度减小的效应。（或者在难溶强电解质溶液中，加入与难溶强电解质具有相同离子的易溶强电解质，使难溶强电解质的溶解度减小的效应。）

六、计算题

1.解：(1)$(-)Ni \mid Ni^{2+}(0.4mol \cdot L^{-1}) \parallel Cu^{2+}(0.2mol \cdot L^{-1}) \mid Cu(+)$

(2)负极：$\qquad\qquad\qquad Ni \rightleftharpoons Ni^{2+} + 2e^-$

正极：$\qquad\qquad\qquad Cu^{2+} + 2e^- \rightleftharpoons Cu$

电池反应：$\qquad\qquad Ni + Cu^{2+} \rightleftharpoons Ni^{2+} + Cu$

(3)
$$E(Ni^{2+}/Ni)=E^{\ominus}(Ni^{2+}/Ni)+\frac{0.0592V}{2}\lg c(Ni^{2+})$$
$$=-0.257V+\frac{0.0592V}{2}\lg 0.4$$
$$=-0.269V$$
$$E(Cu^{2+}/Cu)=E^{\ominus}(Cu^{2+}/Cu)+\frac{0.0592V}{2}\lg c(Cu^{2+})$$
$$=0.3419V+\frac{0.0592V}{2}\lg 0.2$$
$$=0.321V$$
$$E_{MF}=E(Cu^{2+}/Cu)-E(Ni^{2+}/Ni)$$
$$=0.321V-(-0.269V)$$
$$=0.59V$$

(4)
$$\lg K^{\ominus}=\frac{nE^{\ominus}_{MF}}{0.0592V}=\frac{2\times0.599V}{0.0592V}$$
$$K^{\ominus}=1.72\times10^{20}$$

2.**解**:总反应式为 $AgCl+2NH_3\rightleftharpoons[Ag(NH_3)_2]^++Cl^-$

$K^{\ominus}=K^{\ominus}_{sp}\times K^{\ominus}_{稳}=1.8\times10^{-10}\times1.1\times10^7=1.98\times10^{-3}$ 较小

设其在 $6.0mol\cdot L^{-1}$ 氨水中的溶解度为 $x\ mol\cdot L^{-1}$,所以
$$K^{\ominus}=\frac{x^2}{(6-2x)^2}=1.98\times10^{-3}$$
$$x=0.245mol\cdot L^{-1}。$$

因为此溶解度大于 AgCl 固体的量,所以 0.10mol AgCl 固体全部溶解。
即 $[Ag(NH_3)_2]^+$、Cl^- 离子的浓度为 $0.10mol\cdot L^{-1}$,NH_3 的浓度为 $5.80mol\cdot L^{-1}$。

根据
$$K^{\ominus}_{稳}=\frac{c_{eq}[Ag(NH_3)_2^+]}{c_{eq}(Ag^+)[c_{eq}(NH_3)]^2}$$
有
$$1.1\times10^7=\frac{0.10}{c_{eq}(Ag^+)\times5.80^2}$$
$$c(Ag^+)=2.7\times10^{-10}mol\cdot L^{-1}$$

如果加入 KCl 固体,
$$J=0.20\times2.7\times10^{-10}=5.4\times10^{-11}<K^{\ominus}_{sp}(AgCl)$$
因此不能产生 AgCl 沉淀。

试卷七 （天津中医药大学） ▷▷▷▷

一、单项选择题

1.氢原子基态能量 $E_1 = -13.6eV$，在 $n=3$ 时，电子的能量为（　）

A.$3E_1$
B.$\dfrac{E_1}{3}$

C.$\dfrac{E_1}{6}$
D.$\dfrac{E_1}{9}$

2.当角量子数 $l=2$ 时，可能的简并轨道数为（　）

A.5
B.10

C.25
D.11

3.在多电子原子中，$2s$ 轨道，下列说法错误的是（　）

A.$n=2$
B.$l=0$

C.轨道为球形
D.沿 X 轴伸展

4.某原子的 5 个电子分别具有如下所列的量子数，其中能量最低的电子的量子数是（　）

A.$n=2$　$l=1$　$m=1$　$s_i=-\dfrac{1}{2}$
B.$n=2$　$l=0$　$m=0$　$s_i=\dfrac{1}{2}$

C.$n=3$　$l=2$　$m=2$　$s_i=-\dfrac{1}{2}$
D.$n=3$　$l=1$　$m=-1$　$s_i=\dfrac{1}{2}$

5.在多电子原子中，对 $3p_x$ 轨道，下列说法正确的是（　）

A.$n=4$
B.$l=0$

C.沿 X 轴伸展
D.能量和 $3s$ 相等

6.下列各原子的原子半径从小到大的顺序排列，其中正确的是（　）

A.N<B<Cl<P
B.Cl<P<B<N

C.Cl<P<N<B
D.B<N<P<Cl

7.在下列化合物中熔点最高的是（　）

A.HCl
B.H_2O

C.H_2SO_4
D.CaO

8.在 HBr 分子中，原子轨道的重叠方式为（　）

A.p-p 重叠
B.s-p 重叠

C.$s\text{-}s$ 重叠   D.$d\text{-}d$ 重叠

9.指出下列物质沸点高低顺序中,不正确的是(　　)

A.$CCl_4 > CH_4$ B.$Br_2 > F_2$

C.$HBr > HCl$ D.$HCl > HF$

10.在下列分子中,属于非极性分子的是(　　)

A.NH_3 B.HBr

C.BCl_3 D.H_2O

二、填空

1.3p 轨道有_____条,它们在空间有_____个伸展方向。

2.在 $n=2$ 的电子层内共有_____条轨道,总共可以容纳_____个电子。

3.Mg、Cl、Ba 三个原子半径从小到大的顺序是_____。

4.在 $CH\equiv CH$ 分子中,C 原子采取的杂化方式为_____。

5.NH_3 分子的几何构型为_____。

6.CO_2 分子间存在的作用力有_____。

7.在 $FeCl_3$ 和 $FeCl_2$ 中,由于_____离子的极化作用强,所以_____熔点低。

三、名词解释

1.屏蔽效应

2.歧化反应

3.杂化

4.电子云

5.配位原子

四、问答题

1.用价键理论解释$[Cu(NH_3)_4]^{2+}$ 和$[Zn(NH_3)_4]^{2+}$ 稳定性的高低。

2.写出 O_2 和 O_2^+ 的分子轨道表示式,计算键级并比较两者的稳定性。

五、填表

原子序数	元素符号	电子排布式	周期	族	区
20					
	Br				

六、计算题

1.已知室温时醋酸的电离度为 2.0%,其电离半衡常数 $K_a^{\ominus}=1.8\times10^{-5}$,试计算 HAc

的浓度。

2.计算 $0.1mol \cdot L^{-1}[Ag(NH_3)_2]^+$ 溶液中，Ag^+、$[Ag(NH_3)_2]^+$ 的浓度。已知 $K_{稳}^{\ominus}=1.12 \times 10^7$。

3.在 1L 某浓度的氨水中，刚好溶解了 0.02mol 的 AgCl，问氨水的浓度为多少？

$K_{稳}^{\ominus}=1.12 \times 10^7$　　　　$K_{sp}^{\ominus}(AgCl)=1.8 \times 10^{-10}$

4.已知 $PbSO_4$ 的 $K_{sp}^{\ominus}=1.6 \times 10^{-8}$。计算：(1)在纯水中的溶解度；(2)在 1.0×10^{-3} $mol \cdot L^{-1}$ 的 Na_2SO_4 溶液中的溶解度。

5.在 $0.2mol \cdot L^{-1}[Ag(CN)_2]^+$ 配离子的溶液中，加入等体积的 $0.2mol \cdot L^{-1}KI$ 时，有否 AgI 的沉淀析出？

$K_{稳}^{\ominus}=1.0 \times 10^{21}$　　　　$K_{sp}^{\ominus}(AgI)=8.3 \times 10^{-17}$

参考答案

一、单项选择题

1.D　　2.A　　3.D　　4.B　　5.C　　6.A　　7.D　　8.B　　9.D　　10.C

二、填空

1.3；3

2.4；8

3.Cl<Mg<Ba

4.sp

5.三角锥

6.色散力

7.Fe^{3+}；$FeCl_3$

三、名词解释

1.把其他电子对电子的排斥作用归结为抵消核电荷的作用，称为屏蔽效应。

2.在氧化还原反应中氧化的作用和还原作用发生在同种分子内部，处于同一种氧化态的元素上，也就是说该元素的原子一部分被氧化，另一部分被还原，这种自身氧化还原反应叫歧化反应。

3.在形成分子时由于原子的相互作用，若干能量相近不同类型的轨道混合起来，组成一组新的轨道，这个过程叫杂化。

4.波函数几率密度的形象化表示。

5.配位体中直接与配位原子相联结的原子称配位原子。

四、问答题

1.答：Cu^{2+} 为 $3d^9$ 结构，在和 NH_3 分子配位的时候是 dsp^2 杂化方式，属于内轨型配合物，稳定性高。而 Zn^{2+} 在和 NH_3 分子配位的时候是 sp^3 杂化方式，属于外轨型配合物，稳定性低。

2.解：$O_2[KK(\sigma_{2s})^2(\sigma_{2s}^*)^2(\sigma_{2p_x})^2(\pi_{2p_y})^2(\pi_{2p_z})^2(\pi_{2p_y}^*)^1(\pi_{2p_z}^*)^1]$ 键级 $=\dfrac{6-2}{2}=2$

$O_2^+[KK(\sigma_{2s})^2(\sigma_{2s}^*)^2(\sigma_{2p_x})^2(\pi_{2p_y})^2(\pi_{2p_z})^2(\pi_{2p_y}^*)^1]$ 键级 $=\dfrac{6-1}{2}=2.5$

稳定性 $O_2^+>O_2$。

五、填表

答：

原子序数	元素符号	电子排布式	周期	族	区
20	Ca	$1s^22s^22p^63s^23p^64s^2$	四	ⅡA	s
35	Br	$1s^22s^22p^63s^23p^63d^{10}4s^24p^5$	四	ⅦA	p

六、计算题

1. $$c=\sqrt{\dfrac{K_a^{\ominus}}{\alpha}}=\sqrt{\dfrac{1.8\times10^{-5}}{2.0\%}}=0.03$$

答：HAc 的浓度为 $0.03\,mol\cdot L^{-1}$。

2.解：
$$Ag^++2NH_3=[Ag(NH_3)_2]^+$$
$$x\qquad 2x\qquad 0.1-x$$

$$K_稳^{\ominus}=\frac{c_{eq}[Ag(NH_3)_2^+]}{c_{eq}(Ag^+)\cdot[c_{eq}(NH_3)]^2}=1.12\times10^7$$

$$\frac{0.1}{x(2x)^2}=1.12\times10^7$$

$$\frac{0.1}{4x^3}=1.12\times10^7\qquad x=1.31\times10^{-3}\,mol\cdot L^{-1}$$

$$c_{eq}[Ag(NH_3)_2^+]=0.1-1.3\times10^{-3}=0.0987\,mol\cdot L^{-1}$$

答：Ag^+ 的浓度为 $1.31\times10^{-3}\,mol\cdot L^{-1}$，$[Ag(NH_3)_2]^+$ 的浓度为 $0.0987\,mol\cdot L^{-1}$。

3.解：
$$AgCl+2NH_3=[Ag(NH_3)_2]^++Cl^-$$
$$x-0.04\qquad 0.02\qquad 0.02$$

$$K=\frac{c_{eq}[Ag(NH_3)_2^+]\cdot c_{eq}(Cl^-)}{[c_{eq}(NH_3)]^2}$$

$$=\frac{c_{eq}[Ag(NH_3)_2^+]\cdot c_{eq}(Cl^-)\cdot c_{eq}(Ag^+)}{[c_{eq}(NH_3)]^2\cdot c_{eq}(Ag^+)}$$

$$= K_{\text{稳}}^{\ominus} \cdot K_{\text{sp}}^{\ominus}$$

$$= 1.12 \times 10^7 \times 1.8 \times 10^{-10}$$

$$\frac{(0.02) \times 0.02}{(x-0.04)^2} = 2.0 \times 10^{-3}$$

$$\frac{0.02}{x-0.04} = 0.045 \qquad x = 0.48$$

溶解 $0.02 \text{mol} \cdot \text{L}^{-1}$ AgCl，仍需要 $0.04 \text{mol} \cdot \text{L}^{-1}$ 氨，$0.04 + 0.48 = 0.52 \text{mol} \cdot \text{L}^{-1}$

答：氨水的浓度为 $0.52 \text{mol} \cdot \text{L}^{-1}$。

4. $PbSO_4 = Pb^{2+} + SO_4^{2+}$

在纯水中 $s = \sqrt{K_{\text{sp}}^{\ominus}} = \sqrt{1.6 \times 10^{-8}} = 1.3 \times 10^{-4} \text{mol} \cdot \text{L}^{-1}$

在 $1.0 \times 10^{-3} \text{mol} \cdot \text{L}^{-1}$ 的 Na_2SO_4 中 $s = c_{eq}(Pb^{2+}) = \dfrac{1.6 \times 10^{-8}}{1.0 \times 10^{-3}} = 1.6 \times 10^{-5} \text{mol} \cdot \text{L}^{-1}$

答：在纯水中的溶解度为 $1.3 \times 10^{-4} \text{mol} \cdot \text{L}^{-1}$，在 $1.0 \times 10^{-3} \text{mol} \cdot \text{L}^{-1} Na_2SO_4$ 中的浓度为 $1.6 \times 10^{-5} \text{mol} \cdot \text{L}^{-1}$。

5. **解：** 加入等体积 KI 后，$c[Ag(CN)_2^-] = 0.1 \text{mol} \cdot \text{L}^{-1}$ $\qquad c(I^-) = 0.1 \text{mol} \cdot \text{L}^{-1}$

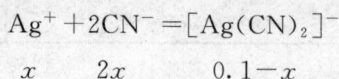

$$Ag^+ + 2CN^- = [Ag(CN)_2]^-$$
$$x \qquad 2x \qquad 0.1-x$$

$$K_{\text{稳}}^{\ominus} = \frac{c_{eq}[Ag(CN)_2^-]}{c_{eq}(Ag^+) \cdot [c_{eq}(CN^-)]^2} = \frac{0.1-x}{x(2x)^2} = 1.0 \times 10^{21}$$

$$0.1 - x \approx 0.1$$

$$\frac{0.1}{4x^3} = 1.0 \times 10^{21} \qquad x = 2.9 \times 10^{-8}$$

$c_{eq}(Ag^+) \cdot c(I^-) = 2.9 \times 10^{-8} \times 0.1 = 2.9 \times 10^{-9} > 8.3 \times 10^{-17}$ $\qquad\qquad$ ∴有沉淀

答：有 AgI 的沉淀析出。

试卷八 （云南中医学院） ▷▷▷▷

一、判断题

1. 原子中某电子的钻穿能力越大,则该电子受内层其他电子的屏蔽效应越小。（ ）

2. 两个原子成双键时,其中一个为 π 键。（ ）

3. 配合物中,配体个数与配位数相同。（ ）

4. 氧化还原反应的电动势越大,则标准平衡常数越大。（ ）

5. 量子力学中,描述一个原子轨道,需要四个量子数。（ ）

6. 凡是中心原子采用 sp^3 杂化轨道成键的分子,其空间构型必定是四面体。（ ）

7. HAc 溶液加水稀释时,HAc 的电离度和溶液中的 H^+ 浓度均增大。（ ）

8. 正离子的半径小于相应原子半径。（ ）

9. 所有正四面体的分子都是非极性分子。（ ）

10. 非极性分子中一定不含极性键。（ ）

二、选择题

（一）A 型题（单选题）

1. 下列说法正确的是（ ）

　A. NaCl 是食盐的分子式　　　　　B. 共价键仅存在于共价型化合物中

　C. 凡是盐都是离子型化合物　　　　D. 离子晶体一般都有较高的熔点和沸点

　E. 金属原子与非金属原子形成的化学键都是离子键

2. 原子轨道之所以要进行杂化,是因为要（ ）

　A. 进行电子重排　　　　　　　　B. 增加配位的电子数

　C. 增加成键能力　　　　　　　　D. 保持共价键的方向性

　E. 均衡原子轨道能量

3. 某温度下 $K_{sp}^{\ominus}[Mg(OH)_2]=8.39\times10^{-12}$,则 $Mg(OH)_2$ 的溶解度为（ ）

　A. 2.05×10^{-6} mol·L^{-1}　　　　B. 2.03×10^{-4} mol·L^{-1}

　C. 1.28×10^{-4} mol·L^{-1}　　　　D. 2.90×10^{-6} mol·L^{-1}

　E. 4.2×10^{-4} mol·L^{-1}

4. 下列有关分步沉淀的叙述,正确的是（ ）

　A. 溶解度小的物质先沉淀　　　　B. 溶度积小的物质先沉淀

  C. 被沉淀离子浓度大的先沉淀   D. 离子积先达到溶度积的先沉淀

  E. 密度大的先沉淀

5. 氨溶于水后,分子之间产生的作用力有( )

  A. 取向力和色散力   B. 取向力和诱导力

  C. 诱导力和色散力   D. 取向力、诱导力、色散力

  E. 取向力、诱导力、色散力和氢键

6. 下列标准电极电势值最大的是( )

  A. $E^{\ominus}(AgBr/Ag)$ B. $E^{\ominus}(AgCl/Ag)$

  C. $E^{\ominus}(Ag^{+}/Ag)$ D. $E^{\ominus}[Ag(NH_3)_2^{+}/Ag]$

  E. 无法判断

7. d 区元素包括几个纵列( )

  A. 10   B. 4

  C. 6   D. 8

  E. 12

8. 下列元素中电负性最小的是( )

  A. H   B. Ca

  C. Cr   D. Cs

  E. He

9. 可用来描述测不准原理的叙述是( )

  A. 微观粒子运动的位置和动量都有不准确性

  B. 微观粒子运动的动量有不准确性,但位置没有不准确性

  C. 微观粒子运动的位置和动量都没有不准确性

  D. 微观世界是无法准确描述的

  E. 微观粒子的运动不能同时具有确定的位置和确定的动量

10. 量子力学所说的原子轨道是指( )

  A. ψ_{n,l,m,s_i} B. $|\psi|^2$

  C. r^2R^2 D. $\psi_{n,l,m}$

  E. 原子运动的轨道

11. 在 NH_3 水中加入下列哪种物质时,可使 NH_3 水的解离度和 pH 均减小( )

  A. NaOH   B. NH_4Cl

  C. HCl   D. H_2O

  E. $NaNO_3$

12. 273K 时,水的 $K_w^{\ominus}=1.14\times10^{-15}$;在 273K 时,pH=7 的溶液为( )

  A. 中性   B. 酸性

  C. 碱性   D. 缓冲溶液

  E. 无法判断

13. $CaSO_4$ 在 $0.1mol \cdot L^{-1}$ $NaNO_3$ 中的溶解度比它在纯水中的溶解度(　　)

　　A. 略有减少　　　　　　　　　　B. 略有增大

　　C. 不变　　　　　　　　　　　　D. 大幅增加

　　E. 大幅减小

14. 沉淀转化反应的平衡常数(　　),沉淀转化反应就越易进行

　　A. 越大　　　　　　　　　　　　B. 越小

　　C. 保持不变　　　　　　　　　　D. 无法判断

　　E. 随温度升高而增大

15. 关于歧化反应,正确的叙述是(　　)

　　A. 同种分子里两种原子之间发生的氧化还原反应

　　B. 同种分子里同种原子之间发生的氧化还原反应

　　C. 两种分子里同种原子之间发生的氧化还原反应

　　D. 同种物质中相同氧化值的同一元素原子之间发生的氧化还原反应

　　E. 以上叙述都不够严谨

16. 298K 时,pH＝6 的溶液的 OH^- 离子浓度是 pH＝10 的 OH^- 离子浓度的多少倍(　　)

　　A. $\dfrac{2}{3}$　　　　　　　　　　　　B. $\dfrac{3}{2}$

　　C. 10^4　　　　　　　　　　　　D. 10^{-4}

　　E. 1000

17. HCl 溶液浓度是 HAc 溶液的 0.5 倍,则 HCl 溶液的 $[H^+]$ 是 HAc 溶液 $[H^+]$ 的(　　)

　　A. 0.5 倍　　　　　　　　　　　B. 2 倍

　　C. 4 倍　　　　　　　　　　　　D. 相同

　　E. 很多倍

18. HPO_4^{2-} 的共轭酸为(　　)

　　A. H_3PO_4　　　　　　　　　　　B. $H_2PO_4^{2-}$

　　C. $H_2PO_4^-$　　　　　　　　　　D. PO_4^{3-}

　　E. HPO_4^-

19. p 轨道有(　　)等价轨道

　　A. 2 个　　　　　　　　　　　　B. 3 个

　　C. 5 个　　　　　　　　　　　　D. 7 个

　　E. 1 个

20. 描述基态硫原子中某一个电子运动状态的四个量子数是(　　)

　　A. 4,1,0,+1/2　　　　　　　　　B. 3,1,1,+1/2

　　C. 4,3,2,−1/2　　　　　　　　　D. 3,2,0,+1/2

E. $3,2,1, -1/2$

(二)X 型题(多选题)

21. 下列描述正确的是(　)

A. 离子浓度越大,则离子强度越大,活度系数越小

B. 离子浓度越小,则离子强度越小,活度系数越小

C. 离子浓度越大,则离子强度越小,活度系数越小

D. 离子浓度越小,则离子强度越大,活度系数越大

E. 电中性粒子的浓度变化,活度系数基本不变

22. 下列分子中,具有直线形结构的是(　)

A. SO_2

B. CCl_4

C. $BeCl_2$

D. NO_2

E. CS_2

23. 下列分子中,中心原子采取 sp^3 不等性杂化的是(　)

A. NH_3

B. NO_3^-

C. H_2S

D. CH_4

E. C_2H_2

24. 下列配合物中,配离子构型为八面体的是(　)

A. $[Cu(NH_3)_4]SO_4$

B. $[Ni(en)_2]Cl_2$

C. $K_3[Fe(C_2O_4)_3]$

D. $Na_2[Zn(OH)_4]$

E. $[FeF_6]^{4-}$

25. 下列说法错误的是(　)

A. ψ 表示电子出现的概率

B. ψ 表示电子出现的概率密度

C. ψ 没有明确的物理意义

D. ψ 就是原子轨道

E. ψ 就是波函数

26. 下列说法正确的是(　)

A. 氢原子中,电子的能量只取决于主量子数 n

B. 氧原子中,电子的能量取决于 n 和 l

C. 四个量子数可确定波函数

D. 确定波函数只需 3 个量子数

E. 波函数的图像就是电子云

27. 关于分子之间的作用力,说法正确的是(　)

A. 分子之间的作用力决定了物质的化学性质

B. 分子间作用力越大,熔点、沸点通常越高

C. 分子之间的作用力包括取向力、诱导力、色散力以及氢键

D. 色散力普遍存在于分子之间

E. 对任何分子,色散力总是最主要的分子间力

28. 下列元素属于 p 区元素的是（　）

    A. Ar   B. Se

    C. Al   D. Cu

    E. H

29. 下列混合溶液不属于缓冲溶液的有（　）

    A. NaOH 和过量的 NH_4Cl B. $NaHCO_3$ 和 Na_2CO_3

    C. 过量的氨水和 HCl   D. 等物质量 H_3PO_4 和 Na_2HPO_4

    E. 氨水和过量的 HCl

30. 把少量浓溶液 $AgNO_3$ 加到饱和的 AgCl 溶液中，下列说法正确的是（　）

    A. AgCl 的溶度积增大   B. AgCl 的溶解度增大

    C. AgCl 的溶解度降低   D. AgCl 的溶度积降低

    E. AgCl 溶度积不变

三、填空题

1. 现有三种水溶液：(a)$0.2mol \cdot L^{-1}$ KCl；(b) $0.1mol \cdot L^{-1}$ 蔗糖；(c) $0.25mol \cdot L^{-1}$ NH_3。凝固点由高到低的顺序是_____。

2. 在 $0.1mol \cdot L^{-1}$ $CaCl_2$ 溶液中，$CaCO_3$ 的溶解度将会____；在 $0.1mol \cdot L^{-1}$ NaCl 溶液中，$CaCO_3$ 的溶解度将会_____。

3. H_2O 分子的空间构型是_____，中心原子采取了_____杂化。

4. $K_4[Fe(CN)_6]$ 的名称是_____，中心离子采取了_____杂化方式。

5. 弱酸弱碱盐溶液究竟显酸性、中性还是碱性，决定于_____的相对大小。若_____，这种盐溶液就显中性。

6. 将 $1.0L$ $0.20mol \cdot L^{-1}$ 的 HAc 溶液稀释到_____ L 时，可使 HAc 的电离度比原溶液增大一倍。

7. 在 $[Cl^-]=[CrO_4^{2-}]=5.0 \times 10^{-3}$ $mol \cdot L^{-1}$ 的溶液中，逐滴加入 $AgNO_3$ 溶液，则先沉淀的是_____，此物开始沉淀时溶液中的 $[Ag^+]=$_____ $mol \cdot L^{-1}$。假设滴加过程中体积不变。已知 $K_{sp}^{\ominus}(AgCl)=1.8 \times 10^{-10}$，$K_{sp}^{\ominus}(Ag_2CrO_4)=1.1 \times 10^{-12}$。

8. 凡原子轨道沿键轴方向发生"头碰头"重叠而形成的共价键称_____键。

9. 具有环状结构的配位化合物称为_____，影响其稳定性的因素主要是_____。

10. 元素性质呈现周期性变化，原因是_____。

11. d 区过渡金属离子形成的配合物通常有颜色，其颜色的产生缘于电子的_____跃迁。

12. CO 分子之间的最主要的范德华力是_____。

13. 原子轨道角度分布图与电子云角度分布图的图形相似，但二者的区别为原子轨道角度分布图形比电子云角度分布图形_____些，且有_____。

四、完成并配平下列反应方程式

1. $KMnO_4 + K_2SO_3 + KOH \rightarrow K_2MnO_4 + K_2SO_4$

2. $Br_2 + AsO_3^{3-} \rightarrow AsO_4^{3-} + Br^-$（在碱性介质中）

3. $FeS + HNO_3 \rightarrow Fe(NO_3)_3 + S + NO$

4. $Na_2S_2O_3 + I_2 \rightarrow Na_2S_4O_6$

5. $Fe^{2+} + H_2O_2 + H^+ \rightarrow Fe^{3+}$

五、简答题

1. 在下列氧化剂中,随着溶液氢离子浓度的增加,氧化性如何变化? 分别写出电极反应式及相应的能斯特方程式并说明。

(1)Cl_2 (2)Fe^{3+} (3)$KMnO_4$ (4)$K_2Cr_2O_7$

2. 已知有两种钴的配合物,它们具有相同的分子式 $Co(NH_3)_5BrSO_4$,其间的区别在于在第一种配合物的溶液中加 $BaCl_2$ 时产生 $BaSO_4$ 沉淀,但加 $AgNO_3$ 时不产生沉淀,而第二种配合物则与此相反。写出这两种配合物的化学式,并指出钴的配位数和氧化值。

六、计算题

1. 某原电池中的一个半电池是由银片浸入 $1.0\ mol \cdot L^{-1}\ Ag^+$ 溶液中组成的,另一半电池是由银片浸入 $1.0\ mol \cdot L^{-1}$ AgBr 饱和溶液中组成的。电对 Ag^+/Ag 为正极,测得电池电动势为 0.728V,已知 $E^{\ominus}(Ag^+/Ag) = 0.7996V$,请计算 $E^{\ominus}(AgBr/Ag)$ 和 $K_{sp}^{\ominus}$(AgBr)。

2. 将 100mL 4.2mol $\cdot L^{-1}$ 氨水和 50mL 4.0mol $\cdot L^{-1}$ HCl 混合,试计算在此混合溶液中:

(1)[OH^-]及 pH 值是多少?

(2)若向溶液中加入固体 $FeCl_2$,求开始产生 $Fe(OH)_2$ 沉淀时 Fe^{2+} 的浓度?

已知 $K_b^{\ominus}(NH_3 \cdot H_2O) = 1.74 \times 10^{-5}$, $K_{sp}^{\ominus}[Fe(OH)_2] = 8.0 \times 10^{-16}$ 。

参 考 答 案

一、判断题

1.√ 2.√ 3.× 4.× 5.× 6.× 7.× 8.√ 9.√ 10.×

二、选择题

(一)A 型题(单选题)

1.D 2.C 3.C 4.D 5.E 6.C 7.D 8.D 9.E 10.D 11.B 12.B 13.B

14. A　15. D　16. D　17. E　18. C　19. B　20. B

(二)X 型题（多选题）

21. AE　22. CE　23. AC　24. CE　25. AB　26. ABD　27. BCD　28. ABC

29. DE　30. CE

三、填空题

1. b＞c＞a

2. 降低；略微增大

3. 角形；不等性 sp^3

4. 六氰合铁（Ⅱ）酸钾；d^2sp^3

5. $K_a^\ominus$ 与 $K_b^\ominus$；$K_a^\ominus = K_b^\ominus$

6. 4

7. AgCl；$3.6×10^{-8}$

8. σ

9. 螯合物；螯环的大小和数目

10. 元素的电子层结构呈现周期性

11. d-d

12. 色散力

13. 胖；正负之分

四、完成并配平下列反应方程式

1. $2KMnO_4 + K_2SO_3 + 2KOH = 2K_2MnO_4 + K_2SO_4 + H_2O$

2. $2OH^- + Br_2 + AsO_3^{3-} = AsO_4^{3-} + 2Br^- + H_2O$

3. $FeS + 4HNO_3 = Fe(NO_3)_3 + S + NO + 2H_2O$

4. $2Na_2S_2O_3 + I_2 = Na_2S_4O_6 + 2NaI$

5. $2Fe^{2+} + H_2O_2 + 2H^+ = 2Fe^{3+} + 2H_2O$

五、简答题

1. 答：相关的电极反应式及能斯特方程式为：

(1) $Cl_2 + 2e^- \rightleftharpoons 2Cl^-$　　　(2) $Fe^{3+} + e^- \rightleftharpoons Fe^{2+}$

(3) $MnO_4^- + 8H^+ + 5e^- \rightleftharpoons Mn^{2+} + 4H_2O$

$E(MnO_4^-/Mn^{2+}) = E^\ominus(MnO_4^-/Mn^{2+}) + 0.0592/5 × \lg[MnO_4^-][H^+]^8/[Mn^{2+}]$

(4) $Cr_2O_7^{2-} + 14H^+ + 6e^- \rightleftharpoons 2Cr^{3+} + 7H_2O$

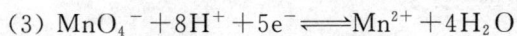

$E(Cr_2O_7^{2-}/Cr^{3+}) = E^\ominus(Cr_2O_7^{2-}/Cr^{3+}) + 0.0592/6 × \lg[Cr_2O_7^{2-}][H^+]^{14}/[Cr^{3+}]^2$

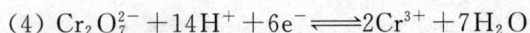

由相关的电极反应式及能斯特方程式可知，(1)和(2)中 H^+ 不参与电极反应，氧化性与 H^+ 无关；而(3)和(4)中 H^+ 参与电极反应，且随着 H^+ 浓度的增大，电极电势增大，氧

化能力增大。

2. **答**:第 1 种:$[CoBr(NH_3)_5]SO_4$ 钴的配位数为 6,氧化值为 +3。

第 2 种:$[CoSO_4(NH_3)_5]Br$ 钴的配位数为 6,氧化值为 +3。

六、计算题

1. **解**:$E_{MF} = E_{(+)} - E_{(-)} = 0.728V$

$E_{(+)} = E(Ag^+/Ag) = E^{\ominus}(Ag^+/Ag) = 0.7996V$

$E_{(-)} = E(AgBr/Ag) = E^{\ominus}(AgBr/Ag)$

$\therefore E^{\ominus}(AgBr/Ag) = E_{(+)} - E_{MF} = 0.7996 - 0.728 = 0.0716V$

$K_{sp}^{\ominus}(AgBr)$ 等于下列反应式的 $K^{\ominus}$:

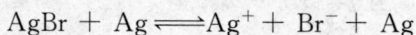

$$AgBr + Ag \Longrightarrow Ag^+ + Br^- + Ag$$

上反应式可视为一个氧化还原反应,$AgBr$ 被还原成 Ag,Ag 发生氧化反应生成 Ag^+。

相应原电池的正极为 $AgBr/Ag$,负极为 Ag^+/Ag,电子转移数 $n=1$

$E_{MF}^{\ominus} = E_{(+)}^{\ominus} - E_{(-)}^{\ominus} = 0.0716 - 0.7996 = -0.728V$

$\lg K^{\ominus} = \dfrac{nE_{MF}^{\ominus}}{0.0592V} = \dfrac{1 \times (-0.728)}{0.0592} = -12.3$

$K^{\ominus} = 5.04 \times 10^{-13}$, 故:$K_{sp}^{\ominus}(AgBr) = 5.04 \times 10^{-13}$

2. **解**:(1) $NH_3 + HCl \Longrightarrow NH_4Cl$

反应后生成的 NH_4Cl 为:$n(NH_4Cl) = 50 \times 4.0/1000 = 0.2mol$

反应后剩余的 $NH_3 \cdot H_2O$ 为:$n(NH_3 \cdot H_2O) = 100 \times 4.2/1000 - 50 \times 4.0/1000 = 0.22mol$

反应后的溶液为缓冲溶液

$pH = 14 - pK_b^{\ominus} + \lg \dfrac{c(MOH)}{c(M^+)}$

$= 14 - 4.76 + \lg \dfrac{0.22/0.15}{0.2/0.15} = 9.28$

$pOH = 14 - pH = 4.72$ $[OH^-] = 10^{-4.72} = 1.91 \times 10^{-5} \ mol \cdot L^{-1}$

(2) $c(Fe^{2+}) = \dfrac{K_{sp}^{\ominus}[Fe(OH)_2]}{[c(OH^-)]^2} = \dfrac{8.0 \times 10^{-16}}{(1.91 \times 10^{-5})^2} = 2.19 \times 10^{-6} \ mol \cdot L^{-1}$

试卷九 （长春中医药大学） ▷▷▷▷

一、单选题

1.在下列溶液中 HCN 电离度最大的是（　　）

    A.$0.1mol \cdot L^{-1}$ NaCN

    B.$0.1mol \cdot L^{-1}$ KCl 和 $0.2mol \cdot L^{-1}$ NaCl 混合液

    C.$0.2mol \cdot L^{-1}$ NaCl

    D.$0.1mol \cdot L^{-1}$ NaCN 和 $0.2mol \cdot L^{-1}$ KCl 混合液

2.氨水溶液中,加入等物质的量的 NH_4Cl 固体,则在混合溶液中不变的量是（　　）

    A.pH 值   B.电离常数

    C.电离度   D.OH^- 离子的浓度

3.电解质溶液中离子强度 I、活度系数 γ 和活度 a 之间的关系是（　　）

    A.I 越大,γ 越大,a 也越大   B.I 越大,γ 越小,a 也越小

    C.I 越小,γ 越小,a 也越小   D.I 越小,γ 越大,a 越小

4.下列说法不正确的是（　　）

    A.同类型的难溶强电解质,溶度积大的易转化为溶度积小的。

    B.同类型难溶强电解质溶度积相差越大,转化越完全。

    C.溶度积大的化合物溶解度一定大。

    D.沉淀转化平衡常数越大,沉淀转化越完全。

5.往相同浓度($0.1mol \cdot L^{-1}$)的 KI 和 K_2SO_4 的混合溶液中逐滴加入 $Pb(NO_3)_2$ 的溶液时,则（　　）[已知:PbI_2 的 $K_{sp}^{\ominus}=1.39 \times 10^{-8}$,$PbSO_4$ 的 $K_{sp}^{\ominus}=1.06 \times 10^{-8}$]

    A.先生成 $PbSO_4$ B.先生成 PbI_2

    C.两种沉淀同时生成   D.两种沉淀都不生成

6.$Mg(OH)_2$ 的 $K_{sp}^{\ominus}=4 \times 10^{-12}$,它的溶解度是（　　）

    A.$10^{-4}mol \cdot L^{-1}$ B.$10^{-3}mol \cdot L^{-1}$

    C.$2 \times 10^{-4}mol \cdot L^{-1}$ D.$2 \times 10^{-3}mol \cdot L^{-1}$

7.在 $Na_2S_2O_3$ 中 S 的氧化值是（　　）

    A.$+6$ B.$+4$

    C.$+2$ D.-2

8.下列氧化剂中,随溶液中 $[H^+]$ 增加氧化性增强的是（　　）

A.$AgNO_3$

B.$FeCl_3$

C.$K_2Cr_2O_7$

D.Br_2

9.反应 $Cr_2O_7^{2-}+6Fe^{2+}+14H^+\rightleftharpoons 2Cr^{3+}+6Fe^{3+}+7H_2O$ 在 298K 时平衡常数与标准电动势的关系为（　）

A.$\lg K^{\ominus}=\dfrac{3E^{\ominus}}{0.0592}$

B.$\lg K^{\ominus}=\dfrac{2E^{\ominus}}{0.0592}$

C.$\lg K^{\ominus}=\dfrac{6E^{\ominus}}{0.0592}$

D.$\lg K^{\ominus}=\dfrac{12E^{\ominus}}{0.0592}$

10.下列量子数组合中,正确的是（　）

A.2,1,-2,1/2

B.1,2,0,$-1/2$

C.3,0,1,1/2

D.2,1,0,$-1/2$

11.按原子半径大小顺序正确的是（　）

A.Be<Na<Mg

B.Be<Mg<Na

C.Be>Na>Mg

D.Na<Be<Mg

12.分子呈直线结构的是（　）

A.$BeCl_2$

B.H_2O

C.NH_3

D.CH_4

13.具有极性键的非极性分子是（　）

A.P_4

B.H_2S

C.BCl_3

D.$CHCl_3$

14.配离子$[Cu(en)_2]^{2+}$的配位数为（　）

A.1

B.2

C.3

D.4

15.具有下列电子构型的元素中,第一电离能最大的是（　）

A.ns^2np^3

B.ns^2np^4

C.ns^2np^5

D.ns^2np^6

16.在下列各组分子中,分子之间只存在色散力的是（　）

A.C_6H_6 和 CCl_4

B.HCl 和 N_2

C.NH_3 和 H_2O

D.HCl 和 HF

17.由下列磷的元素电势图,可以确定电对 P_4/PH_3 的 $E^{\ominus}$ 为（　）

$$H_2PO_2^- \xrightarrow{-2.05V} P_4 \underline{\qquad} PH_3$$
$$\underline{\qquad -1.18V \qquad}$$

A.$+0.87V$

B.$-0.89V$

C.$-0.83V$

D.$-0.87V$

18.下列标准电极电势最大的是（　）

A.$E^{\ominus}(AgBr/Ag)$

B.$E^{\ominus}(AgCl/Ag)$

C.$E^{\ominus}$(AgI/Ag) D.$E^{\ominus}$(Ag$^+$/Ag)

19.描述原子轨道形状的量子数是（ ）

A.主量子数 n B.角量子数 l

C.磁量子数 m D.自旋量子数 s_i

20.下列电子构型中,属于原子激发态的是（ ）

A.$1s^2 2s^1 2p^1$ B.$1s^2 2s^2$

C.$1s^2 2s^2 2p^6 3s^2$ D.$1s^2 2s^2 2p^6 3s^2 3p^6 4s^1$

21.某元素的原子序数为24,它具有的成单电子数为（ ）

A.6 个 B.5 个

C.4 个 D.3 个

22.下列分子其中心原子采用 sp^3 不等性杂化的是（ ）

A.C_2H_2 B.BF_3

C.NH_3 D.CCl_4

23.下列分子属于极性分子的是（ ）

A.CS_2 B.BCl_3

C.CCl_4 D.NH_3

24.顺磁性的 $[NiCl_4]^{2-}$ 中,Ni(Ⅱ)采用的杂化方式是（ ）

A.sp^2 B.sp^3

C.dsp^2 D.dsp^3

25.如下各组化学元素中电负性大小正确的是（ ）

A.F>N>O B.O>Cl>F

C.As>P>H D.Cl>S>As

二、多选题

26.影响缓冲容量的因素是（ ）

A.缓冲溶液的组成 B.缓冲溶液中共轭酸、碱的浓度

C.共轭酸、碱的浓度比 D.共轭酸的标准解离常数

27.下列化合物空间构型是四面体的是（ ）

A.NH_4^+ B.H_2O

C.$CHCl_3$ D.$[Ni(NH_3)_4]^{2+}$

28.下列配合物中,中心原子的 d 电子采取低自旋排布的是（ ）

A.$[FeF_6]^{3-}$ B.$[Fe(CN)_6]^{3-}$

C.$[Fe(H_2O)_6]^{3+}$ D.$[Co(CN)_6]^{3-}$

29.下列分子中能作有效螯合剂的是（ ）

A.H_2O_2 B.EDTA

C.H_2N-NH_2 D.en

30.HCl 分子中的 σ 键是由哪些轨道重叠而形成的（　　）

  A. p_x 　　　　　　　　　　　　B. p_y

  C. s 　　　　　　　　　　　　　D. p_z

三、是非题

31.锌铜原电池中，向 $ZnSO_4$ 溶液加入少量氨水，则电池电动势变大。（　　）

32.所有元素的原子中第一电子亲和势最大的是氟。（　　）

33.难溶强电解质的溶解度与标准溶度积常数有关，两种难溶电解质中标准溶度积常数较小的，其溶解度也较小。（　　）

34.根据元素的电位图，当 $E_右^\ominus > E_左^\ominus$ 时，其中间价态的物种可进行歧化反应。（　　）

35.同一周期中，元素的第一电离能随原子序数递增而依次增大。（　　）

36.H_2O 分子中 O 采取不等性 sp^3 杂化。（　　）

37.弱酸和盐类所组成的溶液可构成缓冲溶液。（　　）

38.物质的偶极矩值越大，则此物质分子的极性越大。（　　）

39.$[Ni(CN)_4]^{2-}$ 的杂化类型是 dsp^2。（　　）

40.当主量子数是 4 时，其轨道总数为 16，电子层中电子最大容量为 32。（　　）

四、填空题

41.沉淀溶解达到平衡的必要条件是_____。

42.HSO_4^- 的共轭碱是_____。

43.缓冲溶液两组分的浓度比越接近_____，缓冲容量越大。

44.$(NH_4)_2S_2O_8$ 分子中 S 的氧化值为_____。

45.写出 Cu-Ag 原电池的电池符号_____。

46.配合物 $K_2[PtCl_6]$ 的命名为_____。

47.将轨道分裂后的最高能级和最低能级之间的能量差称为晶体场的_____。

48.C_2H_2 分子中存在_____个 σ 键。

49.p 区元素外层电子构型为_____。

50.周期表中电负性最小的元素符号为_____。

五、简答题

51.写出 O_2^+ 分子轨道电子排布式，计算键级并指出磁性。

52.已知某元素的原子序数是 53，写出该元素的电子结构，并指出它位于周期表中第几周期？第几族？哪一区？

53.说明 CCl_4 的杂化过程，并解释分子构型和极性。

54.用离子电子法配平并完成下列反应式

$$Cr_2O_7^{2-} + SO_2 \longrightarrow Cr^{3+} + SO_4^{2-}（酸性介质）$$

55.根据配合物的价键理论,指出$[Ni(CN)_4]^{2-}$配离子(磁矩$\mu=0$B.M.)的中心离子和配体的配位情况(即指出价层电子排布,杂化轨道类型,以及空间构型情况)。

六、计算题

56.计算$0.100\text{mol}\cdot L^{-1}$ $NH_3\cdot H_2O$溶液的pH值。若向该溶液当中加入固体NH_4Cl,使其浓度为$0.100\text{mol}\cdot L^{-1}$,计算此时溶液中$c(H^+)$、$NH_3\cdot H_2O$的解离度。已知$K_b^\ominus=1.8\times10^{-5}$。

57.在10mL $0.10\text{mol}\cdot L^{-1}$ $MgSO_4$溶液中加入10mL $0.10\text{mol}\cdot L^{-1}$ $NH_3\cdot H_2O$,若使$Mg(OH)_2$沉淀溶解,最少应加入多少摩尔NH_4Cl? $K_{sp}^\ominus[Mg(OH)_2]=5.61\times10^{-12}$,$K_b^\ominus(NH_3\cdot H_2O)=1.8\times10^{-5}$。

58.已知下列电对的标准电极电势

$$Pb^{2+}+2e^-\Longrightarrow Pb \qquad E^\ominus=-0.126V$$
$$Sn^{2+}+2e^-\Longrightarrow Sn \qquad E^\ominus=-0.136V$$

试判断在下列两种情况时:(1)$c(Pb^{2+})=1\text{mol}\cdot L^{-1}$,$c(Sn^{2+})=1\text{mol}\cdot L^{-1}$,

$\qquad\qquad\qquad\qquad$ (2)$c(Pb^{2+})=0.01\text{mol}\cdot L^{-1}$,$c(Sn^{2+})=0.1\text{mol}\cdot L^{-1}$

反应$Sn+Pb^{2+}\Longrightarrow Sn^{2+}+Pb$进行的方向。

参考答案

一、单选题

1.B   2.B   3.B   4.C   5.A   6.A   7.C   8.C   9.C   10.D
11.B   12.A   13.C   14.D   15.D   16.A   17.B   18.D   19.B   20.A
21.B   22.C   23.D   24.C   25.D

二、多选题

26.BC   27.AD   28.BD   29.BD   30.AC

三、是非题

31.√   32.×   33.×   34.√   35.×   36.√   37.×   38.√   39.√   40.√

四、填空题

41.$J=K_{sp}^\ominus$

42.SO_4^{2-}

43.1

44.+7

45.$(-)Cu \mid Cu^{2+}(c_1) \parallel Ag^+(c_2) \mid Ag(+)$

46.六氯合铂(VI)酸钾

47.分裂能

48.2

49.$ns^2np^{1\sim6}$

50.Cs

五、简答题

51.O_2^+　$[(\sigma_{1s})^2(\sigma_{1s}^*)^2(\sigma_{2s})^2(\sigma_{2s}^*)^2(\sigma_{2p_x})^2(\pi_{2p})^4(\pi_{2p}^*)^1]$

　　键级　　$(10-5)/2=2.5$

　　磁性　　有单电子,顺磁性

52.电子结构式:$1s^22s^22p^63s^23p^63d^{10}4s^24p^64d^{10}5s^25p^5$

　　　　　　　　位于第五周期,第VIIA族。属于p区。

53.CCl_4　　$C:[He]2s^22p^2$

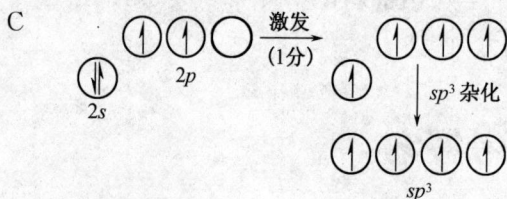

　　四面体形　　　　　　是非极性分子

54.①写出两个半反应式:

$$Cr_2O_7^{2-} \longrightarrow Cr^{3+}（还原,氧化值降低）$$

$$SO_2 \longrightarrow SO_4^{2-}（氧化,氧化值升高）$$

②配平半反应(配平原子数电荷数)

$$Cr_2O_7^{2-}+14H^++6e^-=2Cr^{3+}+7H_2O \qquad ①$$

$$SO_2+2H_2O=SO_4^{2-}+2e^-+4H^+ \qquad ②$$

③合并半反应,写出配平的离子方程式

　　　　　　　　　　$①+②×3$

$$Cr_2O_7^{2-}+3SO_2+2H^+=2Cr^{3+}+3SO_4^{2-}+H_2O$$

55.$[Ni(NH_3)_4]^{2+}$ —— 正四面体

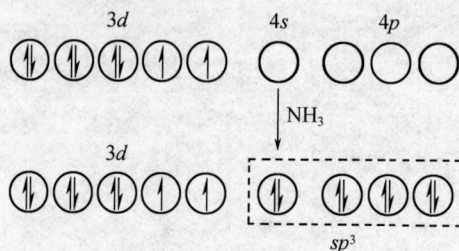

六、计算题

56.解: $c(NH_3)/K_b^\ominus = \dfrac{0.100}{1.8 \times 10^{-5}} = 5.6 \times 10^3 > 400$

$$c_{eq}(OH^-) = \sqrt{c(NH_3)K_b^\ominus}$$

$$= \sqrt{0.100 \times 1.8 \times 10^{-5}} = 1.34 \times 10^{-3}$$

$$pH = pK_w^\ominus - pOH = 14 + \lg 1.34 \times 10^{-3} = 11.13$$

加入固体 NH_4Cl，使其浓度为 $0.100 \text{mol} \cdot L^{-1}$ 时，构成缓冲溶液

$$pH = pK_a^\ominus + \lg \frac{c(NH_3 \cdot H_2O)}{c(NH_4^+)}$$

$$= 14 + \lg 1.8 \times 10^{-5} + \lg \frac{0.100}{0.100} = 9.26$$

所以 $c(H^+) = 10^{-9.26} = 5.5 \times 10^{-10} \text{mol} \cdot L^{-1}$ $\alpha = \dfrac{\dfrac{10^{-14}}{5.5 \times 10^{-10}}}{0.100} = 0.018\%$

或另做（第二问）

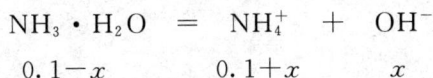

$$\begin{array}{cccc} NH_3 \cdot H_2O & = & NH_4^+ & + & OH^- \\ 0.1-x & & 0.1+x & & x \end{array}$$

$$K_b^\ominus = \frac{x(0.1+x)}{0.1-x} = 1.8 \times 10^{-5} \qquad \frac{c}{K_b^\ominus} = \frac{0.1}{1.8 \times 10^{-5}} > 400$$

所以　$0.1-x=0.1$　$0.1+x=0.1$　　所以 $c(OH^-) = 1.85 \times 10^{-5} \text{mol} \cdot L^{-1}$

所以 $c(H^+) = \dfrac{10^{-14}}{1.8 \times 10^{-5}} = 5.6 \times 10^{-10} \text{mol} \cdot L^{-1}$ $\alpha = \dfrac{1.8 \times 10^{-5}}{0.100} = 0.018\%$

57.解: $c(Mg^{2+}) = \dfrac{0.10 \times 10}{20} = 0.050 \text{mol} \cdot L^{-1}$

$$c(NH_3 \cdot H_2O) = \frac{0.10 \times 10}{20} = 0.050 \text{mol} \cdot L^{-1}$$

$$K_b^\ominus = \frac{x^2}{0.050-x}$$

$$0.050 - x \approx 0.050$$

$$1.8 \times 10^{-5} = \frac{x^2}{0.050-x}$$

$$x = 9.5 \times 10^{-4}$$

$$c(OH^-) = 9.5 \times 10^{-4} \text{mol} \cdot L^{-1}$$

$$NH_3 \cdot H_2O \rightleftharpoons NH_4^+ + OH^-$$

相对平衡浓度　　　　$0.050-x$　　　　x　　　x　　　$x = 9.5 \times 10^{-4}$

$$c(OH^-) = 9.5 \times 10^{-4} \text{mol} \cdot L^{-1}$$

$$J = c(Mg^{2+}) \cdot [c(OH^-)]^2 = 0.050 \times (9.5 \times 10^{-4})^2 = 4.5 \times 10^{-8}$$

$$c(NH_4^+) = 8.2 \times 10^{-2} \, mol \cdot L^{-1}$$

$$c(NH_4^+) > (8.2 \times 10^{-2} - 1.1 \times 10^{-5}) mol \cdot L^{-1} \approx 0.082 mol \cdot L^{-1}$$

$$(0.082 \times 0.020) mol = 0.0016 mol$$

58.解：

（1）正极反应：$Pb^{2+} + 2e^- \Longrightarrow Pb$　　　　　负极反应：$Sn \Longrightarrow Sn^{2+} + 2e^-$

$E_{MF} = E_{(+)} - E_{(-)} = -0.126 - (-0.136) = 0.010 > 0$　　所以反应正向进行

（2）
$$E_{(-)} = E^{\ominus}(Pb^{2+}/Pb) + \frac{0.0592}{2} lg0.01$$

$$= -0.126 - 0.0592 = -0.185V$$

$$E_{(+)} = E^{\ominus}(Sn^{2+}/Sn) + \frac{0.0592}{2} lg0.1$$

$$= -0.136 - 0.03 = -0.166V$$

所以 $E_{MF} = -0.185 + 0.166 = -0.019V < 0$

所以反应逆向进行。

试卷十 （北京中医药大学） ▷▷▷▷

一、判断题

1.弱酸的电离常数越大,则溶液中氢离子浓度就越大。（ ）

2.在难溶强电解质溶液中加入具有同名离子的强电解质,使难溶强电解质溶解度减小的效应称同离子效应。（ ）

3.凡含有氢的共价化合物中就存在氢键。（ ）

4.氢原子光谱为连续光谱。（ ）

5.弱酸和盐类所组成的溶液可构成缓冲溶液。（ ）

6.通常原子的共价半径小于范德华半径。（ ）

7.在含有硫酸钡固体的饱和溶液中若 $c(Ba^{2+})c(SO_4^{2-})=K_{sp}^{\ominus}$,则此时体系已建立了沉淀平衡。（ ）

8.在 $FeCl_3$ 溶液中加盐酸,溶液变得更加混浊。（ ）

9.物质中键的极性大小次序为 $NaF>HCl>HBr>F_2$。（ ）

10.两原子间形成共价双键时,其中一键是 π 键。（ ）

二、选择题

(一)A 型题(单选题)

1.氨溶于水,氨分子与水分子间产生的作用力是（ ）

　A.取向力+氢键　　　　　　　　B.取向力+诱导力

　C.色散力+诱导力　　　　　　　D.色散力+氢键

　E.取向力+色散力+诱导力+氢键

2.当基态原子的第四电子层只有 2 个电子时,则原子的第三电子层的电子数为（ ）

　A.8 个电子　　　　　　　　　　B.18 个电子

　C.32 个电子　　　　　　　　　D.8～18 个电子

　E.8～32 个电子

3.在 HAc 溶液中加入 NaCl,则（ ）

　A.溶液的 pH 值升高　　　　　　B.溶液的 pH 值降低

　C.产生同离子效应　　　　　　　D.溶液的离子强度减少

　E.产生沉淀

4.铁的原子序数是 26,Fe(Ⅱ)离子的电子层结构在基态时是下列哪种构型（　　）

A.$3d^64s^2$
B.$3d^54s^1$

C.$3d^64s^0$
D.$3d^74s^1$

E.$3d^54s^2$

5.下列哪一种物质中,氧的氧化值与水的氧的氧化值不同（　　）

A.OH^-
B.H_3O^+

C.O^{2-}
D.H_2O_2

E.SO_2

6.在饱和 H_2S 水溶液中,浓度最小的是($K_{a_1}^{\ominus}=1.32\times10^{-7}$,$K_{a_2}^{\ominus}=7.08\times10^{-15}$)（　　）

A.H_2S
B.HS^-

C.S^{2-}
D.H^+

E.OH^-

7.难溶物 $Mg(OH)_2$ 的溶解度为 $s(mol\cdot L^{-1})$,其 $K_{sp}^{\ominus}$ 等于（　　）

A.s^3
B.$4s^3$

C.$\dfrac{1}{2}s^3$
D.$4s^2$

E.$2s^2$

8.下列配体中,为螯合剂的是（　　）

A.NH_3
B.Cl^-

C.$H_2N\text{-}NH_2$
D.$NH_2CH_2CH_2NH_2$

E.SO_4^{2-}

9.实际浓度为 $0.1mol\cdot L^{-1}$ 的 NaCl 溶液,其有效浓度为 $0.078mol\cdot L^{-1}$,对此现象最恰当的解释是（　　）

A.NaCl 部分电离
B.NaCl 与水发生了反应

C.离子间的相互牵制
D.因为 H_2O 电离出 H^+ 和 OH^-

E.以上说法都不对

10.原电池中正极发生的是（　　）

A.氧化反应
B.还原反应

C.氧化还原反应
D.水解反应

E.H^+ 传递反应

(二)X 型题(多选题)

11.分子间存在氢键的有（　　）

A.HCl
B.H_2S

C.H_2O
D.NH_3

E.HF

12.下列每组四个量子数(n,l,m,s_i)合理的是（　　）

A.4,1,0,+1/2   B.4,3,4,-1/2

C.3,2,2,-1/2   D.2,2,-1,+1/2

E.4,0,+1,+1/2

13.$|\psi|^2$ 值代表( )

A.一个不变的数学式

B.电子在核外某处出现的概率密度

C.核外电子运动的轨迹

D.核外单位微体积中电子出现的概率

E.原子轨道

14.对于 H_2O 分子来说,下列说法正确的是( )

A.空间构型为 V 型   B.为非极性分子

C.偶极矩不等于零   D.以不等性 sp^3 杂化

E.有两对孤对电子

15.已知在酸性溶液中,锰的元素电势图如下:

$$MnO_4^- \xrightarrow{+0.564} MnO_4^{2-} \xrightarrow{+2.26} MnO_2 \xrightarrow{+0.95} Mn^{3+} \xrightarrow{+1.5} Mn^{2+} \xrightarrow{-1.182} Mn$$

下列物质不能发生歧化反应的是( )

A.MnO_4^- B.MnO_4^{2-}

C.MnO_2 D.Mn^{3+}

E.Mn^{2+}

16.下列物质中,不属于螯合物的是( )

A.$Cu(en)_2^{2+}$ B.$CuCl_3^-$

C.$Cu(C_2O_4)_2^{2-}$ D.$Cu(SCN)_4^{2-}$

E.$Cu(H_2O)_4^{2+}$

17.在酸性条件下,能将 Mn^{2+} 氧化为 MnO_4^- 的是( )

A.PbO_2 B.$(NH_4)_2S_2O_8$

C.$FeCl_3$ D.HNO_3

E.Cl_2

18.下列物质具有剧毒,需要特殊保管的是( )

A.KSCN   B.KCN

C.$K_3[Fe(CN)_6]$ D.As_2O_3

E.$HgCl_2$

19.下列酸中,可以固体形式存在的是( )

A.HIO_3 B.纯 H_3PO_4

C.H_4SiO_4 D.H_3BO_3

E.HNO_3

20.对 d 区元素,下列说法正确的是(　　)

　　A.在水中大多显颜色　　　　　B.价电子构型特点是 $(n-1)d^{10}ns^{1\sim2}$

　　C.均为金属元素　　　　　　　D.含多种氧化值

　　E.易形成配合物

三、填空题

1.原子轨道沿键轴方向发生"头碰头"重叠而成的共价键为_____键,原子轨道沿键轴方向发生"肩并肩"重叠而成的共价键为_____键。

2.原子序数为 29 的元素,其价电子层结构为_____,属于_____周期_____族,是_____区的元素,元素符号为_____。

3.$KMnO_4$ 作为氧化剂,其还原产物与_____有关,在_____中形成近无色的_____,在_____中形成棕色的_____,在_____中形成绿色的_____。

4.共价键的特征是_____,_____。

5.周期表中电负性最大的元素为_____。

6.同离子效应使弱电解质的 α _____,盐效应使难溶强电解质的 s _____,

7.配合物化学式为 $[Pt(NH_3)_2(OH)Cl_3]$,其命名为_____,配位原子为_____,配位数为_____,配位体类型为_____。

8.外轨型配合物中,中心离子是通过_____轨道来成键的,又常称为_____自旋配合物。

9.电极电势越大,其还原态物质的还原能力_____。

10.写出下列矿物药的主要成分:生石膏_____,朱砂_____,砒霜_____,雄黄_____,铅糖_____,朴硝_____。

四、完成并配平下列反应方程式

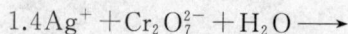

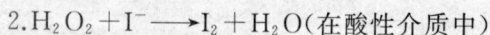

1.$4Ag^+ + Cr_2O_7^{2-} + H_2O \longrightarrow$

2.$H_2O_2 + I^- \longrightarrow I_2 + H_2O$(在酸性介质中)

3.$MnO_4^- + Fe^{2+} + H^+ \longrightarrow$

五、简答题

根据配合物的价键理论,指出下列配离子中,中心离子和配体的配位情况(即指出其电子排布、杂化轨道类型及空间构型情况)。

(1)$[FeF_6]^{3-}$　　　　　　　　$\mu = 5.92$B.M.

(2)$[Fe(CN)_6]^{3-}$　　　　　　　$\mu = 1.73$B.M.

六、计算题

1.将 H_2S 气体通入 $0.075 mol \cdot L^{-1} Fe(NO_3)_2$ 溶液中达到饱和状态。试计算 FeS 开始沉淀时的 pH 值。已知：$K_{sp}^{\ominus}(FeS) = 6.3 \times 10^{-18}$；$H_2S$：$K_{a_1}^{\ominus} = 1.3 \times 10^{-7}$，$K_{a_2}^{\ominus} = 7.1 \times 10^{-15}$。

2.已知 298K 时，电极反应：

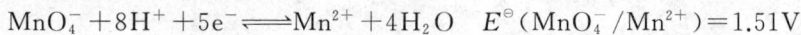

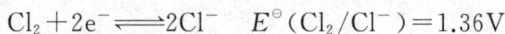

$$MnO_4^- + 8H^+ + 5e^- \rightleftharpoons Mn^{2+} + 4H_2O \quad E^{\ominus}(MnO_4^-/Mn^{2+}) = 1.51V$$

$$Cl_2 + 2e^- \rightleftharpoons 2Cl^- \quad E^{\ominus}(Cl_2/Cl^-) = 1.36V$$

(1)将两个电极组成原电池，写出电池符号。

(2)当氢离子浓度为 $0.10 mol \cdot L^{-1}$、氯气分压为 100kPa、其他各离子浓度为 $1.0 mol \cdot L^{-1}$ 时，计算原电池的电动势？

(3)求电池反应的平衡常数。

参考答案

一、判断题

1.×　2.√　3.×　4.×　5.×　6.√　7.√　8.×　9.√　10.√

二、选择题

(一)A 型题(单选题)

1.E　2.D　3.B　4.C　5.D　6.C　7.B　8.D　9.C　10.B

(二)X 型题(多选题)

11.CDE　　　12.AC　　　13.BD　　　14.ACDE　　　15.ACE

16.BDE　　　17.AB　　　18.BDE　　　19.ABCD　　　20.ACDE

三、填空题

1.σ；π

2.$3d^{10}4s^1$；第四；IB；ds；Cu

3.溶液的酸碱性；酸性介质；Mn^{2+}；中性介质；MnO_2；碱性介质；MnO_4^{2-}

4.具有方向性；具有饱和性

5.氟

6.降低；稍有增大

7.三氯·一羟基·三氨合铂(IV)；N、O、Cl；6；单基配位体

8.$nsnp$ 或 $nsnpnd$ 外层；高

9.越小

10.$CaSO_4 \cdot 2H_2O$；HgS；As_2O_3；As_4S_4；$Pb(Ac)_2$；$Na_2SO_4 \cdot 10H_2O$

四、完成并配平下列反应方程式

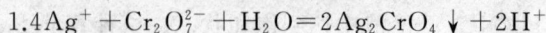

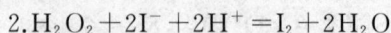

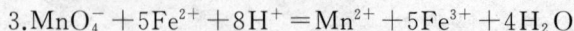

1. $4Ag^+ + Cr_2O_7^{2-} + H_2O = 2Ag_2CrO_4 \downarrow + 2H^+$

2. $H_2O_2 + 2I^- + 2H^+ = I_2 + 2H_2O$

3. $MnO_4^- + 5Fe^{2+} + 8H^+ = Mn^{2+} + 5Fe^{3+} + 4H_2O$

五、简答题

答：(1)$\mu = 5.92B.M.$，$n = 5$，中心离子 Fe^{3+} 有 5 个未成对 $3d$ 电子，故中心原子采取 sp^3d^2 杂化，$[FeF_6]^{3-}$ 配离子的空间构型为正八面体。

(2)$\mu = 1.73B.M.$，$n = 1$，中心离子 Fe^{3+} 有 5 个 $3d$ 电子，其中两对成对电子，1 个未成对 $3d$ 电子，故中心原子采取 d^2sp^3 杂化，$[Fe(CN)_6]^{3-}$ 离子的空间构型为正八面体。

六、计算题

1.**解**：
$$FeS(s) \rightleftharpoons Fe^{2+} + S^{2-}$$

$$c_{eq}(Fe^{2+}) \cdot c_{eq}(S^{2-}) = K_{sp}^{\ominus}(FeS) = 6.3 \times 10^{-18}$$

$$c_{eq}(S^{2-}) = \frac{K_{sp}^{\ominus}(FeS)}{c_{eq}(Fe^{2+})}$$

$$= \frac{6.3 \times 10^{-18}}{0.075}$$

$$= 8.4 \times 10^{-17} mol \cdot L^{-1}$$

$$H_2S \rightleftharpoons 2H^+ + S^{2-}$$

$$K^{\ominus}(H_2S) = \frac{[c_{eq}(H^+)]^2 \cdot c_{eq}(S^{2-})}{c_{eq}(H_2S)}$$

$$= K_{a_1}^{\ominus} \cdot K_{a_2}^{\ominus}$$

在 H_2S 的饱和水溶液中，$c_{eq}(H_2S) = 0.10 mol \cdot L^{-1}$，代入上式，则：

$$[c_{eq}(H^+)]^2 \cdot c_{eq}(S^{2-}) = K^{\ominus}(H_2S) \cdot c_{eq}(H_2S)$$

$$= K_{a_1}^{\ominus} \cdot K_{a_2}^{\ominus} \cdot c_{eq}(H_2S)$$

$$= 1.3 \times 10^{-7} \times 7.1 \times 10^{-15} \times 0.10$$

$$= 9.2 \times 10^{-23}$$

$$c_{eq}(H^+) = \sqrt{\frac{9.2 \times 10^{-23}}{c_{eq}(S^{2-})}}$$

$$= \sqrt{\frac{9.2 \times 10^{-23}}{8.4 \times 10^{-17}}}$$

$$=1.05\times10^{-3}\,mol\cdot L^{-1}\quad pH=3$$

FeS 开始沉淀时的 pH 值为 3。

2.解:(1)电池符号为:

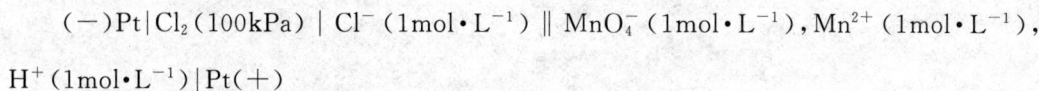

$(-)Pt|Cl_2(100kPa)\,|\,Cl^-(1mol\cdot L^{-1})\,\|\,MnO_4^-(1mol\cdot L^{-1}),Mn^{2+}(1mol\cdot L^{-1}),$
$H^+(1mol\cdot L^{-1})|Pt(+)$

(2)当 H^+ 离子浓度为 $0.10\,mol\cdot L^{-1}$,其他离子浓度为 $1.0\,mol\cdot L^{-1}$ 时,电对 MnO_4^-/Mn^{2+} 的电极电势为:

$$E=E^{\ominus}+\frac{0.0592}{5}V\lg\frac{c_{eq}(MnO_4^-)\cdot[c_{eq}(H^+)]^8}{c_{eq}(Mn^{2+})}$$

$$=1.51V+\frac{0.0592}{5}V\lg(0.10)^8$$

$$=1.41V$$

原电池的电动势为:

$$E_{MF}=E(MnO_4^-/Mn^{2+})-E^{\ominus}(Cl_2/Cl^-)$$

$$=1.41V-1.36V$$

$$=0.050V$$

(3)电池反应的平衡常数为:

$$\lg K^{\ominus}=\frac{nE_{MF}^{\ominus}}{0.0592V}$$

$$\lg K^{\ominus}=\frac{10\times(1.51-1.36)V}{0.0592V}$$

$$=25.3$$

$$K^{\ominus}=2.00\times10^{25}$$

试卷十一 （甘肃中医药大学）　▷▷▷▷

一、选择题

1.已知某难溶电解质 M_3X_2 的 $K_{sp}^{\ominus}=1.08\times10^{-23}$，则其在水中的溶解度为（　　）

　　A.$1.0\times10^{-2}\,mol\cdot L^{-1}$ 　　　　　　　　B.$1.0\times10^{-3}\,mol\cdot L^{-1}$

　　C.$1.0\times10^{-5}\,mol\cdot L^{-1}$ 　　　　　　　　D.$1.08\times10^{-4}\,mol\cdot L^{-1}$

2.(1)$2H_2(g)+S_2(g)=2H_2S(g)$ 　　　　　　　　$K_1^{\ominus}$

　　(2)$2Br_2(g)+2H_2S(g)=4HBr(g)+S_2(g)$ 　　$K_2^{\ominus}$

　　(3)$H_2(g)+Br_2(g)=2HBr(g)$ 　　　　　　　　$K_3^{\ominus}$

同一温度,上述各反应平衡常数之间的关系是（　　）

　　A.$K_3^{\ominus}=K_1^{\ominus}\times K_2^{\ominus}$ 　　　　　　　　B.$K_3^{\ominus}=K_1^{\ominus}/K_2^{\ominus}$

　　C.$K_3^{\ominus}=(K_1^{\ominus}\times K_2^{\ominus})^2$ 　　　　　　　D.$K_3^{\ominus}=(K_1^{\ominus}\times K_2^{\ominus})^{1/2}$

3.用半透膜可分离胶体溶液中的杂质离子,这种分离方法叫作（　　）

　　A.电泳 　　　　　　　　　　　　　　B.渗析

　　C.过滤 　　　　　　　　　　　　　　D.电解

4.根据"酸碱质子理论",不属于"共轭酸碱对"的是（　　）

　　A.NH_3,NH_4^+ 　　　　　　　　　　　B.HAc,Ac^-

　　C.H_3O^+,OH^- 　　　　　　　　　　D.$H_2PO_4^+$,HPO_4^{2-}

5.欲配制 $pH=3.70$ 的缓冲溶液,最好选取下列哪一种酸及其钠盐（　　）

　　A.H_3PO_4,$K_{a_1}^{\ominus}=7.5\times10^{-3}$ 　　　　　　B.H_2CO_3,$K_{a_1}^{\ominus}=4.3\times10^{-7}$

　　C.$HCOOH$,$K_a^{\ominus}=1.8\times10^{-4}$ 　　　　　　D.HAc,$K_a^{\ominus}=1.8\times10^{-5}$

6.$H_2CO_3(aq)$ 在 $298K$ 的 $K_{a_1}^{\ominus}=4.3\times10^{-7}$,$K_{a_2}^{\ominus}=5.6\times10^{-11}$,该温度下饱和 $H_2CO_3(aq)$ 中 $c_{eq}(CO_3^{2-})$ 约等于（　　）

　　A.0.10 　　　　　　　　　　　　　　B.0.050

　　C.5.6×10^{-11} 　　　　　　　　　　D.4.3×10^{-7}

7.$K_2Cr_2O_7$ 被 $1\,mol\ Fe^{2+}$ 完全还原为 Cr^{3+} 时,所消耗的 $K_2Cr_2O_7$ 的物质的量为（　　）

　　A.$\dfrac{1}{5}\,mol$ 　　　　　　　　　　　B.$\dfrac{1}{3}\,mol$

　　C.$\dfrac{1}{6}\,mol$ 　　　　　　　　　　D.$6\,mol$

8.$n=4$ 的电子层中,最多可容纳的电子数（　　）

    A.2 个　　　　　　　　　　　　　　B.8 个

    C.18 个　　　　　　　　　　　　　D.32 个

9.下列分子中,空间构型为平面正三角形的是（　　）

    A.PCl_3　　　　　　　　　　　　　B.NF_3

    C.BF_3　　　　　　　　　　　　　D.H_2O

10.配合物的中心原子的轨道进行杂化时,其轨道必须是（　　）

    A.具有单电子的轨道　　　　　　　B.空轨道

    C.能量相差较大的轨道　　　　　　D.同层轨道

11.在下列化合物中能作为有效螯合剂的是（　　）

    A.H_2O　　　　　　　　　　　　　B.H_2O_2

    C.$H_2N\text{-}CH_2CH_2CH_2\text{-}NH_2$　　　　D.$(CH_3)_2N\text{-}NH_2$

12.下列氯的各种含氧酸酸性最强的是（　　）

    A.$HClO$　　　　　　　　　　　　B.$HClO_2$

    C.$HClO_3$　　　　　　　　　　　D.$HClO_4$

13.某元素多电子原子中,下列具有量子数 (n,l,m,s_i) 的电子能量最高的是（　　）

    A.$4,1,+1,+1/2$　　　　　　　　B.$4,2,0,-1/2$

    C.$3,2,+1,+1/2$　　　　　　　　D.$3,2,+2,-1/2$

14.存在分子内氢键的是（　　）

    A.HNO_3　　　　　　　　　　　　B.H_2O

    C.NH_3　　　　　　　　　　　　D.$CH_3\text{-}CH_3$

15.原子半径大小正确的顺序是（　　）

    A.$Mg>Na>B>Be$　　　　　　　B.$Na>Mg>B>Be$

    C.$Na>Mg>Be>B$　　　　　　　D.$Mg>Na>Be>B$

二、判断题

1.对于强电解质溶液,其依数性要用校正因子 i 来校正。（　　）

2.在弱电解质溶液中,加入与弱电解质具有相同离子的强电解质,其解离度降低,这种现象称为同离子效应。（　　）

3.因 $NH_4Cl\text{-}NH_3$ 缓冲溶液的 pH 大于 7,所以不能抵抗少量的强碱。（　　）

4.标准平衡常数随起始浓度不同而不同。（　　）

5.氢原子光谱为连续光谱。（　　）

6.原子中电子的运动具有波粒二象性,没有固定的轨道,可用统计规律来描述。（　　）

7.现代价键理论认为,当两个原子接近时,原子中的单电子可以配对形成稳定的共价键。（　　）

8.298.15K 时,$0.10\text{mol}\cdot L^{-1}$ $H[B(OH)_4]$ 溶液中的 OH^- 浓度是 H^+ 浓度的 4

倍。（　）

9.PbI_2、$CaCO_3$ 的 $K_{sp}^{\ominus}$ 相近，饱和溶液中，$c_{eq}(Pb^{2+}) \approx c_{eq}(Ca^{2+})$。（　）

10.外轨配合物的磁矩一定比内轨配合物的磁矩大。（　）

三、填空题

1.将两根胡萝卜分别放入甲、乙两个量筒中，甲中倒入浓盐水，乙中倒入纯水，由于渗透作用，甲中的胡萝卜将_____，而乙中的胡萝卜将_____。

2.NaOH 溶液与 H_3PO_4 溶液等体积混合后，溶液的 pH 为：$pH = (pK_{a_1}^{\ominus} + pK_{a_2}^{\ominus})/2$。则混合前，NaOH 与 H_3PO_4 的浓度之比为_____。

3.将 100mL 0.20mol·L^{-1} NaH_2PO_4 溶液与 100mL 0.10mol·L^{-1} HCl 溶液混合，则此混合溶液的抗酸成分是_____，抗碱成分是_____，pH＝_____（H_3PO_4 的 $pK_{a_1}^{\ominus}$＝2.16，$pK_{a_2}^{\ominus}$＝7.21，$pK_{a_3}^{\ominus}$＝12.32）。

4.Sn（Ⅱ）与 Pb（Ⅱ）相比，还原性强的是_____，它们在酸性介质中的还原能力比在碱性介质中_____。

5.把反应 $Zn(s) + 2H^+(1mol·L^{-1}) = Zn^{2+}(0.10mol·L^{-1}) + H_2(1p^{\ominus})$ 设计为原电池，其表达式是_____。

6.29 号元素基态原子的核外电子排布式为_____，此元素在周期表中位于_____区第_____周期_____族。

7.共价键的特点是具有_____性和_____性。

8.若中心原子分别采用 sp^3 和 dsp^2 杂化与配位原子成键，则中心原子的配位数均为_____，所形成的配离子的类型分别是_____和_____，所形成的配合物的空间构型分别为_____和_____。

9.缓冲范围是_____；NH_3-NH_4Cl 缓冲溶液的缓冲范围在_____和_____之间。（已知 NH_3 的 $pK_b^{\ominus}$＝4.76）

10.电子云的角度分布图为"哑铃"形的亚层称为_____亚层，其空间伸展方向有_____个。

四、完成并配平下列反应方程式

1.碘量法以标准硫代硫酸钠溶液测定 I_2：
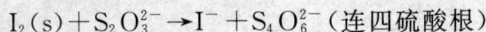
$$I_2(s) + S_2O_3^{2-} \rightarrow I^- + S_4O_6^{2-}（连四硫酸根）$$

2.实验室以高锰酸钾和盐酸制备 $Cl_2(g)$ 的反应：
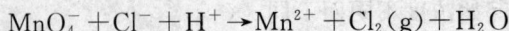
$$MnO_4^- + Cl^- + H^+ \rightarrow Mn^{2+} + Cl_2(g) + H_2O$$

3.以 $NaBiO_3(s)$ 鉴定 $Mn^{2+}(aq)$ 的反应（加热）：
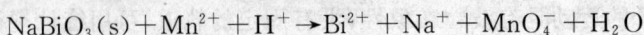
$$NaBiO_3(s) + Mn^{2+} + H^+ \rightarrow Bi^{2+} + Na^+ + MnO_4^- + H_2O$$

五、简答题

1.玻尔原子模型理论的主要缺陷是什么？

2.画出 O_2、O_2^+、O_2^- 分子或离子的分子轨道排布式,并比较它们的稳定性、键级及有无顺磁性。

3.$[Fe(CN)_6]^{3-}$ 是内轨型配合物,$[CoF_6]^{3-}$ 是外轨型配合物,画出它们的价电子分布情况,并指出各以何种杂化轨道成键。

六、计算题

1.室温下,混合溶液含 Fe^{2+} 和 Fe^{3+} 各 $0.050mol \cdot L^{-1}$。欲加入 NaOH 溶液使 Fe^{2+} 和 Fe^{3+} 完全分离,通过计算说明是否可行,以及如何控制溶液的 pH 值。(已知室温下,$K_{sp}^{\ominus}[Fe(OH)_3]=1.1 \times 10^{-36}$,$K_{sp}^{\ominus}[Fe(OH)_2]=1.64 \times 10^{-14}$)

2.银不溶于盐酸,但可溶于氢碘酸,通过求下列反应在 298K 的标准平衡常数,解释上述现象:$2Ag(s) + 2HI(aq) = 2AgI(s) + H_2(g)$ [已知:$E^{\ominus}(Ag^+/Ag) = 0.799V$,$K_{sp}^{\ominus}(AgI) = 8.9 \times 10^{-17}$,$K_{sp}^{\ominus}(AgCl) = 1.8 \times 10^{-10}$]

参考答案

一、选择题

1.C 2.D 3.B 4.C 5.C 6.C 7.C 8.D 9.C 10.B

11.C 12.D 13.B 14.A 15.C

二、判断题

1.√ 2.√ 3.× 4.× 5.× 6.√ 7.× 8.× 9.× 10.×

三、填空题

1.萎缩;膨胀

2.1:1

3.H_3PO_4;NaH_2PO_4;2.16

4.Sn(Ⅱ);弱

5.$(-)Zn(s)|Zn^{2+}(0.1mol \cdot L^{-1}) \| H^+(1.0mol \cdot L^{-1})|H_2(1p^{\ominus})|Pt(s)(+)$

6.$1s^2 2s^2 2p^6 3s^2 3p^6 3d^{10} 4s^1$;$ds$ 区;四;ⅠB族

7.方向性;饱和性

8.4;外轨型;内轨型;四面体;平面四边形

9.$pH = 14 - (pK_b^{\ominus} \pm 1)$;8.24~10.24

10.p;3

四、完成并配平下列反应方程式

1.$I_2(s) + 2S_2O_3^{2-} = 2I^- + S_4O_6^{2-}$(连四硫酸根)

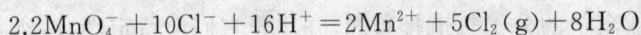

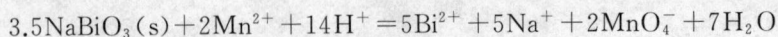

$2. 2MnO_4^- + 10Cl^- + 16H^+ = 2Mn^{2+} + 5Cl_2(g) + 8H_2O$

$3. 5NaBiO_3(s) + 2Mn^{2+} + 14H^+ = 5Bi^{2+} + 5Na^+ + 2MnO_4^- + 7H_2O$

五、简答题

1.答:玻尔原子模型理论的主要缺陷是：

(1)用经典力学推出电子固有轨道限制了电子的运动；

(2)不能解释 H 原子光谱的精细结构；

(3)不能解释多电子原子、分子或固体的光谱。

2.答:上述分子或离子的分子轨道排布式为：

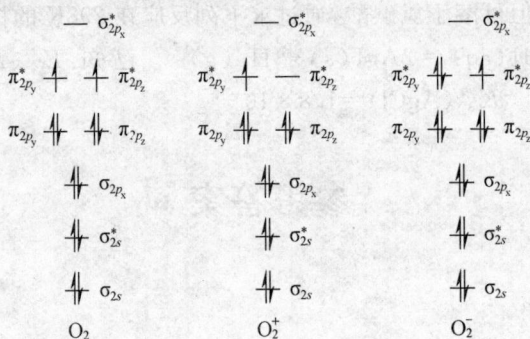

$$O_2 \qquad O_2^+ \qquad O_2^-$$

其键级 O_2 为 2，O_2^+ 为 5/2，O_2^- 为 3/2；故稳定性 $O_2^+ > O_2 > O_2^-$

因为它们结构中均含有单电子，故都有顺磁性。

3.答:Fe^{3+} 的电子结构为 $1s^2 2s^2 2p^6 3s^2 3p^6 3d^6$

Co^{3+} 的电子结构为 $1s^2 2s^2 2p^6 3s^2 3p^6 3d^7$

配体 CN^- 中 C、N 原子的电负性较小，易给出孤对电子，使中心离子价电子层发生变化，如图所示：

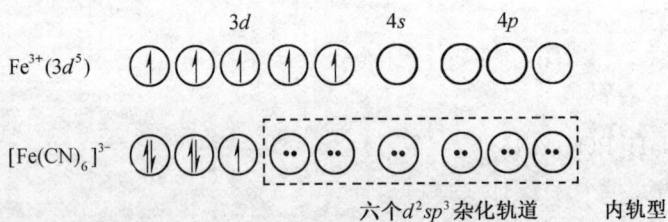

六个 d^2sp^3 杂化轨道　　内轨型

而配体 F^- 中 F 原子的电负性较大，不易给出孤对电子，中心离子价电子层保持不变，如图所示：

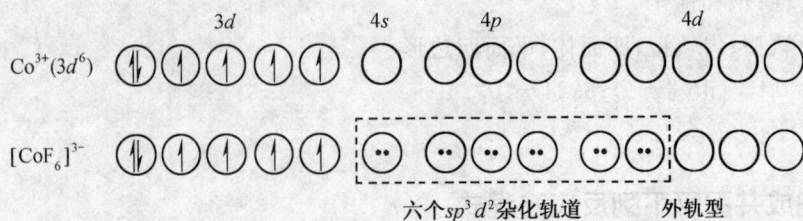

六个 sp^3d^2 杂化轨道　　外轨型

六、计算题

1.解：若控制加入 NaOH 溶液的量，使 Fe^{2+} 和 Fe^{3+} 其中一个沉淀，便可达到分离这两种离子的目的。

沉淀 Fe^{2+}，所需 $c(OH^-)=\sqrt{K_{sp}^{\ominus}[Fe(OH)_2]/c_{eq}(Fe^{2+})}=5.73\times10^{-6}\ mol\cdot L^{-1}$，此时 pH＝8.76

沉淀 Fe^{3+}，所需 $c(OH^-)=\sqrt[3]{K_{sp}^{\ominus}[Fe(OH)_3]/c_{eq}(Fe^{3+})}=2.80\times10^{-12}\ mol\cdot L^{-1}$，此时 pH＝2.45

故可控制 pH 介于 2.45～8.76，使 Fe^{3+} 沉淀而 Fe^{2+} 不沉淀，已达到分离的目的。

2.解：将该氧化还原反应设计为原电池：

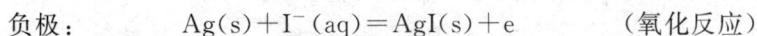

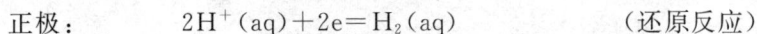

负极：　　　　　$Ag(s)+I^-(aq)=AgI(s)+e$　　　　　（氧化反应）

正极：　　　　　$2H^+(aq)+2e=H_2(aq)$　　　　　（还原反应）

首先求 $AgI(s)+e=Ag(s)+I^-$ 电极反应的 $E^{\ominus}(AgI/Ag)$。

$$AgI(s)=Ag^+(aq)+I^-(aq)\qquad K_{sp}^{\ominus}=c_{eq}(Ag^+)c_{eq}(I^-)$$

$$c_{eq}(Ag^+)=K_{sp}^{\ominus}(AgI)/c_{eq}(I^-)\qquad [注意\ c_{eq}(I^-)=1mol\cdot L^{-1}]$$

$$\begin{aligned}E^{\ominus}(AgI/Ag)&=E(Ag^+/Ag)\\&=E^{\ominus}(Ag^+/Ag)+0.059V\ lg c_{eq}(Ag^+)\\&=0.799V+0.059V\ lg K_{sp}^{\ominus}(AgI)\\&=0.799V+0.059V\ lg(8.5\times10^{-17})\\&=-0.15V\end{aligned}$$

$$E_{MF}^{\ominus}=E^{\ominus}(H^+/H_2)-E^{\ominus}(AgI/Ag)=0V-(-0.15V)=0.15V>0V$$

故银可溶于氢碘酸。

$$lg K^{\ominus}=nE_{MF}^{\ominus}/0.059V=(2\times0.15V)/0.059V=5.08$$

得　　　　　　　　　　　$K^{\ominus}=1.2\times10^5$

同理可计算　　　$\begin{aligned}E^{\ominus}(AgCl/Ag)&=E(Ag^+/Ag)\\&=E^{\ominus}(Ag^+/Ag)+0.059V\ lg c_{eq}(Ag^+)\\&=0.799V+0.059V\ lg K_{sp}^{\ominus}(AgCl)\\&=0.799V+0.059V\ lg(1.8\times10^{-10})\\&=0.648V\end{aligned}$

$E^{\ominus}(AgCl/Ag)>E^{\ominus}(H^+/H_2)$，$E_{MF}^{\ominus}=E^{\ominus}(H^+/H_2)-E^{\ominus}(AgCl/Ag)=-0.648V<0V$

故银不溶于盐酸。

试卷十二 （辽宁中医药大学） ▷▷▷▷

一、选择题

（一）**A 型题**（单选题）

1.$0.1mol \cdot L^{-1} HAc(K_a^{\ominus} \approx 10^{-5})$ 溶液中的 $c_{eq}(H^+)$ 是（　）

A.$10^{-1} mol \cdot L^{-1}$ B.$10^{-2} mol \cdot L^{-1}$

C.$10^{-3} mol \cdot L^{-1}$ D.$10^{-4} mol \cdot L^{-1}$

E.$10^{-5} mol \cdot L^{-1}$

2.属于质子碱的物质为（　）

A.HCl B.H_2CO_3

C.NH_4^+ D.HAc

E.Ac^-

3.$0.5mol \cdot L^{-1} NaCl$ 水溶液的离子强度是（　）

A.0.1 B.0.01

C.0.05 D.0.5

E.1

4.$Mg(OH)_2$ 的 $K_{sp}^{\ominus}$ 为 4×10^{-12}，它的溶解度是（　）

A.$10^{-4} mol \cdot L^{-1}$ B.$10^{-3} mol \cdot L^{-1}$

C.$2 \times 10^{-4} mol \cdot L^{-1}$ D.$2 \times 10^{-6} mol \cdot L^{-1}$

E.$2 \times 10^{-3} mol \cdot L^{-1}$

5.下列盐的水溶液显酸性的是（　）

A.NaAc B.Na_2S

C.KCN D.$ZnSO_4$

E.Na_2CO_3

6.溶液中对某离子认为沉淀完全时，此离子摩尔浓度是（　）

A.大于 $10^{-5} mol \cdot L^{-1}$ B.小于 $10^{-4} mol \cdot L^{-1}$

C.小于 $10^{-3} mol \cdot L^{-1}$ D.小于 $10^{-5} mol \cdot L^{-1}$

E.大于 $10^{-4} mol \cdot L^{-1}$

7.室温、100kPa 下，H_2CO_3 溶液中 $c_{eq}(CO_3^{2-})$ 是（　）

（H_2CO_3 的 $K_{a_1}^{\ominus} = 4.3 \times 10^{-7}$，$K_{a_2}^{\ominus} = 5.6 \times 10^{-11}$）

A.$4.3\times10^{-7}\,mol\cdot L^{-1}$ 　　　　B.$9.1\times10^{-8}\,mol\cdot L^{-1}$

C.$5.6\times10^{-11}\,mol\cdot L^{-1}$ 　　　　D.$1.0\times10^{-19}\,mol\cdot L^{-1}$

E.2.3×10^{-8}

8.$4s$ 轨道径向分布峰数有(　　)

A.1 个 　　　　B.4 个

C.3 个 　　　　D.2 个

E.5 个

9.使溶液中 $CaCO_3$ 沉淀溶解的办法是(　　)

A.向溶液中加 HCl 　　　　B.向溶液中加 CO_3^{2-}

C.向溶液中加 NaOH 　　　　D.向溶液中加 Ca^{2+}

E.向溶液中加 KOH

10.Cu 的原子序数为 29,其价电子层结构是(　　)

A.$3d^94s^2$ 　　　　B.$3d^94s^1$

C.$3d^{10}4s^2$ 　　　　D.$3d^{10}4s^1$

E.$3d^84s^2$

11.能够在酸性溶液中稳定存在的配合物是(　　)

A.$[Ni(CN)_4]^{2-}$ 　　　　B.$[Co(NH_3)_6]^{2+}$

C.$[Fe(SCN)_6]^{3-}$ 　　　　D.$[FeF_6]^{3-}$

E.$[Cu(NH_3)_4]^{2+}$

12.下列化合物中,分子间不存在氢键的物质是(　　)

A.HF 　　　　B.HBr

C.H_2O 　　　　D.NH_3

E.CH_3COOH

13.下列各组量子数(n,l,m,s_i)合理的是(　　)

A.3,1,2,+1/2 　　　　B.1,2,0,+1/2

C.2,1,0,0 　　　　D.3,3,2,+1/2

E.2,1,−1,+1/2

14.第六周期所填充的原子轨道是(　　)

A.$5s4d5p$ 　　　　B.$6s4f5d6p$

C.$4s3d4p$ 　　　　D.$7s5f6d7p$

E.$3s3p$

15.已知:$E^{\ominus}(I_2/I^-)=0.5355V$,$E^{\ominus}(Fe^{3+}/Fe^{2+})=0.771V$,$E^{\ominus}(Br_2/Br^-)=1.065V$,下面说法错误的是(　　)

A.Fe^{3+} 是比 I_2 更强的氧化剂 　　　　B.Fe^{3+} 是比 Br_2 更弱的氧化剂

C.I^- 是比 Br^- 更强的还原剂 　　　　D.Br^- 是比 Fe^{2+} 更弱的还原剂

E.Fe^{2+} 是比 I^- 更强的还原剂

16.$BeCl_2$ 分子是（　　）

  A.直线形   B.角形

  C.平面三角形   D.正四面体

  E.三角锥形

17.H_2O 分子间存在的力是（　　）

  A.取向力   B.诱导力

  C.色散力   D.氢键

  E.取向力、诱导力、色散力、氢键

18.能形成 π 键的两个原子轨道重叠是（　　）

  A.p_x-p_y B.p_y-p_z

  C.p_y-p_y D.p_x-p_x

  E.p_z-p_x

19.在弱电解质溶液中,加入与弱电解质具有相同离子的强电解质时,使弱电解质的电离度（　　）

  A.增高   B.降低

  C.不变   D.为零

  E.为百分之百

20.CH_4 分子中碳所采用的杂化为（　　）

  A.sp^3 等性杂化   B.sp^2 杂化

  C.sp 杂化   D.dsp^2 杂化

  E.sp^3 不等性杂化

21.电子云指的是（　　）

  A.核外电子运动的一种固定状态

  B.波函数

  C.核外电子概率密度分布的形象化表示

  D.核外运动的固定轨道

  E.以上均不是

22.酸性最强的酸是（　　）

已知$K_a^\ominus(HAc)=1.8\times10^{-5}$ $K_a^\ominus(HCN)=6.2\times10^{-10}$

  $K_a^\ominus(HClO)=2.95\times10^{-8}$ $K_a^\ominus(HBrO)=2.06\times10^{-9}$ $K_a^\ominus(HCOOH)=8\times10^{-4}$

  A.$0.1mol\cdot L^{-1}HAc$ B.$0.1mol\cdot L^{-1}HCN$

  C.$0.1mol\cdot L^{-1}HCOOH$ D.$0.1mol\cdot L^{-1}HClO$

  E.$0.1mol\cdot L^{-1}HBrO$

23.实验室中配制 $SnCl_2$ 溶液时,$SnCl_2$ 加 H_2O 即混浊,为了防止混浊,应先加（　　）

  A.Sn   B.KOH

  C.$SnCl_4$ D.Fe

E.HCl

24.描述原子轨道在空间伸展方向的是( )

A.主量子数 n B.角量子数 l

C.磁量子数 m D.自旋量子数 s_i

E.屏蔽常数 σ

25.$NH_3 \cdot H_2O$ 的电离平衡常数为 $K_b^\ominus$,在 $NH_3 \cdot H_2O$ 溶液中加入 NH_4Cl 固体,将使( )

A.$K_b^\ominus$ 变大   B.$K_b^\ominus$ 变小

C.pH 值升高   D.pH 值降低

E.$NH_3 \cdot H_2O$ 的电离度增大

26.某个原子中的五个电子,分别具有以下量子数,其中能量最高的是( )

A.$2,1,1,-1/2$ B.$3,2,-2,-1/2$

C.$2,0,0,-1/2$ D.$3,1,1,+1/2$

E.$3,0,0,+1/2$

27.在电极反应 $Ag^+ + e \rightleftharpoons Ag$ $E^\ominus(Ag^+/Ag)=0.7996V$ 中,加入 $NaCl$ 后,电极电势将( )

A.变大   B.变小

C.不变   D.先变小后变大

E.先变大后变小

28.14.2g Na_2SO_4 溶于150g 水中,溶液的质量摩尔浓度是( )

已知 Na_2SO_4 的摩尔质量为 $142g \cdot mol^{-1}$

A.$0.667mol \cdot kg^{-1}$ B.$6.67 \times 10^{-4}mol \cdot kg^{-1}$

C.$9.47 \times 10^{-2}mol \cdot kg^{-1}$ D.$9.47 \times 10^{-1}mol \cdot kg^{-1}$

E.$6.67 \times 10^{-3}mol \cdot kg^{-1}$

29.某配合物的配位数为6,其空间构型为( )

A.直线型   B.平面四边形

C.八面体型   D.正四面体型

E.三角锥形

30.配合物 $[Pt(NH_3)_4(NO_2)Cl]CO_3$ 中,中心原子的配位数是( )

A.2   B.3

C.4   D.5

E.6

(二)X 型题(多选题)

31.当溶液中 $c(H^+)$ 增加时,氧化能力增加的氧化剂是( )

A.$Cr_2O_7^{2-}$ B.Cl_2

C.Fe^{3+} D.O_2

E.MnO_4^-

32. 对于 H_2O 分子，下列说法正确的是（　　）

    A.空间构型为 V 形　　　　　　　　B.为非极性分子

    C.偶极矩不等于零　　　　　　　　D.以不等性 sp^3 杂化

    E.有两个孤电子对

33. 分子间存在取向力、诱导力、色散力和氢键的是（　　）

    A.苯和 CCl_4　　　　　　　　　　B.CH_3OH 和 H_2O

    C.HCl 和 HCl　　　　　　　　　D.H_2O 和 H_2O

    E.HF 和 HF

34. 具有极性键的非极性分子是（　　）

    A.CS_2　　　　　　　　　　　　　B.N_2

    C.BF_3　　　　　　　　　　　　　D.$CHCl_3$

    E.CH_4

35. 下列属于核外电子排布应遵循的原则有（　　）

    A.能量最低原理　　　　　　　　　B.原子轨道最大重叠原理

    C.泡里不相容原理　　　　　　　　D.洪特规则

    E.对称性原则

36. 配合物构型是直线型的有（　　）

    A.$[Co(NH_3)_6]^{3+}$　　　　　　　B.$[Ag(NH_3)_2]^+$

    C.$[Cu(NH_3)_4]^{2+}$　　　　　　　D.$[Cu(CN)_2]^-$

    E.$[Ag(CN)_2]^-$

37. 采取 sp^3 不等性杂化的分子为（　　）

    A.CH_4　　　　　　　　　　　　　B.H_2O

    C.CCl_4　　　　　　　　　　　　　D.NH_3

    E.BCl_3

38. $CaCO_3$ 是哪些矿物药中的主要成分（　　）

    A.珍珠　　　　　　　　　　　　　B.熟石膏

    C.钟乳石　　　　　　　　　　　　D.生石膏

    E.海蛤壳

39. 对于第五能级组，下列说法正确的是（　　）

    A.电子填充的能级是 $5s4d5p$　　　B.原子轨道数目为 9 个

    C.最多容纳 18 个电子　　　　　　D.等于第五周期

    E.最高氧化值为 $+5$

40. 下列分子中能作有效螯合剂的是（　　）

    A.H_2O　　　　　　　　　　　　　B.H_2O_2

    C.NH_3　　　　　　　　　　　　　D.EDTA

    E.en

二、填空题

1.$[Co(H_2O)_2(NH_3)_3Br]Cl_2$ 的配位体是_____,配合物的名称是_____。

2.原子轨道角度分布图与电子云角度分布图的图形相似,但二者的区别为原子轨道角度分布图形比电子云角度分布图形_____些,且有_____值。

3.酸性溶液中,$Cu^{2+}\xrightarrow{0.158}Cu^{+}\xrightarrow{0.522}Cu$,物质_____将自发地发生歧化反应,其反应式为_____。

4.原子轨道沿核键轴方向发生"头碰头"重叠而形成的共价键为_____键,原子轨道沿核键轴方向发生"肩并肩"重叠而形成的共价键为_____键。

5.砒霜的化学成分是_____,$Na_2SO_4\cdot10H_2O$ 在中药中称为_____。

三、判断题

1.当主量子数 $n=4$ 时,共有 $4s$、$4p$、$4d$、$4f$ 四个轨道。(　　)

2.采用 d^2sp^3 和 sp^3d^2 杂化轨道成键形成的配合物空间构型相同。(　　)

3.电子云是指对核外电子出现的概率大小用统计方法作形象化描述。(　　)

4.任何原子轨道都能有效地组合成分子轨道。(　　)

5.$[Cu(NH_3)_4]SO_4$ 中,中心离子 Cu^{2+} 与配位体 NH_3 之间以配位键相结合,SO_4^{2-} 与 $[Cu(NH_3)_4]^{2+}$ 之间也是以配位键相结合。(　　)

四、简答题

1.已知某元素的原子序数是 53,试写出该元素的电子结构,并指出它位于周期表中第几周期? 第几族? 哪一区?

2.分别画出 d_{xy}、p_z 的原子轨道角度分布图。

3.写出 N_2 分子的分子轨道电子结构,并计算其键级。

4.实验测得偶极矩 $\mu_{BF_3}=0$,试判断 BF_3 是极性分子还是非极性分子? 分子的空间构型如何?

5.根据配合物的价键理论,指出在配离子$[Fe(CN)_6]^{4-}$中,中心原子所采用的杂化轨道类型及配离子的空间构型,确定配合物是内轨型还是外轨型。

五、计算题

1.将 10mL 0.001mol·L^{-1}BaCl$_2$ 溶液与 10mL 0.001mol·L^{-1}Na$_2$SO$_4$ 溶液混合,能否生成 $BaSO_4$ 沉淀? $[K_{sp}^{\ominus}(BaSO_4)=1.1\times10^{-10}]$

2.已知原电池$(-)Fe\mid Fe^{2+}(0.1mol\cdot L^{-1})\parallel Cu^{2+}(0.01mol\cdot L^{-1})\mid Cu(+)$

$\quad[E^{\ominus}(Cu^{2+}/Cu)=0.3419V,E^{\ominus}(Fe^{2+}/Fe)=-0.447V]$

(1)写出该原电池的电极反应式和电池反应式。

(2)试判断 298K 时,该反应进行的方向。

3.在 20mL 0.2mol·L^{-1}HAc 溶液中,加入 0.2mol·L^{-1}NaOH 溶液。计算:

(1)当加入 10mL NaOH 溶液后,混合溶液的 pH 值;

(2)当加入 20mL NaOH 溶液后,混合溶液的 pH。(HAc 的 p$K_a^{\ominus}$≈5,$K_a^{\ominus}$≈1.0×10^{-5})

参考答案

一、选择题

(一)A 型题(单选题)

1.C	2.E	3.D	4.A	5.D	6.D	7.C	8.B	9.A	10.D
11.C	12.B	13.E	14.B	15.E	16.A	17.E	18.C	19.B	20.A
21.B	22.C	23.E	24.C	25.D	26.B	27.B	28.A	29.C	30.E

(二)X 型题(多选题)

31.ADE	32.ACDE	33.BDE	34.ACE	35.ACD
36.BDE	37.BD	38.ACE	39.ABCD	40.DE

二、填空题

1.H$_2$O、NH$_3$、Br$^-$;二氯化溴·三氨·二水合钴(Ⅲ)

2.胖;正、负

3.Cu$^+$;2Cu$^+$⇌Cu+Cu^{2+}

4.σ;π

5.As$_2$O$_3$;芒硝

三、判断题

1.× **分析:**当主量子数 $n=4$ 时,共有 16 个轨道,或共有 $4s$、$4p$、$4d$、$4f$ 四个能级(亚层)。

2.√

3.× **分析:**电子云是指对核外电子出现的概率密度大小用统计方法作形象化描述。

4.× **分析:**原子轨道必须遵守对称性匹配、能量近似和最大重叠原则,才能有效地组合成分子轨道。

5.× **分析:**SO$_4^{2-}$ 与[Cu(NH$_3$)$_4$]$^{2+}$ 之间是以离子键相结合。

四、简答题

1.答：53 号元素原子的电子结构为：$1s^2 2s^2 2p^6 3s^2 3p^6 3d^{10} 4s^2 4p^6 4d^{10} 5s^2 5p^5$，位于周期表中第五周期，第 ⅦA 族，$p$ 区。

2.答：

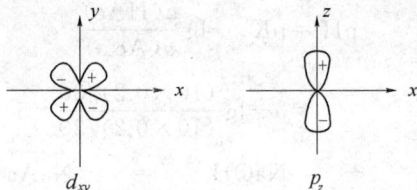

3.答：N_2 分子的分子轨道电子结构为：$[KK(\sigma_{2s})^2 (\sigma_{2s}^*)^2 (\pi_{2p_y})^2 (\pi_{2p_z})^2 (\sigma_{2p_x})^2]$；键级 $=(8-2)/2=3$

4.答：因为 BF_3 的偶极矩 $\mu=0$，所以 BF_3 是非极性分子，分子的空间构型是平面三角形。

5.答：配离子 $[Fe(CN)_6]^{4-}$ 的中心原子 Fe^{2+} 所采用的杂化轨道类型是 d^2sp^3 杂化，空间构型为八面体，是内轨型配合物。

五、计算题

1.解：$BaSO_4$ 沉淀溶解平衡为：$BaSO_4(s) \rightleftharpoons Ba^{2+} + SO_4^{2-}$

混合后：

$c(Ba^{2+}) = c(SO_4^{2-}) = 0.001 \, mol \cdot L^{-1}/2 = 5 \times 10^{-4} \, mol \cdot L^{-1}$

$$J = c(Ba^{2+}) \cdot c(SO_4^{2-})$$
$$= (5 \times 10^{-4})^2$$
$$= 2.5 \times 10^{-7} > K_{sp}^{\ominus}(1.1 \times 10^{-10})$$

所以两溶液混合后有 $BaSO_4$ 沉淀生成。

2.解：(1)电极反应：

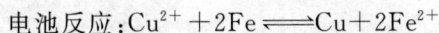

正极：$Cu^{2+} + 2e^- \rightleftharpoons Cu$

负极：$Fe \rightleftharpoons Fe^{2+} + 2e^-$

电池反应：$Cu^{2+} + 2Fe \rightleftharpoons Cu + 2Fe^{2+}$

(2)
$$E(Cu^{2+}/Cu) = E^{\ominus}(Cu^{2+}/Cu) + (0.0592V/n)\lg c_{eq}(Cu^{2+})$$
$$= 0.3419V + (0.0592V/2) \times \lg 0.01$$
$$= 0.2827V$$

$$E(Fe^{2+}/Fe) = E^{\ominus}(Fe^{2+}/Fe) + (0.0592V/n)\lg c_{eq}(Fe^{2+})$$
$$= -0.447V + (0.0592V/2) \times \lg 0.1$$
$$= -0.4766V$$

$$E_{MF} = E_{(+)}(Cu^{2+}/Cu) - E_{(-)}(Fe^{2+}/Fe) = 0.2827V - (-0.4766V)$$
$$= 0.7593V > 0$$

反应自发正向进行。

3.解:(1)

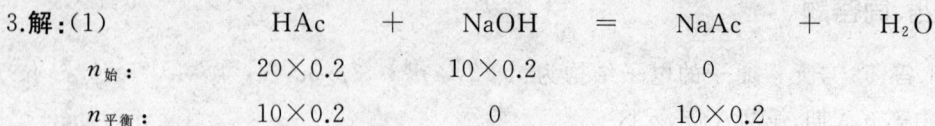

$$\text{HAc} \quad + \quad \text{NaOH} \quad = \quad \text{NaAc} \quad + \quad \text{H}_2\text{O}$$

$n_{始}:$ 20×0.2   10×0.2   0

$n_{平衡}:$ 10×0.2   0   10×0.2

$$\text{pH} = \text{p}K_{\text{a}}^{\ominus} - \lg \frac{c(\text{HAc})}{c(\text{Ac}^-)}$$

$$= 5 - \lg \frac{(10 \times 0.2)/30}{(10 \times 0.2)/30} = 5$$

（2）

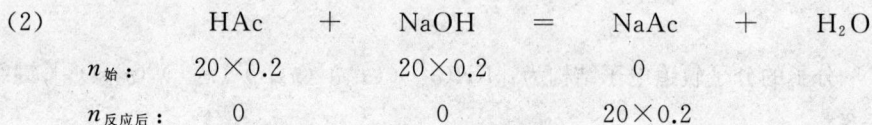

$$\text{HAc} \quad + \quad \text{NaOH} \quad = \quad \text{NaAc} \quad + \quad \text{H}_2\text{O}$$

$n_{始}:$ 20×0.2   20×0.2   0

$n_{反应后}:$ 0   0   20×0.2

$$c(\text{NaAc}) = \frac{20 \times 0.2}{40}$$

$$= 0.1 \text{mol} \cdot \text{L}^{-1}$$

$$\text{pH} = 7 + \frac{1}{2}\text{p}K_{\text{a}}^{\ominus} + \frac{1}{2}\lg c(\text{NaAc})$$

$$= 7 + \frac{1}{2} \times 5 + \frac{1}{2}\lg 0.1$$

$$= 7 + 2.5 - 0.5$$

$$= 9$$

试卷十三 （成都中医药大学） ▷▷▷▷

一、选择题

1.下列溶液中 pH 值最大的是（　　）

$[K^{\ominus}(\text{HAc}) = 1.75 \times 10^{-5}; \text{H}_3\text{PO}_4$ 的 $K_{a_1}^{\ominus} = 7.59 \times 10^{-3}, K_{a_2}^{\ominus} = 6.31 \times 10^{-8}, K_{a_3}^{\ominus} = 4.37 \times 10^{-13}]$

    A.0.1mol·L^{-1} HAc 溶液   B.0.1mol·L^{-1} H_2SO_4 溶液

    C.0.001mol·L^{-1} HCl 溶液   D.0.01mol·L^{-1} H_3PO_4 溶液

2.将 H_2S 通入 0.1mol·L^{-1} HCl 溶液中达饱和时,溶液中的 S^{2-} 离子浓度为（　　）

    A.0.05mol·L^{-1} B.1×10^{-18} mol·L^{-1}

    C.1×10^{-17} mol·L^{-1} D.1×10^{-16} mol·L^{-1}

3.饱和 $Mg(OH)_2$ 溶液（常温）的 pH 值为（　　）

    A.10.16   B.10.46

    C.11.46   D.8.84

4.18.0g 葡萄糖($C_6H_{12}O_6$)溶于 500g 水中,葡萄糖的质量摩尔浓度为（　　）

    A.0.1mol·kg^{-1} B.0.2mol·kg^{-1}

    C.0.3mol·kg^{-1} D.0.4mol·kg^{-1}

5.质量分数为 98% 的硫酸溶液,溶质的摩尔分数为（　　）

    A.1.00   B.0.90

    C.0.10   D.0.11

6.当 1mol 不挥发的非电解质溶于 3mol 溶剂时,溶液的蒸气压与纯溶剂蒸气压之比为（　　）

    A.1：4   B.1：3

    C.3：4   D.4：3

7.甘油、葡萄糖、乙二胺、氯化钾、氯化钡的水溶液具有相同的质量摩尔浓度,沸点最高的溶液是（　　）

    A.乙二胺   B.氯化钾

    C.甘油   D.氯化钡

8. 若移走某反应体系中的催化剂,可使平衡如何移动（　　）

    A. 向左   B. 向右

    C. 先左后右   D. 不移动

9. 下列分子中不存在 π 键的是(   )

    A. CO   B. CO_2

    C. HCl   D. C_2H_2

10. 下列元素第一电离势依次增大的是(   )

    A. C、N、O、F   B. N、C、O、F

    C. C、O、N、F   D. F、O、N、C

11. 在标准状态,锡比铅的金属性强,其原因是(   )

    A. Pb 比 Sn 原子序数大   B. Pb 比 Sn 的相对原子质量大

    C. 镧系收缩   D. Pb 比 Sn 原子半径大

12. 氨水中,氨分子与水分子之间的作用力有(   )

    A. 取向力和诱导力   B. 诱导力和色散力

    C. 取向力、诱导力和氢键   D. 取向力、诱导力、色散力和氢键

13. 下列各对物质中,属于等电子体的是(   )

    A. O_2 和 O_3 B. CO 和 N_2

    C. NO 和 O_2 D. H_2O 和 HCl

14. NCl_3 分子的空间构型是三角锥形,这是由于中心原子采用(   )

    A. sp^2 杂化   B. sp^3 杂化

    C. 不等性 sp^3 杂化   D. dsp^2 杂化

15. 下列各物质中,离子键成分最多的是(   )

    A. NaCl   B. $MgCl_2$

    C. $AlCl_3$ D. KF

16. 下列说法中,错误的是(   )

    A. 强场配体造成的分裂能较大

    B. 中心离子的 d 轨道在配体作用下,才发生分裂

    C. 配离子颜色与 d 电子跃迁吸收一定波长的可见光有关

    D. 在强场配体作用下,易产生高自旋配合物

17. 已知 298K 时 AgCl 的 $K_{sp}^{\ominus}=1.56\times10^{-10}$,$[Ag(NH_3)_2]^+$ 的 $K_{稳}^{\ominus}=1.1\times10^7$。在 1.0L 含有 6.0mol NH_3 的水溶液中,能溶解 AgCl 的物质的量为(   )

    A. 0.32mol   B. 0.23mol

    C. 0.16mol   D. 0.41mol

18. 已知 $[Fe(CN)_6]^{3-}$ 是低自旋配离子,则其晶体场稳定化能为(   )

    A. 0Dq   B. 4Dq

    C. −4Dq   D. −20Dq

19. 将 0.10mol·L^{-1} NaH_2PO_4 溶液与 0.05mol·L^{-1} NaOH 溶液等体积混合,则混合溶液的 pH 值为(   )

A.2.12   B.7.21

C.12   D.5.38

20.已知 $K^{\ominus}_{sp}(PbCl_2)=1.6\times10^{-5}$,则 $PbCl_2$ 在 $0.1mol \cdot L^{-1}$ NaCl 溶液中的溶解度为(　　)

A.$1.6\times10^{-2}mol \cdot L^{-1}$ B.$1.6\times10^{-3}mol \cdot L^{-1}$

C.$1.6\times10^{-4}mol \cdot L^{-1}$ D.$1.6\times10^{-5}mol \cdot L^{-1}$

21.下列分子中,为逆磁性的是(　　)

A.O_2 B.N_2

C.NO   D.B_2

22.已知 $50g \cdot L^{-1}$ 葡萄糖($C_6H_{12}O_6$)是血液的等渗溶液,则 $50g \cdot L^{-1}$ 的尿素$[(NH_2)_2CO]$溶液应该是血液的(　　)

A.高渗溶液   B.等渗溶液

C.低渗溶液   D.37℃是等渗溶液,其他温度不一定

23.根据反应

$$2S_2O_3^{2-}+I_2 \Longrightarrow S_4O_6^{2-}+2I^-$$

构成原电池,测得它的 $E^{\ominus}_{MF}=0.445V$,已知 $E^{\ominus}(I_2/I^-)=0.53V$,则 $E^{\ominus}(S_4O_6^{2-}/S_2O_3^{2-})$为(　　)

A.$-0.090V$ B.$0.980V$

C.$0.090V$ D.$-0.980V$

24.电子云图中的小黑点(　　)

A.表示电子在该处出现   B.其疏密表示电子出现概率大小

C.其疏密表示电子出现的轨迹   D.其疏密表示电子波函数的强弱

25.Na 原子 $3s$ 轨道的能量为(　　)

A.$-3.3eV$ B.$3.3eV$

C.$-7.3eV$ D.$7.3eV$

二、填空题

1.氨水加水稀释时,其电离度_____,H^+ 离子浓度_____,pH_____。

2.已知 $E^{\ominus}(Ag^+/Ag)=0.7996V$,若要使 $E(Ag^+/Ag)=0.200V$,则 Ag^+ 浓度应为_____。

3.决定多电子原子轨道能量的量子数是_____,决定原子轨道的量子数是_____,决定核外电子运动状态的量子数是_____。

4.中药轻粉的主要成分是_____,三仙丹的主要成分是_____。

5.$K_3[Ag(S_2O_3)_2]$ 的名称为_____,中心离子为_____,配位体为_____,配位数为_____,内界为_____。

6.NH_3 的共轭酸是_____,共轭碱是_____,共轭酸的酸性比 HAc 的酸

性_____。

7.沸点实际上是气、液_____时的温度。在此温度下液态变成气态时的 $\Delta G^{\ominus}$ 为_____。

8.离子极化使化学键键型由_____键向_____键转化,通常表现为化合物熔点_____。

三、计算题

1.已知 $E^{\ominus}(Ag^+/Ag)=0.7996V$,$K_{稳}^{\ominus}[Ag(NH_3)_2^+]=1.12\times10^7$,试求 $E^{\ominus}\{[Ag(NH_3)_2]^+/Ag\}$。

2.现有反应

$$Pb+2H^+=Pb^{2+}+H_2$$

$E^{\ominus}(Pb^{2+}/Pb)=-0.126V,E^{\ominus}(H^+/H_2)=0.0000V$

(1)判断标准状态时该反应进行的方向。

(2)判断在中性溶液中该反应进行的方向。

(3)写出在标准状态时原电池的电池符号。

(4)计算反应的 $K^{\ominus}$。

3.试计算溶解 0.010mol MnS 和 CuS 各所需 1L 盐酸的最低浓度。通过计算结果说明 MnS 和 CuS 能否溶解在盐酸中。$K_{sp}^{\ominus}(MnS)=1.4\times10^{-15}$,$K_{sp}^{\ominus}(CuS)=8.5\times10^{-45}$,$K_{a_1}^{\ominus}(H_2S)=1.32\times10^{-7}$,$K_{a_2}^{\ominus}(H_2S)=7.08\times10^{-15}$。

参考答案

一、选择题

1.C 2.B 3.B 4.B 5.B 6.C 7.D 8.D 9.C 10.C
11.C 12.D 13.B 14.C 15.D 16.D 17.B 18.D 19.B 20.B
21.B 22.A 23.C 24.B 25.C

二、填空题

1.增大;增大;减小

2.$7.1\times10^{-11}mol\cdot L^{-1}$

3.n,l;n,l,m;n,l,m,s_i

4.Hg_2Cl_2;HgO

5.二硫代硫酸合银(Ⅰ)酸钾;Ag^+;$S_2O_3^{2-}$;2;$[Ag(S_2O_3)_2]^{3-}$

6.NH_4^+;NH_2^-;弱

7.平衡;0

8.离子;共价;降低

三、计算题

1.解：

$$E^{\ominus}\{[Ag(NH_3)_2]^+/Ag\} = E^{\ominus}(Ag^+/Ag) + \frac{0.0592}{1}\lg\frac{1}{K^{\ominus}_{稳}}$$

$$= 0.7996V + 0.0592V \times \lg\frac{1}{1.1 \times 10^7}$$

$$= 0.38V$$

2.解：(1)由于$E^{\ominus}(H^+/H_2) > E^{\ominus}(Pb^{2+}/Pb)$，故在标准状态下反应正向自发进行。

(2)在中性溶液中，$c_{eq}(H^+) = 10^{-7}\,mol\cdot L^{-1}$。电对$H^+/H_2$的电极电势为

$$E(H^+/H_2) = E^{\ominus}(H^+/H_2) + 0.0592V \times \lg[c_{eq}(H^+)/c^{\ominus}]$$

$$= 0.0000V + 0.0592V \times \lg(1.0 \times 10^{-7})$$

$$= -0.414V$$

由于$E^{\ominus}(Pb^{2+}/Pb) > E^{\ominus}(H^+/H_2)$，故在中性溶液中反应逆向进行。

(3)电池符号为

$$(-)Pb \mid Pb^{2+}(c^{\ominus}) \parallel H^+(c^{\ominus}) \mid H_2(p^{\ominus}) \mid Pt(+)$$

(4)

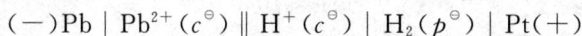

$$\lg K^{\ominus} = \frac{2 \times 0.126}{0.0591} = 4.26$$

$$K^{\ominus} = 1.8 \times 10^4$$

3.解：MnS溶解反应为

$$MnS + 2H^+ = Mn^{2+} + H_2S$$

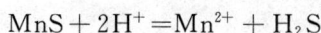

反应的标准平衡常数为

$$K^{\ominus}_1 = \frac{c_{eq}(H_2S)\cdot c_{eq}(Mn^{2+})}{[c_{eq}(H^+)]^2}$$

$$= \frac{c_{eq}(H_2S)\cdot c_{eq}(Mn^{2+})\cdot c_{eq}(S^{2-})}{[c_{eq}(H^+)]^2\cdot c_{eq}(S^{2-})}$$

$$= \frac{K^{\ominus}_{sp}(MnS)}{K^{\ominus}_{a_1}(H_2S)\cdot K^{\ominus}_{a_2}(H_2S)}$$

$$= \frac{1.4 \times 10^{-15}}{1.32 \times 10^{-7} \times 7.08 \times 10^{-15}}$$

$$= 1.5 \times 10^6$$

溶解MnS所需盐酸的最低浓度为

$$c(HCl) = \sqrt{\frac{c_{eq}(H_2S)\cdot c_{eq}(Mn^{2+})}{K^{\ominus}_1}} + 2 \times 0.010$$

$$= \sqrt{\frac{0.010 \times 0.010}{1.5 \times 10^6}} + 2 \times 0.010$$

$$= 0.020 \text{mol} \cdot \text{L}^{-1}$$

这样低浓度的盐酸是可以提供的,因此 MnS 溶于盐酸。

CuS 溶解反应为

$$\text{CuS} + 2\text{H}^+ = \text{Cu}^{2+} + \text{H}_2\text{S}$$

反应的标准平衡常数为

$$K_2^\ominus = \frac{c_{\text{eq}}(\text{H}_2\text{S}) \cdot c_{\text{eq}}(\text{Cu}^{2+})}{[c_{\text{eq}}(\text{H}^+)]^2}$$

$$= \frac{c_{\text{eq}}(\text{H}_2\text{S}) \cdot c_{\text{eq}}(\text{Cu}^{2+}) \cdot c_{\text{eq}}(\text{S}^{2-})}{[c_{\text{eq}}(\text{H}^+)]^2 \cdot c_{\text{eq}}(\text{S}^{2-})}$$

$$= \frac{K_{\text{sp}}^\ominus(\text{CuS})}{K_{\text{a}_1}^\ominus(\text{H}_2\text{S}) \cdot K_{\text{a}_2}^\ominus(\text{H}_2\text{S})}$$

$$= \frac{8.5 \times 10^{-45}}{1.32 \times 10^{-7} \times 7.08 \times 10^{-15}}$$

$$= 9.1 \times 10^{-24}$$

溶解 CuS 所需盐酸的最低浓度为

$$c(\text{HCl}) = \sqrt{\frac{0.010 \times 0.010}{9.1 \times 10^{-24}}} + 2 \times 0.010$$

$$= 3.4 \times 10^9 \text{mol} \cdot \text{L}^{-1}$$

这样高的浓度是不可能达到的,因此 CuS 不溶于盐酸。

试卷十四 （安徽中医药大学） ▷▷▷

一、选择题

（一）A 型题

1.pH＝4 的溶液中 H^+ 离子浓度是 pH＝2 溶液的多少倍（ ）

    A.2   B.$\frac{1}{2}$ C.20   D.$\frac{1}{100}$ E.100

2.下列水溶液中凝固点最低的是（ ）

    A.0.2mol·L^{-1} 的 $C_6H_{12}O_6$ B.0.2mol·L^{-1} 的 HAc

    C.0.1mol·L^{-1} 的 NaCl   D.0.1mol·L^{-1} 的 $CaCl_2$

    E.$BaSO_4$ 饱和溶液

3.下列含有极性键的非极性分子有（ ）

    A.Cl_2 B.NF_3

    C.BF_3 D.H_2S

    E.P_4

4.改变下列哪种情况,对任何已达平衡的反应可使其产物增加（ ）

    A.升温   B.加压

    C.加催化剂   D.增加反应物浓度

    E.不可能有这种情况

5.已知下列气体反应,在一定温度下,反应 I：A $\Longleftrightarrow$ B 标准平衡常数为 $K_1^\ominus$,反应 II：B＋C $\Longleftrightarrow$ D 标准平衡常数为 $K_2^\ominus$,下列哪个表示反应 A＋C $\Longleftrightarrow$ D 的标准平衡常数（ ）

    A.$K_1^\ominus·K_2^\ominus$ B.$K_1^\ominus/K_2^\ominus$

    C.$K_1^\ominus＋K_2^\ominus$ D.$K_2^\ominus/K_1^\ominus$

    E.$(K_1^\ominus·K_2^\ominus)^2$

6.强电解质溶液的表观电离度总是小于 100％,原因是（ ）

    A.电解质本身的不全部电离   B.正负离子互相吸引

    C.电解质与溶剂有作用   D.电解质不纯

    E.以上均不是

7.下列化合物中,水溶液 pH 值最低的是（ ）

    A.NH_4Ac B.Na_3PO_4

C.Na_2HPO_4 D.NaH_2PO_4

E.NaAc

8.已知 $pK_b^{\ominus}(NH_3 \cdot H_2O)=4.76$，$pK_a^{\ominus}(HCN)=9.21$，$pK_a^{\ominus}(HAc)=4.76$，下列哪组物质能配制 pH≈5 的缓冲溶液（　　）

A.HAc-NaAc   B.NH_3-NH_4Cl

C.HCN-NaCN   D.HAc-NaCN

E.HCN-NaAc

9.根据酸碱质子论，下列物质中，哪种离子的碱性最弱（　　）

A.Ac^- B.ClO_4^-

C.ClO_3^- D.NO_3^-

E.SO_4^{2-}

10.298.15K 时，$AgCl$、Ag_2CrO_4 的溶度积分别是 1.8×10^{-10} 和 1.1×10^{-12}，$AgCl$ 的溶解度比 Ag_2CrO_4 的溶解度（　　）（溶解度单位：$mol \cdot L^{-1}$）

A.小   B.大   C.相同   D.2 倍   E.无法判断

11.下列氧化剂中，哪种氧化剂随着溶液中氢离子浓度的增加而氧化性增强（　　）

A.Cl_2 B.$FeCl_3$

C.$K_2Cr_2O_7$ D.Br_2

E.$AgNO_3$

12.下列各组中，量子数 n、l、m、s_i 不合理的是（　　）

A.$2,2,2,\frac{1}{2}$ B.$3,2,2,\frac{1}{2}$

C.$1,0,0,\frac{1}{2}$ D.$2,1,0,\frac{1}{2}$

E.$4,3,0,\frac{1}{2}$

13.下列元素中，哪种元素价层电子构型中 $3d$ 全充满，$4s$ 半充满（　　）

A.Hg   B.Ag   C.Zn   D.Ni   E.Cu

14.下列物质中，只需克服色散力就能沸腾的是（　　）

A.H_2O B.Br_2

C.$CHCl_3$ D.C_2H_5OH

E.NH_3

15.下列各分子中，偶极矩不为零的分子是（　　）

A.$BeCl_2$ B.CO_2

C.SO_2 D.CH_4

E.BF_3

16.$[Ni(CN)_4]^{2-}$ 的几何构型是（　　）

A.正四面体   B.变形四面体

C.正方锥形   D.三角锥形

E.平面正方形

17.$4p$ 轨道电子云壳层概率的径向分布图中,峰的数目是( )

    A.1   B.2   C.3   D.4   E.5

18.下列铁化合物或配离子中,哪种具有最大的磁性( )

    A.$[Fe(CN)_6]^{3-}$ B.$[FeF_6]^{3-}$

    C.$FeSO_4$ D.$[Fe(CN)_6]^{4-}$

    E.$[Fe(H_2O)_6]^{4-}$

19.一种钠盐可溶于水,该盐加入稀 HCl 后,有刺激性气体产生,同时有黄色沉淀生成,该盐是( )

    A.Na_2S B.Na_2CO_3

    C.Na_2SO_3 D.$Na_2S_2O_3$

    E.Na_2SO_4

20.外轨型配合物的中心离子不可能采取的杂化方式是( )

    A.sp B.sp^2

    C.sp^3 D.sp^3d^2

    E.d^2sp^3

(二)B 型题

    A.F   B.O   C.S   D.Na   E.K

上述化学元素中

21.电负性最大的元素是( )

22.电负性最小的元素是( )

    A.主量子数 n B.副量子数 l

    C.磁量子数 m D.自旋量子数 s_i

    E.屏蔽常数 σ

23.单电子原子中决定轨道能量的唯一因素是( )

24.描述原子轨道形状的量子数是( )

    A.Mn   B.Mn^{2+}

    C.Mn^{3+} D.MnO_2

    E.MnO_4^{2-}

25.$KMnO_4$ 在中性介质中的还原产物是( )

26.$KMnO_4$ 在碱性介质中的还原产物是( )

    A.塑料瓶   B.棕色试剂瓶

    C.加橡皮塞试剂瓶   D.普通玻璃试剂瓶

E.严格密封的玻璃试剂瓶

下列试剂保存时,较多地选用上述何种试剂瓶。

27.氢氟酸溶液(　　)

28.$AgNO_3$ 溶液(　　)

(三)C 型题

A.饱和性 　　　　　　　　　　B.方向性

C.两者均有 　　　　　　　　　D.两者均无

29.氢键具有(　　)

30.离子键具有(　　)

A.常温下歧化 　　　　　　　　B.加热后歧化

C.均歧化 　　　　　　　　　　D.均不歧化

31.$ClO^- \longrightarrow Cl^- + ClO_3^-$ (　　)

32.$IO^- \longrightarrow I^- + IO_3^-$ (　　)

A.Be 　　　　　　　　　　　　B.Al

C.两者均是 　　　　　　　　　D.两者均否

33.氯化物是缺电子共价化合物的是(　　)

34.属于两性元素的是(　　)

A.Fe^{3+} 　　　　　　　　　　B.Cr^{3+}

C.两者均是 　　　　　　　　　D.两者均否

35.离子在水溶液中易水解(　　)

36.不能和过量氨水作用生成配离子(　　)

(四)X 型题

37.影响弱电解质电离常数大小的因素有(　　)

A.弱电解质的本性 　　　　　　B.浓度

C.温度 　　　　　　　　　　　D.溶液中具有其他电解质

E.溶剂

38.两种非电解质稀溶液的蒸气压下降相同,说明两种溶液(　　)

A.浓度相等 　　　　　　　　　B.ΔT_f 相同

C.两种非电解质质量相等 　　　D.沸点相等

E.任何数值都不相等

39.若以 x 轴为键轴,则两原子轨道重叠形成 σ 键的有(　　)

A.s-s 　　　　　　　　　　　B.p_y-p_y

C.p_x-p_x 　　　　　　　　　D.s-p_z

E.p_z-p_z

40.ψ^2 在原子结构理论中的意义（　　）

　　A.描述核外电子的一种运动状态

　　B.原子轨道的同义词

　　C.代表电子在核外空间某处出现的概率密度

　　D.电子云的同义词

　　E.代表电子在核外空间某处单位体积内出现的概率

二、填空题

1.混合物中物质 B 摩尔分数的数学表达式 $X_B=$ _____。混合物各物质摩尔分数之和等于_____。

2.同离子效应使弱电解质的电离度_____，盐效应使难溶电解质的溶解度_____。

3.用半透膜将两种浓度不同的蔗糖溶液隔开,水分子的渗透方向是_____。

4.同周期元素由左至右原子半径逐渐_____,同一主族元素由上至下原子半径逐渐_____。

5.等浓度的 Cl^-、Br^-、I^- 混合溶液中,逐滴加入 $AgNO_3$,_____最先沉淀,该沉淀要溶解可用_____方法。

6.$(NH_4)_2S_2O_8$ 分子中 S 的氧化值为_____,其在酸性介质中能将 Mn^{2+} 氧化成_____。

7.已知 $E^\ominus(Cl_2/Cl^-)>E^\ominus(Fe^{3+}/Fe^{2+})>E^\ominus(I_2/I^-)$,标准状况下,最强的氧化剂是_____,最强的还原剂是_____。

8.H_2O 分子采取_____杂化,分子的空间构型为_____。

9.Cr 元素的价电子层结构式为_____,Cr^{3+} 的价电子层结构式为_____。

10.$[Cr(OH)_3(H_2O)(en)]$ 的配位数是_____,配合物的名称是_____。

11.已知 $[Co(NH_3)_6]^{3+}$ 属低自旋配合物,其 CFSE 为_____。

三、判断题

1.H_3PO_4 是三元中强酸,H_3BO_3 是三元弱酸。（　　）

2.$0.1mol\cdot L^{-1}$ 的 H_2SO_4 溶液中氢离子浓度等于 $0.2mol\cdot L^{-1}$。（　　）

3.共价键既有饱和性,又有方向性。（　　）

4.BCl_3 和 PCl_3 分子均采用 sp^2 杂化,分子空间构型为平面三角形。（　　）

5.对于放热反应,温度升高,标准平衡常数减少。（　　）

6.电子云的角度分布图有“＋”“－”号,而原子轨道的角度分布图没有。（　　）

7.在 HF、HCl、HBr、HI 中,沸点最低的是 HCl。（　　）

8.判断氧化还原反应能够正向进行的条件是:$E^\ominus_{MF}>0$。（　　）

9.对于 A_mB_n 型难溶强电解质,其 $K^\ominus_{sp}=[c_{eq}(A^{n+})]^m\cdot[c_{eq}(B^{m-})]^n$。（　　）

10.HNO_3 分子中存在分子内氢键,但不存在大 π 键和 d-$p\pi$ 键。( )

四、简答题

1.试用分子轨道理论解释 N_2 的稳定性大于 N_2^+,而 O_2 的稳定性小于 O_2^+。

2.某一化合物 A 溶于水得一浅蓝色的溶液。在 A 溶液中加入 NaOH 可得蓝色沉淀 B,B 能溶于 HCl 溶液,也能溶于 NH_3 水。A 溶液中通入 H_2S,有黑色沉淀 C 生成,C 不溶于 HCl 而易溶于热的稀 HNO_3 中。在 A 溶液中加入 $Ba(NO_3)_2$ 溶液无沉淀生成,而加入 $AgNO_3$ 溶液时有白色沉淀 D 生成。D 溶于 NH_3 水,试判断 A、B、C、D 各为何物? 并用反应方程式解释上述各现象。

五、计算题

1.已知氨水 $K_b^{\ominus}=1.74\times10^{-5}$,试求:

(1)$4.2\ mol\cdot L^{-1}$ 氨水的 pH 值和电离度 α;

(2)将 $20\ mL$ 上述氨水和 $20\ mL$ $4.0\ mol\cdot L^{-1}$ HCl 混合,计算此混合溶液的 pH 值;

(3)若向此混合溶液中加入 Fe^{2+},计算 $Fe(OH)_2$ 开始沉淀时的 Fe^{2+} 浓度。$\{K_{sp}^{\ominus}[Fe(OH)_2]=8.0\times10^{-16}\}$

2.一个 Cu 电极浸在一个含有 $1.0\ mol\cdot L^{-1}$ 氨水和 $1.0\ mol\cdot L^{-1}$ 铜氨配离子的溶液里,若用标准氢电极作正极,经实验测得它和铜电极组成的原电池的电动势为 $0.05\ V$。

(1)试写出该原电池的符号;

(2)已知 $E^{\ominus}(Cu^{2+}/Cu)=0.337\ V$,求配离子 $[Cu(NH_3)_4]^{2+}$ 的 $K_{稳}^{\ominus}$;

(3)若将 Cu 电极中氨的浓度增大到 $6.0\ mol\cdot L^{-1}$,其他保持不变,试求 $E\{[Cu(NH_3)_4]^{2+}/Cu\}$,此时该原电池的正负极改变了吗?

参考答案

一、选择题

(一)A 型题

1.D 2.D 3.C 4.D 5.A 6.B 7.D 8.A 9.B 10.A
11.C 12.A 13.E 14.B 15.C 16.E 17.C 18.B 19.D 20.E

(二)B 型题

21.A 22.E 23.A 24.B 25.D 26.E 27.A 28.B

(三)C 型题

29.C 30.D 31.B 32.C 33.C 34.C 35.C 36.A

(四)X 型题

37.A、C、E 38.A、B、D 39.A、C 40.C、E

二、填空题

1. $\dfrac{n_B}{n_总}$；1

2. 减少；略增大

3. 由稀到浓

4. 减小；增大

5. AgI；生成配离子

6. $+7$；MnO_4^-

7. Cl_2；I^-

8. 不等性 sp^3；V 形

9. $3d^5 4s^1$；$3d^3$

10. 6；三羟基·水·乙二胺合铬（Ⅲ）

11. $-24Dq+2E_p$

三、判断题

1. × 　2. × 　3. √ 　4. × 　5. √

6. × 　7. √ 　8. × 　9. √ 　10. ×

四、简答题

1. 答：N_2 分子的分子轨道电子排布式：$[KK(\sigma_{2s})^2(\sigma_{2s}^*)^2(\pi_{2p_y})^2(\pi_{2p_z})^2(\sigma_{2p_x})^2]$。

  键级：$\dfrac{8-2}{2}=3$

N_2^+ 分子轨道电子排布式：$[KK(\sigma_{2s})^2(\sigma_{2s}^*)^2(\pi_{2p_y})^2(\pi_{2p_z})^2(\sigma_{2p_x})^1]$

  键级：$\dfrac{7-2}{2}=2.5$

由于 N_2^+ 失去的是成键分子轨道上的电子，键级减小，所以 N_2^+ 的稳定性小于 N_2。

O_2 的分子轨道电子排布式：$[KK(\sigma_{2s})^2(\sigma_{2s}^*)^2(\sigma_{2p_x})^2(\pi_{2p_y})^2(\pi_{2p_z})^2(\pi_{2p_y}^*)^1(\pi_{2p_z}^*)^1]$

O_2^+ 分子轨道电子排布式：$[KK(\sigma_{2s})^2(\sigma_{2s}^*)^2(\sigma_{2p_x})^2(\pi_{2p_y})^2(\pi_{2p_z})^2(\pi_{2p_y}^*)^1]$

  O_2 的键级：$\dfrac{8-4}{2}=2$

  O_2^+ 的键级：$\dfrac{8-3}{2}=2.5$

由于 O_2^+ 失去的是反键轨道上的电子，键级增大，所以 O_2^+ 的稳定性大于 O_2。

2. 答：A 为 $CuCl_2$，B 为 $Cu(OH)_2$，C 为 CuS，D 为 $AgCl$。各步反应式如下：

$$Cu^{2+}+2OH^- =\!=\!= Cu(OH)_2\downarrow$$

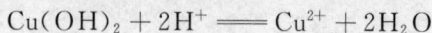

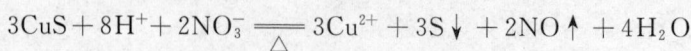

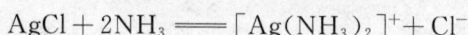

$$Cu(OH)_2 + 2H^+ = Cu^{2+} + 2H_2O$$

$$Cu(OH)_2 + 4NH_3 = [Cu(NH_3)_4]^{2+} + 2OH^-$$

$$Cu^{2+} + H_2S = CuS\downarrow + 2H^+$$

$$3CuS + 8H^+ + 2NO_3^- \xrightarrow{\triangle} 3Cu^{2+} + 3S\downarrow + 2NO\uparrow + 4H_2O$$

$$Ag^+ + Cl^- = AgCl\downarrow$$

$$AgCl + 2NH_3 = [Ag(NH_3)_2]^+ + Cl^-$$

五、计算题

1.解:(1)$\because c \cdot K_b^{\ominus} > 20 K_w^{\ominus}$,忽略水的电离

$$c/K_b^{\ominus} = \frac{4.2}{1.74 \times 10^{-5}} > 400$$

$$\therefore c_{eq}(OH^-) = \sqrt{c \cdot K_b^{\ominus}}$$

$$= \sqrt{4.2 \times 1.74 \times 10^{-5}}$$

$$= 8.5 \times 10^{-3}$$

$$pH = pK_w^{\ominus} - pOH = 14 + \lg(8.5 \times 10^{-3})$$

$$= 11.93$$

$$\alpha = \frac{c_{eq}(OH^-)}{c} \times 100\%$$

$$= \frac{8.5 \times 10^{-3} \text{mol} \cdot L^{-1}}{4.2 \text{mol} \cdot L^{-1}} \times 100\%$$

$$= 0.20\%$$

(2)混合后溶液中 $NH_3 \cdot H_2O$ 和 NH_4Cl 的起始浓度:

$$c(NH_3 \cdot H_2O) = \frac{4.2 \text{mol} \cdot L^{-1} \times 20mL - 4.0 \text{mol} \cdot L^{-1} \times 20mL}{40mL}$$

$$= 0.10 \text{mol} \cdot L^{-1}$$

$$c(NH_4Cl) = \frac{4.0 \text{mol} \cdot L^{-1} \times 20mL}{40mL}$$

$$= 2.0 \text{mol} \cdot L^{-1}$$

混合后溶液中 $NH_3 \cdot H_2O$ 和 NH_4Cl 组成缓冲溶液,则:

$$pH = pK_w^{\ominus} - pK_b^{\ominus} - \lg \frac{c(NH_4^+)}{c(NH_3 \cdot H_2O)}$$

$$= 14 - 4.76 - \lg \frac{2.0}{0.10}$$

$$= 7.94$$

(3)由(2)得 pH=7.94,pOH=6.06

$$c_{eq}(OH^-) = 10^{-6.06}\, mol \cdot L^{-1}$$

$$c_{eq}(OH^-) = 8.7 \times 10^{-7}\, mol \cdot L^{-1}$$

$Fe(OH)_2$ 刚开始沉淀时：

$$c_{eq}(Fe^{2+}) = \frac{K_{sp}^{\ominus}[Fe(OH)_2]}{[c_{eq}(OH^-)]^2}$$

$$= \frac{8.0 \times 10^{-16}}{(8.7 \times 10^{-7})^2}$$

$$= 1.1 \times 10^{-3}$$

2.解：(1)原电池符号为：

$(-)\ Cu(s) \mid [Cu(NH_3)_4]^{2+}(1.0mol \cdot L^{-1}), NH_3 \cdot H_2O(1.0mol \cdot L^{-1}) \parallel H^+(1.0mol \cdot L^{-1}), H_2(p^{\ominus}) \mid Pt(s)(+)$

(2)由题意可知：

$$E_{MF}^{\ominus} = 0.05V$$

$$E^{\ominus}\{[Cu(NH_3)_4]^{2+}/Cu\}$$

$$= E^{\ominus}(H^+/H_2) - E_{MF}^{\ominus}$$

$$= -0.05V$$

由公式 $E^{\ominus}\{[Cu(NH_3)_4]^{2+}/Cu\} = E^{\ominus}(Cu^{2+}/Cu) - \dfrac{0.0592}{2}\lg K_{稳}^{\ominus}$

得

$$\lg K_{稳}^{\ominus} = \frac{2\{E^{\ominus}(Cu^{2+}/Cu) - E^{\ominus}([Cu(NH_3)_4]^{2+}/Cu)\}}{0.0592}$$

$$= \frac{2 \times (0.337V + 0.05V)}{0.0592V}$$

$$K_{稳}^{\ominus} = 1.19 \times 10^{13}$$

(3)由公式：

$$E\{[(Cu(NH_3)_4]^{2+}/Cu\} = E^{\ominus}(Cu^{2+}/Cu) + \frac{0.0592}{2} \times \lg \frac{c_{eq}[Cu(NH_3)_4^{2+}]}{K_{稳}^{\ominus} \cdot [c_{eq}(NH_3)]^4}$$

$$= 0.337V + \frac{0.0592V}{2} \times \lg \frac{1}{1.19 \times 10^{13} \times 6^4}$$

$$= -0.142V < E^{\ominus}(H^+/H_2O)$$

∴此时原电池的正负极没有改变。

试卷十五 （江西中医药大学） ▷▷▷▷

一、填空题

1. $[Co(CN)_6]^{3-}$ 的电子成对能 $P = 15000cm^{-1}$，分裂能 $\Delta_o = 33000cm^{-1}$。中心离子是采用＿＿＿＿杂化轨道成键的，配离子的几何构型为＿＿＿＿，自旋分布为＿＿＿＿（高、低）自旋，d 电子分裂后排布为：＿＿＿＿（图），晶体场的稳定化能为＿＿＿＿ Dq，磁矩为＿＿＿＿ B.M.。

2. 某元素＋1氧化值的离子价层电子构型为 $4d^{10}$，该元素原子序数为＿＿＿＿，属第＿＿＿＿周期＿＿＿＿族，该元素＋1氧化值的离子如果和氨形成配合物，分子几何构型为＿＿＿＿。

3. 氨分子既是＿＿＿＿碱，又是＿＿＿＿碱。

4. 配位化合物 $NH_4[Cr(NH_3)_2(CN)_4]$ 配位数为＿＿＿＿，中心离子是＿＿＿＿，配位体是＿＿＿＿和＿＿＿＿，配位原子是＿＿＿＿和＿＿＿＿。

5. 浓度为 $0.01mol·L^{-1}$ 的某一元弱碱（$K_b = 1.0 \times 10^{-8}$）溶液其 pH＝＿＿＿＿，此碱溶液与水等体积混合后，pH＝＿＿＿＿。

6. $NH_3 + H_2O \rightleftharpoons NH_4^+ + OH^-$，用质子理论分析，其中属质子酸的为＿＿＿＿，已知 $K_b^{\ominus}(NH_3·H_2O) = 1.74 \times 10^{-5}$，则 $K_a^{\ominus}(NH_4^+)$ 等于＿＿＿＿。

7. 用＿＿＿＿使两种＿＿＿＿溶液隔开，产生渗透现象。非电解质稀溶液的渗透压计算公式为＿＿＿＿。

8. CO_2 与 SO_2 分子之间存在的分子间力是＿＿＿＿和＿＿＿＿。

9. 根据价层电子对互斥理论，ClO_3^- 离子的几何构型是＿＿＿＿。

10. 化学反应 $2NO + O_2 = 2NO_2$ 是放热反应，反应平衡后，可以采用＿＿＿＿温度或＿＿＿＿压力的方法，使平衡向生成产物的方向移动。

11. 用离子极化理论推测 $AuCl_3$ 的热稳定性比 $AuCl$ 的热稳定性＿＿＿＿。

二、选择题

1. 某混合液中含有 $0.1mol\ NaH_2PO_4$ 和 $0.2mol\ Na_2HPO_4$，其 pH 值应取（　　）

　　A. $pK_{a_1}^{\ominus} - lg2$　　　　　　　　　　　　　B. $pK_{a_2}^{\ominus} - lg2$

　　C. $pK_{a_1}^{\ominus} + lg2$　　　　　　　　　　　　　D. $pK_{a_2}^{\ominus} + lg2$

2. 已知电极反应，$O_2 + 4H^+ + 4e^- \rightleftharpoons 2H_2O$，$E^{\ominus} = 1.229V$，当 pH＝3 时，$E = $（　　）

A.1.406V　　　　　　　　　　B.1.229V

C.0.815V　　　　　　　　　　D.1.051V

3.下列标准电极电势值最大的是(　　)

A.$E^{\ominus}(AgBr/Ag)$　　　　　　B.$E^{\ominus}(AgCl/Ag)$

C.$E^{\ominus}(AgI/Ag)$　　　　　　D.$E^{\ominus}(Ag^+/Ag)$

4.欲配制 pH＝10 的溶液,应选用(　　)

A.NaH_2PO_4-Na_3PO_4　　$pK_{a_1}^{\ominus}=2.12$　$pK_{a_2}^{\ominus}=7.20$　$pK_{a_3}^{\ominus}=12.67$

B.NaAc-HAc　$pK_a^{\ominus}=4.75$

C.$NH_3\cdot H_2O$-NH_4Cl　$pK_b^{\ominus}=4.75$

D.$NaHCO_3$-Na_2CO_3　$pK_{a_1}^{\ominus}=6.37$　$pK_{a_2}^{\ominus}=10.25$

5.下列化合物中,存在分子内氢键的是(　　)

A.NH_3　　　　　　　　　　B.HF

C.HBr　　　　　　　　　　D.HNO_3

6.原子在形成分子的过程中,原子轨道之所以要进行杂化,是因为(　　)

A. 增加成键能力　　　　　　B. 增加配位的电子数

C. 进行电子重排　　　　　　D. 保持共价键的方向性

7.共价键的主要特征是(　　)

A.具有饱和性和方向性

B.具有共用电子对

C.具有方向性

D.具有饱和性

8.下列分子或离子中,中心原子采用 sp 杂化轨道成键的是(　　)

A.CO_2　　　　　　　　　　B.C_2H_4

C.SO_3　　　　　　　　　　D.NO_3^-

9.原子轨道用波函数表示时,下列表示正确的是(　　)

A.$\psi_{3,1,-1}$　　　　　　　　B.$\psi_{3,3,-1}$

C.$\psi_{3,2,2,+1/2}$　　　　　　D.$\psi_{3,2,-1,+1/2}$

10.下列键角大小的顺序正确的是(　　)

A.$SO_3>NCl_4^+>NH_3>H_2S$

B.$SO_3>H_2S>NCl_4^+>NH_3$

C.$NCl_4^+>H_2S>SO_3>NH_3$

D.$SO_3>NCl_4^+>H_2S>NH_3$

11.下列反应中不是氧化还原反应的是(　　)

A.$[Fe(NCS)_6]^{3-}+6F^-\rightleftharpoons6SCN^-+[FeF_6]^{3-}$

B.$2Ti^++Zn(s)\rightleftharpoons2Ti(s)+Zn^{2+}$

C.$2Cu^{2+}+4I^-\rightleftharpoons2CuI+I_2$

D.$Zn(s)+2H^+ \rightleftharpoons Zn^{2+}+H_2$

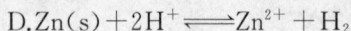

12.下列(　　)对性质相似,是因为镧系收缩的原因

A.Mg-Li

B.Zr-Ta

C.Nb-Hf

D.Zr-Hf

13.$MnO_4^- + SO_3^{2-} + OH^- \longrightarrow MnO_4^{2-} + SO_4^{2-} + H_2O$ 反应方程式配平后,SO_3^{2-} 的系数为(　　)

A.3　　　　　B.2　　　　　C.6　　　　　D.1

14.下列难溶电解质中,其溶解度不随 pH 值变化而改变的是(　　)

A. FeS

B. $BaCO_3$

C. $Pb(OH)_2$

D. AgI

15.下列水溶液中凝固点最低的是(　　)

A.0.1mol·L^{-1}葡萄糖溶液

B.0.1mol·L^{-1}HAc 溶液

C.0.1mol·L^{-1}NaCl 溶液

D.0.1mol·$L^{-1}$$CaCl_2$ 溶液

16.已知 $E^\ominus (Tl^+/Tl) = -0.34V$,$E^\ominus (Tl^{3+}/Tl) = 0.72V$,则 $E^\ominus (Tl^{3+}/Tl^+)$ 的值为(　　)

A.$\dfrac{0.72+0.34}{2}$

B.$\dfrac{0.72\times 3+0.34}{2}$

C.$\dfrac{0.72\times 3-0.34}{2}$

D.$0.72\times 3+0.34$

17.反应 $H_2(g)+S(s) \rightleftharpoons H_2S(g)$ 的平衡常数为 $K_1^\ominus$;$S(s)+O_2(g) \rightleftharpoons SO_2(g)$ 的平衡常数为 $K_2^\ominus$

问:反应 $H_2(g)+SO_2(g) \rightleftharpoons O_2(g)+H_2S(g)$ 的平衡常数 $K_c^\ominus$ 是(　　)

A.$K_1^\ominus - K_2^\ominus$

B.$K_1^\ominus \cdot K_2^\ominus$

C.$K_2^\ominus / K_1^\ominus$

D.$K_1^\ominus / K_2^\ominus$

18.对于任一化学反应,使其平衡时的生成物产量增大,可采取(　　)

A.加入催化剂

B.增大反应物浓度

C.升高反应温度

D.增大总压力

19.反应 $Al(OH)_3+3NH_4^+ \rightleftharpoons Al^{3+}+3NH_3\cdot H_2O$ 化学平衡常数 $K_c^\ominus = ($　　$)$

A.$K_w^{\ominus 3}/K_{sp}^\ominus$

B.$K_{sp}^\ominus/K_b^{\ominus 3}$

C.$K_{sp}^\ominus/K_w^{\ominus 3}$

D.$K_b^{\ominus 3}/K_{sp}^\ominus$

20.下列元素原子电子层结构写法正确的是(　　)

A.Cr:$[Ar]4s^1 3d^5$

B.Cr:$[Ar]3d^5 4s^1$

C.K:$[Ar]3d^1$

D.Ca:$[Ar]3d^2$

三、判断题

1.配位数是指配离子中配位原子的数目。（ ）

2. 催化剂只能改变反应的活化能，而不能改变化学平衡状态。（ ）

3.电极反应 $Cl_2 + 2e^- \rightleftharpoons 2Cl^-$ 的 $E^\ominus = 1.36V$，因此，$\frac{1}{2}Cl_2 + e^- \rightleftharpoons Cl^-$ 的 $E^\ominus = 0.68V$。（ ）

4. 渗透现象是指纯溶剂的净迁移，其渗透方向是纯溶剂通过半透膜从低浓度往高浓度迁移。（ ）

5.所有含极性键的分子，都是极性分子。（ ）

6.$[CoCl_4]^{2-}$ 与 $[Co(H_2O)_6]^{3+}$ 显色不同是因为晶体场分裂能不同。（ ）

7.所有元素的原子中第一电子亲和势最大的是氟。（ ）

8.$0.2mol \cdot L^{-1}$ HAc 溶液电离度是 $0.1mol \cdot L^{-1}$ HAc 溶液电离度的两倍。（ ）

9.把氢电极插入 $1mol \cdot L^{-1}$ HAc 中，保持其分压为 100kPa，其电极电势为零。（ ）

10.Cs 电离势最小，但在水溶液中 Li 最易失去电子。（ ）

11.N_2 分子轨道式为 $[KK(\sigma_{2s})^2(\sigma_{2s}^*)^2(\sigma_{2p_x})^2(\pi_{2p_y})^2(\pi_{2p_z})^2]$。（ ）

12.共价键的形成是原子轨道实现最大程度重叠。（ ）

13.铜锌原电池中，向 $ZnSO_4$ 溶液加入少量氨水，则电池电动势变大。（ ）

14.PbI_2 和 $CaCO_3$ 的溶度积均为 1.0×10^{-8}，那么，饱和溶液中 Pb^{2+} 和 Ca^{2+} 的浓度相等。（ ）

15.用分子轨道理论可推知 O_2^-、O_2^{2-} 比 O_2 稳定。（ ）

四、简答题

已知： $Co^{3+} + e^- = Co^{2+}$ $E^\ominus = 1.84V$

$[Co(CN)_6]^{3-} + e^- \rightleftharpoons [Co(CN)_6]^{4-}$ $E^\ominus = 0.10V$

问：哪个 $K_稳^\ominus$ 大？

五、计算题

1.两个锥形瓶中各盛放 20mL $0.1mol \cdot L^{-1}$ HAc 溶液，用 $0.1mol \cdot L^{-1}$ NaOH 溶液滴定两瓶溶液，滴定终点各用什么指示剂显示？各显什么颜色？（HAc：$pK_a^\ominus = 4.76$，即 $K_a^\ominus = 1.75 \times 10^{-5}$）

(1)甲瓶滴入 10mL NaOH 溶液，混合液的 pH 值是多少？

计算：

终点用：指示剂_____，显_____色。

(2)乙瓶滴入 20mL NaOH 溶液，混合液的 pH 值是多少？

计算：

终点用:指示剂_____,显_____色。

2.某溶液含 Cl^- 和 CrO_4^{2-},其浓度均为 $0.1mol \cdot L^{-1}$,如果慢慢加入 $AgNO_3$ 溶液,问哪种离子首先被沉淀出来? 当第二种离子被沉淀时,第一种离子是否沉淀完全?

$[K_{sp}^{\ominus}(AgCl)=1.8\times10^{-10}, K_{sp}^{\ominus}(Ag_2CrO_4)=1.1\times10^{-12}]$

3.已知:$MnO_4^- + 8H^+ + 5e^- \Longrightarrow Mn^{2+} + 4H_2O \quad E^{\ominus}=1.51V$

$\qquad Fe^{3+} + e^- \Longrightarrow Fe^{2+} \quad E^{\ominus}=0.771V$

(1)判断下列反应的方向。

$MnO_4^- + 5Fe^{2+} + 8H^+ \Longrightarrow Mn^{2+} + 5Fe^{3+} + 4H_2O$

(2)将这两个半电池组成原电池,用电池符号表示原电池的组成,并计算其标准电动势。

(3)当 $c(H^+)=10.0mol \cdot L^{-1}$,其他各离子浓度为 $1.0mol \cdot L^{-1}$ 时,计算该电池电动势。

(4)计算该化学反应的化学平衡常数 $K^{\ominus}$。

4. 试计算下列反应的平衡常数,并评价该反应趋势的大小:

$$Cu^{2+} + H_2S + 2H_2O = CuS + 2H_3O^+$$

$[已知:K_{sp}(CuS)=1.27\times10^{-36}, K_{a_1}(H_2S)=9.1\times10^{-8}, K_{a_2}(H_2S)=1.1\times10^{-12}]$

参考答案

一、填空题

1.d^2sp^3；正八面体；低； ↿⇂ ↿ ↿ ↿ ↿ < ⎯ ⎯ ↿⇂ ↿⇂ ↿⇂ ； -24； 0

2.47；五；ⅠB；直线型

3.路易斯；布朗斯特

4.6；Cr^{3+}；CN^-；NH_3；C；N

5.9.0；8.85

6.NH_4^+、H_2O；5.68×10^{-10}

7.半透膜；不同浓度；$\pi=cRT$

8.色散力；诱导力

9.三角锥形

10.升高；降低

11.差

二、选择题

1.D 2.D 3.D 4.D 5.D 6.A 7.A 8.A 9.A 10.A
11.A 12.D 13.D 14.D 15.D 16.B 17.D 18.B 19.B 20.B

三、判断题

1.√　　2.√　　3.✕　　4.√　　5.✕　　6.√　　7.✕　　8.✕　　9.✕　　10.√

11.✕　　12.√　　13.√　　14.✕　　15.✕

四、简答题

答：
$$0.1 = 1.84 + 0.0592 \lg K_{稳}^{\ominus 低}/K_{稳}^{\ominus 高}$$

$$-1.74 = 0.0592 \lg K_{稳}^{\ominus 低}/K_{稳}^{\ominus 高}$$

$$\lg K_{稳}^{\ominus 低}/K_{稳}^{\ominus 高} < 0$$

$$K_{稳}^{\ominus 低}/K_{稳}^{\ominus 高} < 1$$

$$K_{稳}^{\ominus 低} < K_{稳}^{\ominus 高}$$

故　$K_{稳}^{\ominus}[Co(CN)_6]^{3-}$ 较大

五、计算题

1.(1)计算：
$$n_{HAc} = 20 \times 10^{-3} \times 0.1 = 2 \times 10^{-3}\,mol$$

$$n_{NaOH} = 10 \times 10^{-3} \times 0.1 = 1 \times 10^{-3}\,mol$$

$$HAc + NaOH = NaAc + H_2O$$

生成 1×10^{-3} mol NaAc,剩下 HAc 为 1×10^{-3} mol；

HAc-NaAc 构成缓冲溶液

$$pH = pK_a^{\ominus} + \lg \frac{c(NaAc)}{c(HAc)} = 4.76$$

指示剂用甲基橙,显黄色。

(2)计算：

$n_{NaOH} = n_{HAc} = 20 \times 10^{-3} \times 0.1 = 2 \times 10^{-3}\,mol$,生成 2.0×10^{-3} mol NaAc,

$$c(NaAc) = \frac{2.0 \times 10^{-3}}{40 \times 10^{-3}} = \frac{1}{20}$$

$$pH = 7 + \frac{1}{2}pK_a^{\ominus} + \frac{1}{2}\lg c$$

$$= 7 + \frac{1}{2} \times 4.76 + \frac{1}{2} \times \lg \frac{1}{20}$$

$$= 8.73$$

指示剂用酚酞,显淡红色。

2.**解**:

$$K_{sp}^{\ominus} = c(Ag^+) \cdot c(Cl^-)$$

$$c(Ag^+) = \frac{1.8 \times 10^{-10}}{0.1}$$

$$= 1.8 \times 10^{-9}\,mol \cdot L^{-1}$$

$$K_{sp}^{\ominus} = [c(Ag^+)]^2 \cdot [c(CrO_4^{2-})]$$

$$c(Ag^+) = \sqrt{\frac{K_{sp}^{\ominus}}{c(CrO_4^{2-})}}$$

$$= \sqrt{\frac{1.1 \times 10^{-12}}{0.1}}$$

$$= 3.3 \times 10^{-6}\,mol \cdot L^{-1}$$

$$c(Ag^+)_{Ag2CrO_4} > c(Ag^+)_{AgCl}$$

∴最先沉淀的为 AgCl

$$c(Cl^-) = \frac{K_{sp}^{\ominus}(AgCl)}{c(Ag^+)} = \frac{1.8 \times 10^{-10}}{3.3 \times 10^{-6}}$$

$$= 5.5 \times 10^{-5} > 10^{-5}$$

∴AgCl 未沉淀完全

3.**解**:(1) $E^{\ominus}(MnO_4^-/Mn^{2+}) > E^{\ominus}(Fe^{3+}/Fe^{2+})$

该反应能向右进行。

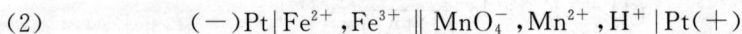

(2) $(-)Pt|Fe^{2+},Fe^{3+} \parallel MnO_4^-,Mn^{2+},H^+|Pt(+)$

$$E_{MF}^{\ominus} = E^{\ominus}(MnO_4^-/Mn^{2+}) - E^{\ominus}(Fe^{3+}/Fe^{2+})$$

$$= 1.51V - 0.771V \approx 0.74V$$

(3) $E(MnO_4^-/Mn^{2+}) = E^{\ominus}(MnO_4^-/Mn^{2+}) + \frac{0.0592}{n}\lg\frac{c(MnO_4^-) \cdot [c(H^+)]^8}{c(Mn^{2+})}$

$$= 1.51V + \frac{0.0592}{5}V \times \lg 10.0^8$$

$$= 1.51V + 0.095V$$

$$\approx 1.60V$$

$$E_{MF} = E(MnO_4^-/Mn^{2+}) - E^{\ominus}(Fe^{3+}/Fe^{2+})$$

$$= 1.60V - 0.771V$$

$$= 0.829V$$

（4）
$$\lg K^{\ominus} = \frac{nE_{MF}^{\ominus}}{0.0592} = \frac{5 \times 0.74}{0.0592} = 62.5$$

$$K^{\ominus} = 3.16 \times 10^{62}$$

4. 解：根据多重平衡原理，该反应的化学平衡常数为：

$K_c = 7.88 \times 10^{16}$，计算结果表明，该反应进行的趋势很大，反应进行得非常完全。

试卷十六 （河南中医药大学） ▷▷▷▷

一、单项选择题

1.AgSCN 和 Ag_2CrO_4 的溶度积大致相同(1×10^{-12}),则溶解度之比为(　　)

 A. 1：1　　　　　　B. 1：11　　　　　C. 1：32　　　　　D.1：62.9

2.下列混合溶液中,缓冲能力最强的是(　　)

 A.0.5mol·L^{-1} HAc-0.5mol·L^{-1} NaAc 溶液

 B.0.5mol·L^{-1} HAc-0.1mol·L^{-1} NaAc 溶液

 C.0.2mol·L^{-1} HAc-0.1mol·L^{-1} NaAc 溶液

 D.0.5mol·L^{-1} NH_4Cl-0.5mol·L^{-1} HCl 溶液

3.0.1mol·L^{-1} HAc 的电离度是1.32%,H^+ 离子浓度为(　　)

 A. 0.1mol·L^{-1}　　　　　　　　　B. 0.002mol·L^{-1}

 C. 1.32×10^{-3} mol·L^{-1}　　　　　D. 2.3×10^{-4} mol·L^{-1}

4.下列溶液呈现碱性的是(　　)

 A. NH_4Ac　　　B. NaCN　　　　C. $Al_2(SO_4)_3$　　　D.NH_4Cl

5.在 $Na_2S_2O_3$ 中 S 的氧化值是(　　)

 A.+6　　　　　　B.+4　　　　　　C.+2　　　　　　D.-2

6.pH=1 和 pH=3 的两种强电解质溶液等体积混合之后,溶液的 pH 值是(　　)

 A.1.0　　　　　　B.1.5　　　　　　C.2.0　　　　　　D.1.3

7.下列离子,哪些在水溶液中不能形成氨配合物(　　)

 A.Fe^{3+}　　　　　B.Co^{3+}　　　　　C.Ni^{2+}　　　　　D.Ag^+

8.在铜锌原电池的正极,加入 NaOH,则电池的电动势将(　　)

 A.减少　　　　　B.增大　　　　　C.不变　　　　　D.无法确定

9.欲配制澄清的 $SnCl_2$ 溶液,应在稀释前加入适量的(　　)

 A.NaOH　　　　　B.HCl　　　　　C.NaCl　　　　　D.H_2O

10.下列氢氧化物中,既能溶于氢氧化钠溶液,又能溶于氨水的是(　　)

 A.$Mg(OH)_2$　　　B.$Zn(OH)_2$　　　C.$Fe(OH)_3$　　　D.$Al(OH)_3$

11.已知反应 $MnO_4^- +5Fe^{2+} +8H^+ \Longrightarrow Mn^{2+} +5Fe^{3+} +4H_2O$ 的 $E_{MF}^{\ominus}=0.739V$,在某浓度时反应的电动势 $E_{MF}=0.62V$,反应的 $\lg K^{\ominus}$ 是(　　)

A.$\dfrac{5\times0.739}{0.0592}$ B.$\dfrac{5\times0.62}{0.0592}$ C.$\dfrac{10\times0.739}{0.0592}$ D.$\dfrac{10\times0.62}{0.0592}$

12.某元素最后填充的是 2 个 $n=3$、$l=2$ 的电子,则说明该元素的原子序数是( )

A.20 B.14 C.22 D.30

13.用价层电子对互斥理论判断 PCl_3 可能的空间构型是( )

A.正四面体形 B.三角锥形 C.平面三角形 D.三角双锥

14.已知某元素+2 价离子的外层电子结构为 $3s^23p^63d^5$,该元素在周期表中属( )

A.ⅤA 族 B.ⅤB 族 C.ⅢB 族 D.ⅦB 族

15.在配离子 $[Ag(NH_3)_2]^+$ 中,Ag^+ 离子接受配体孤对电子的杂化轨道是( )

A.sp^3d^2 B.sp C.dsp^2 D.sp^3

16.硼酸的分子式为 H_3BO_3,它是( )

A.三元酸 B.三元碱 C.一元弱酸 D.一元弱碱

17.硝酸铵的热分解产物是( )

A.NH_3 和 HNO_3 B.N_2O 和 H_2O

C.NH_3,NO_2 和 H_2O D.NO_2,NO 和 H_2O

18.下列物质既具有氧化性又具有还原性的是( )

A.H_2S B.浓 H_2SO_4 C.Na_2SO_3 D.三种都是

19.对于配离子 $[Co(en)_3]^{3+}$ 下列说法中最恰当的是( )

A.en 是双基配体,形成的是螯合物

B.中心离子的配位数是 6

C.预计该离子比 $[Co(NH_3)_6]^{3+}$ 更稳定

D.以上三种说法都对

20.将 NaOH 溶液逐滴加到少量 $CrCl_3$ 溶液中,先生成灰蓝色沉淀,继而沉淀溶解,溶液呈绿色是由于生成( )

A.Cr^{3+} B.CrO_4^{2-} C.CrO_2^- D.$Cr_2O_7^{2-}$

21.Cu^+ 的电子构型属于( )

A.8 电子构型 B.18 电子构型

C.18+2 电子构型 D.9~17 电子构型

22.溴水中,溴分子与水分子间存在的作用力是( )

A.取向力和诱导力 B.诱导力和色散力

C.诱导力和氢键 D.取向力和色散力

23.下列分子中沸点最高的是( )

A.HF B.IICl C.HBr D.HI

24.下列一组描述电子运动状态的量子数,哪一个量子数不合理( )

A.$n=3$ B.$l=3$ C.$m=2$ D.$s_i=-\dfrac{1}{2}$

25.已知：$E^{\ominus}(Sn^{4+}/Sn^{2+})=0.15V$，$E^{\ominus}(Fe^{2+}/Fe)=-0.44V$，$E^{\ominus}(Fe^{3+}/Fe^{2+})=$ $0.771V$，$E^{\ominus}(Cu^{2+}/Cu)=0.3419V$，在标准状态下，下列反应能正向进行的是（ ）

    A.$2Fe^{3+}+Cu\Longrightarrow 2Fe^{2+}+Cu^{2+}$

    B.$Sn^{4+}+Cu\Longrightarrow Sn^{2+}+Cu^{2+}$

    C.$Cu+Fe^{2+}\Longrightarrow Cu^{2+}+Fe$

    D.$Sn^{4+}+2Fe^{2+}\Longrightarrow Sn^{2+}+2Fe^{3+}$

26.在酸性溶液中欲将 Mn^{2+} 氧化成 MnO_4^-，在下列氧化剂中应选择（ ）

    A.HNO_3 B.H_2SO_4 C.$Na_2S_2O_8$ D.Cl_2

27.p 区元素含氧酸既能做氧化剂，又能做还原剂的是（ ）

    A.HNO_3 B. H_3PO_4 C.HNO_2 D.$HClO_4$

28. 单质碘在水中溶解度很小，但在 KI 或其他碘化物的溶液中，碘的溶解度很大，这是因为（ ）

    A.发生了离解反应   B.发生了配位反应

    C.发生了氧化还原反应   D.发生了盐效应

29.下列各酸何者为酸性最强的酸（ ）

    A.H_2SO_4 B.$HBrO_4$ C.$HClO_4$ D.HIO_4

30.在 HNO_3 分子中有一个离域 π 键，可表示为（ ）

    A.$d\text{-}p\pi$ 键   B.π_2^3 C.π_3^4 D.π_4^6

二、判断题

1.将氨水稀释一倍，则溶液中$[OH^-]$减少至原来的 $1/2$。（ ）

2.在酸性溶液中不存在 OH^-，在碱性溶液中不存在 H^+。（ ）

3.Al^{3+} 有很强的极化力。（ ）

4.直线形分子一定是非极性分子。（ ）

5.电极反应中 $Cl_2+2e^-\Longrightarrow 2Cl^-$，$E^{\ominus}=1.36V$，因此 $\dfrac{1}{2}Cl_2+e^-\Longrightarrow Cl^-$ 的 $E^{\ominus}=0.68V$。（ ）

6.由 Nernst 方程可知，增大氧化型物质浓度，会使电极电势值增大。（ ）

7.氧化还原电对的电极电势值一定随溶液的 pH 值改变而改变。（ ）

8.配位数为 4 的配离子，其几何形状都为正四面体。（ ）

9.BF_3 为非极性分子，所以 BF_3 分子中无极性键。（ ）

10.变色硅胶显粉红色，表示吸水已达到饱和。（ ）

三、填空题

1.在 $NH_3 \cdot H_2O$-NH_4Cl 缓冲溶液中,抗酸成分是 ＿＿＿＿＿＿＿＿,抗碱成分是＿＿＿＿＿＿＿＿。

2.NaAc 的水解方程式为 ＿＿＿＿＿＿＿＿,其氢离子浓度的计算公式是＿＿＿＿＿。

3.HSO_4^- 的共轭碱是＿＿＿＿＿。

4.中药煅石膏的主要成分是＿＿＿＿＿,砒霜的主要成分是＿＿＿＿＿。

5.将 $Zn + 2H^+ \rightleftharpoons H_2 + Zn^{2+}$ 组成原电池,写出原电池符号＿＿＿＿＿。

6.在稀醋酸溶液中加入醋酸钠,醋酸的电离度将＿＿＿＿＿。

7.缓冲溶液两组分的浓度比愈接近＿＿＿＿＿,缓冲容量愈大。

8.配合物 $[Pt(NH_3)_4(H_2O)_2](SO_4)_2$ 的名称是＿＿＿＿＿,配体是＿＿＿＿＿,配位数是＿＿＿＿＿。

9.根据配合物稳定常数 $K_稳^\ominus$,估计下列反应向＿＿＿＿＿进行

$[Ag(NH_3)_2]^+ + 2CN^- \rightleftharpoons [Ag(CN)_2]^- + 2NH_3$　$[Ag(NH_3)_2]^+$ 的 $K_稳^\ominus = 1.1 \times 10^7$

$[Ag(CN)_2]^-$ 的 $K_稳^\ominus = 1.3 \times 10^{21}$

10.原子核外电子运动的特殊性是＿＿＿＿＿和＿＿＿＿＿。

11.原子序数为 35 的元素的电子构型是 ＿＿＿＿＿,该元素位于周期表中第＿＿＿＿＿周期＿＿＿＿＿族。

12.ⅡB族的价电子构型式是＿＿＿＿＿。

13.O_2 的分子轨道图式是＿＿＿＿＿,键级是＿＿＿＿＿,磁性为＿＿＿＿＿。

14.
分子	分子空间构型	杂化轨道类型	分子极性
BF_3	＿＿＿＿＿	＿＿＿＿＿	＿＿＿＿＿
H_2S	＿＿＿＿＿	＿＿＿＿＿	＿＿＿＿＿

15.$[FeF_6]^{4-}$ 中心离子 d 电子在 d_ε 和 d_r 轨道上分布为＿＿＿＿＿,晶体场稳定化能是＿＿＿＿＿。

四、完成并配平下列方程式

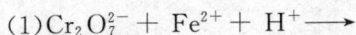

(1)$Cr_2O_7^{2-} + Fe^{2+} + H^+ \longrightarrow$

(2)$HI + H_2SO_4(浓) \longrightarrow$

(3)$Na_2S_2O_3 + HCl \longrightarrow$

五、简答题

1.根据电极电势解释 $SnCl_2$ 溶液贮存易失去还原性,并写出反应方程式。

$[E^{\ominus}(Sn^{4+}/Sn^{2+})=0.152V，E^{\ominus}(O_2/H_2O)=1.229V]$

2. 根据配合物的价键理论，指出$[Ni(CN)_4]^{2-}$配离子（磁矩 $\mu=0B.M.$）的中心离子和配体的配位情况（即指出价层电子排布，杂化轨道类型及空间构型情况）。

3. 用一种试剂鉴定 Ni^{2+} 和 Fe^{2+}，并写出相关方程式。

六、计算题

1. 在 $0.10mol\cdot L^{-1}$ $FeCl_3$ 溶液中，加入等体积的含有 $0.20mol\cdot L^{-1}$ $NH_3\cdot H_2O$ 和 $2.0mol\cdot L^{-1}$ NH_4Cl 的混合溶液，问有无 $Fe(OH)_3$ 沉淀生成？$[Fe(OH)_3$ 的 $K^{\ominus}_{sp}=4.0\times10^{-38}$，$NH_3$ 的 $K^{\ominus}_b=1.74\times10^{-5}]$

2. 已知 $E^{\ominus}(Cu^{2+}/Cu)=0.342V$，$E^{\ominus}(Ni^{2+}/Ni)=-0.257V$，将反应 $Ni+Cu^{2+}\rightleftharpoons Ni^{2+}+Cu$ 组成原电池，若其中 $c(Cu^{2+})=0.20mol\cdot L^{-1}$，$c(Ni^{2+})=0.40mol\cdot L^{-1}$

(1) 写出相应原电池符号。

(2) 计算两电极的电极电势。

(3) 计算相应原电池的电动势。

3. Zn^{2+} 离子与氨水组成的溶液中有一半的金属离子与 NH_3 形成了配离子。平衡时自由氨浓度为 $5.0\times10^{-3}mol\cdot L^{-1}$，求$[Zn(NH_3)_4]^{2+}$配离子的 $K^{\ominus}_{稳}$(298K)。

参 考 答 案

一、单项选择题

1. D　2.A　3.C　4.B　5.C　6.D　7.A　8.A　9.B　10.B
11.A　12.C　13.B　14.D　15.B　16.C　17.B　18.C　19.D　20.C
21. B　22.B　23.A　24.B　25.A　26.C　27.C　28.B　29.C　30.C

二、判断题

1.×　2.×　3.√　4.×　5.×　6.√　7.×　8.×　9.×　10.√

三、填空题

1. $NH_3\cdot H_2O$；NH_4Cl

2. $Ac^- + H_2O \rightleftharpoons HAc+OH^-$，$c_{eq}(H^+)=\sqrt{\dfrac{K^{\ominus}_w\cdot K^{\ominus}_a}{c}}$

3. SO_4^{2-}

4. $CaSO_4\cdot\dfrac{1}{2}H_2O$；$As_2O_3$

5. $(-)Zn\mid Zn^{2+}(c_1)\parallel H^+(c_2)\mid H_2(p_{H_2})\mid Pt(+)$

6.减小

7.1∶1

8.硫酸四氨·二水合铂(Ⅳ)；NH_3、H_2O；6

9.正

10. 量子化特征；波粒二象性

11.$[Ar]3d^{10}4s^24p^5$；四；ⅦA

12.$(n-1)d^{10}ns^2$

13.$[KK(\sigma_{2s})^2(\sigma_{2s}^*)^2(\sigma_{2p_x})^2(\pi_{2p_y})^2(\pi_{2p_z})^2(\pi_{2p_y}^*)^1(\pi_{2p_z}^*)^1]$；2；顺磁性

14.平面三角形；sp^2；非极性分子

　　角型；sp^3；极性分子

15.$d_\varepsilon^4 d_\tau^2$；$-4Dq$

四、完成并配平下列方程式

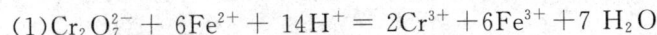

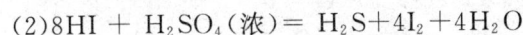

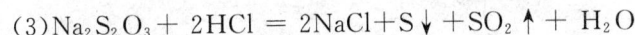

(1)$Cr_2O_7^{2-}+6Fe^{2+}+14H^+=2Cr^{3+}+6Fe^{3+}+7H_2O$

(2)$8HI+H_2SO_4(浓)=H_2S+4I_2+4H_2O$

(3)$Na_2S_2O_3+2HCl=2NaCl+S\downarrow+SO_2\uparrow+H_2O$

五、简答题

1.答:由元素电势图可知，$SnCl_2$具有一定的还原性，易被空气中的氧所氧化。

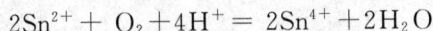

$$2Sn^{2+}+O_2+4H^+=2Sn^{4+}+2H_2O$$

2.答:Ni^{2+}离子的价电子在轨道中的分布为:

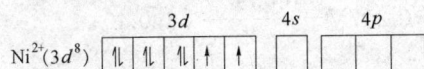

由$[Ni(CN)_4]^{2+}$的磁矩可以推知，Ni^{2+}离子与CN^-离子形成$[Ni(CN)_4]^{2-}$时，Ni^{2+}离子中的两个未成对的$3d$电子进行重排，空出一个$3d$轨道，该轨道与一个$4s$轨道，两个$4p$轨道形成四个dsp^2杂化轨道与四个CN^-离子成键，形成平面正方形的内轨配合物。

3.答:将含有Fe^{2+}和Ni^{2+}的试液分别盛于两支试管中，然后加入适量NaOH溶液，有白色沉淀生成，很快被氧化成棕色的是Fe^{2+}离子;有果绿色沉淀生成，在空气中放置不被氧化的是Ni^{2+}离子。

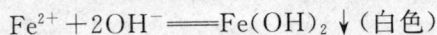

$$Fe^{2+}+2OH^-\Longrightarrow Fe(OH)_2\downarrow(白色)$$

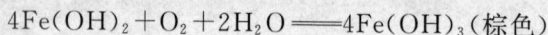

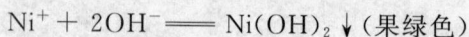

$$4Fe(OH)_2 + O_2 + 2H_2O \Longrightarrow 4Fe(OH)_3 (棕色)$$

$$Ni^+ + 2OH^- \Longrightarrow Ni(OH)_2 \downarrow (果绿色)$$

六、计算题

1.解：$c_{eq}(Fe^{3+}) = 0.050mol \cdot L^{-1}$，$c_{eq}(NH_3 \cdot H_2O) = 0.10mol \cdot L^{-1}$，$c_{eq}(NH_4Cl) = 1.0mol \cdot L^{-1}$

$NH_3 \cdot H_2O$ 和 NH_4Cl 构成同离子效应体系

$$c_{eq}(OH^-) = K_b^\ominus \frac{c_{共轭碱}}{c_{共轭酸}}$$

$$= 1.74 \times 10^{-5} \times \frac{0.10}{1.0}$$

$$= 1.74 \times 10^{-6}$$

又

$$J = c(Fe^{3+}) \cdot [c(OH)^-]^3$$

$$= 0.050 \times (1.74 \times 10^{-6})^3$$

$$= 2.6 \times 10^{-19}$$

$$J > K_{sp}^\ominus [Fe(OH)_3] = 4.0 \times 10^{-38}$$

有 $Fe(OH)_3$ 沉淀生成。

2.解：(1)$(-)Ni \mid Ni^{2+}(0.40mol \cdot L^{-1}) \parallel Cu^{2+}(0.20mol \cdot L^{-1}) \mid Cu(+)$

$$(2)E(Ni^{2+} / Ni) = E^\ominus(Ni^{2+}/Ni) + \frac{0.0592V}{2}\lg c(Ni^{2+})$$

$$= -0.257V + \frac{0.0592V}{2} \times \lg 0.40$$

$$\approx -0.269V$$

$$E(Cu^{2+} / Cu) = E^\ominus(Cu^{2+} / Cu) + \frac{0.0592V}{2}\lg c_{eq}(Cu^{2+})$$

$$= 0.342V + \frac{0.0592V}{2}\lg 0.20$$

$$= 0.321V$$

$$(3)E_{MF} = E(Cu^{2+} / Cu) - E(Ni^{2+} / Ni)$$

$$= 0.321V - (-0.269V)$$

$$= 0.59V$$

3.**解：**

$$Zn^{2+} + 4NH_3 \rightleftharpoons [Zn(NH_3)_4]^{2+}$$

$$K^{\ominus}_{稳} = \frac{c_{eq}[Zn(NH_3)_4^{2+}]}{c_{eq}(Zn^{2+})[c_{eq}(NH_3)]^4}$$

$$= \frac{1}{(5.0 \times 10^{-3})^4}$$

$$= 1.6 \times 10^9$$

试卷十七 （河北中医学院） ▷▷▷▷

一、判断正误

1. 共价键的形成是原子轨道实现最大程度重叠。（ ）

2. 电子云是描述核外某空间电子出现的几率密度的概念。（ ）

3. 弱酸和盐类所组成的溶液可构成缓冲溶液。（ ）

4. 酸的强弱可用电离常数来衡量,电离常数越大,则溶液中氢离子浓度越大。（ ）

5. 电极反应:$Cl_2 + 2e \rightarrow 2Cl^-$ 的 $E^\ominus = 1.36V$,因此 $\frac{1}{2}Cl_2 + e \rightarrow Cl^-$ 的 $E^\ominus = 1.36V$。（ ）

6. 在 $[Zn(CN)_4]^{2-}$ 中,配体 CN^- 的电负性较小,容易给出孤电子对,对中心离子的电子层结构影响较大,所以生成内轨型配合物。（ ）

7. 凡是中心原子采用 sp^3 杂化轨道成键的分子,其空间构型必定是正四面体。（ ）

8. 在三氯化铁溶液中加盐酸,溶液变得更加浑浊。（ ）

9. PbI_2 和 $CaCO_3$ 的溶度积均为 1.0×10^{-8},那么,饱和溶液中 Pb^{2+} 和 Ca^{2+} 的浓度相等。（ ）

10. 在氧化还原反应中,如果两个电对的 E 值相差越大,则反应进行越彻底。（ ）

二、单项选择题

1. 下列两溶液等体积混合后,具有缓冲能力的是（ ）

　　A. $0.5mol \cdot L^{-1} HCl$ 和 $0.5mol \cdot L^{-1} NaAc$

　　B. $0.1mol \cdot L^{-1} HCl$ 和 $0.2mol \cdot L^{-1} NaAc$

　　C. $0.2mol \cdot L^{-1} HCl$ 和 $0.1mol \cdot L^{-1} NaAc$

　　D. HCl 和 NaAc 无论浓度体积怎么样变化都不能组成缓冲溶液

2. 将 AgCl 与 AgI 饱和溶液中的清液等体积混合,并加入足量固体 $AgNO_3$,其现象为 $[K_{sp}^\ominus(AgCl) = 1.6 \times 10^{-10}, K_{sp}^\ominus(AgI) = 8.3 \times 10^{-17}]$（ ）

　　A. 仅产生一种沉淀　　　　　　B. AgCl 与 AgI 沉淀等量析出

　　C. 两种均沉淀,但以 AgI 为主　　D. 两种均沉淀,但以 AgCl 为主

3. 下列关于氢分子形成的叙述中,正确的是（ ）

　　A. 两个具有电子自旋方式相反的氢原子互相接近时,原子轨道重叠,核间电子云密度增大而形成氢分子。

B. 任何氢原子相互接近时,都可形成 H_2 分子。

C. 两个具有电子自旋方式相同的氢原子互相越靠近,越易形成 H_2 分子。

D. 两个具有电子自旋方式相反的氢原子接近时,核间电子云密度减小,能形成稳定的 H_2 分子。

4. 某元素原子基态的电子构型为 $1s^2 2s^2 2p^6 3s^2 3p^5$,它在周期表中的位置是( )

    A. p 区 ⅦA 族   B. s 区 ⅡA 族

    C. ds 区 ⅡB 族   D. p 区 Ⅵ 族

5. 影响缓冲容量的因素是( )

    A. 缓冲溶液的 pH 值和缓冲比   B. 共轭酸的 $pK_a^{\ominus}$ 和缓冲比

    C. 共轭酸的 $pK_b^{\ominus}$ 和缓冲比   D. 缓冲溶液的总浓度和缓冲比

6. 已知 $Fe^{3+} + e = Fe^{2+}$,$E^{\ominus} = 0.770V$,测定一个 Fe^{3+}/Fe^{2+} 电极电势 $E = 0.750\ V$,则溶液中必定是( )

    A. $c(Fe^{3+}) < 1$ B. $c(Fe^{2+}) < 1$

    C. $c(Fe^{2+})/c(Fe^{3+}) < 1$ D. $c(Fe^{3+})/c(Fe^{2+}) < 1$

7. 二氧化碳和碘分子之间存在的作用力是( )

    A. 取向力   B. 诱导力

    C. 色散力   D. 以上三者都存在

8. 工业废水中常含 Cu^{2+}、Cd^{2+}、Pb^{2+} 等重金属离子,可通过加入过量的难溶电解质 FeS、MnS,使这些金属离子形成硫化物沉淀除去。据以上事实,可推知 FeS、MnS 具有的相关性质是( )

    A. 在水中的溶解能力大于 CuS、CdS、PbS

    B. 在水中的溶解能力小于 CuS、CdS、PbS

    C. 在水中的溶解能力与 CuS、CdS、PbS 相同

    D. 二者均具有较强的吸附性

9. 当 $pH = 10$ 时,氢电极的电极电势是( )

    A. $-0.59V$ B. $-0.30V$

    C. $0.30V$ D. $0.59V$

10. 在 $BaSO_4$ 饱和溶液中,有 $BaSO_4$ 固体存在,当加入等体积的下列哪一种溶液时,会使 $BaSO_4$ 的溶解度更大些( )

    A. $BaSO_4$ 饱和溶液   B. $1mol \cdot L^{-1}\ BaCl_2$

    C. $1mol \cdot L^{-1}\ NaNO_3$ D. $2mol \cdot L^{-1}\ Na_2SO_4$

11. 下列量子数组合中,正确的是( )

    A. $n = 2, l = 1, m = 1, m_s = -\dfrac{1}{2}$

    B. $n - 3, l = 3, m = 0, m_s = +\dfrac{1}{2}$

C. $n=3, l=2, m=-2, m_s=+1$

D. $n=4, l=3, m=4, m_s=+\dfrac{1}{2}$

12. 下列各对元素中,电负性大小哪项是正确的(　　)

A. $Br>F$

B. $P>Cl$

C. $O>N$

D. $Cu>Zn$

13. 下列化合物中,存在分子内氢键的有(　　)

A. NH_3

B. H_2O

C. HNO_3

D. H_3BO_3

14. 下列分子其中心原子采用 sp^3 不等性杂化的是(　　)

A. NH_3

B. $BeCl_2$

C. BCl_3

D. CH_4

15. 下列叙述中正确的是(　　)

A. 配合物中的配位键必定是由金属离子接受电子对形成的

B. 配合物都有内界和外界

C. 配位键的强度低于离子键或共价键

D. 配合物中,形成体与配位原子间以配位键结合

16. 已知:$E^\ominus(Fe^{3+}/Fe^{2+})=0.77V$, $E^\ominus(Br_2/Br^-)=1.07V$

　　　　$E^\ominus(H_2O_2/H_2O)=1.78V$, $E^\ominus(Cu^{2+}/Cu)=0.34V$

　　　　$E^\ominus(Sn^{4+}/Sn^{2+})=0.15V$

则下列各组物质在标准态下能够共存的是(　　)

A. Fe^{3+}, Cu

B. Fe^{3+}, Br_2

C. Sn^{2+}, Fe^{3+}

D. H_2O_2, Fe^{2+}

17. 下列无机酸中酸性最强的是(　　)

A. $HClO$

B. $HClO_3$

C. $HClO_4$

D. HIO_4

18. 将 I_2 投入到碱溶液中,溶液中检测不到下列哪种物质(　　)

A. I^-

B. IO^-

C. IO_3^-

D. OH^-

19. 在配位化合物 $[CrCl(en)_2NH_3]SO_4$ 中,中心离子的配位数为(　　)

A. 1

B. 2

C. 3

D. 6

20. 相同温度下,下列溶液中渗透压力最大的是(　　)

A. $0.2\ mol\cdot L^{-1}$ 蔗糖($C_{12}H_{22}O_{11}$)溶液

B. $50g\cdot L^{-1}$ 葡萄糖($M_r=180$)溶液

C. 生理盐水

D. 0.2 mol·L⁻¹乳酸钠(C₃H₅O₃Na)溶液

三、填空

1. 在 $NH_3 - NH_4Cl$ 的缓冲溶液中,抗酸成分是 _____,抗碱成分是 _____。

2. 将两种浓度不同的蔗糖溶液,用半透膜隔开,水从 _____ 向 _____ 渗透。

3. 在稀醋酸溶液中加入醋酸钠固体,醋酸的电离度将 _____。

4. 原子轨道沿核键轴方向发生"头碰头"重叠而形成的共价键为 _____ 键,原子轨道沿核键轴方向发生"肩并肩"重叠而形成的共价键为 _____ 键。

5. 第 24 号元素核外电子排布式是 _____,位于元素周期表的 _____ 周期, _____ 族,属于 ____ 区。

6. 命名下列配合物:a. $[Ni(en)_2]Cl_2$ _____,b. $Na_3[AlF_6]$ _____。

7. $SnCl_2$在水中有明显的 _____ 现象,所以在配制 $SnCl_2$ 溶液时,常把它溶解在 _____,这样才能得到澄清透明的 $SnCl_2$ 溶液。

8. 原子核外电子运动的特殊性是 _____ 和 _____。

9. 近似能级图中,$E_{4s} < E_{3d}$ 是由于 $4s$ 电子的 _____ 大于 $3d$ 电子的缘故。

10. 写出下列化合物的分子式:海波 _____,石膏 _____。

四、完成反应式

1. $H_2O_2 + Fe^{2+} + H^+ \rightarrow$

2. $Na_2S_2O_3 + I_2 \rightarrow$

3. $HgS + HNO_3 + HCl \rightarrow$

4. $Hg^{2+} + Sn^{2+} + Cl^- \rightarrow$

5. $Mn^{2+} + IO_4^- + H_2O \rightarrow$

五、计算题

1. 在 0.0015mol·L⁻¹的 $MnSO_4$溶液 10mL 中,加入 0.15mol·L⁻¹氨水 5mL,能否生成 $Mn(OH)_2$沉淀? 如在上述 $MnSO_4$ 溶液中先加 0.49g 固体$(NH_4)_2SO_4$,然后再加 0.15mol·L⁻¹氨水 5mL,是否有沉淀生成?

2. 已知 $MnO_2 + 8H^+ + 5e^- \rightleftharpoons Mn^{2+} + 4H_2O$ $E^\ominus = 1.507V$,

$Fe^{3+} + e^- \rightleftharpoons Fe^{2+}$ $E^\ominus = 0.771V$

(1)判断下列反应的方向,并配平:$MnO_4^- + Fe^{2+} + H^+ \rightarrow Mn^{2+} + Fe^{3+}$

(2)将这两个半电池组成原电池,用电池符号表示该原电池的组成,标明电池的正、负极,并计算其标准电动势。

(3)当氢离子浓度为 0.10mol·L⁻¹,其他各离子浓度均为 1.0mol·L⁻¹时,计算该电池的电动势。

参考答案

一、判断正误

1. ×   2. √   3. ×   4. ×   5. √   6. √   7. ×   8. ×   9. ×   10. √

二、选择题

1. B   2. D   3. C   4. A   5. D   6. D   7. C   8. A   9. B   10. C   11. C   12. C
13. C   14. A   15. D   16. D   17. C   18. B   19. D   20. D

三、填空题

1. NH_3；NH_4Cl

2. 低浓度溶液；高浓度溶液

3. 减小

4. σ；π

5. $1s^2 2s^2 2p^6 3s^2 3p^6 3d^5 4s^1$；四；ⅥB；$d$

6. 氯化二(乙二胺)合镍(Ⅱ)；六氟合铝(Ⅲ)化钠

7. 水解；浓盐酸

8. 量子化；波粒二象性

9. 钻穿能力

10. $Na_2S_2O_3 \cdot 5H_2O$； $CaSO_4 \cdot 2H_2O$

四、完成反应式

1. $H_2O_2 + 2Fe^{2+} + 2H^+ = 2Fe^{3+} + 2H_2O$

2. $2Na_2S_2O_3 + I_2 = 2NaI + Na_2S_4O_6$

3. $3HgS + 2HNO_3 + 12HCl = 3[HgCl_4]^{2-} + 6H^+ + 3S\downarrow + 2NO\uparrow + 4H_2O$

4. $2Hg^{2+} + Sn^{2+} + 2Cl^- = Hg_2Cl_2 + Sn^{4+}$

5. $2Mn^{2+} + 5IO_4^- + 3H_2O = 2MnO_4^- + 5IO_3^- + 6H^+$

五、计算题

1. 解：查表得 $K_{sp}^{\ominus}(Mn(OH)_2) = 2.06 \times 10^{-14}$

$$K_b^{\ominus}(NH_3 \cdot H_2O) = 1.79 \times 10^{-5}$$

(1)混合液中$c(Mn^{2+}) = 0.0015 \times 10/15 = 0.0010 \ (mol \cdot L^{-1})$

$$c(NH_3 \cdot H_2O) = 0.15 \times 5/15 = 0.050 (mol \cdot L^{-1})$$

由 $NH_3 \cdot H_2O$ 离解产生的$[OH^-]$为：

$$OH^- = \sqrt{K_b^\ominus \, c} = \sqrt{1.79 \times 10^{-5} \times 0.05} = 9.5 \times 10^{-4} \, (\text{mol} \cdot \text{L}^{-1})$$

$$J = c(\text{Mn}^{2+}) \cdot [c(\text{OH}^-)]^2 = 0.0010 \times (9.5 \times 10^{-4})^2 = 9.0 \times 10^{-10}$$

$\because J > K_{sp}^\ominus [(\text{Mn(OH)}_2)] = 2.06 \times 10^{-14}$

$\therefore$ 有 Mn(OH)_2 沉淀生成

(2) 由 $(\text{NH}_4)_2\text{SO}_4$ 离解产生的 NH_4^+ 为

$$c(\text{NH}_4^+) = \frac{(0.49/132) \times 2}{15 \times 10^{-3}} = 0.49 \, (\text{mol} \cdot \text{L}^{-1})$$

NH_4^+ 与加入的氨水组成缓冲溶液

$$pH = 14 - pK_b^\ominus + \lg \frac{c(\text{NH}_3)}{c(\text{NH}_4^+)} = 14 + \lg 1.79 \times 10^{-5} + \lg \frac{0.05}{0.49}$$

$$c(\text{OH}^-) = 1.83 \times 10^{-6} \, (\text{mol} \cdot \text{L}^{-1})$$

$$J = c(\text{Mn}^{2+}) \cdot [c(\text{OH}^-)]^2 = 0.0010 \times (1.83 \times 10^{-6})^2 = 3.35 \times 10^{-15}$$

$\because J < K_{sp} [\text{Mn(OH)}_2] = 2.06 \times 10^{-14}$

$\therefore$ 没有 Mn(OH)_2 沉淀生成

2. 解:(1)$\text{MnO}_4^- + 5\,\text{Fe}^{2+} + 8\text{H}^+ \Longrightarrow \text{Mn}^{2+} + 5\,\text{Fe}^{3+} + 4\text{H}_2\text{O}$

$E^\ominus(\text{MnO}_4^-/\text{Mn}^{2+}) > E^\ominus(\text{Fe}^{3+}/\text{Fe}^{2+})$,该反应能自发向右(正向)进行。

(2)原电池的电池符号为$(-)\text{Pt}|\text{Fe}^{2+},\text{Fe}^{3+} \parallel \text{MnO}_4^-,\text{Mn}^{2+},\text{H}^+|\text{Pt}(+)$

$E_{\text{MF}} = E^\ominus(\text{MnO}_4^-/\text{Mn}^{2+}) \; E^\ominus(\text{MnO}_4^-/\text{Mn}^{2+}) - E^\ominus(\text{Fe}^{3+}/\text{Fe}^{2+}) = 1.507 - 0.771$
$= 0.736\text{V}$

(3)$E(\text{MnO}_4^-/\text{Mn}^{2+}) = E^\ominus(\text{MnO}_4^-/\text{Mn}^{2+}) + \frac{0.0592}{5} \times \lg \frac{[c(\text{H}^+)]^8}{1} = 1.412\text{V}$

$E_{\text{MF}} = E(\text{MnO}_4^-/\text{Mn}^{2+}) - E^\ominus(\text{Fe}^{3+}/\text{Fe}^{2+}) = 1.412 - 0.771 = 0.641\text{V}$

试卷十八 （贵阳中医学院） ▷▷▷▷

·····························

一、选择题

1.会使红细胞发生溶血的溶液是( )

    A.9.0g•L^{-1}NaCl   B.90.0g•L^{-1}NaCl

    C.50.0g•L^{-1}葡萄糖   D.100g•L^{-1}葡萄糖

    E.生理盐水的 10 倍稀释液

2.下列物质加入到 1L 水中,能配成缓冲溶液的是( )

    A . 1mol H_2SO_4 和 1mol HCl   B. 1mol NaOH 和 1mol KOH

    C. 1mol NaOH 和 1mol HCl   D. 1mol HAc 和 0.5mol NaOH

    E. 1mol HAc 和 1mol NaOH

3. 既能衡量元素金属性强弱,又能衡量其非金属性强弱的物理量是( )

    A. 电子亲核能   B. 第一电离能

    C. 电负性   D. 偶极矩

    E. 第二电离能

4.下列各组离子在溶液中能共存的是( )

    A. $S_2O_3^{2-}$ 与 H^+ B. Hg_2^{2+} 与 Cl^-

    C. Cu^{2+} 与 I^- D. $[HgI_4]^{2-}$ 与 Sn^{2+}

    E. Ag^+ 与 S^{2-}

5.下列叙述错误的是( )

    A.溶液中 H^+ 离子浓度愈大,pH 愈低

    B.溶液中 pH 愈大,pOH 就越小

    C.在浓 HCl 溶液中,没有 OH^- 离子存在

    D.在室温下,任何水溶液都有 $c_{eq}(H^+) \cdot c_{eq}(OH^-)$

    E.温度升高时,$K_w^\ominus$ 变大

6.根据酸碱质子理论,下列分子或离子中属于两性物质的是( )

    A.H_2S B.$H_2PO_4^-$

    C.Ac^- D.NO_2^-

    E.H_3PO_4

7.Fe_2S_3 的溶度积表达式是( )

A.$K_{sp}^{\ominus}=c_{eq}(Fe^{3+})\cdot c_{eq}(S^{2-})$ B.$K_{sp}^{\ominus}=c_{eq}(Fe_2^{3+})\cdot c_{eq}(S_3^{2-})$

C.$K_{sp}^{\ominus}=[2c_{eq}(Fe^{3+})]^2\cdot[3c_{eq}(S^{2-})]^3$ D.$K_{sp}^{\ominus}=[c_{eq}(Fe^{3+})]^2\cdot[c_{eq}(S^{2-})]^3$

E.$K_{sp}^{\ominus}=[2c_{eq}(Fe^{3+})]^2\cdot[c_{eq}(S^{2-})]^3$

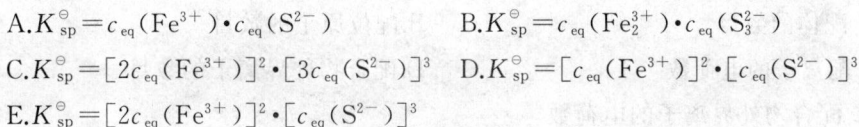

8.已知 $E^{\ominus}(Fe^{3+}/Fe^{2+})=0.77V$，$E^{\ominus}(Cu^{2+}/Cu)=0.34V$，$E^{\ominus}(Sn^{4+}/Sn^{2+})=0.15V$，$E^{\ominus}(Fe^{2+}/Fe)=-0.41V$，在标准态时，下列反应能正向进行的是（　　）

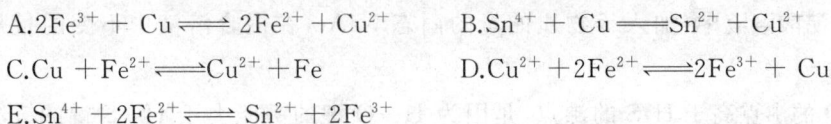

A.$2Fe^{3+}+Cu\rightleftharpoons 2Fe^{2+}+Cu^{2+}$ B.$Sn^{4+}+Cu\rightleftharpoons Sn^{2+}+Cu^{2+}$

C.$Cu+Fe^{2+}\rightleftharpoons Cu^{2+}+Fe$ D.$Cu^{2+}+2Fe^{2+}\rightleftharpoons 2Fe^{3+}+Cu$

E.$Sn^{4+}+2Fe^{2+}\rightleftharpoons Sn^{2+}+2Fe^{3+}$

9.如果反应 $Fe^{2+}+Ag^{+}\rightleftharpoons Fe^{3+}+Ag$ 处于标准状态，利用其构成原电池，其电池符号为（　　）

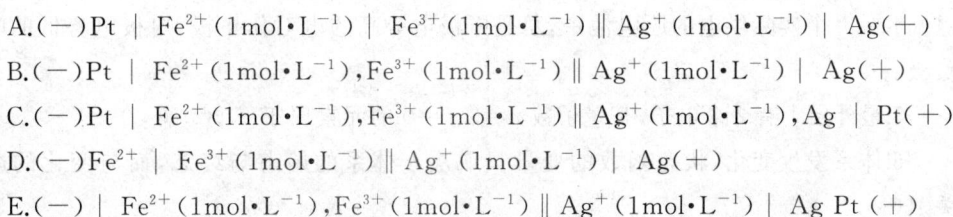

A.$(-)Pt\mid Fe^{2+}(1mol\cdot L^{-1})\mid Fe^{3+}(1mol\cdot L^{-1})\parallel Ag^{+}(1mol\cdot L^{-1})\mid Ag(+)$

B.$(-)Pt\mid Fe^{2+}(1mol\cdot L^{-1}),Fe^{3+}(1mol\cdot L^{-1})\parallel Ag^{+}(1mol\cdot L^{-1})\mid Ag(+)$

C.$(-)Pt\mid Fe^{2+}(1mol\cdot L^{-1}),Fe^{3+}(1mol\cdot L^{-1})\parallel Ag^{+}(1mol\cdot L^{-1}),Ag\mid Pt(+)$

D.$(-)Fe^{2+}\mid Fe^{3+}(1mol\cdot L^{-1})\parallel Ag^{+}(1mol\cdot L^{-1})\mid Ag(+)$

E.$(-)\mid Fe^{2+}(1mol\cdot L^{-1}),Fe^{3+}(1mol\cdot L^{-1})\parallel Ag^{+}(1mol\cdot L^{-1})\mid Ag\ Pt\ (+)$

10.基态原子中，核外电子排布所遵循的原则是（　　）

A.泡里不相容原理   B.能量最低原理

C.洪特规则   D.同时遵守 A、B、C

E.以上都不对

11.波函数（ψ）用来描述（　　）

A.电子的运动速度   B.电子的运动轨迹

C.电子在空间的运动状态   D.电子的波粒二象性

E.电子出现的几率密度

12.能进行杂化的原子轨道的条件是（　　）

A.有孤对电子   B.能量相近

C.有空轨道   D.电子需激发

E.d 轨道参与

13.乙醇和水分子之间存在的分子间作用力有（　　）

A.取向力   B.色散力

C.诱导力   D.氢键

E.以上四种力都存在

14.配位数为 6 的配离子的空间构型为（　　）

A.直线形   B.平面三角形

C.平面正方形   D.八面体形

E.四面体形

15.在配合物中，中心原子的配位数等于（　　）

A.配体的数目   B.配位原子的数目

C.配离子的电荷数   D.配合物外界离子的数目

E. 配合物外界离子的电荷数

二、判断题

1.在稀醋酸溶液中,加入等物质的量的固态 NaAc,在混合溶液中不变的量是电离度。（ ）

2.H_2O 的沸点高于 H_2S 的沸点,是因为 H—O 键的键能大于 H—S 键的键能的缘故。（ ）

3. 分步沉淀时,所需沉淀剂浓度较小的难溶物首先生成沉淀。（ ）

4.在一个实际供电的原电池中,总是电极电势高的电对作正极,电极电势低的电对作负极。（ ）

5.最外层上有 2 个电子,其量子数 $n=3$、$l=0$ 的元素属于 f 区。（ ）

6.体系发生变化,状态函数的变量只取决于体系的始态与终态,而与变化的途径无关。（ ）

7.电子在原子核外运动的能级越高,它与原子核的距离就越远。任何时候 $1s$ 电子总比 $2s$ 靠近原子核,因为 $E_{1s} > E_{2s}$。（ ）

8.非极性分子之间只存在色散力,极性分子之间只存在取向力。（ ）

9.在八面体场中,中心离子的 d 轨道在配位体场的作用下将分裂成能量不等的五组轨道。（ ）

10.同种原子之间的化学键的键长越短,其键能就越大,化学键也就越牢固。（ ）

三、填空题

1.把红细胞放在某水溶液中,发现红细胞破裂,则此溶液相对于红细胞来说是_____溶液。

2.酸碱质子理论认为,$H_2PO_4^-$ 对应的质子酸为_____,$H_2PO_4^-$ 对应的质子碱为_____,所以它是_____物质。

3.氨水中加入 NH_4Cl,pH _____,α _____;加水稀释,pH _____,α _____。（用增加或减少表示）

4. 欲增加 I_2 在水溶液中的溶解度,可向其中加入_____,原因是_____。

5.把氧化还原反应 $Fe^{2+} + Ag^+ \rightleftharpoons Fe^{3+} + Ag$ 设计为原电池,则正极反应为_____,负极反应为_____,原电池符号为_____。

6.$\psi(r,\theta,\varphi)$ 是描述电子在空间_____的波函数;

$Y(\theta,\varphi)$ 是表示 $\psi(r,\theta,\varphi)$ 的_____;

$R(r)$ 是表示 $\psi(r,\theta,\varphi)$ 的_____;而三者的关系式是_____。

7.p 轨道之间可以_____方式重叠形成 σ 键;以_____方式重叠形成 π 键。

8.糖水中分子之间存在的作用力有_____。

9.原子轨道线形组合分子轨道的三条原则是

(1)_____;(2)_____;(3)_____。

10.在配合物中,中心离子与配体之间以_____键结合,外界与内界之间以_____键结合。

四、简答题

1.要配制 pH 值为 4.5～5 范围的缓冲溶液,如何选择缓冲对? 怎样确定 HX、HM 的浓度?

2.在等温等压条件下,某反应的 $\Delta_r G_m^\ominus = 10 \text{kJ} \cdot \text{mol}^{-1}$,该反应一定正向非自发吗? 为什么?

五、计算题

1.在 37℃时,人体血液渗透压约为 780kPa,现需要配制与人体血液渗透压相同的葡萄糖水溶液供静脉注射,若已知 1.0L 葡萄糖盐水溶液含 22.0g 葡萄糖,问其中应含 NaCl 多少?

2.已知 $E^\ominus(\text{MnO}_4^-/\text{Mn}^{2+}) = 1.51\text{V}$, $E^\ominus(\text{Cl}_2/\text{Cl}^-) = 1.36\text{V}$,若将此两电对组成电池,请写出:

(1)该电池的电池符号。

(2)写出正负极的电极反应和电池反应以及电池标准电动势。

(3)计算电池反应在 25℃时的 $\Delta G_m^\ominus$。

(4)当 $c(\text{H}^+) = 1.0 \times 10^{-2} \text{mol} \cdot \text{L}^{-1}$,而其他离子浓度均为 $1.0 \text{mol} \cdot \text{L}^{-1}$, $p(\text{Cl}_2) = 100\text{kPa}$ 时的电动势是多少?

3.某溶液中含 Pb^{2+} 和 Zn^{2+},浓度均为 $0.20 \text{mol} \cdot \text{L}^{-1}$,通入 H_2S 气体达饱和,并加 HCl 控制酸度,为使 Pb^{2+} 沉淀完全,而 Zn^{2+} 留在溶液中,溶液中应控制 $c(\text{H}^+)$ 在何范围内。已知: $K_{sp}^\ominus(\text{PbS}) = 8.0 \times 10^{-28}$, $K_{sp}^\ominus(\text{ZnS}) = 2.5 \times 10^{-22}$, H_2S 电离常数 $K_1^\ominus = 1.32 \times 10^{-7}$, $K_2^\ominus = 7.10 \times 10^{-15}$。

参 考 答 案

一、选择题

1.E　2.D　3.C　4.D　5.C　6.B　7.D　8.A　9.B　10.D
11.C　12.B　13.E　14.D　15.B

二、判断题

1.×　2.×　3.√　4.√　5.×　6.√　7×　8.×　9.×　10.√

三、填空题

1. 低渗

2. H_3PO_4；HPO_4^{2-}；两性

3. 降低；减小；减小；增大

4. KI；$I_2 + I^- \rightleftharpoons I_3^-$

5. $Ag^+ + e^- \rightleftharpoons Ag$；$Fe^{2+} \rightleftharpoons Fe^{3+} + e^-$；$(-)Pt|Fe^{2+}(c_1),Fe^{3+}(c_2) \parallel Ag^+(c_3)|Ag(+)$

6. 运动状态；角度分布部分；径向分布部分；$\psi(r,_\theta,\varphi) = Y_{(\theta,\varphi)} \cdot R_{(r)}$

7. "头碰头"；"肩并肩"

8. 取向力、色散力、诱导力、氢键

9. 对称性匹配原则；能量近似原则；轨道最大重叠原则

10. 配位；离子

四、简答题

1. **答**：首先选择 $pK_a^\ominus$ 值与所需配制的缓冲溶液相近，再依据 $pH = pK_a^\ominus - \lg \dfrac{c_{酸}}{c_{盐}}$ 确定 $c_{酸}$ 与 $c_{盐}$ 的浓度比。

2. **答**：$\Delta_r G_m^\ominus > 0$ 表示该反应在标准条件下不能自发进行，但在非标准条件下，需要通过计算来确定，且该反应的 $\Delta_r G_m^\ominus$ 较小时，有可能在条件改变时，反应转向。

五、计算题

1. **解**：根据渗透压公式 $\pi = cRT$

所以
$$c = \frac{\pi}{RT}$$

$$c = \frac{780kPa}{8.314kPa \cdot L \cdot mol^{-1} \cdot K^{-1} \times (273K + 37K)}$$

$$= 0.30 mol \cdot L^{-1}$$

$$c_{eq}(Na^+) + c_{eq}(Cl^-) + c_{eq}(C_6H_{12}O_6)$$

$$= 0.30 mol \cdot L^{-1}$$

在 1L 葡萄糖盐水溶液中

所以

$$c_{eq}(Na^+) + c_{eq}(Cl^-) = 0.30mol - \frac{22.0g}{180g \cdot mol^{-1}}$$

$$= 0.18mol$$

所以　　$NaCl$ 的物质的量为 $\dfrac{0.18}{2} = 0.090mol$

所需 NaCl 的质量为 $0.090\text{mol} \times 58.5\text{g·mol}^{-1} = 5.3\text{g}$

2.解：

(1)该电池的电池符号为：

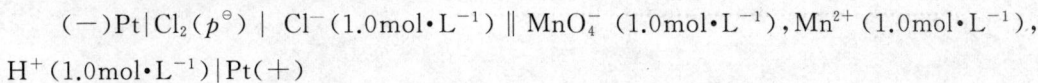

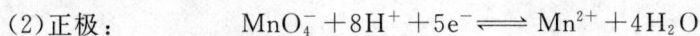

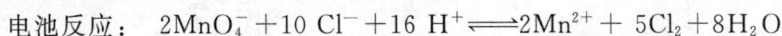

$(-)\text{Pt}|\text{Cl}_2(p^{\ominus})\ |\ \text{Cl}^-(1.0\text{mol·L}^{-1})\ \|\ \text{MnO}_4^-(1.0\text{mol·L}^{-1}),\text{Mn}^{2+}(1.0\text{mol·L}^{-1}),$
$\text{H}^+(1.0\text{mol·L}^{-1})|\text{Pt}(+)$

(2)正极：$\qquad\qquad \text{MnO}_4^- + 8\text{H}^+ + 5e^- \rightleftharpoons \text{Mn}^{2+} + 4\text{H}_2\text{O}$

$\quad$ 负极：$\qquad\qquad\qquad 2\text{Cl}^- \rightleftharpoons \text{Cl}_2 + 2e^-$

电池反应：$2\text{MnO}_4^- + 10\,\text{Cl}^- + 16\,\text{H}^+ \rightleftharpoons 2\text{Mn}^{2+} + 5\text{Cl}_2 + 8\text{H}_2\text{O}$

$$E_{\text{MF}}^{\ominus} = E_{(+)}^{\ominus} - E_{(-)}^{\ominus}$$
$$= 1.51\text{V} - 1.36\text{V}$$
$$= 0.15\text{V}$$

(3)
$$\Delta_r G_m^{\ominus} = -nFE^{\ominus}$$
$$= -10 \times 96.487 \times 0.15$$
$$= -145\text{kJ·mol}^{-1}$$

(4)
$$E = E^{\ominus} + \frac{0.0592\text{V}}{10}\lg\left[c_{\text{eq}}(\text{H}^+)\right]^{16}$$
$$= 0.15\text{V} + \frac{0.0592\text{V}}{10} \times \lg(1.0 \times 10^{-2})^{16}$$
$$= -0.039\text{V}$$

3.解： 要使 Pb^{2+} 沉淀完全

$$c_1(\text{S}^{2-}) > \frac{K_{\text{sp}}^{\ominus}(\text{PbS})}{c(\text{Pb}^{2+})} = \frac{8.0 \times 10^{-28}}{10^{-5}}$$
$$= 8.0 \times 10^{-23}\ \text{mol·L}^{-1}$$

要使 Zn^{2+} 不沉淀

$$c_2(\text{S}^{2-}) < \frac{K_{\text{sp}}^{\ominus}(\text{ZnS})}{c(\text{Zn}^{2+})} = \frac{2.5 \times 10^{-22}}{0.2}$$
$$= 1.25 \times 10^{-21}\ \text{mol·L}^{-1}$$

$$c(\text{H}^+) < \sqrt{\frac{K^{\ominus}\,c(\text{H}_2\text{S})}{c_1(\text{S}^{2-})}} = \sqrt{\frac{1.32 \times 10^{-7} \times 7.10 \times 10^{-15} \times 0.1}{8.0 \times 10^{-23}}} = 1.08\text{mol·L}^{-1}$$

$$c(\text{H}^+) > \sqrt{\frac{K^{\ominus}\,c(\text{H}_2\text{S})}{c_1(\text{S}^{2-})}} = \sqrt{\frac{1.32 \times 10^{-7} \times 7.10 \times 10^{-15} \times 0.1}{1.254 \times 10^{-23}}} = 2.73\text{mol·L}^{-1}$$

试卷十九 （南京中医药大学） ▷▷▷▷

....

一、是非题

1. 化学平衡是有条件的相对的动态平衡。（　）

2. 在 313K 时 $K_w^{\ominus}$ 是 3.8×10^{-14},则此时$[H_3O^+]=1.0\times10^{-7}$的溶液为碱性。（　）

3. 将 pH=1 的强酸溶液和 pH=3 的强酸溶液等体积混合后,溶液的 pH=2。（　）

4. PbI_2 和 $PbSO_4$ 的溶度积均$\approx10^{-8}$,两者饱和溶液中 Pb^{2+} 离子浓度近似相等。（　）

5. 凡是主量子数 n 相同的电子,其能量必然相等。（　）

6. PCl_3 与 NH_3 分子的空间几何构型相同。（　）

7. 标准氢电极的电极电势为零是实际测定的结果。（　）

8. $[Co(NH_3)_5 \cdot H_2O]^{2+}$ 配离子中 Co^{2+} 的配位数为 5。（　）

9. 酸性 $HClO_4 > HClO_3$。（　）

10. MnS、Ag_2S 等可溶于盐酸中。（　）

二、A 型题

1. 配制 $Bi(NO_3)_3$ 溶液时,为防止水解,应该加（　）

    A. H_2O B. HCl

    C. NaOH   D. HNO_3

    E. NaCl

2. 按酸碱质子理论,下列物质中既是酸又是碱的是（　）

    A. HSO_4^- B. H_2S

    C. SO_4^{2-} D. H_2SO_4

    E. SO_3^{2-}

3. $NH_3 \cdot H_2O$ 在下列溶剂中电离度最大的是（　）

    A. H_2O B. HAc

    C. CH_3OH D. CCl_4

    E. C_2H_5OH

4. 欲配制 pH = 4.50 的缓冲溶液,选用下列哪种 $K_a^{\ominus}$ 值的酸为缓冲对最适宜（　）

    A. 6.4×10^{-4} B. 1.4×10^{-3}

    C. 1.8×10^{-5} D. 6.23×10^{-8}

E. 3.2×10^{-7}

5. 在难溶物 AB_3 的饱和水溶液中,$[A] = X \, mol \cdot L^{-1}$,则 $K_{sp}^{\ominus}$ 表达式为( )

A. X^2 B. X^4

C. $3X^3$ D. $9X^3$

E. $27X^4$

6. 已知 Ag_2CrO_4 和 $AgCl$ 溶度积分别为 1.1×10^{-12} 和 1.8×10^{-10},向含有 CrO_4^{2-} 和 Cl^- 各 $0.1 \, mol \cdot L^{-1}$ 的溶液中滴加 $AgNO_3$ 溶液,先出现的沉淀的颜色是( )

A. 黄色 B. 绿色

C. 砖红色 D. 棕色

E. 白色

7. 已知多电子原子中,下列各电子具有如下量子数,其中能量最高的为( )

A. $(3,1,+1,-1/2)$ B. $(3,1,0,-1/2)$

C. $(3,0,+1,+1/2)$ D. $(4,1,+1,+1/2)$

E. $(4,2,-2,+1/2)$

8. 在主量子数为 3 的电子层中,能容纳的最多电子数是( )

A. 28 B. 18

C. 32 D. 36

E. 60

9. 多电子原子的原子轨道能量 E 决定于( )

A. n B. l

C. m D. n 和 l

E. n、l 和 m

10. 下列物质中,有氢键存在的是( )

A. CH_4 B. H_2S

C. PH_3 D. H_2O

E. HBr

11. PCl_5 分子的空间构型是( )

A. 平面三角形 B. T 形

C. 三角锥形 D. V 形

E. 三角双锥

12. 将硫化氢加入用 H_2SO_4 酸化的 $KMnO_4$ 溶液时,硫化氢的作用是( )

A. 氧化剂 B. 还原剂

C. 沉淀剂 D. 催化剂

E. 滴定剂

13. 反应 $3A^{2+} + 2B \rightleftharpoons 3A + 2B^{3+}$ 标准状态下的电动势为 1.80V,实测电动势为 1.6V,则此时该反应的 $\lg K^{\ominus}$ 值是( )

A. $3 \times 1.8/0.0592$ B. $3 \times 1.6/0.0592$

C. $6 \times 1.8/0.0592$ D. $6 \times 1.6/0.0592$

E. $1.8 \times 0.0592/6$

14. 下列哪个配合物是螯合物（　）

A. $[Cu(NH_3)_4]SO_4$ B. $[Cu(en)_2]SO_4$

C. $K_2[Cu(CN)_4]$ D. $K_2[CuCl_4]$

E. $[Cu(NH_3)_2 \cdot (H_2O)_2]SO_4$

15. 在配合物$[CoCl(NH_3)(en)_2]Cl_2$中，Co^{3+}的配位数是（　）

A. 4   B. 2

C. 3   D. 6

E. 8

16. 下列碳酸盐中最不稳定的是（　）

A. $CaCO_3$ B. $PbCO_3$

C. Na_2CO_3 D. $BaCO_3$

E. $MgCO_3$

17. 将过氧化氢加入用H_2SO_4酸化的$KMnO_4$溶液时，过氧化氢的作用是（　）

A. 氧化剂   B. 还原剂

C. 沉淀剂   D. 催化剂

E. 滴定剂

18. 下列金属中密度最大的是（　）

A. W   B. Hg

C. Os   D. Cu

E. Mg

19. 对于锰的各常见存在状态，以下说法错误的是（　）

A. Mn^{2+}在酸性溶液中稳定

B. $KMnO_4$在酸性溶液中是强氧化剂

C. K_2MnO_4用HAc酸化即可发生歧化反应

D. MnO_2在强碱溶液中是强氧化剂

E. MnO_4^{2-}离子为绿色

20. 下列基态离子的电子构型为$2e^-$的是（　）

A. Ca^{2+} B. Mg^{2+}

C. Li^+ D. Cd^{2+}

E. Al^{3+}

三、B 型题

A. F   B. Na

    C. Mg   D. P

    E. S

1. 以上元素原子半径最大的是( )

2. 以上元素第一电离能最大的是( )

    A. 氢键   B. 电解质

    C. 极性分子   D. 非极性分子

    E. 离子键

3. CCl_4 分子是( )

4. NH_3 分子间存在( )

5. H_2O_2 分子是( )

    A. 0   B. $+1/2$

    C. $+3/2$ D. $+5/2$

    E. $+8/3$

6. 在 Pb_3O_4 中 Pb 的氧化值是( )

7. 在 $Na_2S_4O_6$ 中 S 的氧化值是( )

    A. 中心原子   B. 配体

    C. 配位原子   D. 配离子

    E. 外界

8. $K[Co(NH_3)_2(NO_2)_4]$ 中的 K^+ 是 ( )

9. $[Cu(NH_3)_4]SO_4$ 中的 N 是 ( )

10. $NH_4[Cr(NH_3)_2(SCN)_4]$ 中的 SCN^- 是 ( )

四、X 型题

1. 按酸碱质子理论,在水中下列物质中属两性物质的有( )

    A. CO_3^{2-} B. H_2S

    C. $H_2PO_4^-$ D. NO_3^-

    E. HS^-

2. 降低 $NH_3 \cdot H_2O$ 电离度的方法有( )

    A. 加几滴酚酞指示剂   B. 加入少量的酸

    C. 加入少量的 NH_4^+ D. 加入少量的 OH^-

    E. 加入少量的 NaCl

3. 向 $K_2Cr_2O_7$ 溶液中分别加入 Ag^+、Pb^{2+}、Ba^{2+},则生成的沉淀有( )

    A. $Ag_2Cr_2O_7$ B. $PbCr_2O_7$

    C. Ag_2CrO_4 D. $PbCrO_4$

    E. $BaCrO_4$

4. 符合 $n=3,m=0$ 的 l 取值可以是( )

A. 3   B. 2

C. 1   D. 0

E. -2

5. 下列离子或分子中,中心原子采用不等性 sp^3 杂化的是(　　)

A. P_4 B. NO_3^-

C. NH_3 D. H_2O

E. CO_2

6. 下列电对中,哪个电对的 $E^\ominus$ 值与 pH 有关(　　)

A. Cl_2/Cl^- B. Fe^{3+}/Fe^{2+}

C. $Cr_2O_7^{2-}/Cr^{3+}$ D. MnO_4^-/Mn^{2+}

E. F_2/F^-

7. 以下配位体,可与 $AgNO_3$ 形成配合物的是(离子浓度不太大)(　　)

A. I^- B. Br^-

C. Cl^- D. CN^-

E. $S_2O_3^{2-}$

8. 下列反应式中正确的有(　　)

A. $S_2O_8^{2-} + Mn^{2+} \rightleftharpoons MnO_4^- + 2SO_4^{2-}$

B. $5NaBiO_3 + 2Mn^{2+} + 14H^+ \rightleftharpoons 5Na^+ + 5Bi^{3+} + 2MnO_4^- + 7H_2O$

C. $S_2O_8^{2-} + Mn^{2+} + 8OH^- \rightleftharpoons MnO_4^- + 2SO_4^{2-} + 4H_2O$

D. $5S_2O_8^{2-} + 2Mn^{2+} + 8H_2O \underset{\triangle}{\overset{Ag}{\rightleftharpoons}} 2MnO_4^- + 16H^+ + 10SO_4^{2-}$

E. $6PbO_2 + 2Mn^{2+} + 3SO_4^{2-} + 4H^+ \overset{\triangle}{\rightleftharpoons} 2MnO_4^- + 5PbSO_4 + 2H_2O$

9. 关于 $Cu(Ⅱ)$ 和 $Cu(Ⅰ)$ 的稳定性和相互转化,下列说法正确的是(　　)

A. Cu^{2+} 水合能大,水溶液中 Cu^{2+} 稳定

B. 反歧化反应 $Cu^{2+} + Cu \rightleftharpoons 2Cu^+$ 任何条件下都可自发进行

C. 水溶液中 $Cu(Ⅰ)$ 主要以难溶物或配合物的形式存在

D. 任何情况下 $Cu(Ⅰ)$ 在水溶液中都不能稳定存在

E. 高温、干态时 $Cu(Ⅱ)$ 稳定

10. 下列各组物质分子之间既存在范德华力又存在氢键的是(　　)

A. H_2O 和 HF   B. NH_3 和 H_2O

C. H_2S 和 He   D. PH_3 和 H_2S

E. Ar 和 CH_3OH

五、填空题

1. 同离子效应使弱电解质的电离度_____。

2. 电子衍射实验表明电子具有_____。

3. 根据杂化轨道理论，$BeCl_2$ 分子的空间构型 _____。

4. 非极性分子与极性分子间存在的作用力有 _____、_____。

5. 在原电池的负极上进行 _____ 反应。

6. 在平面四方形场中，中心离子的 d 轨道分裂为 _____ 组。

7. s 区元素的价电子层结构为 _____；p 区元素的价电子层结构为 _____。

8. 矿物药轻粉主要成分是 _____。

六、简答题

1. 以 $HCO_3^- - CO_3^{2-}$ 缓冲系为例，说明缓冲作用原理。

2. 硼族元素为什么是缺电子原子？硼酸为什么是一元弱酸？

七、完成并配平下列方程式

1. $As_2O_3 + Zn + H^+ \rightarrow$

2. $HgCl_2 + SnCl_2$（适量）$\rightarrow$

3. $CrI_3 + Cl_2 + KOH \rightarrow$

4. $Na_2S_2O_3 + HCl \rightarrow$

5. $Bi(NO_3)_3 + H_2O \rightarrow$

八、计算题

1. 在酸性水溶液中，SO_2 可氧化 H_2S 成单质 S，写出此过程的电极反应、电池反应，并计算反应平衡常数。

已知：$E^\ominus(S, H^+/H_2S) = +0.142V, E^\ominus(SO_2, H^+/S) = +0.45V$

2. 在 $100mL$ $0.2mol \cdot L^{-1}$ $CuSO_4$ 溶液中，加入等体积的 $6mol \cdot L^{-1}$ 氨水，有无 $Cu(OH)_2$ 沉淀生成？

已知：NH_3 的 $K_b^\ominus = 1.74 \times 10^{-5}$，$Cu(OH)_2$ 的 $K_{sp}^\ominus = 2.2 \times 10^{-20}$，$[Cu(NH_3)_4]^{2+}$ 的 $K_s^\ominus = 2.09 \times 10^{13}$

参考答案

一、是非题

1. √ 2. × 3. × 4. × 5. × 6. × 7. × 8. × 9. √ 10. ×

二、A 型题

1. D 2. A 3. B 4. C 5. E 6. E 7. E 8. B 9. D 10. D 11. E 12. B 13. C

14. B 15. D 16. B 17. B 18. C 19. D 20. C

三、B 型题

1. B 2. A 3. D 4. A 5. C 6. E 7. D 8. E 9. C 10. B

四、X 型题

1. CE 2. CD 3. CDE 4. BCD 5. CD 6. CD 7. DE 8. BD 9. AC 10. AB

五、填空题

1. 减小； 2. 波动性； 3. 直线形； 4. 诱导力、色散力； 5. 氧化； 6. 四；

7. $ns^{1\sim2}$、$ns^2np^{1\sim6}$； 8. Hg_2Cl_2。

六、简答题

1. 答：在 $HCO_3^- - CO_3^{2-}$ 缓冲溶液中，HCO_3^- 是抗碱成分，CO_3^{2-} 是抗酸成分，而且两者的浓度都很大。当外加少量酸时：$H^+ + CO_3^{2-} = HCO_3^-$；当外加少量碱时：$HCO_3^- + OH^- = CO_3^{2-} + H_2O$。从而使溶液 pH 值保持基本不变。当用少量水稀释时，虽然 $c(HCO_3^-)$ 和 $c(CO_3^{2-})$ 都变小，但 $c(HCO_3^-)/c(CO_3^{2-})$ 比值不变，而溶液 $pH = pK_{a_2}^\ominus + \lg \dfrac{CO_3^{2-}}{HCO_3^-}$，所以 pH 值也不改变。

2. 答：硼族元素的价电子数少于价电子层轨道数，因此硼族元素为缺电子原子。硼酸的酸性并不是它本身能给出质子，而是由于硼酸是一个缺电子化合物。硼原子能作为电子对接受体，加合了 H_2O 分子中的 OH^-，释放出一个 H^+ 离子，所以硼酸是一元弱酸。

七、完成并配平下列方程式

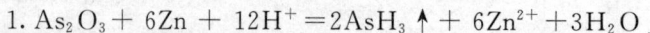

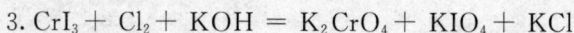

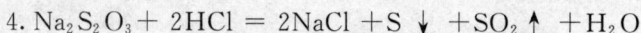

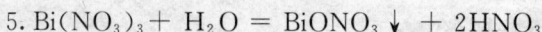

1. $As_2O_3 + 6Zn + 12H^+ = 2AsH_3 \uparrow + 6Zn^{2+} + 3H_2O$

2. $HgCl_2 + SnCl_2(适量) = SnCl_4 + 2Hg_2Cl_2$

3. $CrI_3 + Cl_2 + KOH = K_2CrO_4 + KIO_4 + KCl$

4. $Na_2S_2O_3 + 2HCl = 2NaCl + S \downarrow + SO_2 \uparrow + H_2O$

5. $Bi(NO_3)_3 + H_2O = BiONO_3 \downarrow + 2HNO_3$

八、计算题

1. 解：电极反应：正极 $SO_2 + 4H^+ + 4e^- \rightarrow S + 2H_2O$

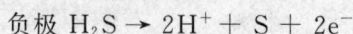

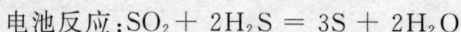

负极 $H_2S \rightarrow 2H^+ + S + 2e^-$

电池反应：$SO_2 + 2H_2S = 3S + 2H_2O$

$\lg K^\ominus = 4(0.45 - 0.14) / 0.0592$

$K^\ominus = 8.83 \times 10^{20}$

2. **解**:
$$Cu^{2+} + 4NH_3 \rightleftharpoons [Cu(NH_3)_4]^{2+}$$

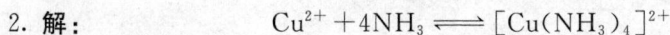

初始浓度(mol/L)   0.1   3   0

平衡浓度(mol/L) x $3-0.4+4x$ $0.1-x$

$$K_s^{\ominus} = \frac{[Cu(NH_3)_4^{2+}]}{[Cu^{2+}][NH_3]^4} = \frac{0.10-x}{(2.6+4x)^4 \times x} \approx \frac{0.10}{2.6^4 \times x} = 2.09 \times 10^{13}$$

$$[Cu^{2+}] = x = 1.05 \times 10^{-16} (mol/L)$$

$$NH_3 \cdot H_2O \rightleftharpoons NH_4^+ + OH^-$$

平衡浓度(mol/L) $2.6-y$ y y

$$K_b^{\ominus} = \frac{[NH_4^+][OH^-]}{[NH_3 \cdot H_2O]}$$

$$[OH^-]^2 = K_b^{\ominus}[NH_3 \cdot H_2O] = 1.74 \times 10^{-5} \times (2.6-y) \approx 1.74 \times 10^{-5} \times 2.6 = 4.52 \times 10^{-5}$$

$$J = c(Cu^{2+})c(OH^-)^2 = 4.75 \times 10^{-21} < K_{sp}^{\ominus} \quad \therefore 无 Cu(OH)_2 生成$$

试卷二十 （浙江中医药大学） ▷▷▷

一、判断题

1. 当化学平衡移动时,标准平衡常数也一定随之改变。（　　）

2. $BaCO_3$ 在纯水中的溶解度比在 Na_2CO_3 溶液中要大。（　　）

3. 原子轨道的角度分布图与电子云的角度分布图是有区别的。（　　）

4. BF_3 分子中的 F 原子以 sp^3 杂化,空间构型为四面体。（　　）

5. 离子键无饱和性无方向性,而氢键既有饱和性又有方向性。（　　）

6. 氢原子中原子轨道能量由主量子数来决定。（　　）

7. 电子云是指对概率密度大小用小黑点疏密进行形象化的描述。（　　）

8. $BeCl_2$ 和 CS_2 均是非极性分子,故两者之间仅存在色散力。（　　）

9. $[FeF_6]^{3-}$ 和 $[Fe(CN)_6]^{3-}$ 均为外轨型配离子。（　　）

10. 配位数是指配合物中配位原子与中心离子(或分子)配位的数目。（　　）

11. $Ca_3(PO_4)_2$ 的 $K_{sp}^{\ominus}$ 与其溶解度 S 的关系为 $K_{sp}^{\ominus}=108S^5$。（　　）

12. 电极电势越大,其氧化态物质的氧化能力越强,而还原态物质的还原能力越弱。（　　）

13. 对于相同浓度的不同弱电解质,$K_a^{\ominus}$ 越大,电离度越小。（　　）

14. 随着溶液中 H^+ 浓度增加,$KMnO_4$ 氧化能力也随之增加。（　　）

15. 两种难溶盐比较,$K_{sp}^{\ominus}$ 较小者溶解度也较小。（　　）

二、单选题

1. 0.1mol/L $BaCl_2$ 溶液和 0.1mol/L $MgCl_2$ 溶液等体积混和后,溶液的离子强度为
（　　）

　A. 0.4　　　　　　　　　　　　　B. 0.3

　C. 0.2　　　　　　　　　　　　　D. 0.1

2. 在饱和的 HBr 溶液中,加入 NaBr 固体,其电离度将会（　　）

　A. 略微增大　　　　　　　　　　B. 减小

　C. 无影响　　　　　　　　　　　D. 先增大后减小

3. 在氨水中加入少量固体 NH_4Cl 后,溶液的 pH 值将（　　）

　A. 增大　　　　　　　　　　　　B. 减小

　C. 不变　　　　　　　　　　　　D. 无法判断

4. 在酸性介质中,氯的元素电势图如下:

$$ClO_4^- \xrightarrow{1.19} ClO_3^- \xrightarrow{1.21} ClO_2^- \xrightarrow{1.64} ClO^- \xrightarrow{1.63} Cl_2 \xrightarrow{1.36} Cl^-$$

下列物质不能发生歧化反应的是( )

A. ClO_4^- B. ClO_3^-

C. ClO_2^- D. ClO^-

5. 原子核外电子运动状态的描述合理的是( )

A. $4, 3, 2, -\frac{1}{2}$ B. $3, 1, 3, \frac{1}{2}$

C. $2, 1, 1, 1$ D. $3, 0, 1, \frac{1}{2}$

6. 下列分子中偶极矩等于零的是( )

A. BF_3 B. H_2O

C. NH_3 D. CH_3Cl

7. 在 Na_2CO_3 溶液中,$c(OH^-)$ 为( )

A. $\sqrt{\dfrac{K_w^\ominus}{K_{a_2}^\ominus} \cdot c_{盐}}$ B. $\sqrt{K_b^\ominus \cdot c_{盐}}$

C. $\sqrt{\dfrac{K_w^\ominus}{K_{a_1}^\ominus} \cdot c_{盐}}$ D. $\sqrt{K_a^\ominus \cdot c_{盐}}$

8. 下列混合溶液中,缓冲能力最强的是( )

A. 0.5mol/L NaH_2PO_4 - 0.5mol/L Na_2HPO_4 的溶液

B. 0.8mol/L NaH_2PO_4 - 0.2 mol/L Na_2HPO_4 的溶液

C. 1.0mol/L NH_4Cl - 1.0 mol/L HCl 的溶液

D. 0.4mol/L HAc - 0.4 mol/L NaAc 的溶液

9. 克山病与下列哪个元素有关( )

A. 铁   B. 锌

C. 硒   D. 钙

10. H_2O 的反常熔、沸点归因于( )

A. 分子间作用力   B. 配位键

C. 离子键   D. 氢键

11. 下列分子属于非极性分子的是( )

A. CO_2 B. CH_3Cl

C. H_2O D. NH_3

12. 已知氨水的 $pK_b^\ominus = 4.76$,则 $NH_3 \cdot H_2O$ - NH_4Cl 缓冲溶液的缓冲范围是( )

A. 3~5   B. 8~10

C. 5~6   D. 6~8

13. 下列溶液中不能组成缓冲溶液的是( )

A. NH_3 和 NH_4Cl B. $H_2PO_4^-$ 和 HPO_4^{2-}

C. 醋酸和过量的 NaOH   D. NaOH 和过量的醋酸

14. $K_{sp}^{\ominus}(AgCl)=1.8\times10^{-10}$，$K_{sp}^{\ominus}(AgBr)=5.0\times10^{-13}$，向等浓度的 KCl 和 KBr 混合溶液中滴加 $AgNO_3$ 溶液时，首先析出沉淀的是（   ）

A. AgCl   B. AgBr

C. Ag_2O D. AgCl 和 AgBr 同时析出

15. 某一难溶强电解质 A_2B 的溶解度为 1.0×10^{-3} mol/L，则其溶度积为（   ）

A. 4.0×10^{-9} B. 2.0×10^{-6}

C. 1.0×10^{-9} D. 1.0×10^{-6}

16. 下列哪个元素参与合成 DNA 和 RNA（   ）

A. 铁   B. 锌

C. 钙   D. 磷

17. 下列物质中不存在氢键的是（   ）

A. CH_3CHO B. HF

C. HNO_3 D. H_3BO_3

18. 下列配体中，可作为螯合剂与中心离子形成螯合物的是（   ）

A. SCN^- B. NH_3

C. CH_3NH_2 D. NH_2CH_2COOH

19. 在 HF 分子中，原子轨道的重叠方式为（   ）

A. $s-s$ 重叠   B. $s-p$ 重叠

C. $p-p$ 重叠   D. $d-d$ 重叠

20. HPO_4^{2-} 的共轭酸和共轭碱分别是（   ）

A. H_3PO_4、$H_2PO_4^-$ B. $H_2PO_4^-$、PO_4^{3-}

C. H_3PO_4、HPO_4^{2-} D. HPO_4^{2-}、$H_2PO_4^-$

三、填空题

1. 写出下列矿物药的主要成分：

铜绿_____，砒霜_____，朱砂_____，硼砂_____。

2. 影响缓冲溶液的因素是_____、_____。

3. 乙醇和 H_2O 分子间存在的作用力有_____，_____，_____ 和_____。

4. $K[PtCl_4(NH_3)_2]$ 命名为_____，中心离子为_____，配位数为_____。

$[Co(en)_2(Br)_2]Cl$ 命名为_____，中心离子为_____，配位数为_____。

5. 乙炔分子中存在_____个 σ 键，_____个 π 键，

HCHO 分子中存在_____个 σ 键，_____个 π 键。

6. N_2 的分子轨道电子排布式是：_____，键级是_____。

7. 将电对 Fe^{3+}/Fe^{2+}(标准电极电势为 $0.771V$)与电对 $Cr_2O_7^{2-}/Cr^{3+}$(标准电极电势为 $1.33V$)组成原电池,原电池符号为_____。

8. 298K 时,$0.1mol/L$ 醋酸水溶液的解离度 α 为 2%,则此溶液的 $[H^+]$ 是_____。

9. 已知 AgI 的溶度积常数为 $K_{sp}^{\ominus}$,$[Ag(S_2O_3)_2]^{3-}$ 的稳定常数为 $K_{稳}^{\ominus}$,则下列反应的平衡常数为_____。 $[Ag(S_2O_3)_2]^{3-} + I^- \rightleftharpoons AgI\ (S) + 2\ S_2O_3^{2-}$

四、简答题

1. 写出原子序数为 24,在周期表中的周期,族,元素分区、核外电子排布式及价电子层构型。(5分)

2. 写出原子轨道核外电子排布以及原子轨道有效组合成分子轨道需遵循的三大原则。(3分)

3. 写出下列离子或分子 NO_2^-,PF_5,$[Ag(NH_3)_2]^+$,$Fe(CN)_6^{3-}$ 的杂化类型和分子构型。(4分)

五、计算题

1. 计算下列溶液的 pH 值

(1)$0.2mol/L$ HAc 溶液与等浓度 NaOH 溶液按 $1:1$,$1:2$ 体积混合,求混合后溶液的 pH 值。已知 $K_a^{\ominus}(HAc)=1.76\times10^{-5}$(5分)

(2)$0.1mol/L$ $FeCl_2$溶液通入硫化氢,欲使 Fe^{2+} 不生成 FeS 沉淀,溶液的最高 pH 值。其中 H_2S 的 $K_{a_1}^{\ominus}$ 为 1.1×10^{-7},$K_{a_2}^{\ominus}$ 为 1.0×10^{-14},$K_{sp}^{\ominus}=3.7\times10^{-19}$(5分)

2. 在 100mL $0.20mol/L$ $MgCl_2$ 溶液中,加入100mL $0.10mol/L$ 氨水溶液,有无沉淀生成? 若不使 $Mg(OH)_2$ 沉淀生成,则需要加入多少克 NH_4Cl?

已知:$K_{sp}^{\ominus}[Mg(OH)_2]=1.2\times10^{-11}$,$K_b^{\ominus}(NH_3\cdot H_2O)=1.74\times10^{-5}$。(6分)

3. 计算 298K 时,AgBr 在 $1.0mol/L$ 氨水中的溶解度。已知 $K_{sp}^{\ominus}(AgBr)=5.0\times10^{-13}$,$K_f^{\ominus}[Ag(NH_3)_2]^+=1.12\times10^7$。(6分)

4. 已知 $Cu^{2+}+e^- \rightleftharpoons Cu^+$,$E^{\ominus}(Cu^{2+}/Cu^+)=0.159V$

$Cu^{2+}+e^- \rightleftharpoons Cu$ $E^{\ominus}(Cu^{2+}/Cu)=0.340V$ $K_{sp}^{\ominus}(CuI)=1.27\times10^{-12}$

试求 $CuI(s)+e^- \rightleftharpoons Cu+I^-$ 的 $E^{\ominus}(CuI/Cu)$ 值。(6分)

参考答案

一、判断题(对的填 T,错的填 F)

1. T 2. T 3. T 4. F 5. T 6. T 7. T 8. T 9. F 10. T 11. T 12. T

13. F 14. T 15. F

二、选择题

1. B 2. B 3. A 4. A 5. A 6. A 7. A 8. A 9. C 10. D 11. A 12. B
13. C 14. B 15. A 16. A 17. A 18. D 19. B 20. B

三、填空题

1. $Cu_2(OH)_2CO_3$ AS_2O_3 HgS $Na_2B_4O_7 \cdot 10H_2O$

2. 缓冲溶液的总浓度;浓度比

3. 取向力;诱导力;色散力;氢键

4. 四氯二氨合铂酸钾(Ⅲ),Pt^{3+},6;氯化二溴二乙二胺合钴(Ⅲ),Co^{3+},6

5. 3,2,3,1

6. $[KK (\sigma_{2s})^2 (\sigma_{2s}^*)^2 (\pi_{2p})^4 (\sigma_{2p})^2]$,3

7. $(-) Pt | Fe^{2+}(C_1),Fe^{3+}(C_2) || H^+(C_3),Cr^{3+}(C_4),Cr_2O_7^{2-}(C_5) | Pt (+)$

8. 0.002mol/L

9. $1/(K_{稳}^{\ominus} K_{sp}^{\ominus})$

四、简答题

1. 第四周期,ⅦB,d 区,$1s^2 2s^2 2p^6 3s^2 3p^6 3d^5 4s^1$,$3d^5 4s^1$

2. 泡利不相容,能量最低,洪特规则,对称匹配,能量相近,最大重叠。

3.

离子或分子	杂化类型	分子构型
NO_2^-	sp^2	V 型
NH_3	sp^3	三角锥
$[Ag(NH_3)_2]^+$	sp	直线型
$Fe(CN)_6^{3-}$	d^2sp^3	正八面体

五、计算题

1.(1) 解:按1:1等体积混合反应后,生成 NaAc 溶液。NaAc 的浓度为 0.1mol/L

$$[OH^-] = \sqrt{C \times K_b^{\ominus}} = \sqrt{C \times \frac{K_W^{\ominus}}{K_a^{\ominus}}} = \sqrt{0.1 \times \frac{10^{-14}}{1.76 \times 10^{-5}}} = 7.54 \times 10^{-6} \qquad pH = 8.9$$

按1:2等体积混合反应后,形成 HAc–NaAc 缓冲溶液,NaAc 的浓度为 0.1mol/L;HAc 的浓度为 0.1mol/L

根据缓冲溶液 pH 值计算公式可得 pH = 4.75

(2)解:$\dfrac{[H^+]^2[S^{2-}]}{[H_2S]} = K_{a_1}^{\ominus} \times K_{a_2}^{\ominus}$ $[S^{2-}] = \dfrac{K_{sp}^{\ominus}}{[Fe^{2+}]}$

$$[H^+] = \sqrt{\frac{K_{a_1}^{\ominus} \times K_{a_2}^{\ominus} \times [H_2S] \times [Fe^{2+}]}{K_{sp}^{\ominus}}} = \sqrt{\frac{1.1 \times 10^{-7} \times 1.0 \times 10^{-14} \times 0.1 \times 0.1}{3.7 \times 10^{-19}}} =$$

5.4×10^{-3}

$pH = 2.27$

2. 解：混合后氨水浓度为 0.05 mol/L　$[Mg^{2+}] = 0.1 \text{mol/L}$

$[OH^-] = \sqrt{C \times K_b^{\ominus}} = \sqrt{0.05 \times 1.74 \times 10^{-5}}$

$Q = [Mg^{2+}][OH^-]^2 = 0.1 \times 0.05 \times 1.74 \times 10^{-5} = 8.7 \times 10^{-5} > K_{sp}^{\ominus}$ 有沉淀生成。

为了不使 $Mg(OH)_2$ 沉淀形成，允许的最高 $[OH^-]$ 为

$$[OH^-] = \sqrt{\frac{K_{sp}^{\ominus}[Mg(OH)_2]}{[Mg^{2+}]}} = \sqrt{\frac{1.2 \times 10^{-11}}{0.1}} = 1.1 \times 10^{-5} \text{ mol/L}$$

$$[NH_4^+] = \frac{[NH_3 \cdot H_2O] \times K_b^{\ominus}}{[OH^-]} = \frac{0.05 \times 1.74 \times 10^{-5}}{1.1 \times 10^{-5}} = 0.079 \text{mol/L}$$

$c(NH_4^+) \approx [NH_4^+] = 0.079 \text{mol/L}$; $m(NH_4Cl) = 0.079 \times 0.20 \times 53.5 = 0.85 \text{g}$,

即至少需加入 0.85g NH_4Cl 才不会有 $Mg(OH)_2$ 沉淀生成。

3. 解：设 $AgBr$ 在 1.0mol/L 氨水中的溶解度为 s

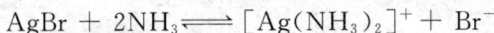

$$AgBr + 2NH_3 \rightleftharpoons [Ag(NH_3)_2]^+ + Br^-$$

平衡时　　　　$1.0 - 2s$　　　s　　　　　s

$$K^{\ominus} = \frac{[Ag(NH_3)_2^+][Br^-]}{[NH_3]^2} = K_{稳}^{\ominus} \cdot K_{sp}^{\ominus} = 1.12 \times 10^7 \times 5.35 \times 10^{-13} = 6.0 \times 10^{-6}$$

$K^{\ominus} = s^2/(1.0 - 2s)^2 = 6.0 \times 10^{-6}$

$s = 2.4 \times 10^{-3} \text{mol/L}$

4. 解：由元素电势图知 $E^{\ominus}(Cu^{2+}/Cu) = \dfrac{n_1 E^{\ominus}(Cu^{2+}/Cu) + n_2 E^{\ominus}(Cu^+/Cu)}{n_1 + n_2}$

$$E^{\ominus}(Cu^+/Cu) = \frac{2 \times 0.340V - 0.159V}{1}$$

$$= 0.521V$$

$$E^{\ominus}(CuI/Cu) = E^{\ominus}(Cu^+/Cu) + 0.0592 \lg K_{sp}^{\ominus}$$

$$= 0.521V + 0.0592V \lg 1.27 \times 10^{-12}$$

$$= -0.183V$$

试卷二十一 （陕西中医药大学） ▷▷▷▷

一、单项选择题

1.已知 HAc 的 $K_a^\ominus=1.8\times10^{-5}$，$H_2CO_3$ 的 $K_{a_1}^\ominus=4.30\times10^{-7}$，$K_{a_2}^\ominus=5.61\times10^{-11}$。则反应 $HAc+CO_3^{2-}\rightleftharpoons HCO_3^-+Ac^-$ 的方向（　　）

    A.正向进行   B.逆向进行

    C.处于平衡   D.无法判断

2.在下列溶液中，MgF_2 的溶解度最小的是（　　）

    A.$0.1mol\cdot L^{-1}$ 的 $NaNO_3$ 溶液   B.$0.1mol\cdot L^{-1}$ 的 $MgCl_2$ 溶液

    C.$0.1mol\cdot L^{-1}$ 的 NaF 溶液   D.纯水

3.在反应 $Cr_2O_7^{2-}+Fe^{2+}+H^+\longrightarrow Cr^{3+}+Fe^{3+}+H_2O$ 中能做原电池正极的电对是（　　）

    A.Fe^{3+}/Fe^{2+} B.$Cr_2O_7^{2-}/H_2O$

    C.Cr^{3+}/H_2O D.$Cr_2O_7^{2-}/Cr^{3+}$

4.已知：$E^\ominus(Fe^{3+}/Fe^{2+})=0.77V$，$E^\ominus(Br_2/Br^-)=1.08V$，则反应 $Br_2+2Fe^{2+}\rightleftharpoons 2Br^-+2Fe^{3+}$ 的方向（　　）

    A.正向自发   B.逆向自发

    C.处于平衡   D.无法判断

5.已知 $K_b^\ominus(B^-)=1.0\times10^{-9}$，则缓冲对 $HB-B^-$ 的缓冲范围是（　　）

    A.8～10   B.7～9

    C.6～8   D.4～6

6.下列元素的电负性，排列顺序是（　　）

    A.B＞N＞F＞Al   B.B＜Al＜N＜F

    C.N＜F＜Al＜B   D.Al＜B＜N＜F

7.下列四组量子数中，合理的一组是（　　）

    A.2,0,0,$-1/2$ B.2,0,1,$+1/2$

    C.2,2,2,$-1/2$ D.1,0,2,$+1/2$

8.下列分子中，化学键为非极性键，而分子为极性分子的是（　　）

    A.CH_4 B.F_2

    C.O_3 D.NH_3

9.下列物质中,存在氢键的是(　　)

    A.冰　　　　　　　　　　　　　　B.干冰

    C.氯仿　　　　　　　　　　　　　D.苯

10.配合物 $K[Fe(en)(C_2O_4)_2]$ 中心原子的电荷数和配位数分别为(　　)

    A.+3 和 3　　　　　　　　　　　B.+2 和 3

    C.+2 和 4　　　　　　　　　　　D.+3 和 6

二、多项选择题

1.下列物质不能直接溶于水配制的是(　　)

    A.NaOH　　　　　　　　　　　　B.$FeSO_4$

    C.$SnCl_2$　　　　　　　　　　　D.NaAc

    E.$Bi(NO_3)_3$

2.在下列溶液中,有颜色的是(　　)

    A.$KMnO_4$　　　　　　　　　　　B.K_2SO_4

    C.$K_2Cr_2O_7$　　　　　　　　　　D.KCl

    E.NH_4HCO_3

3.可实现反应 $Mn^{2+} \longrightarrow MnO_4^-$ 的物质是(　　)

    A.$KMnO_4$　　　　　　　　　　　B.$(NH_4)_2S_2O_8$

    C.HIO_4^-　　　　　　　　　　　D.$NaBiO_3$

    E.PbO_2

4.核外电子运动既有(　　)特性,又有(　　)

    A.能量的量子化　　　　　　　　B.波动性

    C.微粒性　　　　　　　　　　　D.波粒二象性

    E.不确定性

5.不能长久放置的试剂是(　　)

    A.Na_2SO_4　　　　　　　　　　B.NaOH

    C.$K_2Cr_2O_7$　　　　　　　　　D.Na_2SO_3

    E.$SnCl_2$

6.下列能构成缓冲溶液的物质组合是(　　)

    A.$NH_3 \cdot H_2O$,NaOH　　　　　B.$H_2PO_4^-$,HPO_4^{2-}

    C.HAc,NaAc　　　　　　　　　D.H_2CO_3,NaCl

    E.NH_4Cl,HCl

7.在多电子原子中,决定电子能量的量子数是(　　)

    A.主量子数　　　　　　　　　　B.角量子数

    C.磁量子数　　　　　　　　　　D.自旋量子数

    E.上述四个量子数

8.既能做氧化剂,又能做还原剂的物质是( )

    A.$KMnO_4$ B.H_2SO_3

    C.F_2 D.H_2O_2

    E.KNO_2

9.氢键既有( )性,又有( )性

    A.方向   B. 波动

    C.微粒   D.不确定

    E.饱和

10.氧化物和氢氧化物均呈两性的是( )

    A.Na_2O,$NaOH$ B.Fe_2O_3,$Fe(OH)_3$

    C.Cr_2O_3,$Cr(OH)_3$ D.P_2O_5,H_3PO_4

    E.ZnO,$Zn(OH)_2$

三、填空题

1.在 0.1 mol·L^{-1} 的 $CaCl_2$ 溶液中,$CaCO_3$ 的溶解度将会 _____,而在 0.1mol·L^{-1} NaCl溶液中,$CaCO_3$ 的溶解度将会 _____。前者是由于 _____ 效应之故,后者是由于 _____ 效应之故。

2.24 号元素的电子排布式是 _____,该元素在周期表的第 _____ 周期 _____ 族 _____ 区,最高正价是 _____,该金属单质是硬度最 _____ 的金属。

3.NF_3 分子的空间构型是 _____,中心原子采取了 _____ 杂化,PCl_5 分子的空间构型是 _____,中心原子采取了 _____ 杂化。

4.[$Co(NO_2)(NH_3)_3(en)$]Cl_2 的名称是 _____,中心离子是 _____,配位体是 _____,配位数是 _____,中心离子采取了 _____ 杂化(磁矩为零),形成 _____ 构型的配合物。

5.朴硝的主要化学成分是 _____,密陀僧的主要化学成分是 _____,白降丹的化学式为 _____。

6.把氧化还原反应 $Fe^{2+} + Ag^+ \rightleftharpoons Fe^{3+} + Ag$ 设法装配成原电池,其电池符号为 _____。在标准状态下,该反应向 _____ 进行,根据本试卷中的有关数据,计算此反应的 $\lg K^\ominus =$ _____。

7.O_2 分子轨道及电子填充为 _____,O_2^+、O_2、O_2^-、O_2^{2-} 中具有抗磁性的是 _____。

8.含有氯化钴的硅胶干燥剂,烘干后为 _____ 色,吸水后为 _____ 色。

四、完成并配平下列化学反应方程式

1.$C + HNO_3(浓) \xrightarrow{\triangle}$

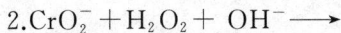

2. $CrO_2^- + H_2O_2 + OH^- \longrightarrow$

3. $Hg(NO_3)_2 \xrightarrow{\triangle}$

4. $MnO_4^- + NO_2^- + H^+ \longrightarrow$

5. $K_2Cr_2O_7 + FeSO_4 + H_2SO_4 \longrightarrow$

五、判断题

1. 酸性强弱：H_3BO_3、H_2CO_3、HNO_3、$HClO_4$

2. 原子半径大小：K、Cl、O、S

3. 热稳定性大小：$NaHCO_3$、Na_2CO_3、$CuCO_3$、$(NH_4)_2CO_3$

4. 氧化性强弱：$HClO$、$HClO_2$、$HClO_3$、$HClO_4$

5. 溶解度的大小：CuS、ZnS、MgS、HgS

六、简答题

1. 硼酸是几元酸？为什么？怎样检验硼酸？

2. 怎样鉴别双氧水？

3. 配制和储存 $FeSO_4$ 溶液要注意什么？为什么？

七、计算题

1. 欲配制 pH＝5.00 的缓冲溶液，需称取多少克 $NaAc \cdot 3H_2O$ 固体溶解于 300mL 0.50mol·L^{-1} 的 HAc 中。[忽略固体加入后的体积变化，$K_a^{\ominus}(HAc)=1.8 \times 10^{-5}$，$NaAc \cdot 3H_2O$ 的摩尔质量为 136g·mol^{-1}]

2. 已知 $E^{\ominus}(Ag^+/Ag)=0.80V$，$K_{sp}^{\ominus}(AgI)=8.3 \times 10^{-17}$，通过计算说明在标准状态下，反应 $2Ag + 2HI \Longrightarrow 2AgI \downarrow + 2H_2 \uparrow$ 的方向和程度。

参考答案

一、单项选择题

1.A 2.C 3.D 4.A 5.D 6.D 7.A 8.C 9.A 10.D

二、多项选择题

1.B、C、E 2.A、C 3.B、C、D、E 4.A、D 5.B、D、E

6.B、C 7.A、B 8.B、D、E 9.A、E 10.C、E

三、填空题

1. 减小;增大;同离子;盐

2. $1s^2 2s^2 2p^6 3s^2 3p^6 3d^5 4s^1$；四；ⅥB；$d$；+6；大

3. 三角锥形；不等性 sp^3；三角双锥形；sp^3d^2

4. 氯化三氨·硝基·乙二胺合钴(Ⅲ)；Co^{3+}；$-NO_2$，NH_3，en；6；d^2sp^3；八面体

5. $Na_2SO_4 \cdot 10H_2O$；PbO；$HgCl_2$

6. C(石墨)$\mid Fe^{3+}(c_1)$，$Fe^{2+}(c_2) \parallel Ag^+(c_3) \mid Ag$；正向；0.51

7. $[(\sigma_{1s})^2(\sigma_{1s}^*)^2(\sigma_{2s})^2(\sigma_{2s}^*)^2(\sigma_{2p_x})^2(\pi_{2p_y})^2(\pi_{2p_z})^2(\pi_{2p_y}^*)^1(\pi_{2p_z}^*)^1]$；$O_2^{2-}$

8. 蓝；粉红

四、完成并配平下列化学反应方程式

1. $3C + 4HNO_3(浓) \xrightarrow{\triangle} 3CO_2\uparrow + 4NO\uparrow + 2H_2O$

2. $2CrO_2^- + 3H_2O_2 + 2OH^- = 2CrO_4^{2-} + 4H_2O$

3. $Hg(NO_3)_2 \xrightarrow{\triangle} Hg\downarrow + 2NO_2\uparrow + O_2\uparrow$

4. $2MnO_4^- + 5NO_2^- + 6H^+ = 2Mn^{2+} + 5NO_3^- + 3H_2O$

5. $K_2Cr_2O_7 + 6FeSO_4 + 7H_2SO_4 = 3Fe_2(SO_4)_3 + Cr_2(SO_4)_3 + K_2SO_4 + 7H_2O$

五、判断题

1. 酸性强弱：$H_3BO_3 < H_2CO_3 < HNO_3 < HClO_4$

2. 原子半径大小：$K > Cl > S > O$

3. 热稳定性大小：$Na_2CO_3 > CuCO_3 > NaHCO_3 > (NH_4)_2CO_3$

4. 氧化性强弱：$HClO > HClO_2 > HClO_3 > HClO_4$

5. 溶解度的大小：$MgS > ZnS > CuS > HgS$

六、简答题

1. 硼酸是一元弱酸，因为它本身不能给出质子，而是由于硼酸是一个缺电子化合物，其中硼原子的空轨道加合了 H_2O 分子的 OH^-，从而放出 H^+ 离子：

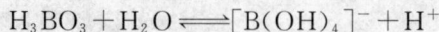

$$H_3BO_3 + H_2O \rightleftharpoons [B(OH)_4]^- + H^+$$

利用硼酸与甲醇或乙醇反应生成易挥发的、可燃的硼酸酯，呈绿色火焰来鉴别硼酸根。

2. 利用 H_2O_2 在酸性介质中能与 $K_2Cr_2O_7$ 作用生成蓝紫色过氧化铬(可稳定存在于乙醚中)来鉴别过氧化氢。

$$4H_2O_2 + Cr_2O_7^{2-} + 2H^+ = 2CrO_5(蓝紫色) + 5H_2O$$

3. 配制和储存 $FeSO_4$ 溶液要注意：一要防止水解，二要防止氧化。因为：

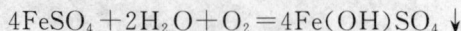

$$4FeSO_4 + 2H_2O + O_2 = 4Fe(OH)SO_4\downarrow$$

故要将 $FeSO_4$ 先溶解在稀硫酸中，再加水稀释至所要求的浓度，同时要加几颗铁钉，以阻止 Fe^{2+} 被空气中的氧氧化。原因是：

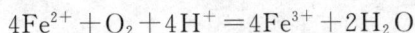

$$4Fe^{2+} + O_2 + 4H^+ = 4Fe^{3+} + 2H_2O$$

$$2Fe^{3+} + Fe = 3Fe^{2+}$$

七、计算题

1.解:

	HAc	$\rightleftharpoons$	H$^+$	+	Ac$^-$
相对平衡浓度:	0.5		10^{-5}		x

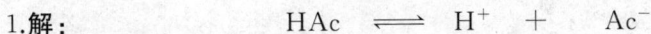

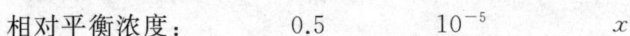

$$1.8 \times 10^{-5} = \frac{x \cdot (1 \times 10^{-5})}{0.5}$$

$$x = 0.9$$

$$m = 0.9\,\text{mol} \cdot \text{L}^{-1} \times 0.3\text{L} \times 136\text{g} \cdot \text{mol}^{-1}$$

$$= 36.72\text{g}$$

2.解: 因为

$$E^{\ominus}(\text{AgI/Ag}) = E^{\ominus}(\text{Ag}^+/\text{Ag}) + \frac{0.0592}{n}\lg c_{\text{eq}}(\text{Ag}^+)$$

$$= 0.80\text{V} + 0.0592\text{V} \times \lg K^{\ominus}_{\text{sp}}(\text{AgI})$$

$$= 0.80\text{V} + 0.0592\text{V} \times \lg(8.3 \times 10^{-17})$$

$$= -0.152\text{V}$$

$$E^{\ominus}(\text{H}^+/\text{H}_2) = 0.0000\text{V}$$

$$E^{\ominus}_{\text{MF}} = E^{\ominus}_{(+)}(\text{H}^+/\text{H}_2) - E^{\ominus}_{(-)}(\text{AgI/Ag})$$

$$= 0.0000\text{V} - (-0.152\text{V})$$

$$= 0.152\text{V} > 0$$

所以　$2\text{Ag} + 2\text{HI} \rightleftharpoons 2\text{AgI} \downarrow + \text{H}_2 \uparrow$　可正向进行。

$$\lg K^{\ominus} = \frac{nE^{\ominus}_{\text{MF}}}{0.0592}$$

$$= \frac{2 \times 0.152\text{V}}{0.0592\text{V}}$$

$$= 5.135$$

$$K^{\ominus} = 1.36 \times 10^5$$

计算结果说明:该反应正向进行比较彻底。

试卷二十二 （湖南中医药大学） ▷▷▷

一、单项选择题

1.某混合液中含有 0.1mol NaH_2PO_4 和 0.2mol Na_2HPO_4，其 pH 值应取（ ）

A.$pK_{a_1}^{\ominus}-lg2$

B.$pK_{a_2}^{\ominus}-lg2$

C.$pK_{a_1}^{\ominus}+lg2$

D.$pK_{a_2}^{\ominus}+lg2$

2.不是共轭酸碱对的一组物质是（ ）

A.NH_3、NH_4^+

B.$NaOH$、Na^+

C.HAc、Ac^-

D.H_2O、H_3O^+

3.下列标准电极电势值最大的是（ ）

A.$E^{\ominus}(AgBr/Ag)$

B.$E^{\ominus}(AgCl/Ag)$

C.$E^{\ominus}(AgI/Ag)$

D.$E^{\ominus}(Ag^+/Ag)$

4. 欲配制 pH＝10 的溶液,应选用（ ）

A.NaH_2PO_4-Na_3PO_4 $pK_{a_1}^{\ominus}=2.12$ $pK_{a_2}^{\ominus}=7.20$ $pK_{a_3}^{\ominus}=12.67$

B.$NaAc$-HAc $pK_a^{\ominus}=4.76$

C.$NH_3\cdot H_2O$-NH_4Cl $pK_b^{\ominus}=4.76$

D.$NaHCO_3$-Na_2CO_3 $pK_{a_1}^{\ominus}=6.37$ $pK_{a_2}^{\ominus}=10.25$

5.下列化合物中,存在分子内氢键的是（ ）

A.NH_3 B.HF C.HBr D.HNO_3

6.过量 $AgCl$ 溶解在下列物质中,问哪种溶液中 Ag^+ 浓度最小（ ）

A.100mL 水

B.1000mL 水

C.100mL 0.2mol·L^{-1} KCl 溶液

D.1000mL 0.5mol·L^{-1} KNO_3 溶液

7.已知 CaF_2 的 $K_{sp}^{\ominus}=4\times10^{-11}$,在氟离子浓度为 2.0mol·$L^{-1}$ 的溶液中,钙离子浓度为（ ）

A.2.0×10^{-11}mol·L^{-1}

B.1.0×10^{-11}mol·L^{-1}

C.2.0×10^{-12}mol·L^{-1}

D.2.5×10^{-12}mol·L^{-1}

8.下列分子或离子中,中心原子采用 sp 杂化轨道成键的是（ ）

A.CO_2 B.C_2H_4 C.SO_3 D.NO_3^-

9.Fe_3O_4 中铁的氧化值为（ ）

A.$+3$ B.8/3   C.$+4$ D.$+2$

10.下列化合物中,属于螯合物的是（　）

    A.$[Ni(en)_2]Cl_2$ B.$K_2[PtCl_4]$

    C.$(NH_4)[Cr(NH_3)_2(SCN)_4]$ D.$Li[AlH_4]$

11.已知电极反应 $O_2+4H^++4e \rightleftharpoons 2H_2O$ 的 $E^\ominus=1.229V$,当 pH=3 时 E=（　）

    A.1.406V   B.1.229V   C.0.815V   D.1.051V

12.在酸性环境中,欲使 Mn^{2+} 氧化为 MnO_4^-,可加氧化剂（　）

    A.$KClO_3$ B.H_2O_2

    C.$K_2Cr_2O_7$ D.$(NH_4)_2S_2O_8$（Ag^+ 催化）

13.氧气分子的结构式为（　）

    A.O=O   B.O——O   C.O——O   D.O≡O

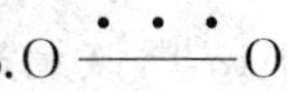

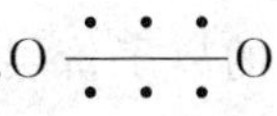

14.共价键的主要特征是（　）

    A.具有饱和性和方向性   B.具有共用电子对

    C.具有方向性   D.具有饱和性

15.原子轨道用波函数表示时,下列表示正确的是（　）

    A.$\psi_{3,1,-1}$ B.$\psi_{3,3,-1}$ C.$\psi_{3,2,2,+1/2}$ D.$\psi_{3,2,-1,+1/2}$

16.影响缓冲容量的因素是（　）

    A.缓冲溶液的 pH 值和缓冲比   B.共轭酸的 $pK_a^\ominus$ 和缓冲比

    C.共轭酸的 $pK_b^\ominus$ 和缓冲比   D.缓冲溶液的总浓度和缓冲比

17.电极反应 $MA(s)+e \rightleftharpoons M(s)+A^-(aq)$,难溶电解质中 MA 的溶度积越小,其 $E^\ominus(MA/M)$ 将（　）

    A.越大   B.越小   C.不受影响   D.不能判断

18.右图为（　）

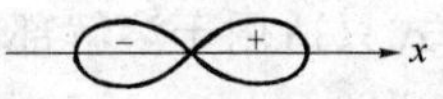

    A.波函数 ψ 的图像

    B.两个 s 轨道重叠

    C.p_x 原子轨道角度分布剖面图

    D.p_x 电子云角度分布剖面图

19.氨溶于水后,分子间产生的作用力有（　）

    A.取向力和色散力   B.取向力和诱导力

    C.诱导力和色散力   D.取向力、诱导力、色散力和氢键

20.组成为 $CrCl_3 \cdot 6H_2O$ 的配合物,其溶液中加入 $AgNO_3$ 后有 2/3 的 Cl^- 沉淀析出,则该配合物的结构式为（　）

    A.$[Cr(H_2O)_6]Cl_3$ B.$[Cr(H_2O)_5Cl]Cl_2 \cdot H_2O$

    C.$[Cr(H_2O)_4Cl_2]Cl \cdot 2H_2O$ D.$[Cr(H_2O)_3Cl_2]Cl \cdot 3H_2O$

二、填空题

1.N_2 分子轨道电子排布式为 _____。

2.当反应 $2SO_2(g)+O_2(g)\rightleftharpoons 2SO_3(g)$ 达平衡时,保持体积不变,加入惰性气体 He,使总体积增加一倍,则平衡_____移动。

3.在氮族元素中,以_____氧化性最强,说明从上到下_____价化合物最稳定。

4.近似能级图中,$E_{4s}<E_{3d}$ 是由于 $4s$ 电子的_____大于 $3d$ 之故。

5.下列中药的主要化学成分是:朱砂_____;砒霜_____;铅丹_____。

6.$[Co(CN)_6]^{3-}$ 的电子成对能 $E_P=15000cm^{-1}$,分裂能 $\Delta_o=33000cm^{-1}$。配离子中的中心离子 d 电子排布为:_____(图),配离子晶体场稳定化能为_____Dq,磁矩为_____B. M.。

7.某元素 +1 氧化态的离子价层电子构型为 $4d^{10}$,该元素原子序数为_____,属第_____周期_____族。

8.配位化合物 $NH_4[Cr(NH_3)_2(CN)_4]$ 配位数为_____,中心离子是_____,配位体是_____,配位原子是_____。

9.$NH_3+H_2O\rightleftharpoons NH_4^++OH^-$,用质子理论分析,其中属质子酸的为_____,已知 $K_b^{\ominus}(NH_3\cdot H_2O)=1.76\times10^{-5}$,则 $K_a^{\ominus}(NH_4^+)$ 等于_____。

三、判断题

1.在 NH_3 溶液中,加入 NH_4Ac 后,将使 $NH_3\cdot H_2O$ 的电离度增加,这种现象称为同离子效应。(　)

2.一个化学反应的浓度和温度改变时,标准平衡常数也会改变。(　)

3.电极反应 $Cl_2+2e\rightleftharpoons 2Cl^-$ 的 $E^{\ominus}=1.36V$,因此,$\frac{1}{2}Cl_2+e\rightleftharpoons Cl^-$ 的 $E^{\ominus}=0.68V$。(　)

4.溶解度和溶度积的换算公式只适用于溶解部分完全电离的难溶强电解质。(　)

5.$2p$ 原子轨道的能量小于 $2d$ 原子轨道的能量。(　)

6.某电对的电极电势越高,表示该电对中氧化型物质的氧化能力越强。(　)

7.含两个配位原子的配体称为螯合剂。(　)

8.$0.2mol\cdot L^{-1}$ HAc 溶液电离度是 $0.1mol\cdot L^{-1}$ HAc 溶液电离度的两倍。(　)

9.把氢电极插入 $1mol\cdot L^{-1}$ HAc 中,保持其分压为 $100kPa$,其电极电势为零。(　)

10.Cs 电离势最小,但在水溶液中 Li 最易失去电子。(　)

11.当主量子数为 4 时,共有 $4s$、$4p$、$4d$、$4f$ 四个原子轨道。(　)

12.$[Ni(NH_3)_4]^{2+}$ 具有顺磁性,可以判断出其空间构型为正四面体。(　)

13.铜锌原电池中,向 $ZnSO_4$ 溶液加入少量氨水,则电池电动势变大。(　)

14.PbI_2 和 $CaCO_3$ 的浓度积均为 1.0×10^{-8},那么,饱和溶液中 Pb^{2+} 和 Ca^{2+} 的浓度相等。(　)

15.凡是有氢键的物质,其熔点、沸点都一定比同类物质的熔、沸点低。(　)

四、写出并配平下列反应式

1. $Cr_2O_7^{2-} + H^+ + Fe^{2+} \longrightarrow$

2. $H_2O_2 + I^- + H^+ \longrightarrow$

3. $HgCl_2 + KI(过量) \longrightarrow$

4. $I_2 + AsO_3^{3-} + OH^- \longrightarrow$

5. $CrO_2^- + H_2O_2 + OH^- \longrightarrow$

五、计算题

1. 将 40mL 0.2mol 氨水与 20mL 0.2mol HCl 混合后，求混合溶液的 OH^- 浓度。如往此溶液中加入 134.5mg $CuCl_2$ 固体（忽略体积变化），问是否有沉淀产生？已知 $K_b^{\ominus}(NH_3) = 1.8 \times 10^{-5}$，$K_{sp}^{\ominus}[Cu(OH)_2] = 5.6 \times 10^{-20}$，Cu 原子量为 63.5。

2. 已知：

$$MnO_4^- + 5e^- + 8H^+ \rightleftharpoons Mn^{2+} + 4H_2O \quad E^{\ominus} = 1.51V$$

$$Fe^{3+} + e^- \rightleftharpoons Fe^{2+} \quad E^{\ominus} = 0.771V$$

(1) 判断下列反应在标态下的反应方向。

$$MnO_4^- + 5Fe^{2+} + 8H^+ \rightleftharpoons Mn^{2+} + 5Fe^{3+} + 4H_2O$$

(2) 将上述标态下的反应设计成原电池，用电池符号表示原电池的组成，并计算其标准电动势。

(3) 当 $c(H^+) = 10.0 \text{mol} \cdot L^{-1}$，其他各离子浓度为 $1.0 \text{mol} \cdot L^{-1}$ 时，计算该电池电动势。

(4) 计算该化学反应的化学平衡常数 $K_c^{\ominus}$。

3. 欲将 0.1mol 的 AgCl 溶解在 1L 氨水中，求氨水的最初的浓度至少为多少？已知，$K_{sp}^{\ominus}(AgCl) = 1.8 \times 10^{-11}$，$K_{sp}^{\ominus}[Ag(NH_3)_2^+] = 1.1 \times 10^7$。

参考答案

一、单项选择题

1.D　　2.B　　3.D　　4.D　　5.D　　6.C　　7.B　　8.A　　9.B　　10.A

11.D　　12.D　　13.C　　14.A　　15.A　　16.D　　17.B　　18.C　　19.D　　20.B

二、填空题

1. $[KK(\sigma_{2s})^2(\sigma_{2s}^*)^2(\pi_{2p_y})^2(\pi_{2p_z})^2(\sigma_{2p_x})^2]$

2. 不发生

3. Bi(V)；Ⅲ

4. 钻穿效应

5.HgS；As_2O_3；Pb_3O_4

6.

 ；-24；0

7.47；五；$I B$；

8.6；Cr^{3+}；CN^-，NH_3；C，N

9.NH_4^+，H_2O；5.68×10^{-10}

三、判断题

1.×　　2.×　　3.×　　4.√　　5.×　　6.√　　7.×　　8.×　　9.×
10.√　　11.×　　12.√　　13.√　　14.×　　15.×

四、写出并配平下列反应式

1.$Cr_2O_7^{2-} + 14H^+ + 6Fe^{2+} \rightleftharpoons 2Cr^{3+} + 6Fe^{3+} + 7H_2O$

2.$H_2O_2 + 2I^- + 2H^+ \rightleftharpoons 2H_2O + I_2$

3.$HgCl_2 + 4KI(过量) \rightleftharpoons K_2[HgI_4] + 2KCl$

4.$I_2 + AsO_3^{3-} + 2OH^- \rightleftharpoons AsO_4^{3-} + 2I^- + H_2O$

5.$2CrO_2^- + 3H_2O_2 + 2OH^- \rightleftharpoons 2CrO_4^{2-} + 4H_2O$

五、计算题

1.解：

	NH_3	$+$	HCl	$\rightleftharpoons$	NH_4Cl
初/mol	$0.2 \times \dfrac{40}{60}$		$0.2 \times \dfrac{20}{60}$		
末/mol	$0.2 \times \dfrac{20}{60}$		0		$0.2 \times \dfrac{20}{60}$

$$c(OH^-) = K_b^\ominus \times \frac{0.2 \times \dfrac{20}{60}}{0.2 \times \dfrac{20}{60}} = K_b^\ominus = 1.8 \times 10^{-5}\ mol \cdot L^{-1}$$

$$c(Cu^{2+}) = \frac{\dfrac{134.5}{1000}}{134.5} \times \frac{1000}{60} = 1.67 \times 10^{-2}\ mol \cdot L^{-1}$$

$$J = c(Cu^{2+}) \times [c(OH^-)]^2 = 1.67 \times 10^{-2} \times (1.8 \times 10^{-5})^2 = 5.4 \times 10^{-12} > K_{sp}^\ominus[Cu(OH)_2]$$

∴有 $Cu(OH)_2$ 沉淀产生。

2.解：(1) $E^\ominus(MnO_4^-/Mn^{2+}) > E^\ominus(Fe^{3+}/Fe^{2+})$

该反应能右向进行。

（2）$(-) Pt | Fe^{2+} (1.0 mol \cdot L^{-1}), Fe^{3+} (1.0 mol \cdot L^{-1}) \| MnO_4^- (1.0 mol \cdot L^{-1})$,
$Mn^{2+} (1.0 mol \cdot L^{-1}), H^+ (1.0 mol \cdot L^{-1}) | Pt(+)$

$$E_{MF}^{\ominus} = E^{\ominus}(MnO_4^-/Mn^{2+}) - E^{\ominus}(Fe^{3+}/Fe^{2+}) = 1.51V - 0.771V = 0.74V$$

（3）$E(MnO_4^-/Mn^{2+}) = E^{\ominus}(MnO_4^-/Mn^{2+}) + \dfrac{0.0592V}{n} \lg \dfrac{c(MnO_4^-)[c(H^+)]^8}{c(Mn^{2+})}$

$$= 1.51V + \dfrac{0.0592V}{5} \lg 10.0^8$$

$$= 1.51 + 0.095 = 1.60V$$

$$E_{MF} = E(MnO_4^-/Mn^{2+}) - E^{\ominus}(Fe^{3+}/Fe^{2+}) = 1.60V - 0.771V = 0.834V$$

（4）$\qquad\qquad \lg K^{\ominus} = \dfrac{n E_{MF}^{\ominus}}{0.0592} = \dfrac{5 \times 0.74}{0.0592} = 62.5$

$$K^{\ominus} = 3.16 \times 10^{62}$$

3. 解：$\qquad\qquad AgCl + 2NH_3 \rightleftharpoons [Ag(NH_3)_2]^+ + Cl^-$

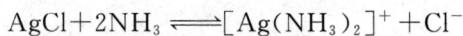

| 初始时/mol·L^{-1} | c | 0 | 0 |
| 平衡时/mol·L^{-1} | $c - 0.20$ | 0.10 | 0.10 |

$$K^{\ominus} = K_{稳}^{\ominus} \times K_{sp}^{\ominus} = 2.0 \times 10^{-4}$$

$$K^{\ominus} = \dfrac{0.10 \times 0.10}{(c-0.20)^2} = 2.0 \times 10^{-4}$$

$$c = \sqrt{\dfrac{(0.10)^2}{2.0 \times 10^{-4}}} + 0.20 = 7.27 mol \cdot L^{-1}$$

试卷二十三 （湖北中医药大学）▷▷▷▷

一、填空题

1. 将 $0.1\,\mathrm{mol \cdot L^{-1}}$ 醋酸溶液稀释到 $0.05\,\mathrm{mol \cdot L^{-1}}$，溶液中的 H^+ 浓度就减少到原来的_____。

2. $18\,^\circ\mathrm{C}$ 时，饱和 H_2S 水溶液中，$c_{eq}(H^+)=1.15\times10^{-4}\,\mathrm{mol \cdot L^{-1}}$，$c_{eq}(HS^-)=$_____，$c_{eq}(S^{2-})=$_____（$K_{a_1}^{\ominus}=1.32\times10^{-7}$，$K_{a_2}^{\ominus}=7.08\times10^{-15}$）。

3. 在 $Mg(OH)_2$ 饱和溶液中，加入 $MgCl_2$，溶液的 pH 值将会_____，这种现象称为_____。

4. 根据反应 $Fe^{2+}+Ag^+\longrightarrow Fe^{3+}+Ag$ 构成原电池，其电池符号为_____。

5. 已知 $25\,^\circ\mathrm{C}$ 时，PbI_2 的 $K_{sp}^{\ominus}$ 为 1.39×10^{-8}，则其饱和溶液中 I^- 浓度为_____。

6. 配置 $SbCl_3$ 水溶液时，正确的操作是_____。

7. 当主量子数 $n=4$ 时，该层最多可容纳电子为_____。

8. NH_3 的共轭酸是_____，其共轭碱是_____。

9. 电对中，若氧化态物质生成配合物，则电极电势_____

10. 核外电子运动的两个特点是_____、_____。

11. 电解质浓度愈大，活度系数愈_____，活度愈_____。

12. 写出下列缓冲系中的抗酸组分。（1）NaH_2PO_4-Na_2HPO_4 是_____；（2）Na_2CO_3-$NaHCO_3$ 是_____。

13. 无论电子排布的能级顺序如何，它们最终都服从_____原理。

14. H_2O 分子间存在的相互作用力的类型有_____。

15. 第 29 号元素的价电子排布式为_____，它属于第_____周期，第_____族。

16. 电极的标准状态是指_____。

17. _____和溶解度都能代表难溶电解质的溶解能力。

18. NaCl 易溶于水，AgCl 难溶于水，这是因为_____。

19. N_2 分子的分子轨道排布式为_____，其键级为_____，这种结构的特点反映出 N_2 分子性质的特征是_____。

20. HgS 能溶解在_____或_____中。

21. 在医药上配制药用碘酒时，常加入适量的_____，这是为了_____。

22. $NH_4[Cr(SCN)_4(NH_3)_2]$ 的名称为_____。

23.在 Cl 的含氧酸中,氧化性最强的是_____。

24.写出以下无机药的主要成分。胆矾_____,砒霜_____,双氧水_____,朱砂_____。

二、判断题

1.若盐酸溶液的浓度是醋酸溶液的 2 倍,则盐酸溶液中氢离子浓度也是醋酸溶液中氢离子浓度的 2 倍。( )

2.氯化氢在苯中的电离度较大。( )

3.在有两种以上离子的溶液中,加入一种能与它们产生沉淀的试剂,则首先析出的是浓度较大的离子。( )

4.无论 NH_4CN 的浓度如何,其水解度基本不变。( )

5.电极电势为负值的电极只能作原电池的负极。( )

6.含氧酸根的氧化能力通常随溶液 pH 值的减小而增强。( )

7.根据 $Co^{2+}+2e \longrightarrow Co$ 的 $E^{\ominus}=-0.227V$,$Ni^{2+}+2e \longrightarrow Ni$ 的 $E^{\ominus}=-0.246V$,可判断反应 $Co+Ni^{2+} \longrightarrow Ni+Co^{2+}$ 总是正向进行。( )

8.$PbCl_2$ 的溶度积较 Ag_2CrO_4 的溶度积大,所以 $PbCl_2$ 的溶解度也较大。( )

9.沉淀转化时,溶度积小的沉淀转化成溶度积大的沉淀较容易。( )

10.当 $n=3$ 时,l 可能的取值为 1,2,3。( )

11.一个波函数(原子轨道)能反映电子运动的轨迹。( )

12.NH_4Ac 本身不算缓冲系,与 HAc 或 $NH_3 \cdot H_2O$ 混合后可成为缓冲系。( )

13.同一周期中,元素的第一电离能随原子序数递增而依次增大。( )

14.核外电子绕着原子核做圆周运动。( )

15.氢键不仅存在于分子之间,也存在于分子内。( )

16.共价键的离解能就是键能。( )

17.极性键形成极性分子。( )

18.含有双齿配体的平面四方型配合物有顺反两种异构体。( )

19.配合物中心元素的配位数就等于配位体的个数。( )

20.$[Fe(SCN)_6]^{3-}$ 在酸性溶液中能稳定存在。( )

21.在药典上利用 H_2O_2 在酸性溶液中与 $K_2Cr_2O_7$ 作用,生成蓝色过氧化铬。( )

22.制备溴化氢可采用溴化物加浓硫酸。( )

23.检验 Fe^{2+} 可用 $K_3[Fe(CN)_6]$ 溶液。( )

24.碘与碱溶液作用主要产物只能是 IO_3^- 和 I^-。( )

三、选择题

1.将 AgCl 与 AgI 饱和溶液中的清液等体积混合,并加入足量固体 $AgNO_3$,其现象为( )
$[K_{sp}^{\ominus}(AgCl)=1.8 \times 10^{-10}, K_{sp}^{\ominus}(AgI)=8.3 \times 10^{-17}]$

A.仅产生一种沉淀

B.AgCl 与 AgI 沉淀等量析出

C.两种均沉淀,但以 AgI 为主

D.两种均沉淀,但以 AgCl 沉淀为主

2.如果把 NaAc 固体加入到醋酸的稀溶液中,则该溶液的 pH 值(　　)

A.增高　　　　　　　　　　B.不受影响

C.下降　　　　　　　　　　D.先下降,后增高

3.以下氨水-NH_4Cl 混合溶液中,缓冲容量最大的是(　　)

A.0.002mol·$L^{-1}$$NH_3$·$H_2O$+0.198mol·$L^{-1}$$NH_4Cl$

B.0.18mol·$L^{-1}$$NH_3$·$H_2O$+0.02mol·$L^{-1}$$NH_4Cl$

C.0.02mol·$L^{-1}$$NH_3$·$H_2O$+0.18mol·$L^{-1}$$NH_4Cl$

D.0.1mol·$L^{-1}$$NH_3$·$H_2O$+0.1mol·$L^{-1}$$NH_4Cl$

4.下列各物质水溶液中,pH<7 的是(　　)

A.NH_4Ac　　　　　　　　B.Na_3PO_4

C.$NaAc$　　　　　　　　　D.NH_4NO_3

5.根据下列标准电极电势,指出在标准态时不可共存于同一溶液的是(　　)

$[E^{\ominus}(Br_2/Br^-)=1.07V, E^{\ominus}(Fe^{3+}/Fe^{2+})=0.77, E^{\ominus}(Hg^{2+}/Hg_2^{2+})=0.92V,$
$E^{\ominus}(Sn^{2+}/Sn)=-0.14V]$

A.Hg_2^{2+} 和 Fe^{3+}　　　　　　B.Br^- 和 Fe^{3+}

C.Br^- 和 Hg^{2+}　　　　　　　D.Sn 和 Fe^{3+}

6.根据下列电势图,金在酸性溶液中能稳定存在的物质是(　　)

$$Au^{3+}\xrightarrow{1.29V}Au^{2+}\xrightarrow{1.53V}Au^+\xrightarrow{1.68V}Au$$

A.Au^{3+},Au　　　　　　　　B.Au^{2+},Au

C.Au^{3+},Au^+　　　　　　　D.Au^{2+},Au^+

7.下列量子数组合中,正确的是(　　)

A.3,1,1,$-1/2$　　　　　　B.2,2,-1,$+1/2$

C.3,3,0,$+1/2$　　　　　　D.4,3,4,$-1/2$

8.下列分子其中心原子采用 sp^3 不等性杂化的是(　　)

A.NH_3　　　　　　　　　B.$BeCl_2$

C.BCl_3　　　　　　　　　D.SO_2

9.下列离子中属于 18 电子构型的是(　　)

A.$Be^{2+}(Z=4)$　　　　　　B.$Mg^{2+}(Z=12)$

C.$Zn^{2+}(Z=30)$　　　　　D.$Pb^{2+}(Z=82)$

10.下列配位体能作为螯合剂的是(　　)

A.SCN^-　　　　　　　　　B.NO_2^-

$C.SO_4^{2-}$ $D.H_2N-CH_2CH_2-NH_2$

11.对同一中心离子且立体构型相同时,能造成较大分裂能值的配位体是( )

    $A.CN^-$ $B.NH_3$

    $C.H_2O$ $D.I^-$

12.根据酸碱电子理论,下列分子、离子或基团中属于酸的是( )

    $A.NH_3$ $B.F^-$

    $C.Fe^{3+}$ $D.H_2O$

13.四种卤素含氧酸(1)HClO、(2)HClO₃、(3)HIO、(4)HBrO 其酸性强弱顺序为( )

    A.(1)>(2)>(4)>(3)   B.(2)>(1)>(4)>(3)

    C.(4)>(3)>(1)>(2)   D.(4)>(3)>(2)>(1)

14 下列氢氧化物中,在空气中能稳定存在的是( )

    $A.Ni(OH)_2$ $B.Co(OH)_2$

    $C.Fe(OH)_2$ $D.Mn(OH)_2$

四、简答题

1.用离子-电子法完成并配平下列反应式(写出过程)。

    $K_2Cr_2O_7+K_2SO_3+H_2SO_4(稀)\longrightarrow Cr_2(SO_4)_3+K_2SO_4$

2.Cr^{3+}、Al^{3+}与Zn^{2+}共存时,如何将三者分离?简要写出流程图及有关反应式。

3.共价键的主要特征是什么?其原因是什么?

五、计算题

1.求 $Ag^++Cl^-\rightleftharpoons AgCl(s)$的标准平衡常数 $K^\ominus$和标准溶度积常数 $K_{sp}^\ominus$。[已知 $E^\ominus$ $(AgCl/Ag)=0.2223V,E^\ominus(Ag^+/Ag)=0.7996V$]

2.在 1L 0.1mol·L^{-1} $FeCl_3$ 溶液中加入 0.01mol 的 KSCN 晶体(忽略体积变化),若此时只生成$[FeSCN]^{2+}$这种配离子,试计算:(1)溶液中 SCN^- 和$[FeSCN]^{2+}$的浓度。(2)Fe^{3+} 的转化率。($[FeSCN]^{2+}$的 $K_稳^\ominus=2\times10^2$)

参考答案

一、填空题

1.0.707

2.1.15×10^{-4}mol·L^{-1};7.08×10^{-15}mol·L^{-1}

3.减小;同离子效应

4.$(-)Pt|Fe^{2+}(c_1),Fe^{3+}(c_2)\|Ag^+(c_3)|Ag(+)$

5. $3.0 \times 10^{-3} \, \text{mol} \cdot \text{L}^{-1}$

6. 将 $SbCl_3(s)$ 溶解在浓盐酸溶液中,再将其稀释到所需要的浓度

7. 32 个

8. NH_4^+; NH_2^-

9. 减小

10. 核外运动的电子能量量子化;核外运动的电子具有波粒二象性,核外运动的电子受测不准关系限制

11. 小;小

12. HPO_4^{2-}; CO_3^{2-}

13. 能量最低原理

14. 取向力、诱导力、色散力、氢键

15. $1s^2 2s^2 2p^6 3s^2 3p^6 3d^{10} 4s^1$;四;I B 族

16. 组成电极的离子浓度(严格讲是活度)为 $1 \text{mol} \cdot \text{L}^{-1}$,气体的分压为 101.3kPa,液体和固体都是纯净物质

17. 溶度积常数

18. 离子极化作用所致

19. $[KK(\sigma_{2s})^2(\sigma_{2s}^*)^2(\pi_{2p})^4(\sigma_{2p})^2]$;3;正常稳定性

20. 王水;Na_2S 溶液

21. KI;$I^- + I_2 \rightarrow I_3^-$ 平衡的存在,增大 I_2 的溶解度,使 I_2 保持一定的浓度

22. 四硫氰·二氨合铬(Ⅲ)酸铵

23. HClO

24. $CuSO_4 \cdot 5H_2O$;As_2O_3;H_2O_2;HgS

二、判断题

1.×	2.×	3.×	4.√	5.×	6.√	7.×	8.√	9.×	10.×
11.×	12.√	13.×	14.×	15.√	16.×	17.×	18.×	19.×	20.√
21.×	22.×	23.√	24.√						

三、选择题

1.D	2.A	3.D	4.D	5.D	6.A	7.A	8.A	9.C	10.D
11.A	12.C	13.B	14.A						

四、简答题

1.答：

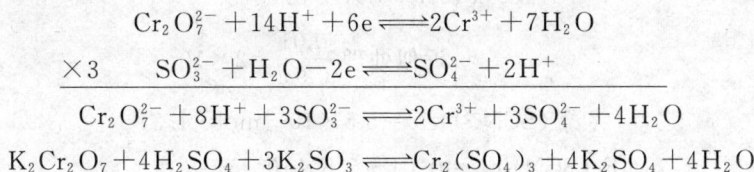

$$\begin{aligned} &Cr_2O_7^{2-}+14H^++6e \Longrightarrow 2Cr^{3+}+7H_2O \\ \times 3 \quad &\underline{SO_3^{2-}+H_2O-2e \Longrightarrow SO_4^{2-}+2H^+} \\ &Cr_2O_7^{2-}+8H^++3SO_3^{2-} \Longrightarrow 2Cr^{3+}+3SO_4^{2-}+4H_2O \end{aligned}$$

$$K_2Cr_2O_7+4H_2SO_4+3K_2SO_3 \Longrightarrow Cr_2(SO_4)_3+4K_2SO_4+4H_2O$$

2.答：

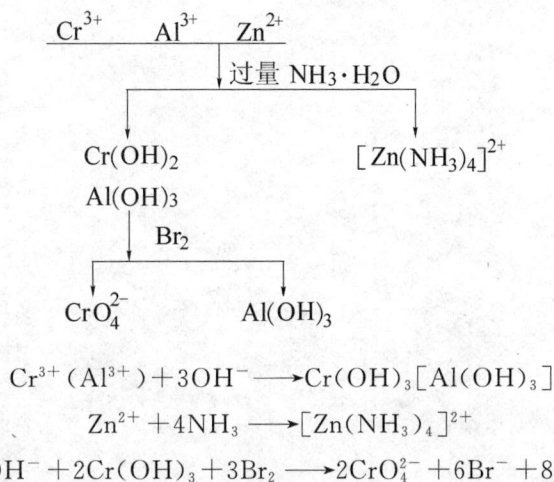

$$Cr^{3+}(Al^{3+})+3OH^- \longrightarrow Cr(OH)_3[Al(OH)_3]$$

$$Zn^{2+}+4NH_3 \longrightarrow [Zn(NH_3)_4]^{2+}$$

$$10OH^-+2Cr(OH)_3+3Br_2 \longrightarrow 2CrO_4^{2-}+6Br^-+8H_2O$$

3.答：共价键具有饱和性。因为只有自旋相反的成单电子才能配对形成共价键，一个原子所形成的共价键数目不是任意的，一般受单电子数目的制约；共价键具有方向性，因为共价键的形成将沿着原子轨道最大重叠的方向进行，形成的共价键就最牢固。

五、计算题

1.解：

(1)
$$E^{\ominus}(AgCl/Ag)=E^{\ominus}(Ag^+/Ag)+0.0592Vlgc_{eq}(Ag^+)$$

$$E^{\ominus}(AgCl/Ag)=E^{\ominus}(Ag^+/Ag)+0.0592Vlg\frac{K_{sp}^{\ominus}}{c_{eq}(Cl^-)}$$

在标准情况下 $c_{eq}(Cl^-)=1mol\cdot L^{-1}$

$$\begin{aligned} lgK_{sp}^{\ominus} &=[E^{\ominus}(AgCl/Ag)-E^{\ominus}(AgCl/Ag)]/0.0592 \\ &=(0.2223-0.7996)/0.0592 \\ &\approx -9.75 \end{aligned}$$

$$K_{sp}^{\ominus}=1.78\times 10^{-10}$$

(2) $K^{\ominus}=1/K_{sp}^{\ominus}=5.62\times 10^9$

2.解：设：SCN^- 的浓度为 $x\, mol\cdot L^{-1}$ 则有：

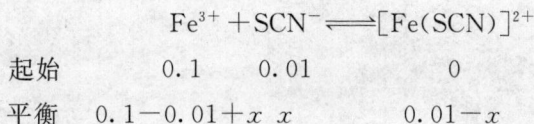

$$Fe^{3+}+SCN^- \Longrightarrow [Fe(SCN)]^{2+}$$

起始	0.1	0.01	0
平衡	0.1-0.01+x	x	0.01-x

$$K_{稳}^{\ominus} = \frac{0.01-x}{x(0.1-0.01+x)} = 2 \times 10^2$$

$$近似处理 \ \frac{0.01}{0.9x} = 2 \times 10^2$$

$$c_{eq}(SCN^-) = x = 5.5 \times 10^{-4} \, mol \cdot L^{-1}$$

$$c_{eq}[Fe(SCN)]^{2-} = 0.01 - 5.5 \times 10^{-4}$$

$$= 9.45 \times 10^{-3} \, mol \cdot L$$

试卷二十四 （黑龙江中医药大学） ▷▷▷▷

一、填空题

1.$NH_4[Cr(SCN)_4(NH_3)_2]$ 的名称是_____,中心离子的配位数为_____,配离子电荷为_____,配位原子是_____。

2.氢原子核外电子的能量由量子数_____决定,而多电子原子的能量由量子数_____决定。

3.氢键与一般分子间力的不同之处在于_____。

4.$2p^3$ 中各电子的量子数 n、l、m、s_i 分别为_____、_____和_____。

5.反应 $Cl_2+Cd \Longleftrightarrow 2Cl^-+Cd^{2+}$ 的原电池符号为_____。

6.按酸碱质子理论,任何缓冲溶液都是由_____组成。

7.$0.1mol \cdot L^{-1}$ NH_4Cl 溶液的 pH 值为_____。已知 $K_b^\ominus(NH_3 \cdot H_2O)=1.75 \times 10^{-5}$。

8.$BeCl_2$ 的熔点低于 $MgCl_2$,因为_____;H_2O 的沸点比 H_2S 的沸点_____,因为_____;PH_3 的熔点比 SbH_3 的熔点_____,因为_____。

9.O_2 的分子轨道电子排布式是_____,键级为_____。

10.弱酸及其盐型缓冲溶液的有效 pH 缓冲范围是_____,弱碱及其盐型有效 pH 缓冲范围是_____。

11.根据 $BrO_3^- \xrightarrow{0.45} BrO^- \xrightarrow{0.45} Br_2 \xrightarrow{1.07} Br^-$，$BrO^-$ 歧化生成_____和_____。

（下方连线标注 0.76）

12.29 号元素的电子排布式为_____。

13.$SiCl_4$ 的几何构型是_____,$[Ni(CN)_4]^{2-}$ 为_____,其中 Ni^{2+} 采取_____杂化方式。

14.$n=4$,$l=2$ 所表示的轨道符号为_____。

15.Ag^+ 离子无色,从结构来看与 Ag^+ 的最外层电子排布是_____有关。Ti^{3+} 有一个未成对的 d 电子,由于这个电子发生_____而使 $[Ti(OH)_6]^{3+}$ 呈紫红色。

16.组成强碱弱酸盐的弱酸酸性越弱,该盐的水解趋势越_____。

17.实验室配制 $SnCl_2$ 溶液时,须先加少量_____溶解,再加_____稀释到刻度。

18.s 轨道与 p_x 轨道重叠形成的共价键是_____键。

19.$[Co(NH_3)_6]^{3+}$、$[Co(NH_3)_6]^{2+}$ 的磁矩分别是 0B.M.、3.88B.M.,则前者在八面

体场中 d 价电子的排布形式是_____,晶体场稳定化能 E_c 等于_____;后者的 d 价电子排布式和 E_c 分别是_____ 和_____,由此可以认为$[Co(NH_3)_6]^{3+}$ 的稳定性_____$[Co(NH_3)_6]^{2+}$。

二、单项选择题

1.在$[Co(en)(C_2O_4)_2]^-$ 配离子中,中心离子的配位数是( )

    A.2   B.3

    C.4   D.6

    E.5

2.$[Cr(H_2O)_4Cl_2]^+$ 的可能异构体的数目是( )

    A.1   B.2

    C.3   D.4

    E.5

3.镧系收缩的后果之一是使下列哪组元素性质相似( )

    A.Sc 和 La   B.镧系和锕系

    C.Zr 和 Hf   D.Mn 和 Tc

    E.Sr 和 Ba

4.向氢卤酸溶液中滴加硝酸银溶液,不产生沉淀的物质是( )

    A.HF   B.HBr

    C.HCl   D.HI

    E.都产生沉淀

5.下列配体中,引起中心离子的 d 轨道分裂程度最大的是( )

    A.OH^- B.CN^-

    C.Br^- D.H_2O

    E.NH_3

6.假定 Sb_2S_3 的溶解度为 x,则 Sb_2S_3 的 $K_{sp}^\ominus$ 应为下列表示中的哪一个( )

    A.$K_{sp}^\ominus = x^3$ B.$K_{sp}^\ominus = 2x \cdot 3x = 6x^2$

    C.$K_{sp}^\ominus = x \cdot x = x^2$ D.$K_{sp}^\ominus = (2x)^2 \cdot (3x)^3 = 108x^5$

    E.$K_{sp}^\ominus = x^2 \cdot x^3 = x^5$

7.具有极性键的非极性分子是( )

    A.NaCl   B.H_2S

    C.$CHCl_3$ D.BF_3

    E.NH_3

8.$CaCO_3$ 在下列哪种溶液中溶解度最大( )

    A.H_2O B.Na_2CO_3 溶液

    C.KNO_3 溶液   D.酒精

E.$CaCl_2$

9.下列各电对中,电极电势代数值最小的是( )

A.Cu^{2+}/Cu B.$[Cu(NH_3)_4]^{2+}/Cu$

C.$[Cu(en)_2]^{2+}/Cu$ D.$[Cu(SCN)_4]^{2-}/Cu$

E.$[CuCl_4]^{2-}/Cu$

10.下列离子能与SCN^-作用生成红色配离子的是( )

A.Fe^{2+} B.Co^{2+}

C.Ni^{2+} D.Fe^{3+}

E.Cu^{2+}

11.下列电极中,若其他条件不变,而将有关离子浓度减半时,电极电势增大的电极是( )

A.$Cu^{2+}+2e^-\rightleftharpoons Cu$ B.$I_2+2e^-\rightleftharpoons 2I^-$

C.$Ni^{2+}+2e^-\rightleftharpoons Ni$ D.$Sn^{4+}+2e^-\rightleftharpoons Sn^{2+}$

E.$Co^{2+}+2e^-\rightleftharpoons Co$

12.可以使弱酸弱碱盐和强酸弱碱盐水解度都增大的措施( )

A.升温   B.降温

C.稀释溶液   D.增加盐的浓度

E.增大压强

13.下列哪个反应中,H_2O_2是还原剂( )

A.$2I^-+2H^++H_2O_2=I_2+2H_2O$ B.$KIO_3+3H_2O_2=KI+3O_2\uparrow+3H_2O$

C.$PbS+4H_2O_2=PbSO_4+4H_2O$ D.$H_2O_2+2H^++2Fe^{2+}=2H_2O+2Fe^{3+}$

E.$H_2O_2+H_2SO_3=H_2O+H_2SO_4$

14.下列分子属于极性分子的是( )

A.CS_2 B.BCl_3

C.CCl_4 D.NH_3

E.PCl_5

15.在Na_2O、MgO、SrO、K_2O、BaO中,熔点最高的物质是( )

A.Na_2O B.MgO

C.K_2O D.SrO

E.BaO

三、判断题

1.稀释$0.10mol\cdot L^{-1}NH_4CN$溶液,其水解度增大。( )

2.sp^3杂化轨道是由$1s$轨道和$3p$轨道混合起来形成的4条sp^3杂化轨道。( )

3.极性分子间存在取向力、诱导力和色散力,且都是以取向力为主。( )

4.已知$K_{sp}^{\ominus}(AgI)<K_{sp}^{\ominus}(AgCl)$,在含相同浓度$I^-$和$Cl^-$的溶液中,滴加$AgNO_3$溶

液,则 AgI 沉淀先析出。(　　)

5.物质的偶极矩值越大,则该物质分子的极性越大;偶极矩为零,此物质分子为非极性分子。(　　)

6.同离子效应与盐效应都能使难溶强电解质的溶解度大大降低。(　　)

7.在 NO_3^- 中含有一个离域 π 键,其符号表示为 π_3^4。(　　)

8.H_3BO_3 为三元弱酸,在它的分子中含有 3 个可电离的 H^+ 离子。(　　)

9.在配合物中,配位体的数目与中心离子的配位数是相同的。(　　)

10.根据元素的电势图可判断,当 $E_右^\ominus > E_左^\ominus$ 时,其中间价态的物种可进行歧化反应。(　　)

四、计算题

1.将铜片插入 $0.10mol \cdot L^{-1} CuSO_4$ 溶液中,银片插入 $0.10mol \cdot L^{-1} AgNO_3$ 溶液中组成原电池。[已知 $E^\ominus(Cu^{2+}/Cu) = 0.3419V$,$E^\ominus(Ag^+/Ag) = 0.7996V$]

(1)写出该原电池的符号;

(2)写出电极反应式和电池反应式;

(3)计算原电池的电动势。

2.欲配制 pH 为 5.00 的缓冲溶液,需称取多少克 $NaAc \cdot 3H_2O$ 固体溶解在 300mL $0.500mol \cdot L^{-1}$ 的 HAc 溶液中?(已知 HAc 的 $pK_a^\ominus = 4.76$)

3.在 $0.10mol \cdot L^{-1} K[Ag(CN)_2]$ 溶液中加入 KCl 固体,使 Cl^- 的浓度为 $0.10mol \cdot L^{-1}$,会有何现象发生?通过计算说明。{已知 $K_{sp}^\ominus(AgCl) = 1.8 \times 10^{-10}$,$K_稳^\ominus[Ag(CN)_2^-] = 1.25 \times 10^{21}$}

参考答案

一、填空题

1.四硫氰·二氨合铬(Ⅲ)酸铵;6;-1;S、N

2.n;n 和 l

3.有饱和性和方向性

4.$(2,1,+1,1/2\, or\, -1/2)$;$(2,1,-1,1/2\, or\, -1/2)$;$(2,1,0,1/2\, or\, -1/2)$

5.$(-)Cd(s)\,|\,Cd^{2+}(c_1)\,\|\,Cl^-(c_2)\,|\,Cl_2(kPa)\,|\,Pt(s)(+)$

6.一对共轭酸碱

7.5.13

8.Be^{2+} 的半径很小,极化力大于 Mg^{2+};高;水分子中有氢键;低;后者分子量大

9.$[(\sigma_{1s})^2(\sigma_{1s}^*)^2(\sigma_{2s})^2(\sigma_{2s}^*)^2(\sigma_{2p_x})^2(\pi_{2p_y})^2(\pi_{2p_z})^2(\pi_{2p_y}^*)^1(\pi_{2p_z}^*)^1]$;2

10.$pK_a^\ominus \pm 1$;$pK_w^\ominus - (pK_b^\ominus \pm 1)$

11.BrO_3^-;Br^-

12.$1s^2 2s^2 2p^6 3s^2 3p^6 3d^{10} 4s^1$

13.正四面体;平面正方形;dsp^2 杂化

14.$4d$

15.$4d^{10}$ 或次外层 d 轨道全满;d-d 跃迁

16.大

17.HCl(盐酸);水

18.σ 键

19.$d_\varepsilon^6 d_r^0$;$-24Dq+2E_p$;$d_\varepsilon^5 d_r^2$;$-8Dq$;大于

二、单项选择题

1.D　　2.B　　3.C　　4.A　　5.B　　6.D　　7.D　　8.C　　9.C　　10.D

11.B　　12.A　　13.B　　14.D　　15.B

三、判断题

1.×　弱酸弱碱盐的水解度与浓度无关。

2.×　是由 1 个 ns 和 3 个 np 组合。

3.×　绝大多数以色散力为主。

4.√

5.√

6.×　影响相反,同离子效应可显著降低溶解度,盐效应使溶解度略增。

7.×　应为 π_4^6。

8.×　H_3BO_3 为一元弱酸。

9.×　不一定,对于单齿配体配合物,配位体的数目与中心离子的配位数相同,对于多齿配体配合物,两者不同。

10.√

四、计算题

1.解:电对 Cu^{2+}/Cu 和 Ag^+/Ag 的电极电势分别为:

$$E(Cu^{2+}/Cu)=0.3419+\frac{0.0592}{2}\lg 0.10=0.3123V$$

$$E(Ag^+/Ag)=0.7996+0.0592\lg 0.10=0.7404V$$

由于 $E(Ag^+/Ag)>E(Cu^{2+}/Cu)$,组成原电池时,电对 Ag^+/Ag 为正极,电对 Cu^{2+}/Cu 为负极。

(1)原电池符号为:

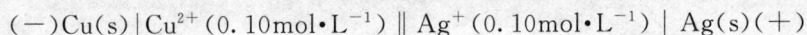

$$(-)Cu(s)|Cu^{2+}(0.10mol \cdot L^{-1}) \| Ag^+(0.10mol \cdot L^{-1}) | Ag(s)(+)$$

（2）正极反应：
$$Ag^+ + e^- \rightleftharpoons Ag$$

负极反应为：
$$Cu \rightleftharpoons Cu^{2+} + 2e^-$$

原电池反应为：
$$2Ag^+ + Cu \rightleftharpoons 2Ag + Cu^{2+}$$

（3）原电池的电动势为：
$$E_{MF} = E_{(+)} - E_{(-)} = E(Ag^+/Ag) - E(Cu^{2+}/Cu)$$
$$= 0.7404 - 0.3123 = 0.4281V$$

2.解：$M(NaAc \cdot 3H_2O) = 136g \cdot mol^{-1}$，由缓冲溶液 pH 计算公式可得：

$$\lg \frac{m(NaAc \cdot 3H_2O)/136g \cdot mol^{-1}}{0.500mol \cdot L^{-1} \times 0.300L} = 5.00 - 4.76$$

$$m(NaAc \cdot 3H_2O) = 35.4g$$

3.解：
$$Ag^+ \quad + \quad 2CN^- = Ag(CN)_2^-$$

平衡：
$$\quad\quad\quad x \quad\quad\quad 2x \quad\quad\quad 0.1-x$$

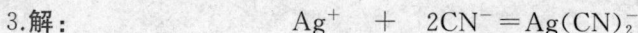

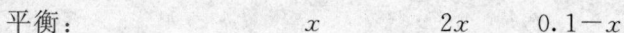

$$\frac{0.1-x}{x \times (2x)^2} = 1.25 \times 10^{21}$$

解得：
$$x = 2.7 \times 10^{-8} mol \cdot L^{-1}$$

$$J = c(Ag^+) \times c(Cl^-) = 2.7 \times 10^{-8} \times 0.10 = 2.7 \times 10^{-9} > K_{sp}^{\ominus}(AgCl)$$

故有 AgCl 沉淀生成。

试卷二十五 （福建中医药大学） ▷▷▷▷

一、判断题

1.测定大分子物质的分子量用渗透压法好,而测定小分子物质的分子量更宜采用凝固点降低法好。（　）

2.配位化合物中中心原子的配位数不小于配位体个数。（　）

3.量子力学中,描述一个轨道,需用4个量子数。（　）

4.en 为乙二胺分子缩写,在$[Cu(en)_2]^{2+}$ 配离子中 Cu 的配位数为2。（　）

5.电离能都是正值,而电子亲和能都是负值。（　）

6.电对的 $E^{\ominus}$ 值越高,说明其氧化型的氧化能力越强,还原型的还原能力越弱。（　）

二、单选题

1. Cd^{2+} 与 EDTA 形成（　）

 A. 聚合物   B. 螯合物

 C. 非计量化合物   D. 夹心化合物

2. 对某一自发的氧化还原反应,若将其系数扩大到原来的 2 倍,则此反应的电池电动势 E_{MF}将（　）

 A. 不变   B. 变小

 C. 变大   D. 不能确定

3.某体系存在如下平衡,$CO(g)+H_2O(g)\Longleftrightarrow CO_2+H_2$ K_1

$$CH_4(g)+2H_2O(g)\Longleftrightarrow CO_2(g)+4H_2(g) \quad K_2$$

$$CH_4(g)+H_2O\Longleftrightarrow CO(g)+3H_2(g) \quad K_3$$

它们的平衡常数存在何种关系（　）

 A.$K_1=K_2\times K_3$ B.$K_3=K_1\times K_2$

 C.$K_2=K_1\times K_3$ D.$K_1\times K_2\times K_3=1$

4. 根据以下碱性溶液中溴元素的电势图,能发生歧化反应的物质是（　）

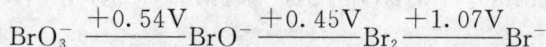

$$BrO_3^-\xrightarrow{+0.54V}BrO^-\xrightarrow{+0.45V}Br_2\xrightarrow{+1.07V}Br^-$$

 A.BrO_3^- B.BrO^-

 C.Br^- D.Br_2

5.已知反应 $2A(g)+B(l)=2C(g)$ 的 $K^{\ominus}=0.14$,在同一温度下反应 $C(g)=A(g)+\frac{1}{2}$ $B(l)$ 的 $K^{\ominus}=(\quad)$

    A.7.14   B.2.67

    C.0.14   D.−0.07

6.土壤中 NaCl 含量高时植物难以生存,这与下列哪种稀溶液的性质有关( )

    A.蒸气压下降   B.沸点升高

    C.凝固点下降   D.渗透压

7.如果在水中加入易挥发溶质(溶质不凝固),则溶液的凝固点( )

    A.升高   B.降低

    C.不变   D.无法确定

8.$H_2AsO_4^-$ 的共轭碱是( )

    A.H_3AsO_4 B.$HAsO_4^{2-}$

    C.AsO_4^{3-} D.$H_2AsO_3^-$

9.对于缓冲溶液的叙述,不正确的是( )

    A.缓冲溶液能抵抗外加少量酸、碱、水而保持 pH 不变

    B.选择缓冲对时,应选 $pK_a^{\ominus}$ 与所需的 pH 相等或相近

    C.当缓冲对的总浓度值固定,$c(酸)/c(共轭碱)=1$ 时,缓冲能力最小

    D.当 $c(酸)/c(共轭碱)$ 比值固定时,总浓度越大,缓冲能力越大

10.将 $0.1mol \cdot L^{-1}$ 下列溶液加水稀释 1 倍后,pH 变化最小的是( )

    A.HCl   B.H_2SO_4

    C.HNO_3 D.HAc

11.欲增加 $Mg(OH)_2$ 在水中的溶解度,可采用的方法是( )

    A.加入 $2.0mol \cdot L^{-1}NH_4Cl$ B.增大溶液 pH 值

    C.加入 $0.1mol \cdot L^{-1}MgSO_4$ D.加入适量的 95% 乙醇

12.下列有关分步沉淀的叙述,正确的是( )

    A.溶解度小的物质先沉淀   B.溶解度大的物质先沉淀

    C.浓度积先达到 $K_{sp}^{\ominus}$ 的先沉淀   D.被沉淀离子浓度大的先沉淀

13.氧化还原反应 $3As_2S_3+28HNO_3+4H_2O=6H_3AsO_4+28NO+9H_2SO_4$ 中作还原剂的元素是( )

    A.As,S   B.As

    C.As,N   D.S,N

14.电池反应 $2MnO_4^-+5H_2O_2+6H^+=2Mn^{2+}+5O_2+8H_2O$ 的正极属于下列哪一类电极( )

    A.金属-金属离子电极   B.气体-离子电极

    C.氧化还原电极   D.金属-金属难溶盐-阴离子电极

15.若将 N 原子的电子排布式写为 $1s^2 2s^2 2p_x^2 2p_y^1$,则违背了(　　)

A.洪特规则　　　　　　　　　　B.能量守恒原理

C.能量最低原理　　　　　　　　D.泡里不相容原理

16.下列描述核外电子运动状态的各组量子数中,可能存在的是(　　)

A.3,0,1,+1/2　　　　　　　　B.3,2,2,+1/2

C.2,−1,0,+1/2　　　　　　　D.2,0,−2,+1/2

17.某元素基态原子失去 3 个电子后,角量子数为 2 的轨道半充满,推断该元素的原子序数为(　　)

A.24　　　　　　　　　　　　B.25

C.26　　　　　　　　　　　　D.27

18.下列说法错误的是(　　)

A.同一弱电解质溶液,浓度越大,其电离度越小

B.难挥发非电解质稀溶液的依数性包括:溶液的蒸气压下降、凝固点升高、沸点下降和渗透压

C.温度一定时,同一弱电解质溶液其 K_a(或 K_b)不随浓度变化而变化

D.离子强度,活度系数都能反映离子间相互牵制作用的大小

19.过氧化氢与 KI 或 $KMnO_4$ 反应时,过氧化氢所起的作用分别是(　　)

A.氧化剂、氧化剂　　　　　　　B.氧化剂、还原剂

C.还原剂、氧化剂　　　　　　　D.还原剂、还原剂

20.下列电池反应不用惰性电极的是(　　)

A. $H_2 + Cl_2 \longrightarrow 2HCl(aq)$　　　　B. $Ag^+ + Cl^- \longrightarrow AgCl(s)$

C. $Ce^{4+} + Fe^{2+} \longrightarrow Ce^{3+} + Fe^{3+}$　D. $2Hg^{2+} + Sn^{2+} + 2Cl^- \longrightarrow Hg_2Cl_2 + Sn^{4+}$

三、填空题

1.浓度表示溶液中_____和_____的相对含量。溶液浓度的表示法中,b_B 表示的是_____;而 c_B 则表示_____,其表达式为_____。

2.产生渗透的基本条件是_____和_____;渗透的方向总是_____、_____。

3.在含有固体 AgCl 的饱和溶液中加入 HCl,则 AgCl 的溶解度_____;若加入氨水则其溶解度_____。

4.已知 $E^\ominus (Zn^{2+}/Zn) = -0.762V$, $E^\ominus (Ag^+/Ag) = +0.800V$, $E^\ominus (I_2/I^-) = +0.536V$,其中最强的氧化剂是_____,最强的还原剂是_____。

5.在 $0.1mol \cdot L^{-1}$ 的 HAc 溶液中加入少许 NaCl 晶体,溶液的 pH 值将会_____;若以 Na_2CO_3 代替 NaCl,则溶液的 pH 值将会_____。

6.某温度下,在 $0.1mol \cdot L^{-1} NH_3 \cdot H_2O$ 溶液中加入 NH_4Cl 固体,则氨的浓度将_____,$NH_3 \cdot H_2O$ 的解离度_____,pH 值将_____,解离常数_____。

7.沉淀形成的条件是 J _____ $K_{sp}^\ominus$;而沉淀溶解的条件是 J _____ $K_{sp}^\ominus$(大于、等

于、小于)。

8.NH_4^+ 离子中的中心原子采取了_____杂化;$BeCl_2$ 分子中的中心原子采取了_____杂化。

9.原电池中,在负极上发生的是_____反应,在正极上发生的是_____反应;在电池反应中,化学能以_____形式释放出来;原电池装置证明了氧化还原反应中,物质间有_____。

四、简答题

1.应用分子轨道理论写出 O_2 分子的分子轨道电子排布式,计算它的键级,并说明其有几个单电子,顺磁性还是抗磁性。

2.写出配离子 $[CoCl(NCS)(en)_2]^+$ 的名称、配位体个数、配位原子、配位数、中心离子氧化数及空间构型。

3.填写下表。

原子序数	电子排布式	周期	族	分区
17				
	$[Ar]4s^1$			
	$[Ar]3d^54s^2$			
		4	Ⅰ B	

4.判断下列各组分子间存在什么形式的分子间作用力?

(1)HF 分子间

(2)$CHCl_3$ 与 CH_4 分子间

(3)苯与 CCl_4 分子间

5.已知 Fe 原子的外层价电子排布为 $3d^64s^2$,请用配合物的价键理论推断配离子 $[Fe(CN)_6]^{3-}$ 中铁离子采取什么样的杂化方式?配离子的空间几何构型是什么形状?生成的配合物是内轨型还是外轨型?配离子中阳离子的 $3d$ 轨道上的单电子数是多少?理论磁矩 μ 是多少 B.M.?

6.配平方程式

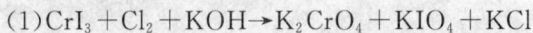

(1)$CrI_3 + Cl_2 + KOH \rightarrow K_2CrO_4 + KIO_4 + KCl$

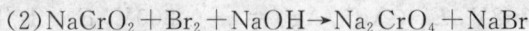

(2)$NaCrO_2 + Br_2 + NaOH \rightarrow Na_2CrO_4 + NaBr$

五、计算题

1.在水中某蛋白质的饱和溶液含溶质 $5.18g \cdot L^{-1}$,293K 时其渗透压为 0.413kPa,求该蛋白质的摩尔质量。

2.已知 $K_稳^\ominus[Cu(NH_3)_4^{2+}] = 2.1 \times 10^{13}$,将 $0.2mol \cdot L^{-1} CuSO_4$ 和 $3.6mol \cdot L^{-1}$ 氨水等体积混合后溶液中 Cu^{2+} 离子的浓度为多少?

3.计算下面原电池各电极的电极电势和电池电动势,并写出电池反应方程式。已知 $E^{\ominus}(AgCl/Ag) = +0.222V$。

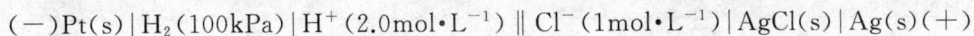

$$(-)Pt(s)|H_2(100kPa)|H^+(2.0mol \cdot L^{-1}) \| Cl^-(1mol \cdot L^{-1})|AgCl(s)|Ag(s)(+)$$

参考答案

一、判断题

1.√ 2.√ 3.× 4.× 5.× 6.√

二、单选题

1.B 2.A 3.C 4.D 5.B 6.D 7.B 8.B 9.C 10.D 11.A 12.C 13.A
14.C 15.A 16.B 17.C 18.B 19.B 20.B

三、填空题

1.溶质;溶剂;质量摩尔浓度;物质的量浓度;$c_B = n_B/V$

2.半透膜的存在;膜两侧存在浓度差;从纯溶剂到溶液;从稀溶液到浓溶液

3.减小;增大

4.Ag^+;Zn

5.下降;上升

6.增加;降低;下降;不变

7.大于;小于

8.不等性 sp^3 杂化;sp 杂化

9.氧化;还原;电能;电子转移

四、简答题

1.O_2 分子的分子轨道:

$$\left[(\sigma_{1s})^2(\sigma_{1s}^*)^2(\sigma_{2s})^2(\sigma_{2s}^*)^2(\sigma_{2p_x})^2(\pi_{2p_y})^2 = (\pi_{2p_z})^2(\pi_{2p_y}^*)^1 = (\pi_{2p_z}^*)^1\right]$$

键级 $\dfrac{6-2}{2} = 2$;2 个单电子;顺磁性

2.名称:一氯·一异硫氰酸根·双乙二胺合钴(Ⅲ)离子;配体数:4;配原子:N、Cl;
配位数:6;中心离子氧化数:+3;空间构型:八面体

3.

原子序数	电子排布式	周期	族	分区
17	$[Ne]3s^23p^5$	3	ⅦA	p 区
19	$[Ar]4s^1$	4	ⅠA	s 区

续表

原子序数	电子排布式	周期	族	分区
25	$[Ar]3d^5 4s^2$	4	ⅦB	d 区
29	$[Ar]3d^{10}4s^1$	4	ⅠB	ds 区

4.(1)取向力、诱导力、色散力、氢键

(2)诱导力、色散力

(3)色散力

5.Fe^{3+}:$3d^5$,电子数为5,因为配位原子为C,电负性较小,因此迫使 d 电子成对,采取 d^2sp^3 杂化,空间构型为八面体,内轨型,单电子数为1,磁矩值为 1.73B.M.。

6.(1)$2CrI_3+27Cl_2+64KOH=2K_2CrO_4+6KIO_4+54KCl+32H_2O$

(2)$2NaCrO_2+3Br_2+8NaOH=2Na_2CrO_4+6NaBr+4H_2O$

五、计算题

1.解:$\pi V=nRT=\dfrac{m_B}{M_b}RT$

∴ $M_B=\dfrac{m_B RT}{\pi V}=\dfrac{5.18\times8.314\times293}{0.413\times1.00}=3.05\times10^4 \text{g·mol}^{-1}$

2.解:设 $c(Cu^{2+})=x$ mol·L^{-1};等体积混合后 $c(Cu^{2+})_{始}=0.1$mol·L^{-1},$c(NH_3)_{始}=1.8$mol·L^{-1}

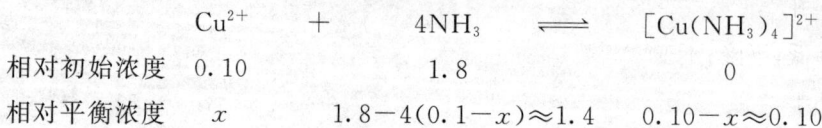

$$x=c_{eq}(Cu^{2+})=\frac{0.10}{2.1\times10^{13}\times1.4^4}=1.24\times10^{-15}\text{mol·L}^{-1}$$

3.解:根据能斯特方程有

负极: $$E(H^+/H_2)=E^\ominus(H^+/H_2)+\frac{0.0592}{n}\lg\frac{[c_{eq}(H^+)]^2}{p_{H_2}/p^\ominus}$$

$$=0+\frac{0.0592}{2}\lg\frac{2^2}{100\text{kPa}/100\text{kPa}}=0.018\text{V}$$

$AgCl/Ag$ 电极是标准态,故正极:$E^\ominus(AgCl/Ag)=+0.222$V

电池电动势 $E_{MF}=0.222\text{V}-0.018\text{V}=0.204\text{V}$

电池反应为: $2AgCl+H_2=2Ag+2H^++2Cl^-$

试卷二十六 （新疆医科大学）　▷▷▷▷
....

一、选择题

（一）A1 型题

1. pK_a是（　　）

　　A. 酸的解离常数　　　　　　　　　　B. 碱的解离常数

　　C. 离子积　　　　　　　　　　　　　D. 水解常数

　　E. 溶度积

2. 溶液的 H^+ 浓度增大,下列氧化剂中氧化性增强的物质是（　　）

　　A. Cl_2　　　　　　　　　　　　　　B. Fe^{3+}

　　C. $Cr_2O_7^{2-}$　　　　　　　　　　　D. I_2

　　E. Sn^{4+}

3. 原子形成分子时,原子轨道之所以要进行杂化,其原因是（　　）

　　A. 增加配对的电子数　　　　　　　　B. 增加成键能力

　　C. 进行电子重排　　　　　　　　　　D. 保持共价键的方向性

　　E. 保持共价键的饱和性

4. $0.10 \text{mol} \cdot L^{-1} AgNO_3$溶液中,离子强度为（　　）

　　A. $0.010 \text{mol} \cdot L^{-1}$　　　　　　　　B. $0.10 \text{mol} \cdot L^{-1}$

　　C. $0.020 \text{mol} \cdot L^{-1}$　　　　　　　　D. $0.040 \text{mol} \cdot L^{-1}$

　　E. $0.050 \text{mol} \cdot L^{-1}$

5. 能够作为诊断胃肠道疾病的理想 X 射线造影剂的物质是（　　）

　　A. $BaCl_2$　　　　　　　　　　　　　B. $BaSO_3$

　　C. $BaSO_4$　　　　　　　　　　　　　D. $BaCO_3$

　　E. $BaCrO_4$

6. 以下五种元素的原子或离子中,核外电子排布属于 8 电子离子构型的是（　　）

　　A. Cr^{3+}　　$1s^2 2s^2 2p^6 3s^2 3p^6 3d^3 4s^0$　　　　B. O^{2-}　　$1s^2 2s^2 2p^6$

　　C. Cl　　$1s^2 2s^2 2p^6 3s^2 3p^5$　　　　　　　　D. Mn　　$1s^2 2s^2 2p^6 3s^2 3p^6 3d^5 4s^2$

　　E. Fe^{3+}　　$1s^2 2s^2 2p^6 3s^2 3p^6 3d^5 4s^0$

7. 提出多电子原子外层电子的能量随$(n+0.7L)$值的增大而增大的科学家是（　　）

　　A. 德布罗依　　　　　　　　　　　　B. 徐光宪

C. 薛定谔   D. 玻尔

E. 爱因斯坦

8. 下列说法正确的是(　　)

  A. 如果某一个原子没有单电子,也能形成共价键

  B. $s-s$ 轨道头碰头只能形成 σ 键

  C. 杂化轨道理论不能用来解释分子的空间构型

  D. 杂化轨道与原来的原子轨道在能量上相等

  E. 杂化轨道与原来的原子轨道数目不相等

9. 下列水溶液中为一元弱酸的是(　　)

  A. H_2S B. H_2CO_3

  C. H_3BO_3 D. H_3PO_4

  E. $H_2C_2O_4$

10. 经测定强电解质溶液的解离度总达不到 100%,其原因是(　　)

  A. 电解质不纯   B. 电解质与溶剂有作用

  C. 电解质很纯   D. 电解质没有全部解离

  E. 有离子氛存在

11. NH_4Ac 在水中存在如下平衡:

$$(1)NH_3 + H_2O \rightleftharpoons NH_4^+ + OH^- \qquad K_1$$
$$(2)NH_4^+ + Ac^- \rightleftharpoons NH_3 + HAc \qquad K_2$$
$$(3)HAc + H_2O \rightleftharpoons Ac^- + H_3O^+ \qquad K_3$$
$$(4)2H_2O \rightleftharpoons OH^- + H_3O^+ \qquad K_4$$

这四个反应的平衡常数之间的关系是(　　)

  A. $K_3 = K_1 \cdot K_2 \cdot K_4$ B. $K_3 \cdot K_4 = K_1 \cdot K_2$

  C. $K_4 = K_1 \cdot K_2 \cdot K_3$ D. $K_1 \cdot K_4 = K_3 \cdot K_2$

  E. $K_2 \cdot K_4 = K_1 \cdot K_3$

12. 在 310K 时,$0.3 mol \cdot L^{-1}$ 葡萄糖溶液与 $0.3 mol \cdot L^{-1}$ 蔗糖溶液的(　　)

  A. 质量浓度相等   B. 蒸气压不相等

  C. 质量摩尔浓度相等   D. 渗透压相等

  E. 质量分数相等

13. 关于溶剂的凝固点降低常数,下哪那一种说法是正确的(　　)

  A. 只与溶质的性质有关

  B. 只与溶质的浓度有关

  C. 只与溶剂的性质有关

  D. 是溶质的质量摩尔浓度为 $1 mol \cdot kg^{-1}$ 时的实验值

  E. 是溶质的物质的量浓度为 $1 mol \cdot kg^{-1}$ 时的实验值

14. 下列说法中正确的是(　　)

A. 任何两种或多种元素的原子间均能形成共价型化合物

B. 离子键的特点是有方向性和饱和性

C. 相互作用的元素的电负性相差越大，离子型化合物的离子性成分越大

D. 相互作用的元素的电负性相差越小，离子型化合物的离子性成分越大

E. 任何两种或多种元素的原子间均能形成离子型化合物

15. 对化学反应平衡常数有影响的最主要因素是（　　）

A. 反应物质的浓度
B. 体系的总压力

C. 体系的温度
D. 实验测定的方法

E. 反应物质的分压

16. 根据现代价键理论，有关 N_2 结构的说法正确的是（键轴是 X 轴）（　　）

A. 有一个 π 键，两个 σ 键

B. 三个键全是 π 键

C. 三个键全是 σ 键

D. 有一个 σ 键（$p_x - p_x$），两个 π 键（$p_Y - p_Y$ 键及 $p_Z - p_Z$ 键）

E. 有一个 σ 键（$p_Y - p_Y$），两个 π 键（$p_X - p_X$ 键及 $p_Z - p_Z$ 键）

17. C_2H_5OH 与 H_2O 任意比例混合形成均匀溶液使体积缩小的主要原因是（　　）

A. 盐效应
B. 同离子效应

C. 酸效应
D. 氢键

E. 化学键

18. 有一电池：$(-)Zn(s) \mid Zn^{2+}(1mol \cdot L^{-1}) \parallel Cu^{2+}(1mol \cdot L^{-1}) \mid Cu(s)(+)$，负极是（　　）

A. Zn^{2+}
B. H^+/H_2

C. Zn^{2+}/Zn
D. Cu^{2+}/Cu

E. Cu

19. Ca^{2+} 与下列哪种配体生成的螯合物是最稳定的（　　）

A. NH_3
B. CN^-

C. en
D. EDTA

E. OX^-

20. 电极反应 $AsO_4^{3-} + 2e^- + 2H^+ \rightleftharpoons AsO_3^{2-} + H_2O$ 中，还原态物质是（　　）

A. AsO_4^{3-}
B. H^+

C. AsO_3^{2-}
D. H_2O

E. AsO_3^{3-} 和 H^+

21. 下列物质中最强的氧化剂是（　　）

A. $Cl_2(E^{\ominus}Cl_2/Cl^- = 1.358V)$

B. $Cr_2O_7^{2-}(E_A^{\ominus}Cr_2O_7^{2-}/Cr^{3+} = 1.323V)$

C. $MnO_4^-(E_A^{\ominus}MnO_4^-/Mn^{2+} = 1.507V)$

D. $F_2(E^\ominus F_2/F^- = 2.866V)$

E. $I_2(E^\ominus I_2/I^- = 0.536V)$

22. 配位化合物的配位数等于（　　）

A. 配位离子的电荷数 　　　　　　B. 配体的数目

C. 配位原子的数目 　　　　　　　D. 外界离子的电荷数

E. 金属离子的氧化数

23. p^3 轨道的磁量子数可能是（　　）

A. $0, \pm 1$ 　　　　　　　　　　B. 0

C. $0, \pm 1, \pm 2$ 　　　　　　　　D. ± 1

E. $\pm 1, \pm 2$

24. 下列配离子中，中心离子以 sp^3d^2 杂化的是（　　）

A. $[Ag(NH_3)_2]^+$ 　　　　　　B. $[Cu(NH_3)_4]^{2+}$

C. $[Fe(CN)_6]^{4-}$ 　　　　　　D. $[Fe(H_2O)_6]^{3+}$

E. $[Fe(CN)_6]^{3-}$

25. 已知 $E^\ominus(Fe^{3+}/Fe^{2+}) > E^\ominus(Sn^{4+}/Sn^{2+})$，则下列物质中还原性最强的是（　　）

A. Fe^{2+} 　　　　　　　　　　B. Fe^{3+}

C. Sn^{4+} 　　　　　　　　　　D. Sn^{2+}

E. H_2O

26. Ag_2CrO_4 的溶解度为 s $mol \cdot L^{-1}$，则 Ag_2CrO_4 的 $K_{sp} = $（　　）

A. s^3 　　　　　　　　　　　　B. $4s^3$

C. s^2 　　　　　　　　　　　　D. $2s^3$

E. $3s^3$

27. $[Fe(CN)_6]^{3-}$ 属于（　　）

A. 内轨，高自旋 　　　　　　　　B. 外轨，低自旋

C. 内轨，低自旋 　　　　　　　　D. 外轨，高自旋

E. 既不是内轨也不是外轨

28. 难溶硫化物如 CuS、HgS、FeS 中有的溶于盐酸溶液，有的不溶，主要是因为它们的（　　）

A. K_{sp} 不同 　　　　　　　　　B. 溶解速率不同

C. K_{sp} 相同 　　　　　　　　　D. 晶体结构不同

E. 酸碱性不同

29. 于氨水中加入酚酞，溶液呈红色，若加入固体 NH_4Cl，下列说法正确的是（酚酞的酸色为无色，碱色为红色）（　　）

A. 氨水的解离平衡向右移动 　　　B. pH 增大

C. 氨水的解离度增大 　　　　　　D. 溶液的红色变浅

E. 溶液的红色加深

30. 能最准确量取液体的仪器是(　　)

　　A. 移液管　　　　　　　　　　　　　B. 量筒

　　C. 量杯　　　　　　　　　　　　　　D. 容量瓶

　　E. 烧杯

31. Fe^{3+} 比 Fe^{2+} 稳定的原因是遵循(　　)

　　A. 能量最低原理　　　　　　　　　　B. 泡里不相容原理

　　C. 洪特规则　　　　　　　　　　　　D. 能量近似原理

　　E. 最大重叠原理

32. 要实现一个化学反应从反应物完全变到产物这个反应的速率不能太小,此外,它的(　　)

　　A. 平衡常数必须较大　　　　　　　　B. 产物必须可以不断转移

　　C. A 和 B 条件都需要　　　　　　　　D. K 较小

　　E. 产物不必转移

33. 在 $0.10\,mol \cdot L^{-1}\,CrO_4^{2-}$ 和 $0.10\,mol \cdot L^{-1}\,Cl^-$ 混合溶液中,逐滴加入 $AgNO_3$ 溶液,在难溶物 $AgCl$ 和 Ag_2CrO_4 中先产生沉淀的是[已知 $K_{SP}(AgCl)=1.77\times10^{-10}$, $K_{SP}(Ag_2CrO_4)=1.12\times10^{-12}$](　　)

　　A. $AgCl$　　　　　　　　　　　　　　B. Ag_2CrO_4

　　C. $AgCl$ 和 Ag_2CrO_4 同时产生沉淀　　D. $AgCl$ 和 Ag_2CrO_4 不产生沉淀

　　E. 先 Ag_2CrO_4 产生沉淀后 $AgCl$ 产生沉淀

34. 计算弱酸的解离常数,通常用解离平衡时的平衡浓度而不用活度,这是因为(　　)

　　A. 活度即浓度　　　　　　　　　　　B. 活度与浓度成正比

　　C. 稀溶液中误差很小　　　　　　　　D. 活度无法测定

　　E. 稀溶液中误差很大

35. H_2O 的中心原子 O 采用的杂化类型和分子的空间构型分别为(　　)

　　A. sp^3 等性杂化,V 字型　　　　　　B. sp^3 不等性杂化,V 字型

　　C. sp^2 等性杂化,平面三角型　　　　D. sp 等性杂化,直线型

　　E. sp 等性杂化,三角锥型

36. 下列有顺磁性的分子是(　　)

　　A. H_2　　　　　　　　　　　　　　B. O_2

　　C. N_2　　　　　　　　　　　　　　D. F_2

　　E. He_2

37. 现代价键理论 VB 法认为形成共价键的首要条件是(　　)

　　A. 两原子只要有成单的价电子就能配对成键

　　B. 成键电子的自旋相同的未成对的价电子互相配对成键

　　C. 成键电子的自旋相反的未成对价电子相互接近时配对成键,形成稳定的共价键

　　D. 成键电子的原子轨道重叠越少,才能形成稳定的共价键

E. 共价键是无饱和性和无方向性

38. 写出 $N_2(g)+3H_2(g) \rightleftharpoons 2NH_3(g)$ 的 K_c 表达式（ ）

A. $\dfrac{[N_2][H_2]^3}{[NH_3]}$

B. $\dfrac{[NH_3]^2}{[N_2][H_2]^3}$

C. $\dfrac{p_{N_2} \cdot p_{H_2}^3}{p_{NH_3}^2}$

D. $\dfrac{p^2 NH_3}{p_{N_2} p_{H_2}^3}$

E. $\dfrac{(NH_3)^2}{(N_2)(H_2)^3}$

39. 锅炉内壁硫酸钙水垢的除去方法是

A. 先加碳酸钠后再加盐酸
B. 先加硫酸后再加碳酸钠
C. 先加硝酸后再加碳酸钠
D. 直接加氨水
E. 先加盐酸后再加碳酸钠

（二）A2 型题

40. 下列说法错误的是（ ）

A. 改变温度只是使平衡点改变，并不改变平衡常数数值
B. 温度对化学平衡的影响导致了平衡常数数值的改变
C. 改变压力只能使平衡点改变，不会改变平衡常数数值
D. 改变浓度只能使平衡点改变，不会改变平衡常数数值
E. 温度对化学平衡的影响与化学反应的热效应有直接关系

41. 当溶液浓度相等时，下列物质的解离度最不大的物质是（ ）

A. 硝酸
B. 盐酸
C. 硫酸锌
D. 氯化钠
E. 硝酸钾

42. 下列有关氢键的说法中错误的是（ ）

A. 分子间氢键的形成一般可使物质的熔沸点升高（ ）
B. 氢键是有方向性和饱和性的
C. 氢键是一种化学键
D. NH_3 与 H_2O 之间能形成氢键
E. H_2 与 H_2 之间不能形成氢键

43. 下列有关缓冲溶液的叙述中，错误的是（ ）

A. 缓冲溶液是由弱酸及其共轭碱组成
B. 缓冲溶液是由弱碱及其共轭酸组成
C. 缓冲溶液是由酸式盐及其次级盐组成
D. 缓冲溶液的特点是共轭酸和共轭碱的浓度较小
E. 缓冲溶液的特点是 pH 基本恒定

44. 下列有关电对 $E(Br_2/Br^-)$ 电极电势的描述，不正确的是（ ）

A. 增大氧化态物质 Br_2 的浓度，电极电势增大，氧化态物质 Br_2 的氧化能力增强

B. 增大还原态物质 Br^- 的浓度，电极电势增大，氧化态物质 Br_2 的氧化能力增强

C. 增大还原态物质 Br^- 的浓度，电极电势减小，还原态物质 Br^- 的还原能力增强

D. 减小氧化态物质 Br_2 的浓度，电极电势减小，还原态物质 Br^- 的还原能力增强

E. 电极电势与温度、(对有气体参加的反应如压力)、各离子的浓度、得失电子数有关

45. 配合物 $K_2[CaY]$ 的名称和配位数分别为(　　)

A. EDTA 合钙(Ⅱ)酸钾，1　　　　　　B. EDTA 合钙(0)酸钾，2

C. EDTA 合钙(Ⅲ)酸钾，4　　　　　　D. EDTA 合钙(Ⅱ)酸钾，3

E. EDTA 合钙(Ⅱ)酸钾，6

46. 下列哪组离子的溶液不可久置(　　)

A. Al^{3+}、Cr^{3+}、Fe^{3+}、Mn^{2+}　　　　　B. Al^{3+}、K^+、Ca^{2+}、Sn^{2+}

C. Bi^{3+}、Al^{3+}、Sn^{2+}、Pb^{4+}　　　　　D. SO_3^{2-}、S^{2-}、Fe^{2+}、I^-

E. Fe^{3+}、Bi^{3+}、Al^{3+}、Sn^{2+}

(三)B1 型题

A. 2,1,0,+1/2　　　　　　　　B. 2,1,+1,+1/2

C. >　　　　　　　　　　　　D. <

E. 2,1,-1,+1/2

47. 基态原子 N 的 $2p_z$ 轨道上的电子用四个量子数描述正确的是(　　)

48. B 和 Be 的解离能比较大小，是 I_B(　　)I_{Be}

A. p 轨道上的电子数　　　　　　B. s 轨道上的电子数

C. 元素原子的电子层数　　　　　　D. 价电子数

E. 内层电子数

49. 一般决定元素的最高氧化数的是(　　)

50. 决定元素在周期表中所处族数是(　　)

二、填空题

1. 原电池是由 ___(1)___ 组成的，内电路常用 ___(2)___ 加以沟通。

2. $Al(OH)_3$、$Fe(OH)_3$、$Mg(OH)_2$ 沉淀中加入 NH_4Cl 溶液，完全能溶解的难溶强电解质是___(3)___。

3. 酸碱质子理论认为酸碱反应的实质是质子___(4)___。

4. HAc 在溶剂水中是弱酸，在液氨中是___(5)___。

5. 歧化反应发生的条件是___(6)___和___(7)___反应。

6. $3p$ 电子的几率径向分布图有___(8)___个峰。

7. Fe 原子的 $E_{3d} > E_{4s}$ 而单原子的 E_{4s} ___(9)___ E_{3d}。

8. 写出 N_2 的分子轨道表示式___(10)___。

三、简答题

1. 写出原子序数为 29 的元素核外电子排布式、价电子构型以及此元素在周期表中的位置(周期、族和区)。

2. 稀溶液的依数性有哪几个?写出它们的公式。

3. 解释 CO_2 是非极性分子的理由。

4. 定性简述 $NaHCO_3$ 溶液的酸碱性。(K_{a_1},$H_2CO_3 = 4.5 \times 10^{-7}$,$K_{a_2}$,$HCO_3^- = 4.7 \times 10^{-11}$)

5. 指出 $[Ag(NH_3)_2]Cl$ 中,中心离子,配位体,配位原子,配位数,名称。

四、计算题

1. 计算 $0.10 mol \cdot L^{-1} HAc$ 溶液中的 $[H_3O^+]$、pH 及 α?已知:$K_a(HAc) = 1.75 \times 10^{-5}$。

2. 将 $0.2 mol \cdot L^{-1} H_2PO_4^-$ 25mL 和 $0.2 mol \cdot L^{-1} HPO_4^{2-}$ 25mL 溶液相混合。[已知:$pK_a(H_2PO_4^-) = 7.21$]

(1) 指出缓冲溶液中的抗酸成分?抗碱成分?

(2) 计算缓冲溶液中的 pH。

3. 已知:$Cr_2O_7^{2-} + 6Fe^{2+} + 14H^+ \rightleftharpoons 2Cr^{3+} + 6Fe^{3+} + 7H_2O$ ($E_A^\ominus Cr_2O_7^{2-}/Cr^{3+} = 1.36V$;$E_A^\ominus Fe^{3+}/Fe^{2+} = 0.771V$)

(1)计算标准电池电动势 $E_{池}^\ominus$。

(2)已知电极反应:$Cr_2O_7^{2-} + 14H^+ + 6e^- \rightleftharpoons 2Cr^{3+} + 7H_2O$

其中 $[Cr_2O_7^{2-}] = [Cr^{3+}] = 1mol \cdot L^{-1}$,计算该电极在 298K 时在 pH=1 的溶液中的电极电势 E 值?

参考答案

一、选择题

1. A　2. C　3. B　4. B　5. C　6. B　7. B　8. B　9. C　10. E　11. C　12. D　13. C

14. C　15. C　16. D　17. D　18. C　19. D　20. C　21. D　22. C　23. A　24. D

25. D　26. B　27. C　28. A　29. D　30. A　31. C　32. C　33. A　34. C　35. B

36. B　37. C　38. B　39. A　40. A　41. C　42. C　43. D　44. B　45. E　46. D

47. A　48. D　49. D　50. D

二、填空题

(1)两个半电池(正极和负极);

(2)盐桥;

(3)$Mg(OH)_2$；

(4)转移或传递；

(5)强酸；

(6)元素有中间氧化数(或 $E_右^\ominus > E_左^\ominus$)；

(7)$E_右^\ominus > E_左^\ominus$ 或元素有中间氧化数；

(8)2 个峰；

(9)>（大于）；

(10)$KK(\sigma_{2s})^2(\sigma_{2s}^*)^2(\pi_{2p_y})^2(\pi_{2p_z})^2(\sigma_{2p_x})^2$

或$(\sigma_{1s})^2(\sigma_{1s}^*)^2(\sigma_{2s})^2(\sigma_{2s}^*)^2(\pi_{2p_y})^2(\pi_{2p_z})^2(\sigma_{2p_x})^2$

三、简答题

1. $1s^2 2s^2 2p^6 3s^2 3p^6 3d^{10} 4s^1$（$[Ar]3d^{10}4s^1$，$3d^{10}4s^1$，第四周期，ⅠB，$ds$

2. 分别是稀溶液的蒸气压下降、沸点升高、凝固点下降和渗透压

公式：$\triangle P \approx K b_B$　　$\Delta T_b = K_b b_B$　　$\Delta T_f = K_f b_B$　　$\prod = c_B RT = b_B RT$

3. 答：(1)CO_2为直线型分子

(2)2 个 C＝O 键均有极性

(3)2 个键完全相同，结构对称，(或正电荷中心和负电荷中心都在分子的中心相重合)，所以，CO_2是非极性分子。

4. $HCO_3^- + H_2O \rightleftharpoons CO_3^{2-} + H_3O^+$，$Ka_2(HCO_3^-) = 4.7 \times 10^{-11}$

$HCO_3^- + H_2O \rightleftharpoons H_2CO_3 + OH^-$

$HCO_3^- + H_2O \rightleftharpoons H_2CO_3 + OH^-$

$K_b(HCO_3^-) = \dfrac{K_w}{K_{a_1}} = K_b, HCO_3^- = \dfrac{K_w}{K_{a_1}} = \dfrac{1.0 \times 10^{-14}}{4.5 \times 10^{-7}} = 2.2 \times 10^{-8}$

$K_b(HCO_3^-) > K_{a_2}(HCO_3^-)$

∴溶液显碱性

5. Ag^+（+1 分），NH_3（+1 分），N（+1 分），2（+1 分），

氯化二氨合银（Ⅰ）（+1 分）

四、计算题

1. 解：

(1)$\dfrac{c}{K_a} = \dfrac{0.1}{1.75 \times 10^{-5}} > 500$

$[H_3O^+] = \sqrt{K_a \cdot c} = \sqrt{0.1 \times 1.75 \times 10^{-5}} = 1.3 \times 10^{-3}(mol \cdot L^{-1})$

$pH = -\lg[H_3O^+] = -\lg 1.3 \times 10^{-3} = 2.87$

$\alpha - \dfrac{[H_3O^+]}{c} \times 100\% - \dfrac{1.3 \times 10^{-3} mol \cdot L^{-1}}{0.1 mol \cdot L^{-1}} \times 100\% = 1.3\%$

2. (1)抗酸成分为 HPO_4^{2-}（+1 分），抗碱成分为 $H_2PO_4^-$

(2)根据题意两物质等体积混合，各离子浓度减半

$$pH = pK_a + lg \frac{c_b}{c_a} = 7.21 + lg \frac{0.1}{0.1} = 7.21$$

3. (1)$E_{池}^{\ominus} = E_{(+)}^{\ominus} - E_{(-)}^{\ominus}$

$E_{池}^{\ominus} = 1.36V - 0.771V = 0.5891V$

(2)用能斯特方程：$E = E^{\ominus} + \frac{0.059}{n} = lg \frac{c_{ox}^a}{c_{red}^b}$

$$E(Cr_2O_7^{2-}/Cr^{3+}) = E^{\ominus} + \frac{0.0592}{6} lg \frac{c(Cr_2O_7^{2-}) \cdot c_{H^+}^{14}}{c_{red}^b}$$

$$= 1.36V + \frac{0.0592}{6} lg \frac{1 \times (10^{-1})^{14}}{1} = 1.36V - 0.138V = 1.222V$$